可換環と体

可換環と体

堀田良之

岩波書店

まえがき

　近代代数学の基本は，通常，群・環・体から始まることになっている．この順序は，公理の少ない順序に並べてあるだけで，数学の歴史において認識され存在が自立してきた順序ではないし，また理論の重要度や難易度の順序でもない．しばしば代数学の入門書で，この順序が選ばれているのは，叙述の経済性のためというのが最も大きな理由であろう．

　代数系の認識においては，本書第1部で取り上げる可換環が歴史上最も早いかもしれない．すなわち，自然数から発生した加・減・乗法をもつ整数の環，および方程式を表現する多項式の取り扱いなどである．

　可換環の動機＝故郷は，代数的整数論と代数幾何学であり，現在は見方によっては，それらをすべて統合した分野（"数論的代数幾何学" というとちょっと狭く捉えられる恐れがある）の一翼であると見なされている．本書は，可換環と体への入門から専門への入り口あたりまでの道案内を試みるものである．

　この分野でも，入門書レベルから高度な専門的話題を論じた本格書にいたるまで，すでに数多く出版されていて，読者がそれ相当の意欲をもてば，十分な環境が整ってきている時代である．その道へ分け入る際のささやかな手引きにでもなればと思う．

　第1部の構成は次のようである．まず，第1, 2章で，イデアル，剰余環，素イデアル，環上の加群とその基本操作について学ぶ．初めのうちは，有理整数環や多項式環を例として理解を進めていきたい．

　第3章はNoether環についての章である．可換環論のメインであろう．重要な例と，準素イデアル分解について論ずる．この分解は，素因数分解の広範な拡張であり，代数幾何学において大切である．

　第4章では，整拡大，Noetherの正規化定理，Hilbertの零点定理，素イ

デアルの列に関する上昇・下降定理，正規環などの話題を取り上げる．代数幾何・整数論双方の基礎になるものである．

　第5章で紹介するDedekind整域は，代数的整数論の出発点をなす環論的基礎づけを与えるもので，歴史的にも重要である．

　第6章はかなり技術的な話題である．p進数の一般化であるI進位相や完備化など，一般位相のテクニックがきわめて有効であることが主題となる．Artin–Reesの補題，Krullの交叉定理などが応用上も重要である．

　第7章の次元論が第1部の主要な目標である．可換環の次元は，対応する代数多様体(またはスキーム)の次元を表すものであるが，それがもつ様々な側面を照らし出すことによって，古くからの次元認識が結局正しいものであることが示される．第6章の位相的テクニックもこのための準備を与えている．

　最後の第8章では，Cohen–Macaulay環という重要なクラスの可換環を紹介する．この環は本来イデアルの高さに関する純性定理を動機とするものであるが，近年全数学に浸透しているホモロジー代数とよばれる手法の威力の一端が窺われる場所の1つでもあり，その方面の入門も兼ねてみたい．

　初めに述べたように，本書の主題はすでに定まった構成をもつものであり，関係する良書も数多く，今回の執筆にあたっても多くの書物の助けを借りた．

　例えば，第1部については以下の文献がある．

　Atiyah–Macdonald著[1]および松村英之の著作2冊[4], [5]にはとくに強く影響を受けた．第1部第7章までの内容はほぼ[1]の内容と同じであり，第8章の記述は[4]に倣った．さらに進んで学ぶための書物にも恵まれていて，巻末の参考文献に載せてあるものについて少しだけ触れておく．[4], [5]は共に本書の延長上にある．[5]の方が本格的な可換環論の専門書であるが，代数幾何に入門するための準備であれば，ひとまず[4]を読むのが順当かと思われる．永田雅宜著[6], [7]はさらに難解かもしれないが，個々の技術的な叙述よりも全般的な構成に大いに影響を受けた．理論の創始者がもつ精神と開拓の苦闘が偲ばれる歴史的本格書である．現代的な様々な話題について，Eisenbud著[3]は話題を詳細に語った浩瀚な教科書である．大部であ

るが，話題に応じて相談するとよかろう．Cox 他による [2] は，Gröbner 基底の手法で可換環と代数多様体の基礎を丁寧に紹介した良書で類書を見ない．予備知識もほとんど要求せず，学部生でも通読に苦痛を感じないであろう．

第 2 部では，体について論ずる．4 則演算をもつ系，すなわち，0 以外の元が乗法に関する逆元をもつ環を体といったが，これは余りにも特殊な環である．にも拘わらず，体論という体系が確立され，それが重要な意味をもつのは，ひとえに古来からの数の体系と，さらに関数における代数的演算の基礎を反映しているからである．

とくに，代数方程式の解の構造に由来する数の階層の基礎づけを与えるものとして，体の拡大の理論が基本的である．第 2 部では，したがって，体の拡大を扱う．

前半部，第 1 章と第 2 章は，代数拡大とくに Galois 理論の基礎的部分を論ずる．有名な歴史的定理(事件)である「5 次以上の一般代数方程式は，ベキ根記号(と 4 則演算)のみによる根の表示をもたない」という事実の解明を 1 つの目標とする．これらの話については，今や，あまたの解説書があり，特徴ある名著，良書も数知れず，本書の出版は屋上屋を重ねることになるが，すべての基本がここにあるので敢えて取り上げる．

これに付随してもう 1 つの歴史的事件，定規とコンパスによる作図可能性の議論もまた体の拡大論(2 次拡大の塔)の初歩的な応用として有名であるが，ここでは省略した．1 つにはこの話は歴史の終わりであったこと，もう 1 つはちゃんと説明するのを著者が億劫がったからである．

後半部，第 3 章と第 4 章は超越拡大の重要な例として，代数関数論の話題を取り上げる．岩澤健吉先生の記念すべき古典 [1] があるが，この名著への入門としての意図もある．第 4 章ではその後の発展のうち本書で紹介できるものとして，合同ゼータ関数の紹介を試みた．同様の志向をもった成書として，Deuring 著[8], Moreno 著[11] があり，第 2 部の記述もこれらの著作に大いにお世話になった．

さらに詳しい内容の紹介は，第 1 部第 2 部それぞれの「理論の概要と目標」および各章初めのリード部分を参照していただきたい．

本書は岩波講座『現代数学の基礎』「環と体」(3分冊)のうちの第1, 2分冊を合わせたものである．第1部「可換環」，第2部「体」と分割されているところや章の構成にその名残りが残っているが敢えて大幅な改編は避けた．

数学記号と術語は大方通常のものに従ったが，念のため以下に確認しておく．

$\mathbb{N} = \{0, 1, 2, \cdots\}$ は，自然数全体がなす集合(モノイド)，本書では 0 を含む流儀に従う．$\mathbb{Z} = \{\cdots, -1, 0, 1, 2, \cdots\}$ は有理整数全体がなす集合(環)とし，以下，$\mathbb{Q} \subset \mathbb{R} \subset \mathbb{C}$ は，それぞれ有理数，実数，複素数全体がなす集合(体)とする．$\mathbb{F}_q$, $\mathbb{Q}_p$ は q 元体，および p 進数体を表す．

$\subset, \supset$ は = も含む包含関係を表す．したがって，真の包含関係は $\subsetneq, \supsetneq$ と表す．

集合 A, B に対し，$A \backslash B = \{a \in A \mid a \notin B\}$ で集合差を表す．一般には，群論における右剰余類のなす剰余集合 $H \backslash G$ と紛らわしいが，本書での混同の恐れはないと思う．集合 A に対して，$\sharp A$ によって A の濃度(元の個数)を表す．写像 $f : A \to B$ が全射(上への写像)のとき，$f : A \twoheadrightarrow B$ と書くことがある．対照的に，f が単射(1対1写像)のとき，$f : A \hookrightarrow B$ と書くことがある．代数系の準同型写像について，全射である準同型を全準同型といい，単射である準同型を単準同型という．

「$n \gg 0$」は「十分大きな数 n に対して」＝「ある N があって，$n \geqq N$ に対して」という意味である．「$n \ll 0$」は「$-n \gg 0$」．

最後に，本書原稿の段階あるいは岩波講座としての刊行後，様々なご意見やいろんな種類の誤りを伝えて下さった池田岳，大内克彦，梶原健，熊倉伸代，筱田健一，西山享，加藤信一の方々に心からの感謝の念を捧げたい．

2006 年 2 月

堀　田　良　之

目　　次

まえがき ································ v

第1部　可換環 ···························· 1

理論の概要と目標 ·························· 3

第1章　環とイデアル――基礎事項 ············· 11

　§1.1　定義と例 ························· 11
　§1.2　イデアルと同型定理 ················· 14
　§1.3　初等的な例――Euclid整域, 単項イデアル環 · 16
　§1.4　素イデアルと極大イデアル ··········· 20
　§1.5　素元分解整域(UFD) ················ 22
　要　　約 ······························· 27
　演習問題 ······························· 28

第2章　加群とその操作 ···················· 29

　§2.1　環上の加群 ························ 29
　§2.2　直和, 自由加群, 射影加群 ··········· 31
　§2.3　テンソル積 ························ 34
　§2.4　完全列, 関手 Hom と $\otimes$, 平坦性 ····· 38
　§2.5　係数拡大とテンソル代数 ············· 41
　§2.6　局所化(分数化) ···················· 43
　§2.7　中山の補題 ························ 47
　§2.8　アフィンスキームからの動機; 根基, 台 ··· 49
　要　　約 ······························· 51

演習問題 · 52

第3章　Noether 環 · · · · · · · · · · · · · · · 53

§3.1　昇鎖条件と極大条件 · · · · · · · · · · · · 53
§3.2　Hilbert の基底定理と Gröbner 基底 · · · · · · 56
§3.3　加群の素因子（伴う素イデアル）· · · · · · · · 60
§3.4　準素分解 · · · · · · · · · · · · · · · · · 63
§3.5　Artin 環 · · · · · · · · · · · · · · · · · 67
要　約 · 70
演習問題 · 70

第4章　環の拡大——有限性を中心として · · · 73

§4.1　整拡大と有限拡大 · · · · · · · · · · · · · 74
§4.2　体の拡大についての補遺 · · · · · · · · · · 76
§4.3　Noether の正規化定理と Hilbert の零点定理 · · 79
§4.4　上昇と下降 · · · · · · · · · · · · · · · · 84
§4.5　正規環 · · · · · · · · · · · · · · · · · · 89
要　約 · 91
演習問題 · 92

第5章　Dedekind 整域 · · · · · · · · · · · · · 93

§5.1　離散付値環（DVR）· · · · · · · · · · · · · 93
§5.2　Dedekind 整域 · · · · · · · · · · · · · · 96
§5.3　分数イデアルとイデアル類群 · · · · · · · · · 99
要　約 · 102
演習問題 · 102

第6章　イデアルと位相 · · · · · · · · · · · · · 105

§6.1　フィルターと次数化 · · · · · · · · · · · · · 105

§6.2　Artin–Rees の補題と Krull の交叉定理　・・・・　*109*
§6.3　I 進位相と完備化　・・・・・・・・・・・・・　*110*
§6.4　完備化——続き　・・・・・・・・・・・・・　*114*
要　　約　・・・・・・・・・・・・・・・・・・・　*117*
演習問題　・・・・・・・・・・・・・・・・・・・　*117*

第7章　次　元　論　・・・・・・・・・・・・・・・　*119*

§7.1　Hilbert 関数　・・・・・・・・・・・・・・　*120*
§7.2　次元定理　・・・・・・・・・・・・・・・・　*124*
§7.3　次元定理の帰結　・・・・・・・・・・・・・　*128*
§7.4　パラメータ系(座標系)と正則局所環　・・・・・　*129*
§7.5　代数多様体の次元　・・・・・・・・・・・・　*133*
要　　約　・・・・・・・・・・・・・・・・・・・　*135*
演習問題　・・・・・・・・・・・・・・・・・・・　*135*

第8章　Cohen–Macaulay 環　・・・・・・・・・・・　*137*

§8.1　M 正則列　・・・・・・・・・・・・・・・・　*138*
§8.2　深さと Cohen–Macaulay 加群　・・・・・・・　*141*
§8.3　Cohen–Macaulay 環と純性定理　・・・・・・・　*144*
§8.4　ホモロジー代数へ向かって　・・・・・・・・・　*147*
§8.5　関手 Ext と Tor　・・・・・・・・・・・・・　*152*
§8.6　Cohen–Macaulay 性と Ext　・・・・・・・・・　*159*
要　　約　・・・・・・・・・・・・・・・・・・・　*164*
演習問題　・・・・・・・・・・・・・・・・・・・　*164*

第2部　体　　　　　　　　　　　　　　　　　　167
理論の概要と目標　　　　　　　　　　　　　　169

第1章　体の拡大　　　　　　　　　　　　　　173
§1.1　体の作り方　　　　　　　　　　　　　　174
§1.2　体の拡大—基本事項　　　　　　　　　　178
§1.3　代数拡大　　　　　　　　　　　　　　　181
§1.4　分解体と正規拡大　　　　　　　　　　　185
§1.5　分　離　性　　　　　　　　　　　　　　190
§1.6　有　限　体　　　　　　　　　　　　　　197
　　　要　　約　　　　　　　　　　　　　　　　199
　　　演習問題　　　　　　　　　　　　　　　　200

第2章　Galois 理論　　　　　　　　　　　　　203
§2.1　Galois 拡大　　　　　　　　　　　　　　204
§2.2　Galois 対応　　　　　　　　　　　　　　208
§2.3　いくつかの応用—Gauss　　　　　　　　212
§2.4　巡回拡大　　　　　　　　　　　　　　　221
§2.5　代数方程式のベキ根による可解性　　　　224
§2.6　正規整域と Galois 群　　　　　　　　　　229
§2.7　付録・群を憶い出す　　　　　　　　　　235
　　　要　　約　　　　　　　　　　　　　　　　240
　　　演習問題　　　　　　　　　　　　　　　　241

第3章　代数関数体　　　　　　　　　　　　　243
§3.1　離散付値　　　　　　　　　　　　　　　244
§3.2　絶対値と距離と完備化　　　　　　　　　247
§3.3　付値の拡張　　　　　　　　　　　　　　252

§3.4　代数関数体の素点―基本事項 ・・・・・・・・・ *259*

§3.5　因　　子 ・・・・・・・・・・・・・・・・・・ *263*

§3.6　アデールと Riemann–Roch の定理―暫定形 ・・ *267*

§3.7　微分と標準因子類―Riemann–Roch 最終形 ・・ *274*

§3.8　例 ・・・・・・・・・・・・・・・・・・・・・ *278*

　要　　約 ・・・・・・・・・・・・・・・・・・・・ *283*

　演習問題 ・・・・・・・・・・・・・・・・・・・・ *284*

第4章　合同ゼータ関数 ・・・・・・・・・・・・・ *285*

§4.1　母関数としてのゼータ関数 ・・・・・・・・・ *286*

§4.2　関数等式 ・・・・・・・・・・・・・・・・・・ *292*

§4.3　Riemann 仮説(零点の絶対値) ・・・・・・・・ *298*

§4.4　Bombieri の勘定定理の証明 ・・・・・・・・・ *305*

§4.5　その後の展開―Grothendieck と Deligne ・・・ *308*

　要　　約 ・・・・・・・・・・・・・・・・・・・・ *312*

　演習問題 ・・・・・・・・・・・・・・・・・・・・ *313*

参考文献 ・・・・・・・・・・・・・・・・・・・・・ *315*

演習問題解答 ・・・・・・・・・・・・・・・・・・・ *317*

索　引 ・・・・・・・・・・・・・・・・・・・・・・ *333*

第 1 部
可 換 環

理論の概要と目標

環という概念は，その対象の古さに比して，理論的枠組みの必要性が自覚されたのは新しい．4則演算のうちの3則(加・減・乗)をもつ系として，(有理)整数のなす環 $\mathbb{Z}$ と，多項式のなす環が古来からの代数学の領域をなしていた．取り立てて挙げれば，主として整数についておよび代数方程式の研究の中で，様々な概念と方法が生まれてきた．たとえば，Euclid の互除法は，最古の現代への贈り物である．

環論といわれる近代的理論の発生は，通説のように Kummer によるイデアルの概念の発生におくとしても，19 世紀中葉のことになる．イデアル概念の動機は，数や式の素因数分解の一意性の要求にある．

有理整数環 $\mathbb{Z}$ または，体 k 上の 1 変数多項式環 $k[X]$ においては，任意の元は既約元の積に(符号 $\pm$ または定数 k 倍を除いて)ただ一通りに分解する．この性質は，$\mathbb{Z}$ においては，"初等整数論の基本定理" ともよばれ，多項式における因数分解の重要性とともに周知のことであろう．この性質をもつ環を一意分解整域または素元分解整域(UFD)という．最初の虚の整数環(Gauss の整数環) $\mathbb{Z}[\sqrt{-1}] = \{a + b\sqrt{-1} \mid a, b \in \mathbb{Z}\}$ は，UFD であるが，類似の環 $\mathbb{Z}[\sqrt{-5}]$ においてはもはや素因数分解の一意性は成り立たない($2 \cdot 3 = (1+\sqrt{-5})(1-\sqrt{-5})$)．Kummer の例では，Fermat の予想と関係して，1 の n 乗根 ζ_n を添加した環 $\mathbb{Z}[\zeta_n]$ についてが問題になったのであるが，$n = 23$ で UFD ではなくなった．

可換環 A において，1つ1つの元に注目するかわりに部分系 $I \subset A$ で，加法と，A の元による乗法によって閉じたもの($x, y \in I \Longrightarrow x+y \in I$; $a \in A, x \in I \Longrightarrow ax \in I$)を考える．今では，このような部分系をイデアルとよんでいる．A の元 $x, y, \cdots, z$ に対して，部分集合 $\{ax + by + \cdots + cz \mid a, b, \cdots, c \in A\}$ は，$x, y, \cdots, z$ が生成するイデアルである(このイデアルを，直積集合の元

と紛らわしいが，$(x, y, \cdots, z)$ とかく習慣がある）．1つの元 $x \in A$ が生成するイデアル $(x) = Ax$ は単項イデアルとよばれるが，整域($xy=0$ ならば $x=0$ または $y=0$ となる環)においては，$(x)=(y)$ であることと，単元 u(乗法に関する可逆元，$uu'=1$ となる元 $u' \in A$ がある)で $x=uy$ なるものがあることが同値である．すなわち，元を考えるかわりに，イデアルを考えると単元倍は無視されることになる．

しかし，イデアルの加法・乗法などはちゃんと意味をもち，元ごとのそれより事情を滑らかにすることも多い．素因数分解の一意性が，最初の功績である．Dedekind により整理され，一般的に証明されたことであるが，先程の例 $\mathbb{Z}[\sqrt{-5}]$ や $\mathbb{Z}[\zeta_n]$ を含む，いわゆる有限次代数体の整数環 $\mathfrak{o}$ については，素数という概念を素イデアルという概念にまで拡げると，任意のイデアルが素イデアルの積に一意的に分解する，という結果が得られたのである．代数的整数の乗法的性質の基本をなすものである．ちなみに，このような性質をもつ環は Dedekind 整域とよばれることになるが，一方では，代数幾何学の1つの源をなす代数曲線論(＝代数関数論)における基本的な環(座標環)もこの環と同じ性質をもつことが分かって，両理論の平行性をもたらした．本書第1部では，第5章でこの環の基本性質を学ぶことになる．

先の例 $\mathbb{Z}[\sqrt{-5}]$ で見てみよう．$x_{\pm} = 1 \pm \sqrt{-5}$ とおくと，$2 \cdot 3 = x_+ x_-$ であるが，この環ではこれらの数 $2, 3, x_{\pm}$ は素数ではなく，$\mathfrak{p} = (2, x_+) = (2, x_-)$, $\mathfrak{q}_1 = (3, x_+)$, $\mathfrak{q}_2 = (3, x_-)$ が素イデアルとなり，イデアルの分解としては，

$$(2) = \mathfrak{p}^2, \quad (3) = \mathfrak{q}_1 \mathfrak{q}_2$$
$$(x_+) = \mathfrak{p}\mathfrak{q}_1, \quad (x_-) = \mathfrak{p}\mathfrak{q}_2$$
$$(6) = \mathfrak{p}^2 \mathfrak{q}_1 \mathfrak{q}_2$$

のように素イデアルの積に一意分解している．

イデアルの効用はこの最初の動機に留まらず，現代では，代数幾何や整数論のみならず代数的手法が用いられるほとんどすべての場所で必須の基本的概念となっている．さらに，ほんの少しの拡張をして，環 A の部分系のみならず，A の作用をもつ加群にまで理論の枠を拡げると，基本の操作や見通し

が良くなり，一般的構成に具合がよい．のみならず，この立場では，線形代数学としての展開も含むことになり，いっそう豊富な内容をもつ議論が可能になる．

テンソル積，局所化，写像のなす加群 Hom などの構成に始まる一連の議論がその一部であり，ホモロジー代数への広大な道を拓いている．射影加群，入射加群，平坦加群の概念も生み出され，随所で様々な働きを示すことになるが，そのような話題への入門を第 2 章で行う．

有理整数環 $\mathbb{Z}$ や体上の 1 変数多項式環 $k[X]$ は，そのすべてのイデアルが単項であるという著しい性質をもつ(単項イデアル整域=PID という)．PID は UFD であり(第 1 章)，先に述べたイデアルの動機は与えなかったことになる．少し一般化して，すべてのイデアルが有限生成，$(x_1, x_2, \cdots, x_n)$ の形になる環を考えると，これは十分広いクラスを与え，多くの具体的な問題にでてくる環になる．このような可換環はいろいろな基本的な操作で閉じており，"良い有限性" の条件を与えていると考えられる．この性質をもつ環は，Noether 環とよばれている．第 3 章で，まずこの環の一般論と重要な例を与えるが，本書で紹介されている重要な定理もまた，ほとんどがこの環を対象とするものである．

"Noether 環上の有限生成環はまた Noether 環である"(Hilbert の基底定理)という定理が有名である．先に例として挙げた有限次代数的整数の環 o や，体や o 上の有限変数多項式環やその剰余環など，多くの大切な例を与える．また，このような環のイデアルの標準的な基底についてのアルゴリズムを与える Gröbner 基底にも触れる．最近計算機の発展でとくに注目されている話題である．

次に，Noether 環のイデアルの準素分解の理論を紹介する．これは，いささか微妙な点を含む話であって，初めに述べた Dedekind 整域の素イデアル分解のような明快な結論はもたない．ずっと一般的な環についての定理であるから，当然ではあるが，これも素因数分解をイデアルへ拡張した一つの結果である．実用的には，代数多様体を既約な部分多様体の和に分解することに派生した問題である．

素数 $p \in \mathbb{Z}$ が生成する単項イデアル (p) が素イデアルの原型であり，$\mathfrak{p} = (p)$ の性質のうち，「$ab \in \mathfrak{p} \Longrightarrow a$ または $b \in \mathfrak{p}$」という部分を取り出して素イデアルの定義とした．これに準じて，$(p^n) = (p)^n$ の類似を準素イデアルと称する．$\mathfrak{p}^n$ とするのではなく，「$ab \in \mathfrak{q} \Longrightarrow a \in \mathfrak{q}$ またはある n に対して $b^n \in \mathfrak{q}$」という性質によって定義する．$\mathfrak{q}$ が準素なとき，ある素イデアル $\mathfrak{p}$ に対して $\mathfrak{q} = \mathfrak{p}^n$ となるわけではないが，イデアルの根基 $\sqrt{\mathfrak{q}} = \mathfrak{p}$ は素イデアルとなり，$\mathfrak{q}$ は $\mathfrak{p}$ に属するという（根基の定義は，$\sqrt{\mathfrak{q}} = \{a \in A \mid a^n \in \mathfrak{q}$ となる n がある $\}$）．

イデアル I の準素分解とは，$I = \mathfrak{q}_1 \cap \mathfrak{q}_2 \cap \cdots \cap \mathfrak{q}_n$ となるような準素イデアル $\mathfrak{q}_i$ が存在することであり，Noether 環についてはいつでも可能である．ただし，一意性の叙述は微妙で簡単には言い難い．詳しくは，本文で学んで頂くことにするが，もう少し述べよう．$\mathbb{Z}$（や適当に修正すると Dedekind 整域）の場合は，$(p_1^{r_1}) \cap (p_2^{r_2}) = (p_1^{r_1})(p_2^{r_2})$（素数は $p_1 \neq p_2$）であって，もちろん，素因数分解が準素分解になっている．素因数分解 $a = p_1^{r_1} \cdots p_n^{r_n}$ は孫子の定理（中国式剰余定理）によって，$\mathbb{Z}/(a) \simeq \mathbb{Z}/(p_1^{r_1}) \times \cdots \times \mathbb{Z}/(p_n^{r_n})$ と表現されるが，ここに現れる素数 p_i は $a_i = p_1^{r_1} \cdots p_i^{r_i - 1} \cdots p_n^{r_n} = a/p_i$ とおくと，
$$(p_i) = \{x \in \mathbb{Z} \mid x a_i \in (a)\}$$
と特徴づけられる．この左辺は，剰余加群 $\mathbb{Z}/(a)$ における零化イデアル $\mathrm{Ann}_{\mathbb{Z}}\, \overline{a_i} = (p_i)$ ($\overline{a_i} = a_i \bmod a$) と書くこともできる．

この部分がうまく一般化されるのである．Noether 環 A のイデアル I に対して，ある元 $\bar{x} \in A/I$ があって，$\mathfrak{p} = \mathrm{Ann}_A \bar{x}$ が A の素イデアルになるとき，$\mathfrak{p}$ を I の（正確には A/I の）素因子とよぶ．I の準素分解に現れる準素イデアル $\mathfrak{q}_i$ の根基 $\mathfrak{p}_i = \sqrt{\mathfrak{q}_i}$ は I の素因子になり，そのうち I を含む極小なイデアル $\mathfrak{p}_i$ に対応する $\mathfrak{q}_i$ は，自然な条件のもとで一意的であることが分かる．I の素因子に極小でないもの（非孤立ともいう）があれば，その準素分解は複雑な様相をもつことになり，話を難しくする．ある種の多くのイデアルについて，そのような事態が起こらないような環では，純性定理が成立するといい，第 8 章で Cohen-Macaulay 環と名づけてさらに詳しく論じられる．

第 4 章では，一見技術的に思われるが，整拡大，整閉などの大切な概念について基本的な性質を論ずる．そして（古典）代数幾何において重要な Noether

の正規化定理を紹介し,応用として Hilbert の零点定理の証明を与える.このあたりの定理群は名前の付け方からも明らかなように,代数多様体の基礎的性質を導くものである.

多項式系の零点集合が代数多様体の原型(アフィン多様体ともいう)であるが,イデアル論との関わりは次のようである.

体 k 上の多項式環 $A = k[X_1, \cdots, X_n]$ の部分集合 $\{f, g, \cdots, h\}$ の共通零点 $V = \{a = (a_1, \cdots, a_n) \in k^n \mid f(a) = g(a) = \cdots = h(a) = 0\}$ を考えるのであるが,これは,$f, g, \cdots, h$ が生成するイデアル $I = (f, g, \cdots, h)$ に属する共通零点 $V(I) = \{a \in k^n \mid \phi(a) = 0 \, (\phi \in I)\}$ と同じである ($V = V(I)$).こうして,A のイデアル I に対し代数的集合 $V(I) \subset k^n$ が対応する.逆に,$V(I)$ に対して A の多項式イデアル $\mathcal{I}(V(I)) = \{\phi \in A \mid \phi|V(I) = 0\} \subset A$ が対応する.明らかに,$I \subset \mathcal{I}(V(I))$ であるが,$I = \mathcal{I}$ とは限らない.

この事情をはっきりさせるのが Hilbert の零点定理であって,その一つの形は次のように述べられる.k が代数的閉体ならば(たとえば複素数体 $\mathbb{C}$),$\mathcal{I}(V(I)) = \sqrt{I}$ である.すなわち,$\mathcal{I}$ も結局,定義イデアル I から決まっている.

さらに,点 $a = (a_i) \in k^n$ に対し,$(X_1 - a_1, \cdots, X_n - a_n)$ は A の極大イデアルであるが,k が閉体のときはすべての極大イデアルがこの形(すなわち,ある点 $a \in k^n$ に対応)をしていることが分かる(零点定理の弱形).

このように,代数的集合という図形(幾何)とイデアル(代数)とを結ぶ橋が Hilbert の零点定理である.

整閉という概念と関係して,正規環という環を定義するが,これは幾何学的にも代数的にも具合がよい.特異点の形状と関係しているのであるが,Dedekind 整域は,次元 1 の正規 Noether 整域として特徴づけられる.第 5 章で,離散付値環という特別な環の議論と結びつけて紹介する.可逆イデアルやイデアル類群という,古くからの重要な話題の入門も行う.

いま,Dedekind 整域について,次元 1 という言葉を出したが,次の重要な話題は環の次元である.これは,ベクトル空間の次元ではなく,環が"何らかの基礎空間の関数環"であると想定した場合の基礎空間の次元である(解

析学では，関数次元などともよばれる）．

具体的には，体上の n 変数多項式環 $k[X_1, \cdots, X_n]$ の次元は n とする（k 上のベクトル空間としては，単に無限次元である）．

したがって，一般論としてもいろいろ難しい問題を含んでおり，一筋縄ではいかない．まず，イデアルを用いて簡単に定義できるものとしては，Krull次元がある．環 A の素イデアルの列 $\mathfrak{p}_0 \subsetneq \mathfrak{p}_1 \subsetneq \cdots \subsetneq \mathfrak{p}_n$（全部で $n+1$ 項）について，その長さは n という．A の最長の素イデアルの列の長さを Krull 次元とよぶ．素イデアルは，幾何学的には既約閉集合に対応しているので，これは（Zariski）位相からの次元概念である．

ところが，多項式環 $k[X_1, \cdots, X_n]$ の場合の変数の個数 n は，素朴には解析的な概念で，すなわち，座標系（独立した関数の基底）の長さである．Krull次元との一致は自明ではない．このような座標系に基づく次元は，局所環について明確に定義される．極大イデアルを唯一つしかもたない環を局所環とよぶ．典型例は $\mathcal{O}_0 = \{f/g \mid f, g \in k[X_1, \cdots, X_n], g(0) \neq 0\}$（極大イデアルは $\mathfrak{m} = (X_1, \cdots, X_n)$ のみ）であり，点 0 で定義された（$g(0) \neq 0$）有理関数のなす環である．

一般の Noether 局所環 A の場合，極大イデアル $\mathfrak{m} = (x_1, \cdots, x_n)$ となる最小の生成系 $x_1, \cdots, x_n$ を座標系とよびたいところであるが，現実には，特異性の高い局所環においてはこれは適切ではない．剰余加群 $\mathfrak{m}/(x_1, \cdots, x_n)$ が有限の長さをもつ（$\iff \mathfrak{m}^N \subset (x_1, \cdots, x_n) \subset \mathfrak{m}$ となる $N \gg 0$ あり）ような最小の系 $x_1, \cdots, x_n$ のことを $\mathfrak{m}$ の座標系（パラメータ系）といい，この最小数 n を局所環の座標次元という．

第 7 章の主定理は，Noether 局所環においては，Krull 次元＝座標次元であるという結果である．実は，そのあいだに Hilbert–Samuel 次元というものが介在していて，これも等しい．Hilbert–Samuel 次元は，非常に技術的に見える定義がなされるが，計算しやすく柔軟性に富んでいて種々の方向で応用しやすい，結局は自然な概念である．一般には，次数環上の次数加群の母関数，Poincaré 級数から導かれる Hilbert–Samuel 多項式の次数なのであるが，その最高次の係数が重複度と関係しており，この多項式自身重要な不変

量である.

　これらの主題に関係する一般論として,第6章では,I 進位相,完備化などの概念とその技術的な展開を準備した. Artin-Rees の補題や Krull の交叉定理などが重要である. I 進位相は,元来は,数論における Hensel の p 進数の構成を環論的に一般化したものであるが,完備化と共に現代の数論のみならず代数幾何においても重要な働きをなしている.

　次元定理の述べるところにより,体上の代数多様体の次元についての基礎的部分は十分整備されるわけであるが,さらに,Krull の高度定理(PID 定理を含む)など部分多様体の次元の評価に関する重要な定理も同様の手法で導かれる. これらは,結論そのものは具体的な場合,いかにも直観的に自然に見えるのであるが,環論的に正しい議論を行うには,様々な面で微妙な点をもっており,近代になって初めて確立した理論である.

　最後の章で,Cohen-Macaulay 環の紹介を行う. これは先に触れたように,イデアルの素因子に対する純性定理が成立するような環であり,特異性はもっていても,極めて良い性質をもつ Noether 環のクラスをつくっている. この環の特徴づけには,正則列という概念が関係している. 元の列 $x_1, \cdots, x_n$ が正則であるとは,$(x_1, \cdots, x_n) \neq A$ であって,各 x_i が $A/(x_1, \cdots, x_{i-1}) = A_{i-1}$ 上零因子ではない($\iff x_i : A_{i-1} \to A_{i-1}$ が単射)ときをいう. 局所環 A の極大イデアル $\mathfrak{m}$ の中の最長の正則列の長さを A の深さという. 一般には,深さは A の次元を超えないが,深さが次元に等しいとき,Cohen-Macaulay 局所環という.

　この定義が,いわゆる純性定理の成立と同値であることを示すのが最初の目標である.

　次に,正則列は,ホモロジー代数の手法を用いると,Koszul 複体や Ext という関手と密接な関係があることを紹介する. この言葉によると,Cohen-Macaulay 局所環の次のような明快な特徴づけを得る.

$$A \supset \mathfrak{m} \text{ が Cohen-Macaulay 局所環} \iff$$
$$\operatorname{Ext}_A^i(A/\mathfrak{m}, A) = 0 \ (i < \dim A = n), \quad \operatorname{Ext}_A^n(A/\mathfrak{m}, A) \neq 0.$$

このような立場をさらに展開していくと，Cohen–Macaulay 環より強い性質をもつ Gorenstein 環などのクラスが見いだされることになる．この章では，このようなホモロジー代数の快い働きを実感していただく目論見ももっているのである．

1
環とイデアル
基礎事項

　この章では，可換環を語るうえで欠かせない基本的な概念を導入し，その取り扱いに慣れることを目的とする．まず，イデアルの概念が大切であり，とくに素数の性質をイデアル化した素イデアルに注目すべきである．これらのことを，基礎的な例，とくに有理整数環 $\mathbb{Z}$ と，多項式環などの扱いの中で習熟していくことを勧める．

§1.1　定義と例

　乗法をもつ加法群で，2つの演算の間に分配則が成り立つような代数系を一般に**環**(ring)という．さらに結合則をみたし，乗法に関する単位元 1 をもつ結合環のことを単に環ということも多い．本書では，乗法についての可換性を仮定した可換環を主として考えるので，断りがなければ，乗法に関する単位元をもつ結合的な**可換環**(commutative ring)のことを単に環ということにする．すなわち次の定義に従う．

　定義 1.1　集合 A が 2 種類の 2 項演算 $x+y$ と xy をもち $(x, y \in A)$，次をみたすとき**環**という：

（ⅰ）　$x+y = y+x$.
（ⅱ）　$(x+y)+z = x+(y+z)$.
（ⅲ）　任意の x に対して $x+0 = x$ をみたす元 0 が存在する．

(iv)　各元 x に対して $-x$ と書く元が存在して $x+(-x)=0$.
(ⅴ)　（分配則）$x(y+z)=xy+xz$.
(ⅵ)　（結合則）$x(yz)=(xy)z$.
(ⅶ)　任意の x に対して $1x=x$ をみたす元 1 が存在する．
(ⅷ)　$xy=yx$.　　　　　　　　　　　　　　　　　　　　□

　(i)–(iv)をみたす代数系を**加法群**(additive group)または**加群**(module)というのであった．単位元 0 および，x に対する逆元 $-x$ の一意性はすでに承知のことであろうが，(ⅶ)の 1 も一意的である（確認せよ）．乗法に関する可換性(ⅷ)を仮定せず，公理(ⅴ)，(ⅵ)において左右両側からの条件を要求したものが一般に**(非可換)結合環**(non-commutative associative ring)とよばれるものである．

　なお，$0=1$ のとき，$A=\{0\}$ となり，単に 0 と書いて**零環**(zero ring)という．

　有理整数全体の集合 $\mathbb{Z}$ が通常の加法，乗法で環をなすことは周知のことであろう．次によく知られたものに多項式環がある．この両者を源流としてそれらの環としての研究が代数的整数論および代数幾何学への流れをつくっていくことになり，現代でも切り離せないものになっている．

　念のため多項式環の定義を与えておく．一般に環 A に対して A 上の**多項式環**(polynomial ring) $A[X]$ が次のように定義される（**A 上の多項式代数**(polynomial algebra)ともいう）．文字 X を**不定元**(indeterminate)（または**変数**(variable)）といい，

$$a_m X^m + \cdots + a_0 = \sum_{i=0}^{m} a_i X^i \quad (a_i \in A)$$

という形をしたものを A 係数の多項式という．ここで係数 a_i のうち $a_i=0$ になるものがあれば，その項 $a_i X^i = 0$ とみなして，書かないものと同一視する．たとえば，

$$\sum_{i=0}^{m} a_i X^i = 0 X^{m+1} + \sum_{i=0}^{m} a_i X^i,$$
$$X^3 + 0X^2 + 0X - 1 = (X-1)(X^2+X+1) + 0X^{100}$$

などの同一視を行う. $A[X]$ における加法は各 X^i の係数ごとの和で定義し, 乗法は,

$$\left(\sum_{i=0}^{m} a_i X^i\right)\left(\sum_{j=0}^{n} b_j X^j\right) = \sum_{k=0}^{m+n} c_k X^k \quad \left(c_k = \sum_{i+j=k} a_i b_j\right)$$

によって定義する. このとき, $A[X]$ が乗法の単位元 $1 = X^0$ をもつ環になることは容易に確かめられる.

$$f(X) = \sum_{i=0}^{m} a_i X^i$$

について, $a_m \neq 0$ のとき $f(X)$ の**次数**(degree)は m であるといい,

$$\deg f(X) = m$$

と記す. 0 の次数は $-\infty$ と約束しておく.

次数について, 次が成り立つことを注意しておく.
(i) $\deg(f+g) \leqq \mathrm{Max}(\deg f, \deg g)$,
(ii) $\deg(fg) \leqq \deg f + \deg g$ (A が整域(定義は下)なら等号が成立).

不定元が n 個 $\{X_1, X_2, \cdots, X_n\}$ の場合も帰納的に

$$A[X_1, X_2, \cdots, X_n] = (A[X_1, X_2, \cdots, X_{n-1}])[X_n]$$

として定義すればよい. 無限個の不定元の場合も, これらの和集合として定義される.

定義 1.2

(i) 環 A の元 x について, $xy = 0$ となる $y \neq 0$ が存在するとき, x を**零因子**(zero divisor)という(すなわち, $y = \dfrac{0}{x}$; 0 を割って $y \neq 0$ が出る). 0 でない零因子をもたない環 ($\neq 0$) を**整域**(integral domain)という.

(ii) ある自然数 n に対し $x^n = 0$ となる元を**ベキ零元**(nilpotent element)という. ベキ零元は零因子である.

(iii) 乗法について逆元をもつもの, すなわち, $x \in A$ で $xy = 1$ となる $y \in A$ が存在するとき x を**単元**(unit)といい, $y = x^{-1}$, 単元の集合を $A^\times$ と書く. $A^\times$ は空集合でなければ 1 を単位元とする群をなし, A の**単元群**(unit group)という.

(iv) $A^\times = A \setminus \{0\} \neq \emptyset$ のとき A を**(可換)体**(commutative field)という. □

有理整数環 $\mathbb{Z}$ は整域であり名前もそこに由来する．体も整域で，$a \neq 0$ ならば $ax = b$ をみたす $x \in A$ が唯一つ存在する $(x = a^{-1}b)$．

例 1.3 A が整域ならば A 上の多項式環 $A[X_1, X_2, \cdots, X_n]$ もまた整域である．（証明は演習問題 1.2.） □

§1.2 イデアルと同型定理

すべての代数系に共通である同型定理に関する事柄をこの節でまとめておく．この過程において環という代数系では，イデアルという概念が自然に生み出されてくる．

環における準同型写像(射)を次のように定義するのは自然であろう．

定義 1.4 環 A, B について写像 $f : A \to B$ が **(環)準同型**(homomorphism) であるとは，

(i)　$f(x+y) = f(x) + f(y) \quad (x, y \in A)$,

(ii)　$f(xy) = f(x)f(y)$,

(iii)　$f(1_A) = 1_B \quad (1_A, 1_B$ はそれぞれ A, B の乗法に関する単位元). □

(i) は加法群についての準同型という条件であるから，
$$f(-x) = -f(x), \quad f(0_A) = 0_B$$
などが導かれる．乗法については群ではないので，条件 (iii) をおくのが普通である．以下混同の恐れがない限り $1_A, 0_A$ などは単に $1, 0$ と記す．

環準同型 $f : A \to B$ に対して，群論に準じて f の核
$$\operatorname{Ker} f := \{x \in A \mid f(x) = 0\}$$
を考えてみる．A, B は加法群であるから，群準同型定理から加法群としての同型 $A/\operatorname{Ker} f \xrightarrow{\sim} \operatorname{Im} f = f(A)$ を得る．ちなみに，この写像は $a + \operatorname{Ker} f \mapsto f(a)$ で与えられている．環構造について見てみよう・
$$x \in \operatorname{Ker} f \implies ax \in \operatorname{Ker} f \quad (a \in A)$$
である．すなわち，$f(ax) = f(a)f(x) = f(a)0 = 0 \ (a \in A)$ となる．

注目すべき点は，A の部分加法群 $\operatorname{Ker} f$ は "部分" $\operatorname{Ker} f$ の乗法のみならず，"全体" A の乗法について閉じていることである．このような核 $\operatorname{Ker} f$ を

プロトタイプとする部分系として，**イデアル**(ideal)を定義する．

定義1.5 環 A の部分集合 I が A のイデアルであるとは，次をみたすときをいう．

（ⅰ） $x+y \in I$ $(x, y \in I)$,
（ⅱ） $ax \in I$ $(x \in I, a \in A)$ （$AI \subset I$ と書く）． □

$-1 \in A$ だから(ⅱ)より $x \in I \Longrightarrow -x \in I$ となり，I は部分加法群になっていることに注意しておこう．

正規部分群に対して剰余群(商群)が構成されたように，環 A のイデアル I に対して**剰余環**(factor ring, quotient ring) A/I が構成される．

命題1.6 イデアル I による剰余集合 A/I の元 $\bar{x} := x+I$, $\bar{y} := y+I$ に対して，

（ⅰ） $\bar{x}+\bar{y} = \overline{x+y}$,
（ⅱ） $\bar{x}\bar{y} = \overline{xy}$

と定義することにより，A/I は再び環になる．

[証明] 定義に整合性があるか(well-defined という)のみが問題である．すなわち，剰余集合 A/I においての2つの演算が剰余類 $\bar{x} = x+I$ の代表 x によらないことを確認すればよい．加法(ⅰ)については群論の命題である．念のため確かめよう．$\bar{x} = \bar{x'} \Longleftrightarrow x-x' \in I$ であるから，$y-y' \in I$ とすると，イデアルの公理(ⅰ)から，$(x+y)-(x'+y') = (x-x')+(y-y') \in I$．これは加法が代表の取り方によらないことを示している．

乗法が代表の取り方によらないためにイデアルの公理(ⅱ)が必要である．まず $x-x' \in I$, $y-y' \in I$ ならば公理(ⅱ)より $y(x-x') \in I$, $x'(y-y') \in I$．よって公理(ⅰ)より $xy-x'y' = y(x-x')+x'(y-y') \in I$． ■

この命題によって，イデアル I に対して，剰余環 A/I ができることが確認されて，環についての同型定理は次のように述べられる．

定理1.7（環同型定理） $f: A \to B$ を環準同型とすると，$\mathrm{Ker}\, f$ は A のイデアルで，同型
$$\bar{f}: A/\mathrm{Ker}\, f \xrightarrow{\sim} \mathrm{Im}\, f = f(A) \subset B \quad (x+\mathrm{Ker}\, f \mapsto f(x))$$
が成立する．

[証明] 写像 $\bar{f}$ が全射であることは定義によって明らか．単射であることも，$\bar{f}$ の核が零であることから分かる(群同型定理)．群同型以上に注意すべき点は，上の写像が乗法に関して準同型になっている点である．これは剰余環の定義においてまさにそうなるように乗法を定義してある．■

以下の系も群の場合と同様に成立する．ただし，環 B の部分加法群 A について $1\in A$ でかつ乗法についても閉じている $(x, y\in A \Longrightarrow xy\in A)$ とき A を**部分環**(subring)という．

系 1.8
(i) A を B の部分環で I を B のイデアルとすると，$A+I$ は B の部分環で，
$$A/A\cap I \xrightarrow{\sim} (A+I)/I.$$
(ii) 環準同型 $f:A\to B$ について，I を B のイデアルとすると
$$A/f^{-1}(I) \xrightarrow{\sim} \mathrm{Im}\, f/(\mathrm{Im}\, f)\cap I.$$

[証明] (i) 全準同型 $A \ni x \mapsto x+I \in (A+I)/I$ に環同型定理(定理 1.7)を適用せよ．

(ii) 準同型 $A \ni x \mapsto f(x)+I \in B/I$ の像は $(\mathrm{Im}\, f+I)/I$ である．これは(i)より $\mathrm{Im}\, f/(\mathrm{Im}\, f)\cap I$ に同型であるから，環同型定理によって主張がいえる．■

§1.3 初等的な例――Euclid 整域，単項イデアル環

環 A の部分集合 S に対して，S を含む最小のイデアルを，AS とか (S) と書いて，S が**生成する**(generate)イデアルという．$S=\{x_i \mid i\in T\}$ のとき，これを
$$\sum_{i\in T} Ax_i = (x_i)_{i\in T}$$
などと書くことも多い．実際，定義によって
$$AS = (S) = \{\sum_{\text{有限和}} a_i x_i \mid a_i \in A,\ x_i \in S\}$$

§1.3 初等的な例——Euclid 整域, 単項イデアル環——17

である. I_l ($l \in L$) を A のイデアルとすると明らかに共通部分 $\bigcap_{l \in L} I_l$ はまた A のイデアルである. したがって,

$$AS = \bigcap_{S \subset I : \text{イデアル}} I$$

と書いてもよい. 次のことに注意しておこう.

命題 1.9

(i) I, J を環 A のイデアルとすると, $I+J := \{x+y \mid x \in I, y \in J\}$ は $I \cup J$ が生成するイデアルである.

(ii) $IJ := (xy)_{x \in I, y \in J}$ ($\{xy\}_{x \in I, y \in J}$ によって生成されたイデアル)について, $IJ \subset I \cap J$.

(iii) イデアル I について
$$I = A \Longleftrightarrow I \text{ が単元}(\in A^\times) \text{を含む} \Longleftrightarrow 1 \in I$$
(このとき I を**単位イデアル**(unit ideal)という.)

(iv) A が体であるためには, $1 \neq 0$ であって A が自明なもの(単位イデアルか $\{0\}$)以外のイデアルをもたないことが必要十分である.

[証明] (iii) $x \in I \cap A^\times$ とすると $1 = x^{-1}x \in I$, このとき任意の $a \in A$ について $a = a1 \in I$ となり, $A = I$.

(iv) A が体ならば $A^\times = A \setminus \{0\} \ni 1$ ゆえ $1 \neq 0$ で, $I \neq \{0\}$ なるイデアルについて I は単元を含むから(iii)により $I = A$. 逆に, $x \neq 0$ を A の元とし, イデアル $(x) = Ax$ を考えると, 条件より $Ax = A$, すなわち $1 \in Ax$. よって, ある $a \in A$ に対して $ax = 1$, すなわち x は乗法の逆元 a をもつ. ∎

1つの元から生成されるイデアルを**単項イデアル**(principal ideal)という. 有理整数環 $\mathbb{Z}$ のすべてのイデアルは単項である. 実際, 群論の初歩で "巡回群の部分群は巡回群である" ことが知られているから, $\mathbb{Z}$ のイデアルもすでに加法群として単項である. 復習してみる. $\mathbb{Z}$ のイデアル $I \neq \{0\}$ に対して $x_0 \in I$ を I に属する最小の正の数とする($x \in I \Longrightarrow -x \in I$ に注意). このとき, 任意の $a \in I$ について剰余の定理から $a = qx_0 + r$ となる q, $0 \leqq r < x_0$ がある. すると $r = a - qx_0 \in I$ であり x_0 の最小性から $r = 0$, すなわち $a \in (x_0)$ が導かれ, I が単項であることが分かる.

一般の環の場合でも,その任意のイデアルが単項であるとき,**単項イデアル環**(principal ideal ring)という.さらに,その環が整域ならば**単項イデアル整域**(principal ideal domain, 略して PID)という.

単項イデアル整域は非常に特殊な環であるが,多くの基本的な例を与えてくれる.これよりさらに特殊なものとして,いわゆる Euclid の除法が可能であるもの,すなわち,Euclid 整域がある.まず整列集合の定義を思い出そう.空でない任意の部分集合が最小元をもつような全順序集合を整列集合とよんだ.たとえば,一定の数より大なる整数のなす集合(自然数の集合など)がそうである.

定義 1.10 整域 A について,ある整列集合 $(N, <)$ に値をもつ関数 $\mu: A \to N$ で,次をみたすものが存在するとき,A を **Euclid 整域**という.

(i) $x \neq 0$ ならば $\mu(x) > \mu(0)$.

(ii) $x \neq 0$ ならば任意の $y \in A$ に対し,
$$y = qx + r, \quad \mu(r) < \mu(x)$$
をみたす $q, r \in A$ が存在する. □

例 1.11

(1) 有理整数環 $\mathbb{Z}$ は絶対値 $\mu = |\ |$ ($N = \mathbb{N}$) を考えることにより Euclid 整域である.

(2) 体 k 上の 1 不定元多項式整域 $k[X]$ は $\mu(f) = \deg f$ ($N = \mathbb{N} \cup \{-\infty\}$, $\deg 0 = -\infty$ と約束)により Euclid 整域である. □

$\mathbb{Z}$ が単項イデアル整域であることの証明とまったく同じ仕組みで次が分かる.

命題 1.12 Euclid 整域は単項イデアル整域である.

[証明] I を Euclid 整域 A のイデアルとする.$x_0 \in I \setminus \{0\}$ を $\mu(x_0) \leqq \mu(x)$ ($x \in I \setminus \{0\}$) なるものとする(N が整列集合であるから存在する).このとき,任意の $x \in I \setminus \{0\}$ に対して Euclid の除法(ii)により
$$x = qx_0 + r, \quad \mu(r) < \mu(x_0)$$
をみたすような r が存在する.ところが $\mu(x_0)$ の最小性から $r = 0$ でなければいけない.これは $x = qx_0 \in I$ を意味しており,$I = (x_0)$ がいえた. ∎

§1.3 初等的な例——Euclid 整域, 単項イデアル環——19

ここで, イデアルの集合論的関係と整除の関係について注意しておこう. 単項イデアル (a), (b) について,

$$(a) \supset (b) \iff a \mid b \quad (\iff b = ax \text{ となる } x \text{ がある})$$

である. すなわち, 元が約元であることと, イデアルの大小が対応している. したがって, 単項イデアルについて, $(d) = (a) + (b)$ ということは (d) が (a) と (b) を含む最小のイデアルであるということであるから, d は $d \mid a$ かつ $d \mid b$ なる "最大の元" であることを意味している. すなわち, $d = \mathrm{GCD}(a, b)$ (a と b の最大公約元)である.

同様に, $(l) = (a) \cap (b)$ ならば l は $a \mid l$ かつ $b \mid l$ なる "最小の元", すなわち, $l = \mathrm{LCM}(a, b)$ (最小公倍元)である. 以上は, 有理整数環 $\mathbb{Z}$ での概念を拡張したものである.

また加群のときと同様に, イデアル I に対して,

$$x \equiv y \bmod I \iff x - y \in I$$

なる合同記号を用いる. とくに $I = (a)$ のときは $x \equiv y \bmod a$ と記すことが多い.

例題 1.13 (Euclid の互除法) 不定方程式 $ax + by = d$ の整数解を求めよ.

[解] $d_0 = \mathrm{GCD}(a, b)$ とすると, $d \in (a) + (b) = (d_0)$ であるから $d_0 \mid d$ でなければいけない. よって, $d = d_0$ のとき解けばよい. まず, a, b から, 最大公約数 d を求める算法を思い出そう. 簡単のため a, b 共に正とする. $b < a$ とするとき, $a = qb + r$, $0 \leq r < b$ とする. $r \neq 0$ ならば (b, r) について同様の除法を行う. この操作を続けてゆくといずれ割り切れて最大公約数が求まる. ちゃんと書くために, $a_0 = a$, $a_1 = b$, $a_2 = r$ とおいて, 以降の除法を $a_{i-1} = q_i a_i + a_{i+1}$ $(0 \leq i)$ とする. いま $a_n \neq 0$, $a_{n+1} = 0$ となったとすると, $d = a_n$ である. 実際, $\mathrm{GCD}(a_{i-1}, a_i) = \mathrm{GCD}(a_i, a_{i+1})$ であるから明らか. さて, 除法の式を行列の演算として書いてみると次のようになる.

$$\begin{pmatrix} 0 & 1 \\ 1 & -q_i \end{pmatrix} \begin{pmatrix} a_{i-1} \\ a_i \end{pmatrix} = \begin{pmatrix} a_i \\ a_{i+1} \end{pmatrix}.$$

そこで $Q_i = \begin{pmatrix} 0 & 1 \\ 1 & -q_i \end{pmatrix}$ とおくと,

$$\begin{pmatrix} a_n \\ 0 \end{pmatrix} = Q_n \begin{pmatrix} a_{n-1} \\ a_n \end{pmatrix} = Q_n Q_{n-1} \begin{pmatrix} a_{n-2} \\ a_{n-1} \end{pmatrix} = \cdots = Q_n Q_{n-1} \cdots Q_1 \begin{pmatrix} a_0 \\ a_1 \end{pmatrix}$$

となる．ここで $Q = Q_n Q_{n-1} \cdots Q_1$ とおくと，

$$\begin{pmatrix} a_n \\ 0 \end{pmatrix} = Q \begin{pmatrix} a_0 \\ a_1 \end{pmatrix}.$$

よって 2 次行列 Q を求めておけば，$d = a_n$ が $a = a_0$ と $b = a_1$ の結合で表示できて，目的の不定方程式の解が求まる． ∎

§1.4 素イデアルと極大イデアル

整数 $p > 1$ が素数であるための特徴づけは少なくとも 2 つはある．1 つは，自身の約数は符号すなわち単元倍を除いて 1 か自身であることである．もう 1 つは，$p \mid (ab) \Longleftrightarrow p \mid a$ または $p \mid b$ が任意の $a, b \in \mathbb{Z}$ に対して成り立つことである．この 2 つを有理整数環 $\mathbb{Z}$ のイデアルの関係に言い換えてみると次のようになる．

前者は，単項イデアル (p) を含むイデアルはそれ自身か単位イデアル(=全体)ということ，後者は，$p \notin A^\times \Longleftrightarrow (p) \neq A$ であって

$$ab \in (p) \Longrightarrow a \in (p) \text{ または } b \in (p)$$

ということである．一般の環ではこの 2 つは同値ではない．

定義 1.14

（ⅰ）環 A の真のイデアル($\neq A$)のうち，集合の包含関係で極大なものを**極大イデアル**という．すなわち，$\mathfrak{m}$ が極大イデアルとは，$\mathfrak{m} \subsetneq I \subset A$ なるイデアル I が $I = A$ に限るときをいう．

（ⅱ）環 A のイデアル $\mathfrak{p} \neq A$ が $ab \in \mathfrak{p} \Longrightarrow a \in \mathfrak{p}$ または $b \in \mathfrak{p}$ $(a, b \in A)$ をみたすとき**素イデアル**という． ∎

命題 1.15

（ⅰ）$\mathfrak{p}$ が A の素イデアル $\Longleftrightarrow A/\mathfrak{p}$ が整域．

（ⅱ）$\mathfrak{m}$ が A の極大イデアル $\Longleftrightarrow A/\mathfrak{m}$ が体．

（ⅲ）極大イデアルは素イデアルである．

[証明] (i) $\mathfrak{p}$ が素イデアル $\iff$ ($\mathfrak{p}\neq A$ であって，$ab\in\mathfrak{p}$ ならば $a\in\mathfrak{p}$ または $b\in\mathfrak{p}$) $\iff$ ($A/\mathfrak{p}\neq 0$ において $\overline{ab}=\overline{a}\overline{b}=0$ ならば $\overline{a}=0$ または $\overline{b}=0$) $\iff$ $A/\mathfrak{p}$ が整域.

(ii) $\mathfrak{m}$ は A の極大イデアルとし，$a\notin\mathfrak{m}$ とする．このとき $\mathfrak{m}$ の極大性から $\mathfrak{m}+Aa\ni 1$，すなわち，ある b に対して $ab\equiv 1 \bmod \mathfrak{m}$．これは剰余環 $A/\mathfrak{m}$ が体であることを示している．逆に剰余環 $A/\mathfrak{m}$ が体であるとすると，$a\notin\mathfrak{m}$ に対して $ab\equiv 1 \bmod \mathfrak{m}$ となる元 b があるから，$\mathfrak{m}+Aa\ni 1$ となり $\mathfrak{m}$ は極大である．

(iii) 体は整域であるから，(i) と (ii) から明らか． ∎

例 1.16 $\mathbb{Z}$ の素イデアルは $0=\{0\}$ または (p) (p は素数) に限る． □

命題 1.17 単項イデアル整域の 0 でない素イデアルは極大である．

[証明] 単項イデアル $(p)\neq 0$ が素であるとする．$a\notin (p)$ に対しイデアル (a,p) の生成元を b とすると，$p=bx$ となる x がある．$b\notin(p)$ ゆえ (p) が素イデアルであることから，$x\in(p)$ すなわち $x=py$ となる y がある．よって $p=bpy$ となり，整域だから $p\neq 0$ から $by=1$ が導かれ b は単元である．これは (p) が極大であることを意味する． ∎

例 1.18 $\mathbb{Z}$ において，(p) が極大 (したがって 0 でない素) であることと，p が (符号を除いて) 素数であることが同値であり，体上の 1 変数多項式整域においては，$(f(X))$ が極大であることと，$f(X)$ が 0 でない既約多項式であることが同値である． □

命題 1.19 任意の真のイデアル $I\neq A$ に対して I を含む極大イデアルが存在する．とくに，0 でない環は極大イデアルをもつ．

[証明] Zorn の補題による．これは選択公理と同値な命題であり，補題とはいっても公理と思えばよい．"帰納的順序集合は少なくとも 1 つの極大元をもつ" という命題である．"帰納的順序集合" とは，空でないすべての全順序部分集合が上界をもつものをいう．(Y の上界とは，$y\leq u \,(y\in Y)$ をみたす u である．)

さて，イデアル I に対して A の真のイデアルのなす集合 $\mathcal{I}:=\{J\supset I\mid A\neq J\}$ を考える．この集合を包含関係に関する順序集合と考えたとき，その極

大元は A の極大イデアルになるから，$\mathcal{I}$ が帰納的順序集合であることを見れば，Zorn の補題が命題を導く．$\mathcal{I}$ の全順序部分集合 $\{J_\alpha\}_{\alpha\in C}$（$C$ は添字集合）に対して，和 $J_\infty = \bigcup_{\alpha\in C} J_\alpha$ は，$\{J_\alpha\}_{\alpha\in C}$ が全順序であることから，イデアルになることが分かる．したがって，$J_\infty \neq A$ が示されれば，$J_\infty \in \mathcal{I}$ となり上界を与えるので，主張がいえる．ところが $1 \in J_\infty$ とすると，定義により，ある α に対して $1 \in J_\alpha$ となり $J_\alpha \neq A$ に反する．よって命題が示された．∎

命題 1.20 環の準同型 $f : A \to B$ において B の素イデアル $\mathfrak{p}$ の逆像 $f^{-1}(\mathfrak{p})$ はまた A の素イデアルである．

[証明] 同型定理の系 1.8(ii) によって，
$$A/f^{-1}(\mathfrak{p}) \xrightarrow{\sim} f(A)/(f(A) \cap \mathfrak{p}) \subset B/\mathfrak{p}.$$
ところが，$\mathfrak{p}$ が素イデアルゆえ命題 1.15(i) により $B/\mathfrak{p}$ は整域である．したがってその部分環とみなせる $A/f^{-1}(\mathfrak{p})$ も整域となり $f^{-1}(\mathfrak{p})$ は素である．∎

$\operatorname{Spec} A$ によって A の素イデアル全体のなす集合を表す．命題 1.20 は環準同型 $f : A \to B$ が反変的な写像 $f^* : \operatorname{Spec} B \to \operatorname{Spec} A$ を引き起こすことをいっている．これがスキーム論的代数幾何の出発点である．ちなみに，B の極大イデアル $\mathfrak{m}$ の逆像 $f^{-1}\mathfrak{m}$ は素ではあるが極大であるとは限らない．

§1.5 素元分解整域（UFD）

初等整数論の基本定理に整数の素因数分解の一意性がある．一般の環においてもこの性質をもつものがあり，単項イデアル整域をはじめとして重要なクラスをなしている．この節では，このことを解説しよう．

$p \neq 0, \pm 1$ なる整数について，$\mathbb{Z}$ では (p) が素イデアルであることと，p が既約であることは同じことであった．一般の整域では，この2つの概念は異なるので，このことから始めよう．

以下，この節では断らない限り環 A は整域とする．A の元 $p \neq 0$ が素イデアル (p) を生成するとき，p を**素元**(prime element)という．一方，$a \neq 0$ が単元でなく，$a = bc$ と分解すれば b か c のどちらかが単元になるとき，a を**既約元**(irreducible element)という．

§1.5 素元分解整域(UFD) —— 23

命題 1.21 素元は既約元である.

[証明] 素元 p について $p=bc$ とする. $bc \in (p)$ で, (p) は素イデアルゆえ, b または $c \in (p)$. $p|b$ とすると $b = pb'$. したがって $p = pb'c$. 整域であり, $p \neq 0$ ゆえ, $b'c = 1$, すなわち c は単元である. よって, p は既約元である. ∎

単元でも 0 でもない元が必ず素元の積に書ける整域を**素元分解整域**または**一意分解整域**(factorial domain または unique factorization domain; 略して UFD)という. この名前の由来は次の命題による.

命題 1.22 整域 A において, 素元の積への分解は(順序と単元倍を除いて)一意的である.

[証明] $p_1 p_2 \cdots p_r = q_1 q_2 \cdots q_s$ (p_i, q_j は素元) とするとき, $r = s$ で, 番号を付け替えると $p_i = u_i q_i$ となる単元 $u_i \in A^\times$ があることを示せばよい. まず $q_1 q_2 \cdots q_s \in (p_1)$ で, p_1 は素元であるから, ある q_i について $q_i \in (p_i)$ となる. 番号を付け替えることによって $q_1 \in (p_1)$ と仮定してよい. すなわち, $q_1 = u_1 p_1$ となる. ところが命題 1.21 より q_1 は既約元で p_1 は単元でないので, $u_1 \in A^\times$ である.

以下同様にして(または帰納法によって), $r = s$ かつ $p_i = q_i$ $(2 \leq i < r)$ が従う. ∎

素元分解整域においては $\mathbb{Z}$ と同様に既約元は素元になる. 実際, a を既約元とし, その素元分解 $a = p_1 p_2 \cdots p_r$ を考える. $r \geq 2$ とすると a は既約であるから p_1 か $p_2 \cdots p_r$ は単元でなければならないが p_1 は素元ゆえ, これは矛盾. よって $a = p_1$ 自身素元である.

素元分解整域を既約分解の一意性によって特徴づけることもできる.

命題 1.23 整域 A が素元分解整域であるためには, 単元でも 0 でもない元が, 単元倍を除いて一意的に既約元の積に書けることが必要十分である.

[証明] 命題 1.22 によって必要であることは分かっている. 十分であることをいうためには, 既約元が素元になることをいえばよい.

既約元 a の生成するイデアル (a) に対して, $xy \in (a)$ とすると, x, y の既約元への分解 $x = x_1 x_2 \cdots x_r$, $y = y_1 y_2 \cdots y_s$ を考えると $a | (x_1 x_2 \cdots x_r y_1 y_2 \cdots y_s)$.

ところが，既約元への分解の一意性から，既約元 a について単元倍を除いて a はある x_i または y_j に等しい．たとえば $a = x_1$ とすると，$a | x$ となり，これは (a) が素イデアル，すなわち素元であることを示している． ∎

$\mathbb{Z}$ や $k[X]$ は素元分解整域であるが，もっと一般に次がいえる．

定理 1.24 PID は UFD である．

[証明] まず $a \neq 0$ が単元でなければ $a = p_1 a_1$ となる素元 p_1 があることに注意する．実際，$(a) \neq A$ ゆえ，命題 1.19 より (a) を含む極大イデアル $\mathfrak{m}$ が存在するが，PID であるから $\mathfrak{m} = (p_1)$ となる素元 p_1 がある（命題 1.15(iii)，実は Zorn の補題は不要；下の注意参照）．

この操作を繰り返すことにより，$a = p_1 p_2 \cdots p_n a_n$ で，$p_i \; (1 \leqq i \leqq n)$ は素元，$a_n \in A^\times$ となることがいえればよい．$a_i = p_{i+1} \cdots p_n a_n \; (1 \leqq i < n)$ であり，p_i は素元だから，単項イデアルの増大列
$$(a) \subsetneq (a_1) \subsetneq (a_2) \subsetneq \cdots \subsetneq (a_n)$$
が得られる．a_n が単元でなければ同じ操作で $(a_n) \subsetneq (a_{n+1})$ となるイデアルがさらにとれる．いま n をどんなに大きくとっても a_n は単元にならないとすると，イデアルの真の無限増大列
$$(a) \subsetneq (a_1) \subsetneq (a_2) \subsetneq \cdots \subsetneq (a_n) \subsetneq (a_{n+1}) \subsetneq \cdots$$
が得られることになる．ところが，和 $I = \bigcup_{i=1}^{\infty} (a_i)$ を考えると，これはまたイデアルになる（(a_i) が増大列ゆえ）．A は PID だから $I = (a_\infty)$ となる元 a_∞ が存在するが，定義によって，ある n に対して $a_\infty \in (a_n)$ である．すなわち $(a_n) = (a_\infty) = (a_{n+1}) = \cdots$ となり，真の増大列であることに反する．したがって，適当な n に対して a_n が単元になることになり命題が証明された． ∎

注意 PID の場合に，Zorn の補題なしで極大イデアルの存在がいえる．$\mathcal{I} := \{I \,|\, 1 \notin I\}$ が極大元を含むことをいう．そうでなければ，任意の $I \in \mathcal{I}$ に対して，$I \subsetneq I_1 \in \mathcal{I}$ が存在するから無限列 $I \subsetneq I_1 \subsetneq \cdots \subsetneq I_n \subsetneq \cdots$ が存在する．$I_\infty = \bigcup_i I_i$ も単項であるから $I_\infty = (a)$ となる a があり，$a \in I_n$ となる n をとれば $I_n = I_{n+1} = \cdots$ となり矛盾．

体上の多項式整域については，多変数の場合でも素元分解整域になる．重

§1.5 素元分解整域(UFD) — 25

要な例であるので少し長くなるが，このことの証明を与える．そのための準備から始めよう．

一般の整域 A に対しても，有理整数環 $\mathbb{Z}$ から有理数体 $\mathbb{Q}$ を構成したときと同様に分数を導入することで A を含む最小の体 K が作られることは容易に察しがつくと思う．後に一般の環に対して局所化(分数化)と称する構成を行うが，いまはその特別な場合である．すなわち，$a, b \in A, b \neq 0$ なる2元に対して，対 $(a, b) = a/b$ を考え，$a/b = a'/b' \iff ab' = a'b$ により同値関係をいれ，分数の和と積を定義すればよい．$K = \{a/b \mid a, b \in A, b \neq 0\}$ を A の**商体**という．$a \mapsto a/1$ は環の埋め込み(単準同型) $A \hookrightarrow K$ を与えており，これにより A を体 K の部分環とみなす．

A が素元分解整域であれば，商体 K の元は分子，分母を素元分解し，共通因子を消去することにより，A の単元倍を除いて一意的に $p_1 \cdots p_r / q_1 \cdots q_s$ のような既約表示ができることは明らかであろう(有理数体 $\mathbb{Q}$ と同じ)．また，A の有限個の元に対して最大公約元，最小公倍元が，単元倍を除いて決まることも $\mathbb{Q}$ と同様である．

A 係数の1変数多項式 $f(X) = a_n X^n + \cdots + a_0 \in A[X]$ について，係数 $a_0, \cdots, a_n$ の最大公約元が1のとき $f(X)$ を**原始多項式**(primitive polynomial)という．まず次の2つの補題を準備する．

補題 1.25 A を素元分解整域，K をその商体とする．K 係数の多項式 $f(X) \in K[X]$ はある原始多項式 $f_0(X) \in A[X]$ に対して，$f(X) = cf_0(X)$ ($c \in K$) と書け，この $c \in K$ は f に対して，A の単元倍を除いて(剰余集合 $K/A^\times$ の元として)一意的に決まる．

[証明] 係数の既約表示を考えて，分母の最小公倍元を乗じ，残る係数の最大公約元を括り出すことにより主張のように分解することは明らかである．$c \in K$ の $A^\times$ 倍を除いての一意性をいう．$f_0, f_0' \in A[X]$ を共に原始多項式として $cf_0 = c'f_0'$ ($c, c' \in K$) とする．$c = a/b$, $c' = a'/b'$ ($a, b, a', b' \in A$) を c と c' の既約表示とする(a と b, a' と b' とは互いに素)．このとき $b'af_0 = ba'f_0'$ だから，a は多項式 $ba'f_0'$ のすべての係数の公倍元である．しかるに f_0' は原始的だから，このことは $a \mid (ba')$ を意味する．a と b とは互いに素ゆえ，

$a\,|\,a'$ を得る．同様に $a'\,|\,a$ も得られるので，a と a' は $A^\times$ 倍を除いて等しい．同様に b と b' についても同じことがいえ，結局，c と c' について $A^\times$ 倍を除いて等しいことがいえた．

補題の c を $c(f)$ と書いて $f \in K[X]$ の**内容**（content）という．$c(f) = 1$ ということと f が原始的であるということが同値である．

補題 1.26（Gauss の補題）　上の補題 1.25 と同じ条件のもとで
$$c(fg) = c(f)c(g) \quad (f, g \in K[X])$$
が成立する．とくに原始多項式の積はまた原始多項式である．

［証明］　$fg = c(f)c(g)f_0 g_0$ ゆえ $f_0 g_0$ が原始的であれば，"内容" の一意性から $c(fg) = c(f)c(g)$ が成立する．すなわち，命題の後半を証明すればよい．

いま，原始的な $f, g \in A[X]$ に対し，fg が原始的でないとする．このとき A のある素元 $p \neq 0$ に対して，$p\,|\,(fg)$ となる．いま $A[X]$ のイデアル $pA[X]$ による剰余環を考えると，$A[X]/pA[X] \simeq (A/(p))[X]$ と見なせる（係数を $\bmod p$ で考える）．仮定より，射影 $\pi : A[X] \to (A/(p))[X]$ に対して $\pi(fg) = 0$．ところが (p) は A の素イデアルだから $A/(p)$ は整域で（命題 1.15），よって整域上の多項式環 $(A/(p))[X]$ もまた整域である（例 1.3）．すなわち，$\pi(f)\pi(g) = \pi(fg) = 0$ ならば $\pi(f) = 0$ または $\pi(g) = 0$ となり，これは，f または g の係数が公約元 p をもつことを意味しており，原始的という仮定に反する．

系 1.27　$A[X]$ の既約多項式は $K[X]$ においても既約である．

［証明］　既約多項式 $f \in A[X]$ が $K[X]$ で $f = gh$ $(g, h \in K[X])$ と分解したとする．$c(f) \neq 1$ のときは，$f = c(f)$（A の既約元）かつ $f_0 = 1$ なので明らか．したがって，$c(f) = 1$ と仮定してよい．このとき，Gauss の補題（補題 1.26）により $1 = c(f) = c(g)c(h)$ となる．よって，$f = f_0 = c(g)g_0 c(h)h_0 = g_0 h_0$ $(g_0, h_0 \in A[X]$ は原始的）となり，f は $A[X]$ の既約元であったから，g_0 か h_0 のいずれか一方は A の単元である．すなわち g_0 か h_0 のいずれか一方は定数となり，これは f の $K[X]$ での既約性を示している．

以上の準備のもとで目標の次の定理が証明される．

定理 1.28　素元分解整域 A 上の多項式整域 $A[X_1, X_2, \cdots, X_n]$ はまた素元

分解整域である.

[証明] $A[X_1, X_2, \cdots, X_n] = A[X_1, X_2, \cdots, X_{n-1}][X_n]$ だから帰納法により $n=1$ のとき示せばよい. すなわち, $A[X]$ の元 f が一意的に既約元の積に表示できることをいえばよい(命題 1.23).

まず既約元の積へ分解することを示す. 補題 1.25 によって $f = c(f)f_0$ ($c(f) \in A$) と分解して, $c(f)$ は A の既約元(これはまた $A[X]$ の既約元でもある)の積になるから原始多項式 f_0 について見ればよい. これは既約でなければ因数分解することにより因子の次数は下がるから, 結局既約多項式に分解する.

一意性が問題である. 補題 1.25 の分解 $f = c(f)f_0$ ($c(f) \in A$) は一意的であり, $c(f) \in A$ については A が UFD であるから一意性は保証されている. したがって, 原始多項式 f_0 の既約分解の一意性を示さなければならない.

$$f_0 = p_1 p_2 \cdots p_r = q_1 q_2 \cdots q_s$$

を $A[X]$ での既約分解とすると, 系 1.27 によって p_i, q_j は $K[X]$ においても既約である. $K[X]$ は UFD であるから, $K[X]$ での一意性により, $r=s$ で番号を付け替えて $p_i = c_i q_i$ ($c_i \in K^\times = K[X]^\times$) となる. ところで p_i も q_i も原始的であったから $1 = c(p_i) = c(c_i q_i) = c(c_i)$, すなわち, $c_i \in A^\times$ (A の単元) となり, $A[X]$ での既約分解の一意性が導かれた. ∎

注意 先走りであるが, 第 7 章で紹介する"正則局所環"という重要な UFD がある (Auslander–Buchsbaum の定理).

《 要 約 》

1.1 可換環, 零因子, 単元, 整域, 体.
1.2 多項式環と次数.
1.3 環の準同型とイデアル. 剰余環と環同型定理.
1.4 Euclid 整域と単項イデアル整域 (PID). Euclid の互除法と最大公約数.
1.5 素イデアルと極大イデアル. 極大イデアルの存在.
1.6 素元分解整域 (UFD), Gauss の補題. UFD 上の多項式整域はまた UFD.

―――――― 演習問題 ――――――

1.1 環の定義において，単位元 0, 1 および x に対する逆元 $-x$ の一意性を示せ．

1.2 整域 A 上の多項式環はまた整域である．

1.3 有限整域は体である．

1.4 $A[X]$ が PID ならば，A は体である．

1.5 Gauss の整数環 $A = \mathbb{Z}[\sqrt{-1}]$ について次を示せ．
(1) $A^\times = \{\pm 1, \pm\sqrt{-1}\}$.
(2) ノルム $N(x+y\sqrt{-1}) = x^2+y^2$ によって Euclid 整域である．
(3) 素数 $p \in \mathbb{Z}$ について次が成り立つ：(1) p は A の素元 $\iff$ (2) $X^2 \equiv -1 \mod p$ が整数解をもたない $\iff$ (3) $p \notin N(A)$.

1.6 (孫氏の定理・中国式剰余定理) 可換環 A のイデアル I, J が $I+J = A$ をみたすとき，$I \cap J = IJ$ となり，$A/IJ \simeq A/I \times A/J$ が成り立つ．

1.7 剰余環 $\mathbb{Z}/(n)$ の単元群 $(\mathbb{Z}/(n))^\times$ の位数を $\phi(n)$ と書く．ϕ を Euler 関数という．このとき次を示せ．
(1) $m \mod n$ が単元であるためには，m と n が互いに素であることが必要十分である．
(2) m と n が互いに素であれば，$m^{\phi(n)} \equiv 1 \mod n$.
(3) $n = \sum_{m|n} \phi(m)$.
(4) $n = p_1^{r_1} p_2^{r_2} \cdots p_k^{r_k}$ を素因数分解とすると $(p_i \neq p_j\, (i \neq j))$,
$$\phi(n) = \phi(p_1^{r_1})\phi(p_2^{r_2})\cdots\phi(p_k^{r_k}).$$
(5) p が素数ならば，$\phi(p^r) = p^{r-1}(p-1)$.

1.8 (Eisenstein の既約性判定) A を UFD，p を素元とする．A 係数の多項式 $f(X) = X^n + a_1 X^{n-1} + \cdots + a_n$ の係数について，$a_i \equiv 0 \mod p\ (1 \leq i \leq n)$, $a_n \not\equiv 0 \mod p^2$ ならば，$f(X)$ は既約である．

2 加群とその操作

環について議論する場合，その環上の加群の構造を始めとしてそれらを取り巻く状況が，環そのものを決定するほど本質的であることがしばしば見られる．形式的にも，始めから環と並行にその上の加群を考えていくことが便利でもあり，また議論を見通しよくすることが普通である．この章ではそのために加群についての種々の基礎的な概念と操作を学ぶ．とくに，テンソル積，局所化，中山の補題などが重要である．

§2.1 環上の加群

まず定義からはじめよう．環 A に対して，A を作用域にもつ加群 M で次をみたすものを **A 上の加群**(module over A)，または **A 加群**(A-module) という：

$$a(x+y) = ax+ay \quad (a \in A, \ x,y \in M)$$
$$(a+b)x = ax+bx$$
$$(ab)x = a(bx)$$
$$1x = x \quad (1 \text{ は } A \text{ の乗法の単位元})$$

ただし，A の M への作用を $(a, x) \mapsto ax \ (a \in A, \ x \in M)$ と書いた．

加群 M を環 A 上の加群と考えることは，その自己準同型環を $\mathrm{End}\, M := \{f:M \to M \mid f:$準同型$\}$ と書くとき，環準同型 $A \to \mathrm{End}\, M$ を1つ固定する

ことに等しい.

A が体のとき A 加群とは A 上のベクトル空間のことにすぎない.また,環 A は乗法によって自身 A 上の加群である.

作用域 A をもつ加群として,A 準同型,部分 A 加群,剰余 A 加群などが考えられ,対応する同型定理が成立する.念のため確認しておこう.

A 加群 M, N に対して $f:M\to N$ が **A 準同型**であるとは
$$f(x+y) = f(x)+f(y) \quad (x, y \in M)$$
$$f(ax) = af(x) \quad (a \in A)$$
が成立することである.**A 線形**ともいう.

線形代数学と同様に,M から N への A 準同型全体のなす集合を $\mathrm{Hom}_A(M, N)$ と書くと,これは次の演算によってまた A 加群の構造をもつ:
$$(f+g)(x) := f(x)+g(x) \quad (x \in M)$$
$$(af)(x) := f(ax) = af(x) \quad (a \in A).$$
とくに $M=N$ のとき,A 自己準同型全体
$$\mathrm{End}_A(M) := \mathrm{Hom}_A(M, M)$$
は写像の結合により(一般に非可換)環をなす(行列環の拡張概念).

A 加群 M の部分加群 N が A 安定,すなわち,$AN \subset N \iff ax \in N$ ($a \in A, x \in N$) をみたすとき,**部分 A 加群**(A-submodule)という.このとき,剰余加群 M/N は A の作用
$$a(x+N) = ax+N \quad (a \in A, x \in M)$$
が well-defined となり,また A 加群となる.

加群における同型定理が A 同型として成立する.次にまとめておこう.

命題 2.1(A 同型定理)

(i) A 準同型 $f:M\to N$ に対して,f の核 $\mathrm{Ker}\, f := \{x \in M \mid f(x) = 0\}$ は M の部分 A 加群となり,
$$M/\mathrm{Ker}\, f \xrightarrow{\sim} f(M)$$
は A 同型である.

(ii) $L \subset N \subset M$ を部分 A 加群の列とすると,A 同型
$$(M/L)/(N/L) \xrightarrow{\sim} M/N$$

が成り立つ.

(iii) N_1 と N_2 を M の部分 A 加群とすると, A 同型
$$N_1/(N_1 \cap N_2) \xrightarrow{\sim} (N_1+N_2)/N_2$$
が成り立つ. □

例 2.2 A 自身を A 加群と思えば, 部分 A 加群とは A のイデアルのことである. イデアル I による剰余加群 A/I は A 加群であるが, I の元は 0 として作用し, 結局 A/I 自身再び環になった(剰余環). □

§2.2 直和, 自由加群, 射影加群

A 加群の族 $\{M_i\}_{i \in I}$ があるとき, その直積および直和
$$\prod_{i \in I} M_i \supset \bigoplus_{i \in I} M_i \ (= \coprod_{i \in I} M_i)$$
はまた A 加群である. 定義によって,
$$\prod_{i \in I} M_i := \{(x_i)_{i \in I} \mid x_i \in M_i\},$$
$$\bigoplus_{i \in I} M_i := \{(x_i)_{i \in I} \in \prod_{i \in I} M_i \mid \text{有限個の } i \in I \text{ を除いて } x_i = 0\}$$
であり, $a \in A$ の作用は $a(x_i) = (ax_i)$ である. 添字集合 I が有限集合ならば, 直積と直和は一致することに注意しておく.

環 A に対して, 最も基本的な加群として自由加群がある. すなわち, A のコピーを準備して, 直和 $\bigoplus_i M_i \ (M_i \simeq A)$ を作ったものである. ベクトル空間に似た性質をもっており, 次のように定式化される.

まず, A 加群 M の部分集合 $S = \{x_i \mid i \in I\}$ について, S が (A 上) **1 次独立**であるとは, 任意の有限部分集合 $I' \subset I$ に対して $\sum_{i \in I'} a_i x_i = 0 \ (a_i \in A) \Longrightarrow a_i = 0$ が成り立つときをいう. また, 通常の代数系と同様に, S を含む最小の部分 A 加群 $AS := \{\sum_i a_i x_i \mid x_i \in S, a_i \in A\}$ が M に等しいとき, S を M の**生成系**(generator system)という.

1 次独立かつ生成系であるような部分集合 B があるとき, M を**自由加群**

(free module)といい，B をその**基底**(basis)という（正確には B に順序を入れたもの）．

定理 2.3 可換環 A 上の自由加群 M の基底の濃度は一定で，それを **A 階数**(A-rank)($\text{rank}_A M$ と書く)という．

[証明] I をその濃度が M の 1 つの基底の濃度と同じ集合とすると，A 自由加群の同型 $M \simeq \bigoplus_{i \in I} A \simeq A^I$ をうる．命題 1.19 によって，A の極大イデアル $\mathfrak{m}$ が存在する．$\{ax \mid a \in \mathfrak{m}, x \in M\}$ が生成する部分 A 加群 $\mathfrak{m}M$ を考え，剰余加群を作ると，

$$M/\mathfrak{m}M \simeq (A/\mathfrak{m})^I .$$

$A/\mathfrak{m}$ は体であるから，$A/\mathfrak{m}$ 上のベクトル空間 $M/\mathfrak{m}M$ の基底の濃度 $\sharp I$ は一定である（線形代数学の定理）． ∎

A が体のときは，上の証明中に用いたように，A 加群は必ず自由であった（ベクトル空間における基底の存在定理）．そして A 加群 M の階数は，"次元"とよんで通常 $\dim_A M$ と記した．第 7 章で紹介するが，環論においては次元という概念をもっと微妙な（幾何学的な）場合に用いるので，留意されたい．

また，自由 A 加群に対しては，線形代数とまったく同様にして，その基底を定めれば，$\text{Hom}_A(M, N), \text{End}_A M$ などの元が行列によって表示されることにも注意しておこう．

一般に A 加群 M の生成系 $S = \{x_i\}_{i \in I}$ をとると，A 準同型 $A^I \to AS = M$ $((a_i) \mapsto \sum_i a_i x_i)$ は自由加群 A^I から M への全準同型である．とくに M が有限生成ならば，有限階数の自由加群からの全準同型が存在する．

さて，F を自由 A 加群とし，$p: M \to N$ を A 加群の A 全準同型とする．このとき，A 準同型 $f: F \to N$ に対し，$g: F \to M$，$f = p \circ g$ となるような A 準同型が存在する．実際，F の基底 $\{x_i\}_{i \in I}$ に対して，$p(y_i) = f(x_i)$ なる $y_i \in M$ をえらべば（p 全射より可能），$\{x_i\}$ の 1 次独立性から，$g(x_i) = y_i$ となる A 準同型 $g: F \to M$ がえらべ，これが要求をみたしている．

一般に自由加群でなくともこの性質をみたすものが存在しており，重要な加群のクラスをなす．

§2.2 直和, 自由加群, 射影加群

定義 2.4 任意の A 全準同型 $p:M \twoheadrightarrow N$ に対して, 任意の A 準同型 $f:P \to N$ が $g:P \to M$ にリフト $(p \circ g = f)$ するような P を**射影 A 加群**(projective A-module)という. □

定理 2.5 射影加群であることと自由加群の直和因子であることは同値である.

[証明] P を射影加群とし, P の生成系を考えることにより, 自由加群 F からの全射 $p:F \twoheadrightarrow P$ を1つえらぶ. 恒等写像 $\mathrm{Id}_P : P \to P$ に対して, リフト $g:P \to F$ をとると, $p \circ g = \mathrm{Id}_P$ すなわち, g は p のスプリッティングを与えており, $F = \mathrm{Ker}\, p \oplus g(P)$ と直和分解し, 同型 $g: P \xrightarrow{\sim} g(P)\ (\subset F)$ がある. すなわち, P は g によって F の直和因子とみなせる.

逆に, $F = P \oplus L$ (F は自由)とし, 全射 $p:M \twoheadrightarrow N$ に対し, $f:P \to N$ があるとすると, $\tilde{f}:F \to N$ を $\tilde{f}|L = 0$ として拡張しておく. すると F は射影的であるからリフト $\tilde{g}:F \to M$ をとれば, $g = \tilde{g}|P$ が f のリフトになっており, P が射影的であることが導かれる. ■

以上見たように, 射影加群は自由加群の概念の拡張であるが, 後に §2.6 で導入する局所化という操作を通すことによってより一層両者の関係がはっきりする.

射影的ではあるが自由ではない例としては, 代数的整数環のイデアルにたくさんの例がある(類数が1でないものの単項でないイデアル). たとえば, $(2, 1+\sqrt{-5}) \subset \mathbb{Z}[\sqrt{-5}]$ などがそうであるが直接の証明は難しい.

さらに, 体上の多項式環上の射影加群は自由加群である, という有名な定理があるが, これは Serre が予想し, Quillen と Suslin によって独立に証明された(1976).

注意 定義の仕方が射影加群と双対的なものに**入射加群**(injective module)というものがある. しかし具体的な性質は相当異なるので, 論ずるのは後回しにする(第8章). 矢印を逆向きにして, 任意の単準同型 $i:N \hookrightarrow M$ と $f:N \to I$ に対して, 拡張 $g:M \to I\ (g \circ i = f)$ が存在するような加群 I を入射加群という.

§2.3 テンソル積

A 加群 M, N, L に関して,A 双線形写像(A-bilinear map)$\phi: M \times N \to L$:

$\phi(x_1+x_2, y) = \phi(x_1, y) + \phi(x_2, y)$,

$\phi(x, y_1+y_2) = \phi(x, y_1) + \phi(x, y_2)$,

$\phi(ax, y) = \phi(x, ay) = a\phi(x, y)$ ($a \in A$, $x, x_1, x_2 \in M$, $y, y_1, y_2 \in N$)

を考える.ここで,$M \times N$ は直積集合であって A 加群とは考えてない.この ϕ のような $M \times N$ からの任意の双線形写像を支配するテンソル積という新しい A 加群が構成できる.

定理 2.6 A 加群 M, N に対して,次の性質をもつ A 加群 $M \otimes_A N$ と A 双線形写像 $\tau: M \times N \to M \otimes_A N$ の組が,同型を除いて一意的に存在する.すなわち,任意の A 双線形写像 $\phi: M \times N \to L$ に対して,A 加群としての準同型 $f: M \otimes_A N \to L$ で $f \circ \tau = \phi$ となるものが唯一つ存在する.

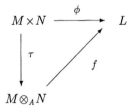

□

$M \otimes_A N$ を M と N の A 上のテンソル積(tensor product)という.定理を証明する前に,その読み方について注意しておこう.

いま,A 双線形写像の全体のなす集合を

$$\mathrm{Bil}_A(M \times N; L) := \{\phi: M \times N \to L \mid \phi: A \text{ 双線形}\}$$

と書くと,A 加群であるテンソル積 $M \otimes_A N$ は,任意の A 加群 L に対して,

$$\mathrm{Hom}_A(M \otimes_A N, L) \xrightarrow{\sim} \mathrm{Bil}_A(M \times N; L) \quad (f \mapsto f \circ \tau)$$

が全単射になるという性質で特徴づけられる.このような状況を,"A 加群の圏から集合への関手

$$L \mapsto \mathrm{Bil}_A(M \times N; L)$$

を表現する対象がテンソル積(という A 加群)$M \otimes_A N$ である" という.

言い換えれば，A 双線形写像 $\tau: M \times N \to M \otimes_A N$ が任意の A 双線形写像 $M \times N \to L$ を支配している，または**普遍**(universal)A **双線形写像**を与えている，ということである.

[定理 2.6 の証明] まず一意性を示す．1 つのテンソル積をかりに T ($= M \otimes_A N$)($\tau: M \times N \to T$) と記すとき，$f \circ \tau = \tau$ となる A 準同型 $f: T \to T$ は恒等写像 $f = \mathrm{Id}_T$ しかないことに注意しておく．すなわち，定理 2.6 において $T = L$ とすると f の一意性から導かれる．さて，$\tau: M \times N \to T$, $\tau': M \times N \to T'$ をテンソル積の性質をみたす 2 つの加群とする．定理 2.6 の L としてそれぞれ T, T' を考えると，$f \circ \tau = \tau'$, $f' \circ \tau' = \tau$ をみたす A 準同型 $f: T \to T'$, $f': T' \to T$ が存在する．したがって $f \circ f' \circ \tau' = \tau'$, $f' \circ f \circ \tau = \tau$. ところが始めに注意したことから，$f \circ f' = \mathrm{Id}_{T'}$, $f' \circ f = \mathrm{Id}_T$ が導かれ，T と T' の同型がいえる．

次に存在を示す．まず直積集合 $M \times N = \{(x,y) \mid x \in M, y \in N\}$ が生成する自由 A 加群 $\mathcal{T} = \displaystyle\sum_{(x,y) \in M \times N} A(x,y)$ を考える．この部分加群で次の形の元で生成されるものを $\mathcal{I}$ とおく.

$(x_1+x_2, y) - (x_1, y) - (x_2, y)$,

$(x, y_1+y_2) - (x, y_1) - (x, y_2)$,

$(ax, y) - a(x, y)$,

$(x, ay) - a(x, y)$ $(a \in A,\ x, x_1, x_2 \in M,\ y, y_1, y_2 \in N)$.

このとき，剰余加群 $\mathcal{T}/\mathcal{I}$ が $\tau(x,y) = (x,y) \bmod \mathcal{I}$ とおくことによってテンソル積の性質をみたす．実際，任意の双線形写像 $\phi: M \times N \to L$ に対し，その A 加群の準同型としての拡張 $\widetilde{\phi}: \mathcal{T} \to L$ ($\widetilde{\phi}(\sum a_i(x_i, y_i)) = \sum a_i \phi(x_i, y_i)$) を考えると，$\phi$ の A 双線形性から $\operatorname{Ker} \widetilde{\phi} \supset \mathcal{I}$ となる．したがって準同型定理から $f \circ \tau = \phi$ となる f が唯一つ存在する ($f((x,y) \bmod \mathcal{I}) = \phi(x,y)$ から定義される). ∎

普遍双線形写像 τ を通常**元のテンソル積**といって

$$\tau(x,y) = x \otimes y \quad (x \in M, y \in N)$$

と書く.

定理の証明からも分かるように,テンソル積の1つの解釈として,A 加群 $M \otimes_A N$ は $x \otimes y$ $(x \in M, y \in N)$ を生成元とし,関係式

$(x_1+x_2) \otimes y = x_1 \otimes y + x_2 \otimes y,$

$x \otimes (y_1+y_2) = x \otimes y_1 + x \otimes y_2,$

$(ax) \otimes y = x \otimes (ay) = a(x \otimes y)$ $(x, x_1, x_2 \in M, y, y_1, y_2 \in N, a \in A)$

をもつ A 加群であるといってよい.

以下,テンソル積についていくつかの基本性質を述べておく.

命題 2.7

(i) $M \otimes_A N$ の元は $\sum_i a_i x_i \otimes y_i$ $(a_i \in A, x_i \in M, y_i \in N)$ と書ける(この表示に一意性はない).

(ii) A 準同型 $f: M \to M'$, $g: N \to N'$ に対し,A 準同型 $f \otimes g: M \otimes_A N \to M' \otimes_A N'$ で

$$(f \otimes g)(x \otimes y) = f(x) \otimes g(y) \quad (x \in M, y \in N)$$

をみたすものが唯一つ存在する.

(iii) $f: M \to M'$ が全射ならば,$f \otimes \mathrm{Id}_N: M \otimes_A N \to M' \otimes_A N$ も全射である.

(iv) A 加群の族 $\{M_i\}_{i \in I}$ に対し,直和とテンソル積の構成は可換である:

$$\left(\bigoplus_{i \in I} M_i\right) \otimes_A N \simeq \bigoplus_{i \in I} (M_i \otimes_A N).$$

(v) $\{x_i\}_i, \{y_j\}_j$ を基底とする自由加群 M, N のテンソル積 $M \otimes_A N$ は $\{x_i \otimes y_j\}_{i,j}$ を基底とする自由加群である.

[証明] (i)は説明済み.(ii) A 双線形写像 $\phi: M \times N \to M' \otimes N'$ を $\phi(x, y) = f(x) \otimes g(y)$ $(x \in M, y \in N)$ と定義すると,普遍性により唯一つ A 準同型 $F: M \otimes_A N \to M' \otimes_A N'$; $F(x, y) = f(x) \otimes g(y)$ をみたすものがある.すなわち $F = f \otimes g$ とすればよい.

(iii)は(i)から明らか.

(iv) 双線形写像 $(\bigoplus_i M_i) \times N \to \bigoplus_i (M_i \otimes_A N)$ $(((x_i)_i, y) \mapsto \sum x_i \otimes y)$ に対して，準同型 $(\bigoplus_i M_i) \otimes_A N \to \bigoplus_i (M_i \otimes_A N)$ がある．一方，各 $j \in I$ に対して，双線形写像 $M_j \times N \to (\bigoplus_i M_i) \otimes_A N$ $((x_j, y) \mapsto x_j \otimes y)$ が引き起こす準同型 $M_j \otimes_A N \to (\bigoplus_i M_i) \otimes_A N$ を考える．これは $\bigoplus_{j \in I} (M_j \otimes_A N) \to \bigoplus_{i \in I} (M_i \otimes_A N)$ を引き起こす．定義によりこれらは互いに他の逆を与えており，(iv) の同型が成立する．

(v) $M = \bigoplus_i A x_i$, $N = \bigoplus_j A y_j$ ゆえ (iv) から $M \otimes_A N = (\bigoplus_i A x_i) \otimes_A (\bigoplus_j A y_j) \simeq \bigoplus_i (A x_i \otimes_A (\bigoplus_j A y_j)) \simeq \bigoplus_{i,j} A x_i \otimes_A A y_j \simeq \bigoplus_{i,j} A(x_i \otimes y_j)$. ∎

自由加群のテンソル積(とくにベクトル空間の場合)は，(iv), (v) のように"大きくなるが"，捩れ加群の場合はそうとは限らない．たとえば，$\mathbb{Z}/m\mathbb{Z} \otimes_\mathbb{Z} \mathbb{Z}/n\mathbb{Z} \simeq \mathbb{Z}/(m\mathbb{Z} + n\mathbb{Z})$, とくに m と n とが互いに素ならば，0 となる(証明は後述)．

記号について A 上のテンソル積であることが文脈から明らかである場合は，$M \otimes_A N$ をしばしば略して単に $M \otimes N$ と書く．

命題 2.8 M, N, L を A 加群とすると，
(i) $A \otimes M \simeq M$ $(a \otimes x \mapsto ax)$.
(ii) $M \otimes N \simeq N \otimes M$.
(iii) $(M \otimes N) \otimes L \simeq M \otimes (N \otimes L)$.

とくに
$$M^{\otimes n} = \overbrace{M \otimes M \otimes \cdots \otimes M}^{n \text{個}}$$
が同型を除いて唯一つ定まる．

[証明] (i) $x \mapsto 1 \otimes x$ が逆写像を与える．$(1 \otimes ax = a \otimes x.)$

(ii) 双線形写像 $\phi: M \times N \to N \otimes M$; $\phi(x, y) = y \otimes x$ $(x \in M, y \in N)$ に対して，準同型 $f: M \otimes N \to N \otimes M$ を考えると $f(x \otimes y) = y \otimes x$. 一方 $g: N \otimes M \to M \otimes N$; $g(y \otimes x) = x \otimes y$ も同様に定義され，互いに他の逆を与える．

(iii) $z \in L$ を固定し，双線形写像 $\phi_z: M \times N \to M \otimes (N \otimes L)$ $(\phi_z(x, y) = x \otimes (y \otimes z))$ を考える．ϕ_z に対し，準同型 $f_z: M \otimes N \to M \otimes (N \otimes L)$ が存在する．

$f_z \, (z \in L)$ から再び双線形写像 $\psi: (M \otimes N) \otimes L \to M \otimes (N \otimes L)$ を $\psi(w, z) = f_z(w) \, (w \in M \otimes N)$ によって定義すると, 準同型 $f: (M \otimes N) \otimes L \to M \otimes (N \otimes L)$ で $f((x \otimes y) \otimes z) = x \otimes (y \otimes z)$ なるものが定義される. 逆写像 $g(x \otimes (y \otimes z)) = (x \otimes y) \otimes z$ も同様の操作で定義され, f は同型を与える. ∎

§2.4 完全列, 関手 Hom と $\otimes$, 平坦性

加群の準同型列
$$M_1 \xrightarrow{f} M_2 \xrightarrow{g} M_3$$
について $\mathrm{Im}\, f = \mathrm{Ker}\, g$ が成り立つとき, この列は**完全**(exact)であるという. たとえば, 0 によって自明な加群 $\{0\}$ を表すことにすると,
$$0 \to M_1 \xrightarrow{f} M_2, \quad N_1 \xrightarrow{g} N_2 \to 0$$
が完全であるということは, それぞれ, f が単射, g が全射であることを意味する. A 加群の準同型のなす A 加群 $\mathrm{Hom}_A(\cdot, \cdot)$ について, A 準同型 $f: M \to M'$ は準同型

$$\mathrm{Hom}_A(N, M) \to \mathrm{Hom}_A(N, M') \quad (g \mapsto f \circ g)$$
$$\mathrm{Hom}_A(M', N) \to \mathrm{Hom}_A(M, N) \quad (g' \mapsto g' \circ f)$$

を引き起こす. このような事情を, $\mathrm{Hom}_A(N, \cdot)$ は A 加群の圏の**共変関手** (covariant functor), $\mathrm{Hom}_A(\cdot, N)$ は**反変関手**(contravariant functor)であるという.

命題 2.9

(i) A 加群の完全列
$$0 \to M_1 \to M_2 \to M_3$$
と, A 加群 N に対し
$$0 \to \mathrm{Hom}_A(N, M_1) \to \mathrm{Hom}_A(N, M_2) \to \mathrm{Hom}_A(N, M_3)$$
はまた完全である.

(ii) 完全列
$$M_1 \to M_2 \to M_3 \to 0$$
と, A 加群 N に対し

$$0 \to \mathrm{Hom}_A(M_3, N) \to \mathrm{Hom}_A(M_2, N) \to \mathrm{Hom}_A(M_1, N)$$
はまた完全である. □

両端が 0 で 5 項からなる完全列を**短完全列**という.

§2.2 の定義に従うと, 任意の短完全列
$$(\star) \quad 0 \to M_1 \to M_2 \to M_3 \to 0$$
に対して,
$$0 \to \mathrm{Hom}_A(P, M_1) \to \mathrm{Hom}_A(P, M_2) \to \mathrm{Hom}_A(P, M_3) \to 0$$
がまた完全になるような A 加群 P のことを射影加群とよんだ. (全射性 $\mathrm{Hom}_A(P, M_2) \twoheadrightarrow \mathrm{Hom}_A(P, M_3)$ の部分が条件である.)

双対的に
$$0 \to \mathrm{Hom}_A(M_3, I) \to \mathrm{Hom}_A(M_2, I) \to \mathrm{Hom}_A(M_1, I) \to 0$$
がいつも完全であるような A 加群 I を入射加群という (全射性 $\mathrm{Hom}_A(M_2, I) \twoheadrightarrow \mathrm{Hom}_A(M_1, I)$ の部分が条件).

このような考察を延長することにより, とくにホモロジー代数で Ext という関手が発生する (第 8 章). 前述のテンソル積に対しては次に注意しよう.

命題 2.10 A 加群の完全列
$$M_1 \xrightarrow{f} M_2 \xrightarrow{g} M_3 \to 0$$
と, A 加群 N に対して
$$M_1 \otimes N \xrightarrow{f \otimes \mathrm{Id}_N} M_2 \otimes N \xrightarrow{g \otimes \mathrm{Id}_N} M_3 \otimes N \to 0$$
はまた完全列をなす.

[証明] $g \otimes \mathrm{Id}_N$ の全射性はすでに注意した (命題 2.7(iii)). $\mathrm{Im}(f \otimes \mathrm{Id}_N) = \mathrm{Ker}(g \otimes \mathrm{Id}_N)$ をいう. $\subset$ は明らかゆえ, $\supset$ を示す. $M_3 \xrightarrow{\sim} M_2/f(M_1)$ だから,
$$\phi: M_3 \times N \to (M_2 \otimes N)/(f(M_1) \otimes N)$$
を $\phi: (g(x), y) = x \otimes y \bmod f(M_1) \otimes N$ $(x \in M_2, y \in N)$ によって定義できる. 実際, $g(x) = g(x')$ とすると $\mathrm{Im} f = \mathrm{Ker} g$ ゆえ, $x \otimes y \equiv x' \otimes y \bmod f(M_1) \otimes N$. よって双線形写像 ϕ に対して, 準同型 $h: M_3 \otimes N \to (M_2 \otimes N)/(f(M_1) \otimes N)$ $(h \circ \otimes = \phi)$ を引き起こす. さて $\sum_i x_i \otimes y_i \in \mathrm{Ker}(g \otimes \mathrm{Id}_N)$ とすると $\sum_i g(x_i) \otimes y_i = 0$, よって $0 = \sum_i h(g(x_i) \otimes y_i) = \sum_i \phi(g(x_i), y_i) = \sum_i x_i \otimes y_i \bmod f(M_1) \otimes N$, すなわち, $\sum_i x_i \otimes y_i \in \mathrm{Im}(f \otimes \mathrm{Id}_N)$, よって証明された. ■

テンソル積をとる操作に関して，具合のよい加群として平坦加群がある．任意の A 単準同型 $i: M_1 \hookrightarrow M_2$ に対して，$i \otimes \mathrm{Id}_N: M_1 \otimes N \to M_2 \otimes N$ が必ず単射になるような A 加群 N を**平坦**(flat)A **加群**という．命題 2.10 から，N が平坦加群であることと，任意の短完全列
$$0 \to M_1 \to M_2 \to M_3 \to 0$$
に対して
$$0 \to M_1 \otimes N \to M_2 \otimes N \to M_3 \otimes N \to 0$$
がまた完全であることが同値である．

定理 2.11 射影加群は平坦である．

[証明] 定理 2.5 より，射影加群 P はある自由加群 F の直和因子 $F = P \oplus N$ となる．単準同型 $M_1 \hookrightarrow M_2$ に対して命題 2.7(iv) より，自由加群 F に対しては $F \otimes M_1 \to F \otimes M_2$ はまた単準同型($F \simeq A^I$ とすると $F \otimes M_1 \simeq M_1^I$)．再び命題 2.7(iv) より，$F \otimes M_i \simeq P \otimes M_i \oplus N \otimes M_i$ $(i=1,2)$．したがって直和因子の部分についても $P \otimes M_1 \to P \otimes M_2$ は単射である．よって，P は平坦加群である． ∎

平坦性は，ホモロジー代数や代数幾何において本質的で重要な概念である．後で紹介する分数化は平坦加群の初等的な例として重要である．最後に，射影加群について次の性質に注意しておく．

命題 2.12

(i) M を有限生成射影加群とすると，任意の A 加群 N に対して同型
$$\widehat{M} \otimes_A N \simeq \mathrm{Hom}_A(M, N) \quad (\xi \otimes y \mapsto (x \mapsto \xi(x)y))$$
が成立する．ただし $\widehat{M} = \mathrm{Hom}_A(M, A)$ は M の双対加群．

(ii) さらに L も有限生成射影加群とすると，
$$(\widehat{M} \otimes_A \widehat{L}) \otimes_A N \simeq (M \otimes_A L)\widehat{} \otimes_A N \simeq \mathrm{Bil}_A(M \times L; N).$$

[証明] (i) M は有限生成射影加群であるから定理 2.5 によって，$A^n = M \oplus M'$ と書ける．したがって，$\widehat{A^n} = \widehat{M} \oplus \widehat{M'}$ ゆえに $\widehat{A^n} \otimes N = \widehat{M} \otimes N \oplus \widehat{M'} \otimes N$．有限生成自由加群である A^n に対しては，$\widehat{A^n} \otimes N \simeq \mathrm{Hom}_A(A^n, N) \simeq \mathrm{Hom}_A(M, N) \oplus \mathrm{Hom}_A(M', N)$ である．これらの同型は準同型 $\phi: \widehat{M} \otimes N \to \mathrm{Hom}_A(M, N)$ と可換である．よって ϕ も同型．

(ii) (i) と命題 2.8 から，$(\widehat{M \otimes_A L}) \otimes_A N \simeq \mathrm{Hom}_A(M, N) \otimes \widehat{L} \simeq \mathrm{Hom}_A(L, \mathrm{Hom}_A(M, N)) \simeq \mathrm{Bil}_A(M \times L; N)$ が成り立つ．また，定理 2.6 によって，$\mathrm{Hom}_A(M \otimes L, N) \simeq \mathrm{Bil}_A(M \times L; N)$ であるが，定理 2.5 によって，$M \otimes L$ も有限生成射影加群である．よって(i)から後半の同型がでる． ∎

§2.5　係数拡大とテンソル代数

環準同型 $f: A \to B$ が１つ固定されている状態を，B は **A 代数**であるということが多い．B が非可換のときは，通常 $\mathrm{Im} f = f(A)$ の元は B のすべての元と可換であると仮定する．(可換)環 A 上の多項式環や行列環などが A 代数の典型例である．$\mathbb{Z} \ni n \mapsto n \cdot 1 \in A$ によって，すべての(結合)環は $\mathbb{Z}$ 代数である．

B を A 代数とするとき A 加群 M，$B \otimes_A M$ を考えると，これは，
$$(y, z \otimes x) \mapsto (y \otimes \mathrm{Id}_M)(z \otimes x) = (yz) \otimes x \quad (y, z \in B, \; x \in M)$$
によって B 加群になる．$B \otimes_A M$ を A 加群 M の B への**係数拡大**という．

例 2.13
 (ⅰ)　$B \otimes_A A^n \simeq B^n$　(自由加群)．
 (ⅱ)　$B \otimes_A A[X] \simeq B[X]$　(多項式環)．
 (ⅲ)　$B \otimes_A M_n(A) \simeq M_n(B)$　($M_n(A)$ は A 係数の n 次全行列環)．　□

上の例で，$B[X]$，$M_n[B]$ はもちろん B 代数になっている．この状況を一般的に見てみよう．２つの A 代数 $f: A \to B$，$g: A \to C$ に対して，A 加群 C の B への係数拡大 $B \otimes_A C$ が構成される．これは A 代数であるのみならず，B 代数かつ C 代数の構造をもつ．すなわち，乗法を
$$(b \otimes c)(b' \otimes c') = (bb') \otimes (cc')$$
と定義することができ(テンソル積の定義から確認せよ)，$B \otimes_A C$ は再び結合環になる．

命題 2.14　上の設定のもとで，可換図式

をみたす準同型がある任意の D に対して，A 準同型 $B \otimes_A C \to D$ が存在する．A 代数 $B \otimes_A C$ は，この性質をみたすものとして同型を除いて一意的に存在する． □

$A = \mathbb{Q} \subset B = \mathbb{C}$ に対して $\mathbb{C} \otimes_\mathbb{Q} \mathbb{Q}[X] \simeq \mathbb{C}[X]$ などはいかにも係数が拡大している感じがするが，言葉とは裏腹に縮小するようなイメージのものもあり，これらも大切である．次に注意しよう．

例 2.15 I を A のイデアル，剰余環を A/I とすると，A 加群 M の A/I への係数拡大は $A/I \otimes_A M \simeq M/IM$ である．ここで，IM は $\{ax \mid a \in A, x \in M\}$ で生成される M の部分 A 加群である．

命題 2.10 より完全列 $0 \to I \to A \to A/I \to 0$ に対し，$I \otimes_A M \xrightarrow{g} A \otimes_A M \xrightarrow{f} A/I \otimes_A M \to 0$ は完全である．ここで，$g(I \otimes_A M) = IM \subset M \simeq A \otimes_A M$ ゆえ主張が言える．

このように，たとえば Gauss の補題（補題 1.26）にでてきた有限体上の多項式環 $\mathbb{Z}/(p)[X]$（reduction mod p という）なども，整係数多項式環 $\mathbb{Z}[X]$ の係数拡大の例である． □

例題 2.16 $\mathbb{Z}/m\mathbb{Z} \otimes_\mathbb{Z} \mathbb{Z}/n\mathbb{Z} \simeq \mathbb{Z}/d\mathbb{Z}$ $(d = \mathrm{GCD}(m, n))$．一般に，$A/I \otimes_A A/J \simeq A/(I+J)$ である．

[解] 上の例 2.15 において，$(A/J)/I(A/J) \simeq A/(I+J)$ から明らか．また，$m\mathbb{Z} + n\mathbb{Z} = d\mathbb{Z}$. ∎

A 加群 M に対し，n 重のテンソル積を $M^{\otimes n} = M \otimes M \otimes \cdots \otimes M$ とする（命題 2.8(iii)）．A 双線形写像

$$M^{\otimes n} \times M^{\otimes m} \to M^{\otimes (n+m)} \quad ((w_1, w_2) \mapsto w_1 \otimes w_2)$$

を考えると，結合則

$$(w_1 \otimes w_2) \otimes w_3 = w_1 \otimes (w_2 \otimes w_3) \quad (w_1 \in M^{\otimes n}, w_2 \in M^{\otimes m}, w_3 \in M^{\otimes l})$$

が成り立ち，直和

$$T(M) := \bigoplus_{n=0}^{\infty} M^{\otimes n} \quad (M^0 := A)$$

は(一般に非可換の次数)A 代数をなす．これを M に対応する(A 上の)**テンソル代数**(tensor algebra)という．テンソル代数は M が生成する普遍 A 代数であり，要求される関係式が生成する(両側)イデアルで割ることにより各種の結合的 A 代数が構成される．

例 2.17 $x \otimes y - y \otimes x$ $(x, y \in M)$ が生成するイデアルで割ったものが対称 A 代数 $\mathrm{Symm}\, M$(可換環)である．

$x \otimes x$ $(x \in M)$ が生成するイデアルで割れば交代代数 $\bigwedge M$ が得られる．

さらに，2 次形式 $Q(x)$ $(x \in M)$ に対して $x \otimes x + Q(x)$ $(x \in M)$ が生成するイデアルで割ればスピンの概念を生み出す Clifford 代数が定義される． □

§2.6 局所化(分数化)

整域に関して，$b \neq 0$ なる元に対して分数 a/b をつくると，その整域を含む最小の体＝商体がつくられた．一般の可換環に対しても，この分母に許す元の系を特定することによって，この操作をずっと一般化した(部分的)分数化を定義できて，可換環論において基本的な手法になっている．

環 A の部分集合 S が**積閉**(multiplicatively closed)である．すなわち，$s, s' \in S \Longrightarrow ss' \in S$ かつ $1 \in S$ とする．S の元を分母に許すような分数からなる新たな環 $S^{-1}A$ を A の S による**分数化**(**分数環**)(fractional ring)または**局所化**(localization)という．A は整域とは限らないので，定義にあたっては次のように注意を要する．直積 $A \times S$ の元に次の関係を考える：

$$(a, s) \sim (a', s') \iff t(sa' - s'a) = 0 \text{ となる } t \in S \text{ が存在する．}$$

S が積閉であることから，$\sim$ は同値関係であることが容易に見られる(整域でないとき上のように定義しないと同値関係にならないことに注意)．(a, s) が表す同値類を $a/s = \dfrac{a}{s}$ と書いて，加法と乗法を

$$\frac{a}{s} + \frac{a'}{s'} = \frac{as' + a's}{ss'}, \quad \frac{a}{s} \frac{a'}{s'} = \frac{aa'}{ss'}$$

と定義すると，これは well-defined であって，$S^{-1}A = A \times S/\sim$ は環をなす．$\phi: A \to S^{-1}A$, $\phi(a) = a/1$ は環準同型，すなわち，$S^{-1}A$ は自然に A 代数になる．

$$\mathrm{Ker}\,\phi = \{a \mid sa = 0 \text{ となる } s \in S \text{ がある}\}$$

となるので，S が零因子をもたなければ ϕ は単射になり，A は $S^{-1}A$ の部分環となる．一方，S がベキ零元を含めば，$0 \in S$ で，$S^{-1}A = 0$ となることに注意しておこう．

分数化は次のように普遍性によって特徴づけることもできる．

命題 2.18 S を A の積閉集合とする．このとき A 代数 $f: A \to B$ で $f(S) \subset B^\times (= \{B \text{ の単元}\})$ をみたすものに対し，準同型 $g: S^{-1}A \to B$ で $g \circ \phi = f$ なるものが唯一つ存在する．分数環 $\phi: A \to S^{-1}A$ はこの性質をみたす環として，同型を除いて一意的に存在する．

[証明] $g(a/s) = f(a)f(s)^{-1}$ $(a/s \in S^{-1}A)$ とすると，g は代表元 a/s のとりかたによらぬことが容易に分かり，環準同型を与える．あとの性質も容易に確かめられる． ∎

例 2.19 S として A の零因子でない元すべてのなす部分集合とする．このとき $\phi: A \to S^{-1}A$ は単射で，$S^{-1}A$ を**全分数環**(total fractional ring)(または**全商環**)という．A が整域のときは，その全分数環が商体である． □

例 2.20 (局所化) A の素イデアル $\mathfrak{p}$ に対して，$S_\mathfrak{p} := A \setminus \mathfrak{p} (= \{s \in A \mid s \notin \mathfrak{p}\})$ は素イデアルの定義から積閉である．$S_\mathfrak{p}$ による分数化を $A_\mathfrak{p} := S_\mathfrak{p}^{-1}A$ と書いて，この場合はとくに，A の $\mathfrak{p}$ における**局所化**という． □

たとえば，A を体 k 上の多項式環 $k[X_1, X_2, \cdots, X_n]$ とするとき，$a = (a_1, a_2, \cdots, a_n) \in k^n$ に対し，$\mathfrak{m}_a := \sum_{i=1}^n A(X_i - a_i)$ は A の極大イデアルである ($A/\mathfrak{m}_a \simeq k$)．このとき $A_{\mathfrak{m}_a} = \{f(X)/g(X) \in k(X_1, X_2, \cdots, X_n) \mid g(a) \neq 0\}$ となり，$A_{\mathfrak{m}_a}$ は点 $a \in k^n$ で定義される(分母が 0 でない)有理式のなす環になる．"局所化"という言葉はこの例からきている．

素イデアルにおける局所化を例とする重要な環のクラスに**局所環**(local ring)がある．すなわち，唯一つしか極大イデアルをもたない環のことである．

§2.6 局所化(分数化)

命題 2.21 A が局所環であるための必要十分条件は，単元でない元のなす部分集合 $\mathfrak{m} := A \setminus A^\times$ がイデアルをなすことである．このとき $\mathfrak{m}$ が唯一つの極大イデアルになる．

[証明] ($\Longrightarrow$) $\mathfrak{m}_0$ を A の唯一つの極大イデアルとすると，$\mathfrak{m}_0 \subset \mathfrak{m}$．いま $x \notin A^\times$ に対し $Ax \subsetneq A$ ゆえ，命題 1.19 より極大イデアル $\mathfrak{m}_1 \supset Ax$ が存在する．極大イデアルの一意性により $\mathfrak{m}_0 = \mathfrak{m}_1$，すなわち，$x \in \mathfrak{m}_0$．ゆえに $\mathfrak{m} = \mathfrak{m}_0$ となり $\mathfrak{m}$ は(極大)イデアルである．

($\Longleftarrow$) $\mathfrak{m} = A \setminus A^\times$ がイデアルであれば，明らかにこれは極大イデアルである．任意の真のイデアル $I \subsetneq A$ について $I \cap A^\times = \emptyset$ ゆえ，$I \subset \mathfrak{m}$．よって，$\mathfrak{m}$ は唯一つの極大イデアルである． ∎

例 2.22 環 A の素イデアル $\mathfrak{p}$ における局所化 $A_\mathfrak{p}$ は局所環で，$\mathfrak{p} A_\mathfrak{p} := \{a/s \mid a \in \mathfrak{p}, s \notin \mathfrak{p}\}$ がその極大イデアルである．さらに整域 $A/\mathfrak{p}$ の商体が剰余体 $A_\mathfrak{p}/\mathfrak{p} A_\mathfrak{p}$ に同型である．

実際，$1 \notin \mathfrak{p} A_\mathfrak{p}$ はただちに分かる．ゆえに $\mathfrak{p} A_\mathfrak{p} \cap A_\mathfrak{p}^\times = \emptyset$．また $a/s \notin \mathfrak{p} A_\mathfrak{p}$ とすると，$a \notin \mathfrak{p}$．よって $s/a \in A_\mathfrak{p}$ となり $a/s \cdot s/a = 1$．すなわち $a/s \in A^\times$．したがって $\mathfrak{p} A_\mathfrak{p} = A_\mathfrak{p} \setminus A_\mathfrak{p}^\times$ となり，命題 2.21 から $A_\mathfrak{p}$ は唯一つの極大イデアル $\mathfrak{p} A_\mathfrak{p}$ をもつ局所環である． □

A 加群 M と，A の積閉集合 S に対して，$M = A$ のときと同様に $M \times S$ に同値関係を
$$(x, s) \sim (x', s') \iff t(s'x - sx') = 0 \text{ となる } t \in S \text{ が存在する}$$
で定義し，同値類 x/s に対して
$$\frac{x}{s} + \frac{x'}{s'} = \frac{s'x + sx'}{ss'} \quad (x, x' \in M, s, s' \in S)$$
$$\frac{a}{s} \cdot \frac{x}{s'} = \frac{ax}{ss'} \quad (a \in A)$$

と定義すると，$S^{-1}A$ 加群 $S^{-1}M$ がつくられる．これも加群 M の S による**分数化**または**局所化**といい，とくに A の素イデアル $\mathfrak{p}$ に対しては，$A_\mathfrak{p}$ 加群 $M_\mathfrak{p} := S_\mathfrak{p}^{-1} M$ を M の $\mathfrak{p}$ における局所化という．

例題 2.23
$$S^{-1}M \simeq S^{-1}A \otimes_A M.$$
□

命題 2.24 A 加群として $S^{-1}A$ は平坦である．とくに，A 加群の完全列
$$0 \to M_1 \to M_2 \to M_3 \to 0$$
に対して，
$$0 \to S^{-1}M_1 \to S^{-1}M_2 \to S^{-1}M_3 \to 0$$
はまた完全である． □

命題 2.25 S を環 A の積閉集合，$\phi: A \to S^{-1}A$ を自然な準同型とする．

(i) $S^{-1}A$ のイデアル J は A のイデアル $\phi^{-1}(J) = I$ の分数化 $S^{-1}I$ である．

(ii) $S^{-1}I \ni 1 \iff I \cap S \neq \emptyset$.

(iii) $\mathfrak{p} \mapsto S^{-1}\mathfrak{p}$, $\mathfrak{q} \mapsto \phi^{-1}(\mathfrak{q})$ によって，次の集合の間の 1 対 1 対応が与えられる．
$$\{\mathfrak{p} \in \operatorname{Spec} A \mid \mathfrak{p} \cap S = \emptyset\} \xrightarrow{\sim} \operatorname{Spec} S^{-1}A.$$

[証明] (i) $J = S^{-1}I$ となることをいえばよい．$S^{-1}I \subset J$ は明らかである．$a/s \in J$ とすると $\phi(a) = a/1 = s \cdot a/s \in J$．すなわち $a \in I$．よって $a/s \in S^{-1}I$．

(ii) 明らか．

(iii) $S^{-1}A$ の素イデアル $\mathfrak{q}$ に対して，$\mathfrak{p} = \phi^{-1}(\mathfrak{q})$ は素イデアルであって，$\mathfrak{p} \cap S = \emptyset$．逆に，$\mathfrak{p}$ を $\mathfrak{p} \cap S = \emptyset$ となる A の素イデアルとする．命題 2.24 より完全列
$$0 \to S^{-1}\mathfrak{p} \to S^{-1}A \to S^{-1}(A/\mathfrak{p}) \to 0$$
を得る．すなわち，
$$S^{-1}(A/\mathfrak{p}) \simeq (S^{-1}A)/S^{-1}\mathfrak{p}.$$
ところが，射影 $A \to A/\mathfrak{p}$ による S の像を $\overline{S} \subset A/\mathfrak{p}$ とおくと，A 加群としての分数化 $S^{-1}(A/\mathfrak{p})$ は整域 $A/\mathfrak{p}$ の $\overline{S}$ による分数化 $\overline{S}^{-1}(A/\mathfrak{p})$ に同型である．$0 \notin \overline{S}$ ゆえ $\overline{S}^{-1}(A/\mathfrak{p})$ は整域，すなわち，$S^{-1}\mathfrak{p}$ は $S^{-1}A$ の素イデアルである ((i) から $\phi^{-1}(S^{-1}\mathfrak{p}) = \mathfrak{p}$ が分かる)． ∎

§2.7 中山の補題

可換環論，とくに局所環論において始終(場合によっては無意識のうちに)使われる**中山の補題**とよばれる命題がある．(日本の近代代数学の祖中山正にちなんで名付けられているが，この呼称については議論があるようで，東屋，Krull の関与を認めて，松村 [4], [5] では NAK の補題と名付けられている．)
まず，線形代数学で著名な Cayley-Hamilton の定理の可換環版から始める．

定理 2.26（Cayley-Hamilton の定理） M を n 個の元から生成される A 加群とし，M の自己準同型 $f: M \to M$ が，A のあるイデアル I に対して $f(M) \subset IM$ と仮定する．このとき，ある $a_1, a_2, \cdots, a_n \in I$ に対して，
$$f^n + a_1 f^{n-1} + \cdots + a_n = 0$$
をみたす(さらに $a_i \in I^i$ $(1 \leq i \leq n)$ としてよい)．

[証明] 線形代数学での自己準同型に対する常套手段が可換環に対しても適用できる．不定元を T とする A 上の多項式環 $A[T]$ を考えて，A 加群 M を $f \in \mathrm{End}_A M$ を通じて，$Tx = f(x)$ $(x \in M)$ により $A[T]$ 加群と考えることにする．M の生成系 $\{x_1, x_2, \cdots, x_n\}$ をとると，$f(M) \subset IM$ ゆえ $f(x_i) = \sum_{j=1}^{n} a_{ij} x_j$ $(a_{ij} \in I)$ となる．したがって $A[T]$ 加群 M において

(2.1) $$\sum_{j=1}^{n} (\delta_{ij} T - a_{ij}) x_j = 0$$

が成立する(δ_{ij} は Kronecker のデルタ，$\delta_{ii} = 1$，$\delta_{ij} = 0$ $(i \neq j)$)．$A[T]$ 係数の n 次正方行列 $F(T) := (\delta_{ij} T - a_{ij})_{ij}$ の余因子行列を $\Delta_F(T)$ とすると，体係数の場合と同じく，$\Delta_F(T) F(T) = \det F(T)$ が成立する．したがって，式(2.1)の左から $\Delta_F(T)$ に対応する作用を施すことにより
$$(\det F(T)) x_i = 0 \quad (1 \leq i \leq n)$$
が成立し，
$$\det F(T) = T^n + a_1 T^{n-1} + \cdots + a_n$$
とおけば，$a_i \in I^i$ $(1 \leq i \leq n)$ である．$T = f$ を代入すると $\mathrm{End}_A M$ における等式
$$f^n + a_1 f^{n-1} + \cdots + a_n = 0$$

を得る.

系 2.27

（i） M を有限生成 A 加群, A のイデアル I に対し $M = IM$ とする. このとき $aM = 0$ となる元 $a \equiv 1 \bmod I$ が存在する.

（ii） $f: M \twoheadrightarrow M$ を有限生成 A 加群の全準同型とすると, f は同型(単射)である.

[証明] (i) $f = \mathrm{Id}_M : M \to M = IM$ に対し定理 2.26 を適用すると, $(\mathrm{Id}_M + a_1 + a_2 + \cdots + a_n)(x) = 0 \ (x \in M)$. $a := 1 + a_1 + \cdots + a_n$ とおけば, $\sum_{i=1}^{n} a_i \in I$ ゆえ条件をみたす.

(ii) 定理 2.26 の証明と同様に, $Tx = f(x) \ (x \in M)$ として, M を $A[T]$ 加群とみなす. $B = A[T]$ とおくと, $M = (T)M$ （ここで $(T) = BT$ は T が生成する B の単項イデアル）. $(T) = I$ に(i)を適用すると, $a(T) \in A[T]$ で $a(T) \equiv 1 \bmod (T)$, $a(T)M = 0$ なるものがある. $a(T) = 1 + g(T)T$ とすると, $0 = a(T)x = x + g(T)Tx \ (x \in M)$, すなわち $\mathrm{Id}_M = -g(f)f$ となり, f は逆 $f^{-1} = -g(f)$ をもつ.

定理 2.26 は, さらに通常中山の補題とよばれる命題を導く. それを述べるために次の概念を定義しておく. 環 A のすべての極大イデアルの共通部分のなすイデアルを **Jacobson 根基**(Jacobson radical)といい,

$$J(A) := \bigcap_{\mathfrak{m}:極大イデアル} \mathfrak{m}$$

と書く. 定義から明らかに, A が局所環であれば, $J(A)$ は A の(唯一つの)極大イデアルに等しい. Jacobson 根基についてまず次の性質に注意する.

命題 2.28 $a \in J(A)$ であることと, $1 + ab \in A^{\times} \ (\forall b \in A)$ が同値である.

[証明] ($\Longrightarrow$) $a \in J(A)$ ならば $ab \in J(A) \ (b \in A)$. もし $1 + ab \notin A^{\times}$ とすると命題 1.19 から $1 + ab \in \mathfrak{m}$ となる極大イデアルがある. ところが $ab \in J(A) \subset \mathfrak{m}$ ゆえ $1 \in \mathfrak{m}$ となり, これは矛盾.

($\Longleftarrow$) 極大イデアル $\mathfrak{m}$ に対し $a \notin \mathfrak{m}$ とすると $a, \mathfrak{m}$ は A を生成する. すなわち, $a(-b) + x = 1$ となる $b \in A, x \in \mathfrak{m}$ がある. よって $1 + ab \in \mathfrak{m}$ となり, これは $1 + ab \notin A^{\times}$ を意味している.

定理 2.29（中山の補題） M を有限生成 A 加群とし，I を Jacobson 根基に含まれるイデアルとする．このとき $IM = M$ ならば $M = 0$ である．

［証明］ 系 2.27(i) によって，$aM = 0$ となる $a \equiv 1 \mod I$ が存在する．ところで，$a \in 1 + I \subset 1 + J(A)$ ゆえ命題 2.28 から $a \in A^\times$．よって $M = a^{-1}aM = 0$． ∎

大事な定理であるから別の証明を演習問題 2.2 としておく．

系 2.30 M を有限生成 A 加群，N をその部分加群とする．イデアル $I \subset J(A)$ に対し，$M = IM + N$ ならば $M = N$ である．

［証明］ M/N に中山の補題を適用せよ． ∎

A を極大イデアル $\mathfrak{m}$ をもつ局所環とし，$k = A/\mathfrak{m}$ をその剰余体とする．A 加群 M に対し，剰余加群 $M/\mathfrak{m}M$ は k 加群，すなわち k 上のベクトル空間である．

系 2.31 局所環 A 上の加群 M の元 $x_1, x_2, \cdots, x_n$ について，それらの $M/\mathfrak{m}M = M \otimes_A k$ における像が $k = A/\mathfrak{m}$ 上の生成元であれば，それはまた M の A 上の生成元である．

［証明］ $N = \sum_{i=1}^{n} Ax_i$ とおくと，$N \twoheadrightarrow M/\mathfrak{m}M$ は全射．よって $M = N + \mathfrak{m}M$ ($\mathfrak{m} = J(A)$) となり，系 2.30 から $M = N$． ∎

§2.8 アフィンスキームからの動機；根基，台

局所化による局所環や，中山の補題などの重要性は，背後に代数幾何学とくにスキーム論があり，その観点から眺めるのが意味や動機が分かりやすい．もちろん，ここでスキーム論を紹介する余地もないので，以降の議論に必要な言葉の準備も兼ねて，アフィンスキームに関係する初等的なことがらをいくつか導入しておくに留める．

前節で Jacobson 根基というものを定義したが，環 A のイデアル I に対して

$$\sqrt{I} := \{a \in A \mid \text{ある } n > 0 \text{ に対して } a^n \in I\}$$

を単に I の**根基**(radical)という.

命題 2.32 イデアル I の根基 $\sqrt{I}$ はイデアルである.

[証明] $a \in \sqrt{I}$ に対して $Aa \subset \sqrt{I}$ は明らかである. $a^n, b^m \in I$ とすると,
$(a+b)^{n+m} = \sum_{i=0}^{n+m} \binom{n+m}{i} a^{n+m-i} b^i$ について, $i \leq m$ ならば $a^{n+m-i} \in I$, $i \geq m$ ならば $b^i \in I$ ゆえ, $a+b \in \sqrt{I}$. ∎

ベキ零元のなすイデアル $\sqrt{0}$ をとくに**ベキ零根基**(nilradical)という.

命題 2.33 $\operatorname{Spec} A$ を A の素イデアルのなす集合とすると,
$$\sqrt{I} = \bigcap_{I \subset \mathfrak{p} \in \operatorname{Spec} A} \mathfrak{p}.$$

[証明] $a^n \in I \subset \mathfrak{p}$ とすると $a \in \mathfrak{p}$ ゆえ $\subset$ は明らか. 逆に, $a \notin \sqrt{I}$ とすると, 任意の $n \in \mathbb{N}$ に対して $a^n \notin I$. よって剰余環 $\overline{A} = A/I$ において積閉集合 $S = \{\overline{a}^n \mid n \in \mathbb{N}\}$ ($\overline{a} = a+I$) は 0 を含まない. すなわち, $S^{-1}\overline{A} = \overline{A}_{\overline{a}} \neq 0$. $\overline{A}_{\overline{a}}$ の極大イデアル $\overline{\mathfrak{m}}$ を 1 つとり, 自然な射 $A \to \overline{A} \to \overline{A}_{\overline{a}}$ による $\overline{\mathfrak{m}}$ の逆像を $\mathfrak{p} \in \operatorname{Spec} A$ とすると $\overline{a} \notin \overline{\mathfrak{m}}$ ゆえ, $a \notin \mathfrak{p}$, すなわち $\supset$ がいえた. ∎

系 2.34 A の Jacobson 根基とベキ零根基との間には次の関係がある.
$J(A) \supset \sqrt{0}$. □

上の系は後に紹介する Hilbert の零点定理と関係がある.

さて §2.6 で A 加群 M に対して, 素イデアル $\mathfrak{p} \in \operatorname{Spec} A$ における局所化 $M_\mathfrak{p}$ なるものを定義した. これは局所環 $A_\mathfrak{p}$ 上の加群になっていた.

実は集合 $\operatorname{Spec} A$ には自然な位相が定義され, 素イデアル $\mathfrak{p}$ は位相空間 $\operatorname{Spec} A$ の点とみなされる. さらに, 点 $\mathfrak{p}$ 上に局所環 $A_\mathfrak{p}$ および $A_\mathfrak{p}$ 加群 $M_\mathfrak{p}$ が乗っている. このような状況を正確に記述しようとすると, **層**(sheaf)の言葉が必要になってくるのであるが, このあたりから本書の範囲外になってくる.

例題 2.35 イデアル $I \subset A$ に対し, $V(I) := \{\mathfrak{p} \in \operatorname{Spec} A \mid I \subset \mathfrak{p}\}$ とおくと次をみたす.

(i) $V(1) = \emptyset$, $V(0) = \operatorname{Spec} A$,

(ii) $V(I) \cup V(J) = V(IJ) = V(I \cap J)$,

(iii) $\bigcap_{\lambda \in \Lambda} V(I_\lambda) = V(\sum_{\lambda \in \Lambda} I_\lambda)$.
すなわち $\{V(I)\}_I$ は $\operatorname{Spec} A$ の閉集合の公理をみたす(この位相を **Zariski 位相**(Zariski topology)という). □

A 加群 M に対して,
$$\operatorname{Supp} M := \{\mathfrak{p} \in \operatorname{Spec} A \mid M_\mathfrak{p} \neq 0\}$$
と書いて, M の**台**(support)という. 一方,
$$\operatorname{Ann} M := \{a \in A \mid ax = 0 \ (\forall x \in M)\}$$
を M の**零化イデアル**(annihilator)という.

命題 2.36 M が A 上有限生成ならば, $V(\operatorname{Ann} M) = \operatorname{Supp} M$, とくに, M の台は $\operatorname{Spec} A$ の閉集合である.

[証明] $M_\mathfrak{p} = 0$ ということと, 任意の $x \in M$ に対して, $ax = 0$ となる $a \notin \mathfrak{p}$ が存在することが必要十分である. M の生成元 $\{x_1, x_2, \cdots, x_n\}$ に対して, $a_i x_i = 0$ $(a_i \notin \mathfrak{p})$ となる元 a_i を選んでおけば, $a = a_1 a_2 \cdots a_n \notin \mathfrak{p}$ でかつ $ax_i = 0$ $(1 \leq i \leq n)$ となり, この $a \notin \mathfrak{p}$ に対して $ax = 0$ $(\forall x \in M)$ となる. これは $\operatorname{Ann} M \not\subset \mathfrak{p}$ を意味し, $M_\mathfrak{p} = 0 \iff \operatorname{Ann} M \not\subset \mathfrak{p}$ がいえた. ∎

系 2.37 A のイデアル I に対して,
$$\operatorname{Supp} A/I = \{\mathfrak{p} \in \operatorname{Spec} A \mid \mathfrak{p} \supset I\}.$$
□

《要約》

2.1 環上の加群と同型定理.

2.2 加群の直和, 自由加群とその階数.

2.3 射影加群と入射加群.

2.4 テンソル積と普遍双線形写像.

2.5 写像の完全列と関手 Hom, ⊗.

2.6 テンソル積と平坦加群. 射影的ならば平坦.

2.7 テンソル積による係数拡大.

2.8 局所化または分数化.

2.9 局所環.

2.10 Cayley–Hamilton の定理と中山の補題.

2.11 Jacobson 根基とイデアルの根基.

2.12 Spec A とその Zariski 位相. 加群の台.

――――― 演習問題 ―――――

2.1 (単因子定理) PID A 上の有限生成加群は巡回加群 (1 つの元で生成された加群) 有限個の直和に同型である.

2.2 中山の補題 (定理 2.29) の別証明. 有限生成 A 加群が $M = IM$, $I \subset J(A)$ をみたすとする. $M \neq 0$ とするとき, その最小個数の生成系 $\{x_1, x_2, \cdots, x_n\}$ をとり, 矛盾を導け.

2.3 S を A の積閉集合, M, N を A 加群とする. このとき, 次が成立する.
(1) $S^{-1}(M \otimes_A N) \simeq S^{-1}M \otimes_{S^{-1}A} S^{-1}N$.
(2) M が有限表示, すなわち完全列 $A^m \to A^n \to M \to 0$ が存在するならば, $S^{-1}\mathrm{Hom}_A(M, N) \simeq \mathrm{Hom}_{S^{-1}A}(S^{-1}M, S^{-1}N)$.

2.4 平坦 A 加群 M について次が成り立つ. $\sum_{i=1}^{n} a_i x_i = 0$ $(a_i \in A, x_i \in M)$ ならば, $x_i = \sum_{j=1}^{m} b_{ij} y_j$ $(1 \leq i \leq n)$, $\sum_{i=1}^{n} a_i b_{ij} = 0$ となる $b_{ij} \in A$, $y_j \in M$ がある.

2.5 局所環上の有限生成加群においては, 自由, 射影的, 平坦の 3 つの性質はすべて同値である.

2.6 A 加群 M について, 次は同値である.
$M = 0 \iff M_\mathfrak{p} = 0 \,(\forall \mathfrak{p} \in \mathrm{Spec}\, A) \iff M_\mathfrak{m} = 0 \,(\forall \mathfrak{m} \in \mathrm{Specm}\, A)$.

2.7 A 加群の準同型 $M \to N$ について, 次は同値である.
$M \to N$ は全射 $\iff M_\mathfrak{p} \to N_\mathfrak{p}$ は全射 $(\forall \mathfrak{p} \in \mathrm{Spec}\, A)$
$\iff M_\mathfrak{m} \to N_\mathfrak{m}$ は全射 $(\forall \mathfrak{m} \in \mathrm{Specm}\, A)$.
「全射」を「単射」におきかえてもよい.

2.8 A 加群 M とイデアル I について, $M_\mathfrak{m} = 0$ $(I \subset \mathfrak{m} \in \mathrm{Specm}\, A)$ ならば, $M = IM$.

Noether環

 環の初等的な例として単項イデアル環をあげたが，これは非常に特殊なクラスであり，たとえば，2変数以上の多項式環や，簡単な代数的整数の環 ($\mathbb{Z}[\sqrt{-5}]$ など）もこの性質をみたさない．一般化してすべてのイデアルが有限生成になるような環を考えると，これは Noether 環とよばれる十分広いクラスを与え，多くの重要な例を含んでいる．とくに，可換環論の故郷である代数的整数論と代数幾何学に現れるたいていの基本的な環はこの条件をみたしている．また，この環に名前を残している E. Noether(エミー・ネータ)が最初に見通したことだが，イデアルや加群についての一般的で抽象的議論が展開しやすい，ある意味で閉じたクラスをなしている．

 この章では，この環に関する基本的な諸定理の紹介を行う．Hilbert の基底定理をはじめとして，加群の素因子およびイデアル(さらに一般に部分加群)の準素分解などである．また，計算代数で話題の Gröbner 基底にも触れる．

§3.1　昇鎖条件と極大条件

 まず，加群の部分加群の族についての条件を考える.

 命題 3.1 環 A 上の加群 M について，次の条件は同値である.
 （ⅰ）　M の任意の部分 A 加群は有限生成である.
 （ⅱ）　M の任意の部分 A 加群の増大列

$$M_1 \subset M_2 \subset \cdots \subset M_i \subset \cdots$$
は必ず停止する.すなわち,$M_n = M_{n+1} = \cdots$ となる n が存在する(**昇鎖条件**(ascending chain condition)).

(iii) M の部分 A 加群からなる空でない集合は,包含関係に関して極大元をもつ(**極大条件**(maximal condition)).

[証明] (i) $\Longrightarrow$ (ii) $M_\infty = \bigcup_{i=0}^{\infty} M_i$ とおくと,M_i が増大列ゆえ M_∞ は M の部分 A 加群である.これは有限生成であるから生成元 $x_1, x_2, \cdots, x_r$;$M_\infty = \sum_{i=1}^{r} A x_i$ をとると,$x_i \in M_n \, (1 \leq i \leq r)$ となる n がある.$M_\infty = M_n$ ゆえ,$M_i = M_n \, (i \geq n)$.

(ii) $\Longrightarrow$ (iii) 単に順序集合についての命題である.$\mathcal{S}$ を部分 A 加群からなる集合とする.もし $\mathcal{S}$ が極大元をもたなければ,任意の $M_i \in \mathcal{S}$ に対して必ず $M_i \subsetneq M_{i+1}$ となる $M_{i+1} \in \mathcal{S}$ が存在し,部分加群の真の増大列がとれることになり昇鎖条件に反する.

(iii) $\Longrightarrow$ (i) M の部分 A 加群 N に対して,$\mathcal{S} := \{N' \subset N \mid N' \text{は有限生成部分} A \text{加群}\}$ とおくと,$0 \in \mathcal{S}$ ゆえ $\mathcal{S}$ は空でない.(iii) より極大元 $N_0 \in \mathcal{S}$ が存在する.このとき $N = N_0$ となり N は有限生成となる.なぜなら $N_0 \subsetneq N$ とすると,$x \in N \setminus N_0$ が存在するが,このとき $N_0 \subsetneq N_0 + Ax \in \mathcal{S}$ となり N_0 の極大性に反する. ∎

定義 3.2 命題 3.1 の(同値な)条件をみたす加群を **Noether 加群**という.環 A 自身を A 加群と見なすとき,Noether 加群ならば(すなわち,イデアルの族について命題 3.1 の(同値な)条件をみたすとき),A を **Noether 環**という. □

命題 3.3 A 加群の短完全列
$$0 \to M_1 \to M_2 \to M_3 \to 0$$
について,M_2 が Noether 加群であることと,M_1 と M_3 が共に Noether 加群であることは同値である.

[証明] ($\Longrightarrow$) M_2 の極大条件は M_1 の極大条件を導くから M_1 も Noether 加群である.M_3 の部分加群の M_2 における逆像を考えるとやはり M_2 の極大条件は M_3 のそれを導き M_3 も Noether 加群である.

($\Longleftarrow$) 昇鎖条件を考えよう．M_2 の部分加群の増大列
$$N_1 \subset N_2 \subset \cdots \subset N_i \subset \cdots$$
に対して，部分加群 M_1 への制限
$$M_1 \cap N_1 \subset M_1 \cap N_2 \subset \cdots \subset M_1 \cap N_i \subset \cdots$$
と，剰余加群への射影 $p: M_2 \twoheadrightarrow M_3$
$$pN_1 \subset pN_2 \subset \cdots \subset pN_i \subset \cdots$$
を考えると，M_1, M_3 の昇鎖条件からある共通の n に対して，
$$M_1 \cap N_n = M_1 \cap N_{n+1} = \cdots,$$
$$pN_n = pN_{n+1} = \cdots$$
となる．よって，$i \geqq n$ に対しては $N_i/(M_1 \cap N_n) = N_i/(M_1 \cap N_i) = pN_i = pN_n = N_n/(M_1 \cap N_n)$ となり，$N_i = N_n$ である． ∎

命題3.3 から，Noether 環 A のイデアル I は Noether 加群であり，剰余環 A/I は A 加群として Noether 環である．ところが剰余環 A/I のイデアルは部分 A 加群でもあるから極大条件をみたす．また，A の積閉集合 S による分数化 $S^{-1}A$ の真のイデアルは，$S^{-1}I$ ($I \cap S = \emptyset$ となる A のイデアル)であるから A のイデアルの集合が極大条件をみたせば，$S^{-1}A$ のそれもみたす．すなわち次がいえる．

命題 3.4 Noether 環の剰余環はまた Noether 環である．Noether 環の分数環はまた Noether 環である． □

注意 Noether 環の部分環は必ずしも Noether 環にはならない(たとえば，非 Noether 整域 A の商体はもちろん Noether 環であるが部分環 A はそうではない)．部分環が Noether 環になるための見やすい判定条件を探すことは重要である(たとえば，Eakin–永田の定理：Noether 環 B がその部分環 A 上有限生成加群ならば A は Noether 環である(永田[5], p. 23).

命題 3.5 Noether 環上の有限生成加群は Noether 加群である．

[証明] 生成元の個数による帰納法を用いる．$M = \sum_{i=1}^{n} Ax_i$ とする．$n=1$ のときは M は A の剰余加群ゆえ Noether 加群である(命題 3.3)．$n-1$ まで

正しいとし，部分加群 $N = \sum_{i=1}^{n-1} Ax_i$ を考えると短完全列
$$0 \to N \to M \to (Ax_n)/(N \cap Ax_n) \to 0$$
を得る．仮定により，N も $(Ax_n)/(N \cap Ax_n)$ も Noether であるから，命題 3.3 より M も Noether である． ∎

§3.2 Hilbert の基底定理と Gröbner 基底

始めにも述べたように，多くの Noether 環の存在を保証する定理として，次の Hilbert の基底定理がある．

定理 3.6（Hilbert の基底定理） Noether 環上の有限生成代数は，また Noether 環である． □

（類似の定理：A が Noether 環ならば A 上の形式的ベキ級数環 $A[[X]]$ もまた Noether 環である．（演習問題 3.3 参照））

環 A 上有限生成環は，A 上の有限変数多項式環 $A[X_1, X_2, \cdots, X_n]$ の剰余環であり，Noether 環の剰余環はまた Noether 環である（命題 3.4）から，帰納法により結局，A が Noether 環のとき 1 不定元（変数）多項式環 $A[X]$ が Noether 環であることを証明すればよい．

［証明］ I を X を不定元とする A 上の多項式代数 $A[X]$ のイデアルとする．$I \neq 0$ とし，I が有限生成であることを示す．このとき次の操作を考える．$f_1 \neq 0$ を I の最小次数の多項式とする．$(f_1) \subsetneq I$ ならば，f_2 を $I \setminus (f_1)$ の最小次数の多項式とする．これを続けて，$(f_1, f_2, \cdots, f_i) \subsetneq I$ ならば，f_{i+1} を $I \setminus (f_1, f_2, \cdots, f_i)$ の最小次数の多項式とする．

ここで各 f_i の最高次の係数を a_i（$f_i = a_i X^{n_i} +$ 低次の項）とし，A のイデアルの増大列
$$(a_1) \subset (a_1, a_2) \subset \cdots \subset (a_1, a_2, \cdots, a_i) \subset \cdots$$
を考えると，A は Noether 環だから，ある n があって $j \geq n$ については $a_j \in (a_1, a_2, \cdots, a_n)$ となる．

この n について $(f_1, f_2, \cdots, f_n) = I$ となることを示そう．もしそうでなけれ

ば，さらに $f_{n+1} \in I \setminus (f_1, f_2, \cdots, f_n)$ として次数最小のものがとれる．そこで f_{n+1} の係数について $a_{n+1} = \sum_{i=1}^{n} c_i a_i$ となる $c_i \in A$ を選ぶと，f_i の選び方から，$r_i = \deg f_i \leq \deg f_{n+1} = r_{n+1}$. したがって $f_{n+1} - \sum c_i X^{r_{n+1}-r_i} f_i = g$ とおくと $\deg g < r_{n+1} = \deg f_{n+1}$. f_{n+1} は $(f_1, f_2, \cdots, f_n)$ に属さない最小次数の I の元だから，$g \in (f_1, f_2, \cdots, f_n)$. すなわち $f_{n+1} \in (f_1, f_2, \cdots, f_n)$ となって，矛盾する．よって $I = (f_1, f_2, \cdots, f_n)$ である． ∎

例3.7 A を体または $\mathbb{Z}$ とすると，有限個の不定元(変数)をもつ多項式環 $A[X_1, X_2, \cdots, X_n]$ は，Noether 環である(無限個の不定元をもつものは Noether ではない)． □

多項式環のイデアル，または自由加群の部分加群の生成元を求めるアルゴリズムとして Buchberger による Gröbner 基底の話題がある．現在，この理論は計算機で環論のさまざまな問題を処理するパッケージに広く応用されている．この詳しい話は，最近多くの専門書がでているのでそれに任せることにして([2], [3])，ここでは，Hilbert の基底の構成について触れておこう．

$A = k[X_1, X_2, \cdots, X_n]$ を体 k 上の n 不定元の多項式整域とする．この話は，多項式に対してリード項を定義するために，単項式の集合 $\{x^\alpha \mid \alpha \in \mathbb{N}^n\}$ ($\alpha = (\alpha_1, \alpha_2, \cdots, \alpha_n) \in \mathbb{N}^n$ ($\mathbb{N} = \{0, 1, 2, \cdots\}$) に対して $x^\alpha = x_1^{\alpha_1} x_2^{\alpha_2} \cdots x_n^{\alpha_n}$) に具合のよい全順序を入れることから始まる．単項式 x^α に対して $\alpha \in \mathbb{N}^n$ を対応させることで，$\mathbb{N}^n$ における順序を考える．$\mathbb{N}^n$ は成分ごとの和 + を考えることにより半群になっていることに注意しておく(単項式の積に対応している)．

定義3.8 $\mathbb{N}^n$ の全順序 $\leq$ が次をみたすとき**単項順序**(monomial order) という：

(i) $\alpha \leq \beta \Longrightarrow \alpha + \gamma \leq \beta + \gamma$ ($\gamma \in \mathbb{N}^n$).
(ii) $\alpha \geq 0 = (0, 0, \cdots, 0)$. □

例3.9 次の3つがよく使われる．
(1) 辞書式順序(lex)：

$\alpha <_l \beta \iff$ ある j について $\alpha_j < \beta_j$, $\alpha_i = \beta_i$ ($i < j$).

(2) 全次数・辞書式順序(total degree-lex)：

$$\alpha \underset{l}{<} \beta \iff |\alpha| < |\beta|, \text{ または } |\alpha| = |\beta| \text{ かつ } \alpha \underset{l}{<} \beta \quad (|\alpha| := \sum_i \alpha_i).$$

（3） 全次数・逆辞書式順序（total degree-reverse lex）:
$$\alpha \underset{r}{<} \beta \iff |\alpha| < |\beta|, \text{ または } |\alpha| = |\beta| \text{ かつ } \alpha \underset{l}{>} \beta. \qquad \square$$

$\mathbb{N}^n$ に単項順序 $\leqq$ を1つ固定する．このとき多項式 $f = \sum_\alpha c_\alpha x^\alpha \neq 0$ に対して，$\{\alpha \in \mathbb{N}^n \mid c_\alpha \neq 0\}$ の最大元を β とおき，
$$\mathrm{LT}(f) = c_\beta x^\beta, \quad \mathrm{LC}(f) = c_\beta, \quad \mathrm{LE}(f) = \beta$$
をそれぞれ，**リード項**（leading term），**リード係数**（leading coefficient），**リード指数**（leading exponent）とよぼう．
$$\mathrm{LT}(fg) = \mathrm{LT}(f)\mathrm{LT}(g),$$
$$\mathrm{LE}(fg) = \mathrm{LE}(f) + \mathrm{LE}(g),$$
$$\mathrm{LE}(f+g) \leqq \mathrm{Max}\{\mathrm{LE}(f), \mathrm{LE}(g)\}$$
などが成立することは明らかであろう．

さて，A のイデアル I に対し，$f \in I$ ならば $\mathrm{LE}(x^\alpha f) = \alpha + \mathrm{LE}(f)$ $(\forall \alpha \in \mathbb{N}^n)$ である．したがって，$\mathbb{N}^n$ の部分集合 $M \subset \mathbb{N}^n$ で，
$$M + \mathbb{N}^n \subset M$$
をみたすものを $\mathbb{N}^n$ の**モノイデアル**（monomial ideal）ということにすれば，A のイデアル I に対してそのリード指数の集合
$$\mathrm{LE}(I) = \{\mathrm{LE}(f) \mid f \in I\}$$
はモノイデアルになる．

逆に，モノイデアル M に対して A の単項式 $\{x^\alpha \mid \alpha \in M\}$ で張られる部分加群 I を考えると，I は単項式を生成元とする A のイデアルになる．言葉を濫用して，このような単項式で張られる A のイデアルも**モノイデアル**といおう．（単項イデアルと直訳すると明らかな混乱が起こる．）

Hilbert の基底定理に対応して，次が成立する（単項順序とは無関係の命題）．

補題 3.10（Dickson の補題） $\mathbb{N}^n$ のモノイデアルは有限生成である．

［証明］ Hilbert の基底定理を仮定すれば明らかであるが，もちろん，独自の証明をもつ．

n についての帰納法を用いる. $n=1$ のときは $\mathbb{N}^n$ のモノイデアルは,それに属する最小元で生成されることは明らかである.

M を $\mathbb{N}^n$ のモノイデアルとするとき,$i \in \mathbb{N}^{n-1}$ に対して $M_i = \{\alpha' \in \mathbb{N}^{n-1} \mid (\alpha', i) \in M\}$ とおくと,M_i は $\mathbb{N}^{n-1}$ のモノイデアルの増大列 $\cdots \subset M_i \subset M_{i+1} \subset \cdots$ をなす.したがって,モノイデアル $M_\infty = \bigcup_{i=0}^{\infty} M_i$ は有限生成となり,列 $\{M_i\}$ に対して $M_i = M_l \ (i \geq l)$ は止まる;すなわち,ある l に各 M_i の有限生成系 S_i を $0 \leq i \leq l$ に対して選んでおき $S = \bigcup_{i=0}^{l} \{(\alpha', i) \mid \alpha' \in S_i\}$ とおくと,M は有限集合 S で生成される.

実際,$(\beta', i) \in M$ とし $0 \leq i \leq l$ ならば $\beta' = \alpha' + \gamma'$ となる $\alpha' \in S_i$ と γ' があるから $(\beta', i) = (\alpha', i) + (\gamma', 0) \in (S) = S + \mathbb{N}^{n-1}$ となる.$i > l$ のときも,$M_i = M_l$ だから $(\beta', l) \in (S)$ となり,$(\beta', i) = (\beta', l) + (0, i - l) \in (\beta', l) + \mathbb{N}^n \subset (S)$ となり,主張がいえた.∎

Dickson の補題によって,多項式整域 A のモノイデアルは有限生成である.このことから,A に対する基底定理(任意の A のイデアルは有限生成)が導かれるが,その間に自然に Gröbner 基底の概念が生まれてくる.

定義 3.11　体上の多項式整域 A のイデアル I の有限生成系 S について S の元のリード指数の集合 $\mathrm{LE}(S)$ が $\mathbb{N}^n$ のモノイデアル $\mathrm{LE}(I)$ を生成するとき,S を I の **Gröbner 基底**という.

いいかえれば,S の元のリード指数の集合 $\mathrm{LE}(S)$ が I の元のリード項がなす A のモノイデアル $\mathrm{LT}(I)$ を生成するとき,S は Gröbner 基底である.　□

多項式整域については,Hilbert の基底定理を精密化した次の定理が成立する.

定理 3.12　体上の多項式整域の任意のイデアルは Gröbner 基底をもつ.

[証明]　体上の多項式整域 A のイデアル I の元のリード指数がなす集合 $\mathrm{LE}(I)$ は $\mathbb{N}^n$ のモノイデアルであるから,Dickson の補題によって,有限生成系 $S_0 = \{\alpha_{(1)}, \alpha_{(2)}, \cdots, \alpha_{(r)}\} \subset \mathbb{N}^n$ が選べる.いま,$g_i \in I \ (1 \leq i \leq r)$ を $\mathrm{LE}(g_i) = \alpha_{(i)}$ となるように選んでおくと,$S = \{g_1, g_2, \cdots, g_r\}$ が I を生成することが示される.

実際,任意の $f \in I$ に対して,$f \neq 0$ ならば $\mathrm{LE}(f) \in (S_0) = S_0 + \mathbb{N}^n$ ゆえ,

ある $\alpha_{(i)}$ に対して,$\text{LE}(f) = \alpha_{(i)} + \gamma$ である.このとき,$f_1 = f - \dfrac{\text{LT}(f)}{\text{LT}(g_i)} X^\gamma g_i$ とおけば,右辺の2つの項のリード項は一致するから,$\text{LE}(f_1) < \text{LE}(f) = \alpha_{(i)} + \gamma$ となる.この操作を順次繰り返すことにより,真の減少列
$$\text{LE}(f) > \text{LE}(f_1) > \text{LE}(f_2) > \cdots$$
をみたす $f_j \in f + (S) \subset I$ $(j = 1, 2, \cdots)$ がとれる.$\mathbb{N}^n$ は単項順序 $\leq$ に関して整列集合であるから最小限 f_m をもつ.しかし,$f_m \in I$ ゆえ,$f_m \neq 0$ ならば,さらに低次の $\text{LE}(f_{m+1}) < \text{LE}(f_m)$ が存在しなければならない.すなわち,$f_m = 0$ となり,結局 $f \in (S)$ がいえた.∎

Gröbner 基底 S について,S そのものの一意性はないが,$\text{LE}(S)$ を極小にするように要請すると,リード指数の極小集合 $\text{LE}(S)$ は一意的であることが示される.

Gröbner 基底の構成を始め,それを決めた後,ある多項式がそのイデアルに属するか否かなど,多くのことが計算機で処理できる.上の証明が算法的であることからも想像できるだろう.さらに加群の自由分解(シチジー)などのホモロジー代数の計算まで可能になってきたことは注目に値する.

§3.3 加群の素因子(伴う素イデアル)

Noether 環のイデアル,またはもっと一般に部分加群の準素イデアル分解(とくに一意性)を論ずるために,加群の素因子という概念を導入する.これはまた Cohen–Macaulay 加群などを論ずる際にも重要である.

この節では断らない限り環 A は Noether 環とする.A 加群 M が与えられたとき,M の元 $x \neq 0$ の零化イデアル $\text{Ann}\, x = \{a \in A \mid ax = 0\}$ が素イデアルであるとき $\text{Ann}\, x$ を M の**素因子**(prime ideal associated to M)という.英語では,associated prime ideal とよぶので,M に**伴う素イデアル**ともいう.M の素因子のなす集合を
$$\text{Ass}\, M = \text{Ass}_A M = \{\mathfrak{p} \in \text{Spec}\, A \mid \text{ある } x \in M \text{ に対し } \mathfrak{p} = \text{Ann}\, x\}$$
と書く.

§3.3 加群の素因子(伴う素イデアル)──61

$\mathfrak{p} \in \operatorname{Spec} A$ について $\mathfrak{p} \in \operatorname{Ass} M \iff A/\mathfrak{p} \hookrightarrow M$ であることは明らかであろう. 存在について, まず次を注意しよう.

命題 3.13 A のイデアルの集合 $\{\operatorname{Ann} x \mid 0 \neq x \in M\}$ の極大元は M の素因子である.

[証明] ある $\operatorname{Ann} x$ が上にいう極大元であるとする. $ab \in \operatorname{Ann} x, a \notin \operatorname{Ann} x$ とすると $ax \neq 0, b(ax) = 0$, すなわち $b \in \operatorname{Ann}(ax)$. ところが $\operatorname{Ann} x \subset \operatorname{Ann}(ax)$ ゆえ $\operatorname{Ann} x$ の極大性から $\operatorname{Ann} x = \operatorname{Ann}(ax)$, すなわち $b \in \operatorname{Ann} x$. よって $\operatorname{Ann} x$ は素イデアルである. ∎

系 3.14 $M \neq 0$ ならば $\operatorname{Ass} M \neq \emptyset$. また, M の素因子の和集合 $\bigcup_{\mathfrak{p} \in \operatorname{Ass} M} \mathfrak{p}$ は, M の零因子のなす集合 $\{a \in A \mid ax = 0$ となる $0 \neq x \in M$ がある$\}$ と等しい. ∎

$\operatorname{Ass} M$ の幾何学的な意味づけとして, 次の事実に注目しよう.

定理 3.15 A 加群 M の台を $\operatorname{Supp} M := \{\mathfrak{p} \in \operatorname{Spec} A \mid M_\mathfrak{p} \neq 0\}$ とする. このとき $\operatorname{Ass} M \subset \operatorname{Supp} M$ である. さらに, $\operatorname{Supp} M$ の極小元は $\operatorname{Ass} M$ に属する. すなわち, $\operatorname{Ass} M$ の極小元の集合と $\operatorname{Supp} M$ の極小元の集合は一致する.

[証明] まず $\mathfrak{p} = \operatorname{Ann} x$ ($x \in M, x \neq 0$) とすると, 任意の $s \notin \mathfrak{p}$ について $sx \neq 0$ であるが, これは, 定義によって $x = x/1$ が $M_\mathfrak{p}$ のなかで 0 でないことを意味する. すなわち $M_\mathfrak{p} \neq 0, \mathfrak{p} \in \operatorname{Supp} M$ である.

次に $\mathfrak{p}$ を $\operatorname{Supp} M$ の極小元とする. このとき, $M_\mathfrak{p} \neq 0$ は $A_\mathfrak{p}$ 加群となり, $\mathfrak{p}$ の極小性は局所化 $A_\mathfrak{p}$ のなかでの $\mathfrak{p} A_\mathfrak{p} \in \operatorname{Supp} M_\mathfrak{p}$ の極小性を導く. すなわち, すべての $\mathfrak{q} \subsetneq \mathfrak{p} A_\mathfrak{p}$ に対して $M_\mathfrak{q} = 0$. よって, $\operatorname{Supp} M_\mathfrak{p} = \{\mathfrak{p} A_\mathfrak{p}\}$ であり, 系 3.14 より $\operatorname{Ass}_{A_\mathfrak{p}} M_\mathfrak{p} \neq 0$ ゆえすでに示した $\operatorname{Ass}_{A_\mathfrak{p}} M_\mathfrak{p} \subset \operatorname{Supp} M_\mathfrak{p}$ から $\operatorname{Ass}_{A_\mathfrak{p}} M_\mathfrak{p} = \{\mathfrak{p} A_\mathfrak{p}\}$.

ところが一般に A の積閉集合 S に関する分数化 $f: A \to S^{-1}A$ に対して
$$\operatorname{Ass}_A S^{-1}M = f^{-1}(\operatorname{Ass}_{S^{-1}A}(S^{-1}A)) = (\operatorname{Ass}_A M) \cap \{\mathfrak{p} \mid \mathfrak{p} \cap S = \emptyset\}$$
が成り立つことが容易に見られる. $f: A \to A_\mathfrak{p}$ に適用することにより $f^{-1}(\mathfrak{p} A_\mathfrak{p}) = \mathfrak{p} \in \operatorname{Ass}_A M$ が従う. ∎

定理3.15により，Ass M の極小元は Supp M の極小元ということに等しく，Supp M の幾何学的な意味は捉えやすい．これに比べて，Ass M に極小元でないもの($\mathfrak{p} \subsetneq \mathfrak{q}$, $\mathfrak{q} \in \mathrm{Ass}\,M$)があれば，いろいろ微妙な問題を引き起こすことになる．極小な Ass M の素イデアルを**孤立**(isolated)**素因子**ともいい，そうでないものを**非孤立**または**埋め込まれた**(embedded)**素因子**ともいう．

例 3.16 A のイデアル I に対して，$\mathrm{Supp}\,A/I = \{\mathfrak{p} \in \mathrm{Spec}\,A \mid I \subset \mathfrak{p}\}$ である (系 2.37)．したがって，I を含む極小の素イデアル $\mathfrak{p}$ は A/I の素因子である．命題 2.33 より I の根基 $\sqrt{I}$ について，$\sqrt{I} = \bigcap_{I \subset \mathfrak{p} \in \mathrm{Spec}\,A} \mathfrak{p} = \bigcap_{I \subset \mathfrak{p}: \text{極小}} \mathfrak{p}$ となるから $V(I) = V(\sqrt{I}) = \bigcup_{I \subset \mathfrak{p}: \text{極小}} V(\mathfrak{p})$ という分解をもつ(既約分解という)．ここに現れる極小な $\mathfrak{p}$ は Ass A/I の極小元であり，もし Ass A/I に埋め込まれた素イデアル $\mathfrak{q} \supsetneq \mathfrak{p}$ があったとしても，$V(\mathfrak{q}) \subset V(\mathfrak{p})$ となり，上の $V(I)$ の分解には必要ではない．これが "埋め込まれた" の意味である．しかしながら，$V(I)$ 上の層などいろいろな対象を研究しようとすると，埋め込まれた素イデアルは様々な障害を引き起こす． □

補題 3.17 A 加群の完全列 $0 \to M_1 \to M_2 \to M_3 \to 0$ があるとき，$\mathrm{Ass}\,M_1 \subset \mathrm{Ass}\,M_2$，かつ $\mathrm{Ass}\,M_2 \setminus \mathrm{Ass}\,M_1 \subset \mathrm{Ass}\,M_3$.

[証明] $\mathfrak{p} \in \mathrm{Ass}\,M_1 \iff A/\mathfrak{p} \subset M_1$ ゆえ $A/\mathfrak{p} \subset M_2 \implies \mathfrak{p} \in \mathrm{Ass}\,M_2$．次に $N = A/\mathfrak{p} \subset M_2$ として，$N \cap M_1 \neq 0$ ならば $0 \neq x \in N \cap M_1$ とすると，$N = A/\mathfrak{p}$ のなかで考えて $\mathfrak{p} = \mathrm{Ann}\,x$．ゆえに $\mathfrak{p} \in \mathrm{Ass}\,M_1$．$N \cap M_1 = 0$ ならば $N \subset M_2/M_1 \subset M_3$ となり $\mathfrak{p} \in \mathrm{Ass}\,M_3$． ■

定理 3.18 有限生成 A 加群 M の素因子の集合 $\mathrm{Ass}\,M$ は有限である．

[証明] $M = 0$ ならば $\mathrm{Ass}\,M = \emptyset$ ゆえ，$M \neq 0$ とする．よって系 3.14 から $A/\mathfrak{p}_1 \subset M$ となる $\mathfrak{p}_1 \in \mathrm{Ass}\,M$ がある．$M_1 = A/\mathfrak{p}_1 (\neq 0) \subset M$ とおいて $M_1 \neq M$ のときは再び同じ操作を行って $A/\mathfrak{p}_2 \simeq \overline{M_2} \subset M/M_1$ をとる．このようにして，部分加群の増大列

$$0 \neq M_1 \subset M_2 \subset \cdots \subset M_i \subset \cdots$$

で，$M_i/M_{i-1} \simeq A/\mathfrak{p}_i$ となる素イデアル $\mathfrak{p}_i$ がとれる．M は Noether 環上の

有限生成加群であるから命題3.5よりNoether加群であり，この増大列は停止する．すなわち $M_n = M$ となる $n \geq 1$ がある．

この列に対して，補題3.17から
$$\mathrm{Ass}\, M \subset \mathrm{Ass}\, M_1 \cup \mathrm{Ass}(M_2/M_1) \cup \cdots \cup \mathrm{Ass}(M_n/M_{n-1})$$
$$= \{\mathfrak{p}_1, \mathfrak{p}_2, \cdots, \mathfrak{p}_n\}$$
が成り立ち，有限性が示された． ∎

§3.4 準素分解

素イデアルの概念の1つの拡張として，**準素イデアル**(primary ideal)というものがある．環 A のイデアル $\mathfrak{q} \neq 0$ について，$ab \in \mathfrak{q}$ かつ $a \notin \mathfrak{q}$ ならば $b^n \in \mathfrak{q}$ となるべき $n \geq 1$ があるときをいう．

定義から明らかに素イデアルは準素イデアルである．素イデアル $\mathfrak{p}$ の根基については $\sqrt{\mathfrak{p}} = \mathfrak{p}$ が成り立つが，準素イデアル $\mathfrak{q}$ の根基 $\sqrt{\mathfrak{q}}$ は素イデアルである．実際，$ab \in \sqrt{\mathfrak{q}} \Longrightarrow a^n b^n \in \mathfrak{q}$．$a \notin \sqrt{\mathfrak{q}}$ とすると $a^n \notin \mathfrak{q}$，ゆえに $b^{nm} \in \mathfrak{q}$ となる $m \geq 1$ があり，これは $b \in \sqrt{\mathfrak{q}}$ を意味する．

素元分解整域において，素元 p のベキ p^n が生成するイデアル (p^n) などは準素イデアルである．素元分解整域の場合，定義によって任意の元は p^n の形の元の積に分解したのだが，このようなことを一般の環において，イデアルについて行おうとするとどうなるのかという問いを考える．これに対するNoether環の場合の解答が，これから述べる**準素分解**(primary decomposition)である．

技術的にまったく同じであり，すでに前節で紹介した素因子や $\mathrm{Ass}\, M$ の働き方についてのよい理解を与えると思われるので，イデアルを一般化して，Noether環上の加群の部分加群の準素分解について論ずることにしよう．

以下この節でも環は Noether 環と仮定する．

まず，準素イデアルの概念を部分加群に拡張する．

定義 3.19 A 加群 M の部分 A 加群 N が準素であるとは，M/N の素因子が唯一つ；$\mathrm{Ass}\, M/N = \{\mathfrak{p}\}$ のときをいう．このとき，N を $\mathfrak{p}$ 準素($\mathfrak{p}$-

primary)，または N は $\mathfrak{p}$ に属する**準素部分加群**という．　　□

次の命題によって，準素イデアルと A の準素部分加群の概念は一致することが分かる．

命題 3.20　Noether 環 A 上の加群 M について次は同値である.
(ⅰ) 0 が M の準素部分加群である；すなわち，$\mathrm{Ass}\,M$ は唯一つの素イデアルからなる．
(ⅱ) $M \neq 0$ で $a \in A$ が M の零因子(ある $M \ni x \neq 0$ に対して $ax=0$)ならば a は M 上で局所的にベキ零，すなわち，任意の $y \in M$ に対して $a^n y = 0$ となる $n \geq 1$ がある (M が有限生成ならば $a^n M = 0$ となる $n \geq 1$ がある)．

[証明]　(ⅰ) $\Longrightarrow$ (ⅱ) $\mathrm{Ass}\,M = \{\mathfrak{p}\}$ とすると，系 3.14 から M に関する零因子の集合は $\mathfrak{p}$ に一致する．$M \ni y \neq 0$ に対して，部分 A 加群 $Ay \neq 0$ ゆえ，再び系 3.14 より $\mathrm{Ass}\,Ay \neq \emptyset$ で補題 3.17 から $\mathrm{Ass}\,Ay = \{\mathfrak{p}\}$．ところが定理 3.15 によって，$\mathfrak{p}$ は $\mathrm{Supp}\,Ay$ の唯一つの極小元でもある．Ay は有限生成だから，命題 2.36 によって $\mathrm{Supp}\,Ay = V(\mathrm{Ann}\,Ay)$．したがって命題 2.33 から $\sqrt{\mathrm{Ann}\,Ay} = \mathfrak{p}$ となり，M の零因子 a は適当な $n \geq 1$ に対して $a^n y = 0$ をみたす．

(ⅱ) $\Longrightarrow$ (ⅰ) M 上局所ベキ零な A の元のなす部分集合を I とおく．I はイデアルをなすことが容易に見られる．条件より，I は M の零因子のなす集合に等しく，これは系 3.14 より M の素因子をすべて含む．ところが，$\mathfrak{p} = \mathrm{Ann}\,x \in \mathrm{Ass}\,M$ とすると，$a \in I$ ならば $a^n x = 0$ ゆえに $a^n \in \mathfrak{p}$ となり，$\mathfrak{p}$ は素だから $a \in \mathfrak{p}$；すなわち $I \subset \mathfrak{p}$ となる．よって $I = \mathfrak{p}$ のみが M の素因子である．　　■

系 3.21
(ⅰ)　$\mathrm{Ass}\,M = \{\mathfrak{p}\} \Longleftrightarrow \mathfrak{p} = \{M \text{の零因子}\} = \{M \text{上の局所ベキ零元}\}$．
(ⅱ)　A のイデアル $\mathfrak{q}$ について，
$$\mathfrak{q}：準素イデアル \Longleftrightarrow \mathfrak{q}：A \text{の準素部分加群}$$
であって，このとき $\mathrm{Ass}\,A/\mathfrak{q} = \{\sqrt{\mathfrak{q}}\}$．　　□

まず，準素分解の可能性から始めよう．ちょっと紛らわしい用語であるが，

A 加群 M の部分 A 加群 N について,$N = N_1 \cap N_2$ (N_i も部分 A 加群)ならば $N = N_1$ または $N = N_2$ となるとき N を**既約**ということにする.(この言葉は一般には,別の意味「単純」を意味するのが普通であるので,この節だけに留める.)

補題 3.22 M が Noether 加群ならば,任意の部分加群は既約部分加群の有限個の交わりとして表される.

[証明] もしそう表せない部分加群があるとして,そのような部分加群のなす集合 $\mathcal{S}$ の中で極大なものを N とする(Noether 性).N は既約でないから $N = N_1 \cap N_2$ ($N \neq N_1, N_2$) なるものがある.N の極大性から,$N_1, N_2 \notin \mathcal{S}$;すなわち N_1 も N_2 も有限個の既約部分加群の交わりになり,よって N もそうである.これは $N \in \mathcal{S}$ という仮定に反する. ∎

補題 3.23 既約な真部分加群は準素である.

[証明] $N \subsetneq M$ が準素でなければ既約でないことを示す.定義によって $\mathrm{Ass}\, M/N$ は少なくとも 2 つの素因子 $\mathfrak{p}_1 \neq \mathfrak{p}_2$ をもつ.$A/\mathfrak{p}_i = \overline{N_i} \subset M/N$ ($i=1,2$) とするとき,$\overline{N_1} \cap \overline{N_2} \neq 0$ ならば $0 \neq x \in \overline{N_1} \cap \overline{N_2}$ を選ぶ.このとき $\mathfrak{p}_1 = \mathrm{Ann}\, x = \mathfrak{p}_2$ となり,矛盾.よって $\overline{N_1} \cap \overline{N_2} = 0$ となり,$N = N_1 \cap N_2$ ($N_i = \pi^{-1}\overline{N_i}$;$\pi : M \twoheadrightarrow M/N$, $N \subsetneq N_i$),すなわち N は既約でない. ∎

補題 3.22 と 3.23 から次の定理がいえた.

定理 3.24 Noether 環 A 上の有限生成加群 M の任意の真部分加群 N は準素分解をもつ;すなわち,
$$N = N_1 \cap N_2 \cap \cdots \cap N_r$$
となる M の準素部分加群 N_i ($1 \leq i \leq r$) が存在する. □

次に,分解の一意性について論ずる.微妙な点がいくつかあるので前もって注意をしておく.

まず次を確認する.

補題 3.25 部分加群 N_1 と N_2 が共に素イデアル $\mathfrak{p}$ に対して $\mathfrak{p}$ 準素ならば $N_1 \cap N_2$ もそうである.

[証明] $M/N_1 \cap N_2 \subset M/N_1 \oplus M/N_2$ であるから,補題 3.17 によって,$\mathrm{Ass}\, M/N_1 \cap N_2 \subset \mathrm{Ass}\, M/N_1 \cup \mathrm{Ass}\, M/N_2 = \{\mathfrak{p}\}$. ∎

さて，M の部分加群 N について，$N = \bigcap_{i=0}^{r} N_i$ という表示があるとする．このとき，どの N_i 1 つを抜いてももはや N にならない ($N \neq \bigcap_{i \neq i_0} N_i$) とき，上の表示は**むだがない** (irredundant) という．さらに2つの $N_{i_1} \neq N_{i_2}$ が共に同じ素イデアル $\mathfrak{p}$ に属していれば，補題 3.25 から $N_{i_1} \cap N_{i_2}$ も $\mathfrak{p}$ 準素であるから，1 つの準素部分加群 $N_{i_1} \cap N_{i_2}$ にまとめてしまうことによって，分解の長さを短くすることができる．このようにして，**最短準素分解**
$$N = N_1 \cap N_2 \cap \cdots \cap N_r$$
($\text{Ass}\, M/N_i = \{\mathfrak{p}_i\}$ とすると $\mathfrak{p}_i$ ($1 \leq i \leq r$) は互いに相異なる) が得られる．

分解の一意性については次がいえる．

定理 3.26

（ i ） Noether 環 A 上の加群 M の真部分加群 N について
$$N = N_1 \cap N_2 \cap \cdots \cap N_r$$
をむだがない準素分解とする．このとき，$\mathfrak{p}_i$ を N_i の素因子とすると，
$$\text{Ass}\, M/N = \{\mathfrak{p}_1, \mathfrak{p}_2, \cdots, \mathfrak{p}_r\} \quad \text{(同じものがあるかもしれない)}.$$

（ ii ） M を有限生成 A 加群として，(i) の分解が最短であるとする ($\mathfrak{p}_i$ ($1 \leq i \leq r$) がすべて相異なる)．このとき，$\mathfrak{p}_i$ が極小 (孤立) 素因子ならば対応する $\mathfrak{p}_i$ 準素成分は，$\mathfrak{p}_i$ における局所化を $f_{\mathfrak{p}_i} : M \to M_{\mathfrak{p}_i} \supset N_{\mathfrak{p}_i}$ とすると，$N_i = f_{\mathfrak{p}_i}^{-1}(N_{\mathfrak{p}_i})$ となり，極小素因子 $\mathfrak{p}_i$ と N から一意的に決まる．

［証明］（ i ）埋め込み $M/N \subset \bigoplus_{i=1}^{r} M/N_i$ と補題 3.17 により $\text{Ass}\, M/N \subset \{\text{Ass}\, M/N_i\} = \{\mathfrak{p}_i\}_{1 \leq i \leq r}$ を得る．逆に，むだがないことから埋め込み $0 \neq (\bigcap_{i=2}^{r} N_i)/N \hookrightarrow M/N_1$ がある．よって，$\text{Ass}(\bigcap_{i=2}^{r} N_i/N) \subset \text{Ass}(M/N_1) = \{\mathfrak{p}_1\}$，すなわち $\text{Ass}(\bigcap_{i=2}^{r} N_i/N) = \{\mathfrak{p}_1\}$．ところが一方 $\bigcap_{i=2}^{r} N_i/N$ は M/N の部分加群でもあるから $\text{Ass}(\bigcap_{i=2}^{r} N_i/N) \subset \text{Ass}\, M/N$．よって $\mathfrak{p}_1 \in \text{Ass}\, M/N$．他の $\mathfrak{p}_i$ についても同様．

（ii）$\mathfrak{p} = \mathfrak{p}_1$ を極小素因子と仮定する．容易に分かるように $\mathfrak{p}$ における局所化に関して $N_\mathfrak{p} = \bigcap_{i=1}^{r} (N_i)_\mathfrak{p}$ が成立する．系 3.21 より M が有限生成のとき $\text{Ann}\, M/N_i$ は素因子 $\mathfrak{p}_i$ のベキを含み，$\mathfrak{p}$ が極小元ゆえ $\mathfrak{p}_i \not\subset \mathfrak{p}$．よって，$(M/N_i)_\mathfrak{p} = 0$ となり，局所化の平坦性から $(N_i)_\mathfrak{p} = M_\mathfrak{p}$ となる．すなわち $N_\mathfrak{p} =$

$(N_1)_\mathfrak{p}$ であり,$f_\mathfrak{p}^{-1}(N_\mathfrak{p}) = f_\mathfrak{p}^{-1}((N_1)_\mathfrak{p}) = N_1$ がいえた. ∎

注意 $\mathfrak{p}_i \in \mathrm{Ass}\,M/N$ が非孤立(非極小)素因子のときは,対応する準素加群の一意性はいえない.

以上をイデアルについて述べたものを繰り返すと次を得る(系3.21 などを参照).

系 3.27 Noether 環 A のイデアル I は有限個の準素分解 $I = \mathfrak{q}_1 \cap \mathfrak{q}_2 \cap \cdots \cap \mathfrak{q}_r$ ($\mathfrak{q}_i$ は準素イデアル)をもつ.この分解にむだがなければ,素イデアル $\mathfrak{p}_i = \sqrt{\mathfrak{q}_i}$ $(1 \leq i \leq r)$ が A/I の素因子の集合 $\mathrm{Ass}\,A/I$ を与える.さらに,これが最短準素分解($\mathfrak{p}_i$ $(1 \leq i \leq r)$ がすべて相異なる)とすると,極小(孤立)素因子 $\mathfrak{p}_i$ に対応する準素イデアル $\mathfrak{q}_i$ は I と $\mathfrak{p}_i$ から一意的に決まる. □

例 3.28 $A = k[X, Y]$ (k は体)のイデアル $I = (X^2, XY)$ について,素イデアルの列 $\mathfrak{p} = (X) \subset \mathfrak{q} = (X, Y)$ を考えると,最短準素分解
$$I = \mathfrak{p} \cap \mathfrak{q}^2 = \mathfrak{p} \cap (X^2, Y)$$
を得る.($k[X, Y]$ が素元分解整域である(定理 1.28)ことを用いて確かめよ.)$\mathrm{Ass}\,A/I = \{\mathfrak{p} \subsetneq \mathfrak{q}\}$ で $\mathfrak{q}$ は非孤立素因子で,2つの準素イデアル $\mathfrak{q}^2 \neq (X^2, Y)$ は共に素因子 $\mathfrak{q}$ に属する.このように非孤立素因子に対応する準素イデアルについては一意性は成立しない.(原点 $(0,0)$ は Y 軸 $(X = 0)$ に埋め込まれている.) □

§3.5 Artin 環

Noether 性を定義する極大条件と双対的な極小条件をみたす環を Artin 環というが,条件の対称性に反して,Artin 環はずっと特殊で,狭いクラスをなす.(実際,以下に示すように非常に特殊な Noether 環である.)体に次いで"イデアルの少ない"環であるが,不変量の計算などでよく現れるので,ここに基本的性質を述べておく.

定義 3.29 次の同値な条件をみたす環 A を **Artin 環** という.
(i) (極小条件) A のイデアルのなす空でない集合は極小元をもつ.

(ii)（降鎖条件）A のイデアルの降鎖列
$$I_1 \supset I_2 \supset \cdots \supset I_i \supset \cdots$$
は必ず停止する．すなわち，$I_n = I_{n+1} = \cdots$ となる n がある． □

条件の同値性については，命題 3.1 と同じである．また，A 加群の部分加群について上の性質をみたすものを **Artin 加群** とよぶのも同様である．

例 3.30 $\mathbb{Z}/(n)$ $(n \neq 0)$．イデアルは $(m)/(n)$ (m は n の因子）のみであるから有限個しかない． □

例 3.31 体 k 上の有限次元ベクトル空間である環（$k[X]/(f)$ $(f \neq 0)$ など）．イデアルは k 部分空間であるから，列は有限である． □

以上のような例が典型的である．Artin 環の特殊性を示すものとしてまず次に注意する．

命題 3.32 Artin 環の素イデアルは極大であり，また有限個しか極大イデアルをもたない．

[証明] Artin 環 A の素イデアル $\mathfrak{p}$ に対して $\overline{A} = A/\mathfrak{p}$ は Artin 整域である．Artin 整域 $\overline{A}$ が体であることを示せばよい．$0 \neq x \in \overline{A}$ について，イデアルの降鎖列 $(x) \supset (x^2) \supset \cdots$ を考えると，ある n に対して $(x^n) = (x^{n+1})$ となる．すなわち，ある $y \in \overline{A}$ があって $x^n = yx^{n+1}$ となる．$\overline{A}$ は整域で $x \neq 0$ であったから，$1 = yx$ となり，x は可逆である．これは $\overline{A}$ が体であることを意味している．

次に Specm A を A の極大イデアル全体のなす集合として，イデアルの集合
$$\mathcal{S} := \{ \mathfrak{m}_1 \cap \mathfrak{m}_2 \cap \cdots \cap \mathfrak{m}_r \mid \mathfrak{m}_i \in \text{Specm}\, A \}$$
を考える．極小条件より，$\mathcal{S}$ はある極小元 $I = \mathfrak{m}_1 \cap \mathfrak{m}_2 \cap \cdots \cap \mathfrak{m}_n$ をもつ．このとき，任意の極大イデアル $\mathfrak{m} \in \text{Specm}\, A$ に対して $\mathfrak{m} \cap I \in \mathcal{S}$ ゆえ，I の極小性から $\mathfrak{m} \cap I = I$，すなわち $I \subset \mathfrak{m}$ である．ところがこのとき，ある $\mathfrak{m}_i$ ($I = \mathfrak{m}_1 \cap \cdots \cap \mathfrak{m}_i \cap \cdots \cap \mathfrak{m}_n$) に対して $\mathfrak{m}_i \subset \mathfrak{m}$ である．（実際，すべての $1 \leq i \leq n$ に対し $\mathfrak{m}_i \not\subset \mathfrak{m}$ とすると，$x_i \in \mathfrak{m}_i \setminus \mathfrak{m}$ に対して $x_1 x_2 \cdots x_n \in I$．しかし，$\mathfrak{m}$ は素だから $x_1 x_2 \cdots x_n \not\in \mathfrak{m}$．これは $I \subset \mathfrak{m}$ に反する．）$\mathfrak{m}_i$ は極大だから前半より $\mathfrak{m} = \mathfrak{m}_i$，すなわち，$A$ の極大イデアルは I の成分に現れる極大イデアル（有限個）

のいずれかに一致する. ∎

一般に可換環 A について,素イデアルの真の増大列
$$\mathfrak{p}_* : \mathfrak{p}_0 \subsetneq \mathfrak{p}_1 \subsetneq \cdots \subsetneq \mathfrak{p}_n$$
に対して,n を列 $\mathfrak{p}_*$ の**長さ**という(番号付けは 0 から始まることに注意). 最長の素イデアルの列(が存在する場合)の(最大である)長さを,環 A の **Krull 次元**(混同の恐れがなければ,単に**次元**)といい,$\dim A$ と書く. 命題 3.32 によると,Artin 環の次元は 0 である. 逆に次がいえる.

定理 3.33 A が Artin 環であるためには,Noether 環かつ $\dim A = 0$ であることが必要十分である.

[証明] A を Artin 環とすると,命題 3.32 より $\dim A = 0$. 次に Noether 環であることを示す. まず,命題 3.32 より,A の素イデアルを $\mathfrak{m}_1, \mathfrak{m}_2, \cdots, \mathfrak{m}_n$ とすると,これらは極大イデアルでもあり,したがって,Jacobson 根基と根基は等しい;$\bigcap_{i=1}^{n} \mathfrak{m}_i = \sqrt{0}$.

ところが根基 $N = \sqrt{0}$ はベキ零,すなわち $N^k = 0$ となる $k > 0$ があることが証明できる. 実際,降鎖列 $N^i \supset N^{i+1} \supset \cdots$ に対して $I = N^k = N^{k+1} = \cdots$ となったとする. このとき $I = 0$ を示す. I に対してイデアルの集合 $\mathcal{S} := \{J : A \text{ のイデアル} \mid IJ \neq 0\}$ ($I \in \mathcal{S}$) を考え,極小条件によって $\mathcal{S}$ の極小元 $J_0 \in \mathcal{S}$ を 1 つとる. $x \in J_0$ を $xI \neq 0$ なる元とすると極小性から $(x) = J_0$. とこ
ろが $(xI)I = xI^2 = xN^{2k} = xN^k = xI \neq 0$,すなわち $xI \in \mathcal{S}$. よって再び極小性から $xI = J_0 = (x)$,すなわち $x = xy$ なる $y \in I$ がある. すると,$x = xy = xy^2 = \cdots = xy^m = \cdots$ となり,もともと $y \in I = \sqrt{0}$ はベキ零元であったから,$x = 0$. これは仮定に反する. よって $I = 0$ でなければいけない.

以上のことから,ある $k > 0$ に対して $\mathfrak{m}_1^k \mathfrak{m}_2^k \cdots \mathfrak{m}_n^k = (\bigcap_{i=1}^{n} \mathfrak{m}_i)^k = (\bigcap_{i=1}^{n} \mathfrak{m}_i^k) = 0$ となることが分かった. したがって,$\mathfrak{m}_1 \mathfrak{m}_2 \cdots \mathfrak{m}_r = 0$ となるような有限個の極大イデアル $\mathfrak{m}_1, \mathfrak{m}_2, \cdots, \mathfrak{m}_r$(重複を許す)が選べることになる. これらに対して,イデアルの降鎖列 $A \supset \mathfrak{m}_1 \supset \mathfrak{m}_1 \mathfrak{m}_2 \supset \cdots \supset \mathfrak{m}_1 \mathfrak{m}_2 \cdots \mathfrak{m}_i \supset \cdots \supset \prod_{i=1}^{r} \mathfrak{m}_i = 0$ を固定する. ここで,途中の部分剰余加群 $M_i = \mathfrak{m}_1 \mathfrak{m}_2 \cdots \mathfrak{m}_{i-1} / \mathfrak{m}_1 \mathfrak{m}_2 \cdots \mathfrak{m}_i$ は体 $A/\mathfrak{m}_i$ 上の加群(ベクトル空間)である. A が Artin 環であることから,Noether 加群

における場合(命題 3.3)と同様に，各 M_i も Artin 加群になっており，したがって M_i は体 $A/\mathfrak{m}_i$ 上有限次元ベクトル空間である．このことは，A 加群 M_i は Noether 加群になっていることを意味しているから，命題 3.3 を繰り返し用いることで結局 A は Noether 環になる．

次に，十分であることをいう．次元 0 の Noether 環 A のイデアルの準素分解を考えると，系 3.27 によって，A の極小イデアル $\mathfrak{p}_1, \mathfrak{p}_2, \cdots, \mathfrak{p}_n$(有限個)が A の素因子となり，非孤立素因子はない($\dim A = 0$)．$\dim A = 0$ ゆえ，$\mathfrak{p}_i = \mathfrak{m}_i$ はまたすべて極大であり，根基は $N = \sqrt{0} = \bigcap_{i=1}^{n} \mathfrak{m}_i$．$A$ は Noether 環であるから，(N の有限個の生成元をとることによって)ある $k > 0$ に対して $N^k = 0$．したがって，$\prod_{i=1}^{n} \mathfrak{m}_i^k = 0$ となり，前半の議論の後半部と同様に A が Artin 環であることが導かれる． ∎

Artin 環が Noether 環になることは，秋月康夫によって示された．さらに，Artin 環は有限個の Artin 局所環の直積に一意的に表されることが知られている．

《 要 約 》

3.1 Noether 加群と Noether 環．昇鎖条件と極大条件，有限生成性．
3.2 Hilbert の基底定理．
3.3 多項式環の Gröbner 基底，Dickson の補題．
3.4 加群の素因子，Ass M，孤立素因子と非孤立素因子．
3.5 準素イデアル(または部分加群)．イデアル(または部分加群)の準素分解とその一意性．
3.6 降鎖条件と極小条件．Artin 環 = 次元 0 の Noether 環．

──────── 演習問題 ────────

3.1 次の(1), (2)を示せ．
(1) Noether 加群 M の全自己準同型 $f: M \twoheadrightarrow M$ は単射(したがって同型)で

ある.

(2) Artin 加群 M の単自己準同型 $f: M \hookrightarrow M$ は全射(したがって同型)である.

3.2 任意の局所化 $A_\mathfrak{p}$ ($\mathfrak{p} \in \mathrm{Spec}\, A$) が Noether 環ならば,$A$ も Noether 環か.

3.3 Noether 環 A 上の形式的ベキ級数環 $A[[X_1, X_2, \cdots, X_n]]$ はまた Noether 環である.

3.4 $\mathbb{N}^n$ の単項順序の定義3.8において,(ii)の代わりに,$\mathbb{N}^n$ は順序 $\leqq$ に関して整列集合である,としても同値である.

3.5 体 k 上の多項式環 $k[X, Y]$ のイデアル $I = (X^2, XY)$ の根基 $\sqrt{I}$ は素イデアルであるが,I は準素イデアルではない.

3.6 根基イデアル $I = \sqrt{I}$ は非孤立素因子をもたない.

環の拡大
有限性を中心として

環の拡大,あるいはもっと一般に環の準同型 $\phi: A \to B$ があるとき,A, B の性質がそれぞれ相手方にどのように反映するかを知るのは大切なことである.スキーム論的にいえば,射 $\operatorname{Spec} B \to \operatorname{Spec} A$ の研究である.一般の準同型 ϕ は,もっと特殊なタイプの準同型に分解する方法が種々知られていて,この章で取り扱うような "整射" や "有限射" の場合の研究がとくに基本的である.これは体における代数的拡大を,環の場合に精密化したもので,代数的整数論においても代数幾何学においてもきわめて重要である.

この方法に関連して,代数幾何学の基礎づけにおいて基本的な Noether の正規化定理を紹介し,それを用いて Hilbert の零点定理の証明を与える.これによって,多項式環のイデアルと(アフィン)代数多様体の対応が明らかになる.

さらに,2つの環の素イデアルの集合の対応を,上昇(going-up)および下降(going-down)定理とよばれている性質を鍵に調べる.環の間のさまざまな性質がここに反映している.

最後に,正規環を紹介する.これは,幾何学的には特異性が限られた環で,環論的にもきわめて取り扱いやすく具合がよい.代数的整数の環を定義する際にも必須で,次章 Dedekind 環の議論につながる.

§4.1 整拡大と有限拡大

B を A 代数,すなわち環準同型 $\phi: A \to B$ が与えられているものとする.以下,混同の恐れがなければ,ϕ が単射でなくとも,$a \in A$ の ϕ による像 $\phi(a) \in B$ も a と同一視することが行われる.したがって,A の部分集合 $S \subset A$ に対して,$BS = B\phi(S)$ は $\phi(S)$ が生成する B のイデアルである.また,B の部分集合 $S' \subset B$ に対して $\phi^{-1}(S') \subset A$ を $S' \cap A$ と書くことも行われる.要するに,あたかも ϕ が単射の場合に,ϕ による同一視 $\phi: A \hookrightarrow B$ を行うのと同様の記号使いを行うのである.したがって,B のイデアル I に対して,$I \cap A = \phi^{-1}(I)$ は A のイデアルであり,I が素イデアルならば,$I \cap A$ も A の素イデアルである.

A 代数 B について,B の元 x が A 係数のモニックな多項式の根であるとき,すなわち,
$$x^n + a_{n-1}x^{n-1} + \cdots + a_0 = 0$$
となる $a_i \in A$ $(0 \leq i \leq n-1)$ があるとき($a_i = \phi(a_i) \in B$ と見なしている),x を **A 上整である**(integral over A)という.A の元はすべて B の中で A 上整である.

有理整数環 $\mathbb{Z}$ 上整である複素数を**代数的整数**(algebraic integer)とよぶが,上の言葉はこれを環論的に拡張した用語である.

たとえば,$\sqrt[n]{2}$,$\dfrac{-1 \pm \sqrt{-3}}{2}$ などは $\mathbb{Z}$ 上整であるが,$\dfrac{\sqrt{2}}{2}$ は $\mathbb{Z}$ 上整ではない.

整であることの評価についての次の定理は基本的である.

定理 4.1 A 代数 B について,次は同値である.

(i) $x \in B$ は A 上整である.

(ii) x が生成する B の部分環 $A[x]$ は A 加群として有限生成である.

(iii) $A[x]$ は有限生成 A 加群である A 代数 $C \subset B$ に含まれる.

(iv) 忠実な $A[x]$ 加群 M で A 上有限生成なものが存在する.(忠実とは,$fm = 0$, $f \in A[x]$ ($\forall m \in M$) $\Longrightarrow f = 0$.)

§4.1 整拡大と有限拡大 ―― 75

[証明] (i) $\Longrightarrow$ (ii) $x^n+a_{n-1}x^{n-1}+\cdots+a_0=0$ $(a_i\in A)$ とすると,$A[x]=\sum_{i=0}^{n-1}Ax^i$. 実際,右辺を C とおくとき,$x^r\in C$ $(r\in\mathbb{N})$ を示せばよい. $r<n$ ならば明らか. $r\geqq n$ のとき $x^r=x^{r-n}x^n=x^{r-n}\left(-\sum_{i=0}^{n-1}a_ix^i\right)=-\sum_{i=0}^{n-1}a_ix^{r-n+i}\in C$ (帰納法による).

(ii) $\Longrightarrow$ (iii) 自明.

(iii) $\Longrightarrow$ (iv) $M=C$ ととると,$1\in C$ ゆえ明らか.

(iv) $\Longrightarrow$ (i) Cayley–Hamilton の定理(定理 2.26)を用いる. $f\in\mathrm{End}_A M$ を $f(y)=xy$ $(y\in M)$ と定義すると,定理 2.26 により,ある $n\in\mathbb{N}$ に対して
$$f^n+a_{n-1}f^{n-1}+\cdots+a_0=0 \quad (a_i\in A,\ \mathrm{End}_A M\ \text{の中で}).$$
M は忠実だから,B の元として
$$x^n+a_{n-1}x^{n-1}+\cdots+a_0=0 \quad (a_i\in A)$$
となり,x は A 上整である. ∎

A 代数 B,または環準同型 $A\to B$ について,次の概念は整数論においても代数幾何においても大変重要である.

定義4.2 B が A 加群として有限生成のとき,B は A 上**有限**(finite over A)である,または B は A の**有限拡大**であるという. B の元がすべて A 上整であるとき,B は A 上整である,または B は A の**整拡大**(integral extension)であるという. □

定理 4.1 によって,有限および整拡大について次の基本的な事実が容易に導かれる.

定理4.3 B を A 代数とする.

(i) 有限個の A 上整である元 $x_1, x_2, \cdots, x_n$ に対して,B の部分 A 代数 $A[x_1, x_2, \cdots, x_n]$ は A 上有限である.

(ii) B の元で A 上整であるものすべてのなす部分集合 $\overline{A}$ は B の部分環である.

(iii) 環準同型の列 $A\to B\to C$ について,B が A 上整(または有限),C が B 上整(または有限)ならば,C は A 上整(または有限)である.

[証明] (i) n についての帰納法で示す. $n=1$ のときは定理 4.1(ii). $C=$

$A[x_1, x_2, \cdots, x_{n-1}]$ が有限生成 A 加群と仮定して，$C[x_n]$ を考えると，x_n は A 上整であるから，定義によって C 上でも整．したがって，定理 4.1(ii)によって，$C[x_n]$ は C 上有限生成加群となり，C は A 上有限生成加群ゆえ，$C[x_n]$ は A 上有限生成加群となる．

(ii) $x, y \in \overline{A}$ とすると，(i)によって $A[x, y]$ は A 上有限となり，定理 4.1 (iii)により，$x \pm y, xy \in A[x, y]$ は $\overline{A}$ の元である．ゆえに $\overline{A}$ は B の部分環をなす．

(iii) 有限拡大の列については明らかであろう．整拡大について示す．$x \in C$ が B 上整であれば，$x^n + b_{n-1}x^{n-1} + \cdots + b_0 = 0$ $(b_i \in B)$ をみたす．したがって，x は B の部分環 $A' = A[b_0, b_1, \cdots, b_{n-1}]$ 上整である．ゆえに定理 4.1(ii)により，$A'[x]$ は A' 上有限である．ところが $b_0, b_1, \cdots, b_{n-1}$ は A 上整であるから，(i)により A' は A 上有限である．よって，$A'[x]$ は A 上有限となり，再び定理 4.1(ii)によって，x は A 上整である． ∎

定義 4.4 定理 4.3(ii)における A 上整元のなす部分環 $\overline{A}$ を B における A の整閉包という． □

例 4.5 複素数体 $\mathbb{C}$ における $\mathbb{Z}$ の整閉包 $\overline{\mathbb{Z}}$ が代数的整数の環(ring of algebraic integers)であり，有理数体 $\mathbb{Q}$ の整閉包(体の場合は代数的閉包という)$\overline{\mathbb{Q}}(\supset \overline{\mathbb{Z}})$ が代数的数の体(algebraic number field)である． □

例題 4.6 $\overline{\mathbb{Q}} = (\mathbb{Q}^\times)^{-1}\overline{\mathbb{Z}}$．もっと一般に，$A \to B$ が整拡大で，S を A の積閉集合とすると，分数化 $S^{-1}A \to S^{-1}B$ も整拡大である． □

B における A の整閉包 $\overline{A} \subset B$ の B における整閉包 $\overline{\overline{A}}$ は $\overline{A}$ である．実際，$\overline{\overline{A}}$ は $\overline{A}$ 上整であり，定理 4.3 によって A 上整であるから．

§4.2 体の拡大についての補遺

体の拡大理論については，Galois 理論を主題とする第 2 部で論ずることになっているが，第 1 部で必要な基礎事項をここにまとめておこう．

次の補題は次節以降よく用いられる．

補題 4.7 $A \subset B$ を整域とし，B は A 上整とする．このとき A が体であ

§4.2 体の拡大についての補遺

ることと B が体であることは同値である.

[証明] A を体とし, $x \neq 0$ を B の元として,
$$x^n + a_{n-1}x^{n-1} + \cdots + a_0 = 0 \quad (a_i \in A).$$
次数が最小の多項式関係とする. B は整域ゆえ $a_0 \neq 0$ であり, $a_0^{-1} \in A$ だから $x^{-1} = -a_0^{-1}(x^{n-1} + \cdots + a_1) \in B$ となる.

逆に, B が体のとき, $y \neq 0$ を A の元とすると, $y^{-1} \in B$. これは A 上整だから, ある関係式
$$y^{-m} + b_{m-1}y^{-(m-1)} + \cdots + b_0 = 0 \quad (b_i \in A)$$
をみたす. よって
$$y^{-1} = -(b_{m-1} + \cdots + b_0 y^{m-1}) \in A. \qquad \blacksquare$$

体の拡大 $k \subset K$ (K/k とも書く)について, K の元 x が k 上整であるとき, x は k 上**代数的**(algebraic over k)であるといい, K が k 上整であるとき, すなわち, K の元がすべて k 上代数的であるとき, 体の拡大 $k \subset K$ は**代数拡大**(algebraic extension)であるという. K が k 上有限であるときは, **有限次拡大**(finite extension)という. k が体であれば, 有限次拡大 K は k 上のベクトル空間になるから, k 上のベクトル空間としての次元が定まり, それを $[K:k]$ とかいて**拡大次数**(extension degree)とよぶ.

体の拡大 $k \subset K$ に対して, $\bar{k}$ を K における整閉包とすると, 定理 4.3(ii) により $\bar{k}$ は K の部分環であるが, さらに補題 4.7 から $\bar{k}$ は K の部分体になる. 体論では, $\bar{k}$ を K における**代数的閉包**とよぶ. k の任意の拡大体における代数的閉包が自分自身 ($k = \bar{k}$) のとき, k を**代数的閉体**(algebraically closed field)という. すなわち, 自分自身以外の真の代数拡大をもたないような体である.

複素数体 $\mathbb{C}$ が代数的閉体であることは, Gauss の定理(代数学の基本定理)としてよく知られていて, いろいろな証明があることでも有名である(第 2 部, 定理 2.13). また, 任意の体 k は (k 同型を除いて)唯一つそれを含む代数拡大 K で, かつ K は代数的閉体になるものが存在する(第 2 部, 定理 1.17(Schteinitz)). この K を k の**代数的閉包**(algebraic closure)という.

素朴代数幾何では, 代数的閉体上の有限生成代数が基本的である.

代数的ではない体の拡大を**超越拡大**(transcendental extension)という. 拡大 $k \subset K$ があるとき, k 上代数的ではない元 $x \in K$ を(k 上の)**超越元**という. これは, K の部分環 $k[x]$ が k 上の 1 不定元多項式環に同型であることと同値である($\phi: k[X] \to k[x] \subset K$ ($\phi(X) = x$) が単射 ($\iff \mathrm{Ker}\,\phi = (f)$ とすると $f = 0$)). もっと一般に, 元 $x_1, x_2, \cdots, x_n \in K$ が k **上代数的に独立**(algebraically independent)であるとは,
$$f(x_1, x_2, \cdots, x_n) = 0$$
となる多項式 $f(X_1, X_2, \cdots, X_n) \in k[X_1, X_2, \cdots, X_n]$ は自明なもの $f(X_1, X_2, \cdots, X_n) = 0$ (0 多項式) しかないときをいう. さらに, 部分集合 $S \subset K$ について, その任意の有限部分集合が代数的に独立なとき, S を k 上代数的に独立な集合という.

k 上代数的に独立な集合 S で生成された体 $k(S)$ を**純超越拡大体**という. $k(S)$ は多項式整域 $k[S]$ の商体("有理関数体")である. 一般の体の拡大について次の定理は基礎的である.

定理 4.8 K/k を体の拡大とする.

(i) k 上代数的に独立な部分集合 $S \subset K$ で, K は $k(S)$ 上代数拡大となるものが存在する. (S を拡大 K/k の**超越基底**(transcendental basis)という.)

(ii) K/k の超越基底の濃度は一定である. (この濃度を $\mathrm{trans.deg}_k K$ と書いて K の k 上の**超越次数**(transcendental degree)という.)

[証明] ベクトル空間の基底についての類似の主張と基本的には同じ論法で証明される.

(i) K/k が代数的でないとすると, 集合族 $\{S' \mid S' は k 上代数的に独立\}$ は空ではなく, 包含関係によって帰納的な順序集合をなす. よって, Zorn の補題により, 極大元 S が存在する. このとき $x \in K$ が S が生成する部分体 $k(S)$ 上代数的でないとすると, $S \cup \{x\}$ ($\supsetneq S$) は代数的に独立となり S の極大性に反する. よって, K は $k(S)$ 上代数的である.

(ii) 後で使う有限の場合のみ証明する. $S, n = \sharp S$ を 1 つの超越基底とする. このとき, $y_1, y_2, \cdots, y_i$ ($1 \leq i \leq n$) が代数的に独立ならば, 各 $1 \leq i \leq$

n に対して K が $K_i = k(y_1, y_2, \cdots, y_i, x_{i+1}, \cdots, x_n)$ 上代数的になるように S の元 $x_1, x_2, \cdots, x_i, \cdots, x_n$ を番号付けられることを示せばよい．実際，このとき K が $K_n = k(y_1, y_2, \cdots, y_n)$ 上代数的になる．よって，別の超越基底 S', $\sharp S' \geq n$ なるものがあれば $y_1, y_2, \cdots, y_n \in S'$ を選ぶことにより，$\sharp S = n = \sharp S'$ がいえる．

i についての帰納法で示す．$i = 0$ のときは自明である．$i-1$ まで正しいとして，K が K_i 上代数的であるように x_i がとれることを示す．$y_i \in K$ は K_{i-1} 上代数的であるから，

$$a_m y_i^m + a_{m-1} y_i^{m-1} + \cdots + a_0 = 0$$

$(a_j \in k[y_1, y_2, \cdots, y_{i-1}, x_i, \cdots, x_n], a_m \neq 0)$ という関係式がある．ここで，$y_1, y_2, \cdots, y_i$ は k 上代数的に独立だから，a_j $(0 \leq j \leq m)$ の中に $x_i, \cdots, x_n$ のいずれかは陽に現れる（いずれかの x_j について1次以上）．必要ならば番号を付け替えることによって x_i がどれかの a_j に陽に現れるとしてよい．このとき，上の代数的関係式を，x_i について見ると，x_i が $k(y_1, y_2, \cdots, y_i, x_{i+1}, \cdots, x_n)$ 上代数的であることを示している．ところで，K のすべての元は $K_{i-1} = k(y_1, \cdots, y_{i-1}, x_i, x_{i+1}, \cdots, x_n)$ 上代数的であったから，結局 K は $K_i = k(y_1, y_2, \cdots, y_i, x_{i+1}, \cdots, x_n)$ 上代数的になる．すなわち，帰納法によって主張が証明された． ∎

§4.3 Noether の正規化定理と Hilbert の零点定理

代数幾何で基本的な体上の有限生成代数について，"Noether の正規化定理" とよばれる次の定理は，明確な幾何学的イメージを与えてくれる大切な定理である（永田雅宜による改良（精密化，一般化など）がある[6], [7]）．

定理 4.9 (Noether の正規化定理) A を体 k 上有限生成代数とすると，k 上代数的に独立な元 $x_1, x_2, \cdots, x_n \in A$ で，A は部分整域 $k[x_1, x_2, \cdots, x_n]$ 上有限になるようなものが存在する． □

注意 用語を濫用して，環 A の元 $x_1, x_2, \cdots, x_n$ について k 上代数的独立といったのは，$k[x_1, x_2, \cdots, x_n]$ が n 不定元の多項式整域に同型であるときである．

以下，Noether の証明(k が無限体のとき(たとえば，代数的閉体は無限体である))と，永田の証明(ここでは A が整域と仮定する；一般の場合は "高さ" のことなど，少し準備が要る[7])を与えよう．

[証明(Noether)]　k を無限体と仮定する．$A = k[y_1, y_2, \cdots, y_m]$ とする．y_i がすべて k 上整であれば，定理 4.3(i)によって，A は k 上有限である($n = 0$)．そうでないとき，$y_1, y_2, \cdots, y_n$ が k 上代数的に独立で $y_1, y_2, \cdots, y_n, y_j$ ($j > n$) はもはや k 上代数的でないような $1 \leqq n \leqq m$ が選べるとしてよい(もちろん，必要ならば順番を入れ替えて)．

$n = m$ ならば，証明することはない．$n < m$ として生成元の個数 m についての帰納法を行う．$n < m$ ゆえ，$y_1, y_2, \cdots, y_{m-1}$ は代数的に独立ではなく，したがって自明でない多項式関係

$(\star)$ 　　 $f(y_1, y_2, \cdots, y_{m-1}, y_m) = 0$ 　　 $(0 \neq f(Y_1, Y_2, \cdots, Y_m) \in k[Y_1, \cdots, Y_m])$

をもつ．多項式 f の最高次の斉次部分を f_0 とおく．f_0 は 0 でない斉次多項式であるから，Y_m についての次数を見れば，$Y_m = 1$ を代入した $Y_1, Y_2, \cdots, Y_{m-1}$ の多項式 $f_0(Y_1, Y_2, \cdots, Y_{m-1})$ も 0 ではない．よって，無限体 k から $f_0(c_1, c_2, \cdots, c_{m-1}, 1) \neq 0$ をみたす元 $c_1, c_2, \cdots, c_{m-1} \in k$ がとれる．この $c_i \in k$ ($1 \leqq i \leqq m-1$) に対して $y'_i = y_i - c_i y_m$ ($1 \leqq i \leqq m-1$) とおくと，y_m は部分環 $B = k[y'_1, y'_2, \cdots, y'_{m-1}]$ 上整となる．実際，$y_i = y'_i + c_i y_m$ ($1 \leqq i \leqq m-1$) を f に代入した関係式 $(\star)$ を考えると，y_m について，最高次の係数に $f_0(c_1, c_2, \cdots, c_{m-1}, 1) \neq 0$ が現れて，低次に B の元が現れる．これは y_m が B 上整であることを意味している．最後に，B に帰納法の仮定を適用することによって，B は $k[x_1, x_2, \cdots, x_n]$ 上有限となる代数的に独立な元 $x_1, x_2, \cdots, x_n$ が存在することになり，定理 4.3(iii)によって定理が証明できた． ∎

注意　A が整域の場合，$\{x_1, x_2, \cdots, x_n\}$ は A の商体 K の k 上の超越基底であり，定理 4.8(ii)より超越次数 $n = \mathrm{trans.\,deg}_k K$ は A の不変量である．整域でなくとも，環の次元を論ずることにより，このことは正しい．

[証明(永田)]　A は整域と仮定する．したがって，$A = k[Y_1, Y_2, \cdots, Y_m]/\mathfrak{p}$ となる多項式整域 $k[Y_1, Y_2, \cdots, Y_m]$ の素イデアル $\mathfrak{p}$ が存在する．$y_i = Y_i \bmod \mathfrak{p}$

§4.3 Noether の正規化定理と Hilbert の零点定理 —— 81

とおく. A の商体 K の超越次数を n とすると, $K = k(y_1, y_2, \cdots, y_m)$ だから $n \leq m$ である. いま $n = m$ と仮定すると, $y_1, y_2, \cdots, y_m$ が超越基底となり, 代数的に独立である. このとき $\mathfrak{p} = 0$ である. 実際 $\mathfrak{p} \neq 0$ とすると $0 \neq f \in \mathfrak{p}$ に対して自明でない代数的関係式 $f(y_1, y_2, \cdots, y_m) = 0$ が成立して矛盾する. よって, この場合主張は正しい.

次に $n < m$ の場合を考える. このとき, $\mathfrak{p} \neq 0$ だから, $0 \neq f \in \mathfrak{p}$ に対して $f(y_1, y_2, \cdots, y_m) = 0$ となる. $r_i \in \mathbb{N}$ ($1 \leq i \leq m-1$) に対して, $x_i = y_i - y_m^{r_i}$ とおいて, 多項式 f に $y_i = x_i + y_m^{r_i}$ を代入した関係式 $f(x_1 + y_m^{r_1}, x_2 + y_m^{r_2}, \cdots, x_{m-1} + y_m^{r_{m-1}}, y_m) = 0$ を考える. このとき, ベキ指数 r_i を十分大きく, かつ $0 \ll r_1 \ll r_2 \ll \cdots \ll r_{m-1}$ となるように選んでおけば ($a \ll b$ は a に比べて b が十分大きいこと, すなわち, b/a が十分大きいこと), y_m についての展開式が

$$f(x_1 + y_m^{r_1}, x_2 + y_m^{r_2}, \cdots, x_{m-1} + y_m^{r_{m-1}}, y_m)$$
$$= cy_m^N + \sum_{j=0}^{N-1} p_j(x_1, x_2, \cdots, x_{m-1}) y_m^j = 0$$

($0 \neq c \in k$, $p_j \in k[x_1, x_2, \cdots, x_{m-1}]$) となるようにできる. これは, y_m が $k[x_1, x_2, \cdots, x_{m-1}]$ 上整であることを示しており, したがって $y_i = x_i + y_m^i$ ($i < m$) ももちろん $k[x_1, x_2, \cdots, x_{m-1}]$ 上整である. よって A は $k[x_1, x_2, \cdots, x_{m-1}]$ 上有限となり, m について帰納法を適用することにより定理が証明される. ∎

Noether の正規化定理の1つの応用として Hilbert の零点定理を証明しよう. まずそのための鍵となる補題を述べる.

補題 4.10 体の拡大 $k \subset K$ について, K が k 上有限生成代数とすると, K は k 上代数的, すなわち, 環として K は k 上整 (さらに有限) である.

[証明] Noether の正規化定理 (定理 4.9) より, $n = \mathrm{trans.deg}_k K$ とすると, K は多項式整域 $k[x_1, x_2, \cdots, x_n]$ 上有限である. ところが補題 4.7 から, 体 K の部分整域 $k[x_1, x_2, \cdots, x_n]$ も体でなければいけない. したがって, $n = 0$ すなわち K は k 上代数的でなければいけない. ∎

A のイデアル I の根基 $\sqrt{I} = \{a \in A \mid \text{ある } n \text{ について } a^n \in I\}$ について一般に $\sqrt{I} = \bigcap_{I \subset \mathfrak{p} \in \mathrm{Spec}\, A} \mathfrak{p}$ が成立した ($\mathrm{Spec}\, A$ は A の素イデアル全体のなす集

合；命題2.33)．次の定理はAが体k上有限生成のときは，素イデアルすべてではなく極大イデアルすべてをわたれば十分であることを主張している．とくに，AのJacobson根基$J(A)$について$J(A)=\sqrt{0}$が成り立つ(系2.34参照)．

定理4.11（Hilbertの零点定理）　Aを体k上有限生成代数とする．このときAのイデアル$I\neq A$に関して，等式

$$\sqrt{I} = \bigcap_{I\subset \mathfrak{m}} \mathfrak{m}$$

が成り立つ．ただし，$I\subset\mathfrak{m}$はIを含む極大イデアルすべてをわたる．

[証明]　命題2.33によって，$\sqrt{I}=\bigcap_{I\subset\mathfrak{p}\in\mathrm{Spec}\,A}\mathfrak{p}$だから，素イデアル$\mathfrak{p}$について$\mathfrak{p}=\bigcap_{\mathfrak{p}\subset\mathfrak{m}}\mathfrak{m}$（$\mathfrak{m}$は$\mathfrak{p}$を含む極大イデアルすべてをわたる）を示せばよい．

整域$A'=A/\mathfrak{p}$を考えることにより，体上有限生成な整域A'において，$\bigcap_{\mathfrak{m}}\mathfrak{m}=0$（$\mathfrak{m}$は$A'$のすべての極大イデアルをわたる）となることを示せばよい．このためには，$0\neq x\in A'$に対して，$x\notin\mathfrak{m}$となる極大イデアルが存在することを示せばよい．そこで，$S(x)=\{x^n\,|\,n\in\mathbb{N}\}$による分数化$A'\subset S(x)^{-1}A'=A'[x^{-1}]$を考え，$A'[x^{-1}]$の極大イデアル$\mathfrak{m}'$を1つとる（$A'[x^{-1}]\neq 0$ゆえ必ず存在する）．このときに，体$K=A'[x^{-1}]/\mathfrak{m}'$は$k$上有限生成であるから，補題4.10より$k$上代数的である．したがって，素イデアル$\mathfrak{m}=\mathfrak{m}'\cap A'$について，$k\subset A'/\mathfrak{m}\subset K$となり，整域$A'/\mathfrak{m}$も$k$上整となる．ゆえに補題4.7によって，$A'/\mathfrak{m}$は体，すなわち$\mathfrak{m}=A'\cap\mathfrak{m}'$は$A'$の極大イデアルである．$x\notin\mathfrak{m}'$ゆえ，この極大イデアルに対して$x\notin\mathfrak{m}$となり，定理は証明された．　∎

正規化定理や零点定理の幾何学的意味に触れようとするとき，次の定理が仲介する．体k上の多項式整域$A=k[X_1,X_2,\cdots,X_n]$を考える．このとき，"点" $a=(a_1,a_2,\cdots,a_n)\in k^n$ ($a_i\in k$) に対してイデアル

$$\mathfrak{m}_a := (X_1-a_1, X_2-a_2, \cdots, X_n-a_n)$$

を考えると，$\mathfrak{m}_a$は代入写像

$$\phi_a: A\to k \quad (\phi_a(f)=f(a):=f(a_1,a_2,\cdots,a_n))$$

§4.3 Noether の正規化定理と Hilbert の零点定理 ——— 83

の核であって $A/\mathfrak{m}_a \simeq k$ となり,したがって $\mathfrak{m}_a$ は A の極大イデアルとなる. k が代数的閉体ならば,逆にすべての極大イデアルがこの形をしていることが分かる.

定理 4.12(弱い形の零点定理) 代数的閉体 k 上の多項式整域 $k[X_1, X_2, \cdots, X_n]$ の極大イデアル $\mathfrak{m}$ は,ある $a_i \in k$ $(1 \leq i \leq n)$ に関して $\mathfrak{m} = (X_1 - a_1, X_2 - a_2, \cdots, X_n - a_n)$ となる.

[証明] $A = k[X_1, X_2, \cdots, X_n]$ とおいて,剰余体 $K = A/\mathfrak{m}$ を考えると,K は k 上有限生成代数であるから,補題 4.10 によって k 上代数的である.ところが k は代数的閉体と仮定しているので $k = K$. そこで不定元 X_i について $X_i \bmod \mathfrak{m} \equiv a_i \in k$ $(1 \leq i \leq n)$ とおくと $X_i - a_i \in \mathfrak{m}$ $(1 \leq i \leq n)$ となり,定理が示された. ∎

k が閉体の場合,弱い形の零点定理(定理 4.12)から強い形の定理 4.11 を導く Rabinowitch の証明が面白い.演習問題 4.4 で紹介する.

弱い形の零点定理によって,代数的閉体 k 上の**アフィン空間** k^n の点 $a \in k^n$ と k 上の多項式整域 $A = k[X_1, X_2, \cdots, X_n]$ の極大イデアル $\mathfrak{m}_a$ が 1:1 に対応することが分かった.

一般に,多項式の集合 $S \subset A$ の共通零点がなす k^n の部分集合 $V(S) = \{a \in k^n \mid f(a) = 0 \ (\forall f \in S)\}$ を**代数的集合**という.これは S が生成する A のイデアルを I とおくと,明らかに $V(S) = V(I)$ となるので,始めからイデアル I に対する代数的集合だけ考えれば十分である.さらに Hilbert の基底定理(定理 3.6)を考慮すれば,A は Noether 環であるので,I は有限生成,すなわち,代数的集合は有限個の多項式の共通零点であるとしてよい.

イデアル I が定める代数的集合 $V(I)$ に対して,$V(I)$ 上で 0 となる多項式のなす集合を
$$\mathcal{I}(V(I)) = \{f \in A \mid f(a) = 0 \ (a \in V(I))\}$$
とおけば,明らかに $\mathcal{I}(V(I))$ は I を含む A のイデアルである.ところが点 $a \in k^n$ が定める極大イデアルは $\mathfrak{m}_a = \{f \in A \mid f(a) = 0\}$ であるから,
$$V(I) = \{a \in k^n \mid I \subset \mathfrak{m}_a\},$$

$$\mathcal{I}(V(I)) = \bigcap_{a \in V(I)} \mathfrak{m}_a = \bigcap_{I \subset \mathfrak{m}} \mathfrak{m}$$

となる．このことから，Hilbertの零点定理(定理4.11)の意味するところは

$$\mathcal{I}(V(I)) = \sqrt{I}$$

というイデアルの等式である("Iの零点上で零になる多項式fはIの根基に入る；すなわち，fのあるべキf^NがIに入る")．

§4.4 上昇と下降

A代数B $(A \to B)$が引き起こす素イデアルの集合の間の写像 $\operatorname{Spec} B \to \operatorname{Spec} A$ $(\mathfrak{P} \mapsto \mathfrak{P} \cap A)$ を考える．

$\operatorname{Spec} A$ の 2 つの素イデアル $\mathfrak{p} \subset \mathfrak{p}'$ に対して，$\mathfrak{p}$ の上に $\mathfrak{P} \in \operatorname{Spec} B$ があれば($\mathfrak{P} \cap A = \mathfrak{p}$)，$\mathfrak{P} \subset \mathfrak{P}'$, $\mathfrak{P}' \cap A = \mathfrak{p}'$ となる $\mathfrak{P}' \in \operatorname{Spec} B$ が必ず存在するとき，$A \to B$ において**上昇**(going-up)**定理**が成立するという．

対照的に，$\operatorname{Spec} A$ の中の $\mathfrak{p} \subset \mathfrak{p}'$ に対して，$\mathfrak{p}'$ の上に $\mathfrak{P}' \in \operatorname{Spec} B$ があれば($\mathfrak{P}' \cap A = \mathfrak{p}'$)，$\mathfrak{P} \subset \mathfrak{P}'$, $\mathfrak{P} \cap A = \mathfrak{p}$ となる $\mathfrak{P} \in \operatorname{Spec} B$ が必ず存在するとき，$A \to B$ において**下降**(going-down)**定理**が成立するという．

この節では，整拡大 $A \hookrightarrow B$ に対して上昇定理が成立すること，および，A代数B が A 上平坦な加群であれば，$A \to B$ に対して下降定理が成立することを示そう．

命題 4.13 環の拡大 $A \subset B$ について，B は A 上整であるとする．このとき，

(i) $\mathfrak{P} \in \operatorname{Spec} B$ が極大であることと $\mathfrak{p} = \mathfrak{P} \cap A$ が極大であることは同値である．

(ii) $\operatorname{Spec} B$ の元の列 $\mathfrak{P} \subset \mathfrak{P}'$ について，$A \cap \mathfrak{P} = A \cap \mathfrak{P}'$ ならば $\mathfrak{P} = \mathfrak{P}'$ である．

[証明] (i) $A/\mathfrak{p} \subset B/\mathfrak{P}$ は整域の整拡大である．よって補題 4.7 から，$A/\mathfrak{p}$ が体であることと $B/\mathfrak{P}$ が体であることが同値になり，主張がいえる．

(ii) $\mathfrak{p} = A \cap \mathfrak{P} = A \cap \mathfrak{P}'$ とおいて，局所化 $A_\mathfrak{p} \subset B_\mathfrak{P}$ を考えると，これもま

た整拡大であることがただちに分かる. $\overline{\mathfrak{p}}=\mathfrak{p}A_\mathfrak{p}$, $\overline{\mathfrak{P}}=\mathfrak{P}B_\mathfrak{P}$, $\overline{\mathfrak{P}}'=\mathfrak{P}'B_\mathfrak{P}$ など とおくと, $\overline{\mathfrak{p}}=\overline{\mathfrak{P}}\cap \mathfrak{p}A_\mathfrak{p}=\overline{\mathfrak{P}}'\cap \mathfrak{p}A_\mathfrak{p}$ は $A_\mathfrak{p}$ の極大イデアルである. よって, (i) から $\overline{\mathfrak{P}}\subset\overline{\mathfrak{P}}'$ も極大で, $\overline{\mathfrak{P}}=\overline{\mathfrak{P}}'$ となる. よって $\mathfrak{P}=\mathfrak{P}'$. ∎

定理 4.14 環の整拡大 $A\subset B$ に対して, $\operatorname{Spec}B\to\operatorname{Spec}A$ は全射で, 上昇定理が成立する.

[証明] まず全射を示す. $\mathfrak{p}\in\operatorname{Spec}A$ における局所化 $A_\mathfrak{p}\subset B_\mathfrak{p}$ は整であり, したがって, $B_\mathfrak{p}$ の極大イデアル $\mathfrak{m}$ に対して $\mathfrak{m}\cap A_\mathfrak{p}$ は命題 4.13(i) によって極大である. よって $\mathfrak{m}\cap A_\mathfrak{p}=\mathfrak{p}A_\mathfrak{p}$ ($A_\mathfrak{p}$ は局所環) となり $\mathfrak{m}\cap A=\mathfrak{p}$. ところが $\mathfrak{P}:=\mathfrak{m}\cap B\in\operatorname{Spec}B$ とおくとまた $\mathfrak{P}\cap A=\mathfrak{m}\cap A=\mathfrak{p}$, すなわち $\mathfrak{P}$ は $\mathfrak{p}$ の上にある.

次に上昇定理が成立することを示す. $\mathfrak{p}\subset\mathfrak{p}'\in\operatorname{Spec}A$, $\mathfrak{P}\cap A=\mathfrak{p}$ ($\mathfrak{P}\in\operatorname{Spec}B$) とする. このとき, 整域の整拡大 $\overline{A}=A/\mathfrak{p}\subset\overline{B}=B/\mathfrak{P}$ に対して, $\overline{\mathfrak{p}}'=\mathfrak{p}'/\mathfrak{p}\in\operatorname{Spec}\overline{A}$ の上にある $\overline{\mathfrak{P}}'\in\operatorname{Spec}\overline{B}$ を1つとる ($\operatorname{Spec}\overline{B}\to\operatorname{Spec}\overline{A}$ は全射である). $\mathfrak{P}'\in\operatorname{Spec}B$ を $B\to\overline{B}$ による $\overline{\mathfrak{P}}'$ の逆像とすると, $\mathfrak{P}\subset\mathfrak{P}'$ かつ $\mathfrak{P}'\cap A=\mathfrak{p}'$ となり, 主張が示された. ∎

ちなみに, 次の性質は"有限"という言葉の1つの幾何学的イメージを表している.

命題 4.15 A 代数 B が A 上有限であるとき, $\operatorname{Spec}B\to\operatorname{Spec}A$ の1点の逆像は有限集合である.

[証明] $\phi: A\to B$ に対して, $\phi^a:\operatorname{Spec}B\to\operatorname{Spec}A$ ($\phi^a(\mathfrak{P})=\mathfrak{P}\cap A$) と書くと, $(\phi^a)^{-1}\mathfrak{p}\simeq\operatorname{Spec}\kappa(\mathfrak{p})\otimes_A B$ (ただし $\kappa(\mathfrak{p})$ は $A/\mathfrak{p}$ の商体で, $\overline{\mathfrak{m}}\in\operatorname{Spec}\kappa(\mathfrak{p})\otimes_A B$ に対し $\phi^a(\overline{\mathfrak{m}}\cap B)=\mathfrak{p}$ とする). ところが B は A 上有限ゆえ, 体 $\kappa(\mathfrak{p})$ 上有限加群である. したがって $\kappa(\mathfrak{p})\otimes_A B$ は Artin 環となり, 命題 3.32 からその素イデアルは有限個ですべて極大である. よって主張がいえた. ∎

注意 $A\to B$ が有限でなくとも $\operatorname{Spec}B\to\operatorname{Spec}A$ のファイバーは有限になりうる (準有限(quasi-finite)な射という). たとえば, 整域 A と $0\ne f\in A$ に対して, 分数化 $A\subset A_f=A[f^{-1}]$ は有限ではないが, $\operatorname{Spec}A_f\simeq\{\mathfrak{p}\in\operatorname{Spec}A\mid f\notin\mathfrak{p}\}\to\operatorname{Spec}A$ は単射である (ファイバーは空か1点).

下降定理が成立する典型例として，A代数BがA上平坦の場合がある．それを示すために，第2章に加えてさらに平坦性に関する基礎事項をいくらか準備しよう．

§2.4において，A加群Mが平坦であることとA加群の任意の短完全列
$$0 \to N_1 \to N_2 \to N_3 \to 0$$
に対して，A上のテンソル積
$$0 \to N_1 \otimes_A M \to N_2 \otimes_A M \to N_3 \otimes_A M \to 0$$
がまた完全列になることが同値であることを注意したが，さらにこれは，任意の完全列
$$N_1 \to N_2 \to N_3$$
に対して
$$N_1 \otimes_A M \to N_2 \otimes_A M \to N_3 \otimes_A M$$
が完全列であることと同値である．（このことを$\otimes_A M$が**完全関手**(exact functor)であるという．）

実際，MをA平坦とし，N_1の像を$I_1 \subset N_2$，N_2の像を$I_2 \subset N_3$とおくと，
$$0 \to I_1 \to N_2 \to I_2 \to 0$$
が完全だから
$$0 \to I_1 \otimes_A M \to N_2 \otimes_A M \to I_2 \otimes_A M \to 0$$
は完全である．ところが$N_1 \to I_1 \to 0$が完全だから$N_1 \otimes_A M \to I_1 \otimes_A M \to 0$も完全，ゆえに$I_1 \otimes_A M \subset N_2 \otimes_A M$は$N_1 \otimes_A M$の像であり，同様に$I_2 \otimes_A M$も$N_2 \otimes_A M$の像である．したがって，
$$N_1 \otimes_A M \to N_2 \otimes_A M \to N_3 \otimes_A M$$
は完全である．

逆に，$\otimes_A M$が完全関手であれば，完全列$0 \to N_1 \to N_2$に対して，$0 \to N_1 \otimes_A M \to N_2 \otimes_A M$が完全，すなわち単射になり，$M$は§2.4の意味で$A$平坦である．

明らかなことであるが，完全関手は，どんなに長い完全列
$$\cdots \to N_1 \to N_2 \to \cdots \to N_n \to \cdots$$
も，完全列

$$\cdots \to N_1 \otimes_A M \to N_2 \otimes_A M \to \cdots \to N_n \otimes_A M \to \cdots$$
に移すことを注意しよう.

ここで,平坦性をさらに強めた概念を導入する.

定義 4.16 A 加群の列
$$\mathcal{N}: N_1 \to N_2 \to N_3$$
のテンソル積
$$\mathcal{N} \otimes_A M : N_1 \otimes_A M \to N_2 \otimes_A M \to N_3 \otimes_A M$$
を考える. 任意の列 $\mathcal{N}$ に対して
$$\mathcal{N} \text{ が完全} \iff \mathcal{N} \otimes_A M \text{ が完全}$$
が成り立つとき, M は A 上忠実平坦(faithfully flat)であるという. □

上の注意から忠実平坦ならば平坦である.

定理 4.17 A 加群 M について次は同値である.
(ⅰ) M は A 上忠実平坦.
(ⅱ) M は A 上平坦で, $N \neq 0$ ならば $N \otimes_A M \neq 0$.
(ⅲ) M は A 上平坦で, A の任意の極大イデアル $\mathfrak{m}$ に対し $\mathfrak{m}M \neq M$.

[証明] (ⅰ)$\implies$(ⅱ) 列 $0 \to N \to 0$ に対して,
$$0 \to N \otimes_A M \to 0 \text{ が完全} \iff N \otimes_A M = 0$$
ゆえ, 忠実平坦ならば $N \otimes_A M = 0$ は $N = 0$ を導く.

(ⅱ)$\implies$(ⅲ) 剰余体 $\kappa(\mathfrak{m}) = A/\mathfrak{m} \neq 0$ に対して, $\kappa(\mathfrak{m}) \otimes_A M = M/\mathfrak{m}M \neq 0$.

(ⅲ)$\implies$(ⅱ) $N \neq 0$ とし, $N \ni x \neq 0$ をとる. $\operatorname{Ann} x \subset \mathfrak{m}$ となる A の極大イデアル $\mathfrak{m}$ を選べば, $Ax \subset N$ に対する完全列 $0 \to Ax \otimes_A M \to N \otimes_A M$ において, $Ax \otimes_A M \simeq M/(\operatorname{Ann} x)M \twoheadrightarrow M/\mathfrak{m}M \neq 0$(全射)となり, $Ax \otimes_A M \neq 0$; よって $N \otimes_A M \neq 0$.

(ⅱ)$\implies$(ⅰ) $\mathcal{N}: N_1 \xrightarrow{f} N_2 \xrightarrow{g} N_3$ に対して $\mathcal{N} \otimes_A M : N_1 \otimes_A M \xrightarrow{f \otimes 1} N_2 \otimes_A M \xrightarrow{g \otimes 1} N_3 \otimes_A M$ が完全であるとする. このとき $(g \otimes 1)(f \otimes 1) = (gf) \otimes 1 = 0$ だから $\operatorname{Im}(gf) \otimes M = 0$ となり, 条件から $\operatorname{Im}(gf) = 0$; すなわち $gf = 0$. 次に $\operatorname{Im} f \subset \operatorname{Ker} g \subset N_2$ に対して, 完全列 $0 \to \operatorname{Im} f \to \operatorname{Ker} g \to \operatorname{Ker} g/\operatorname{Im} f \to 0$ を考える. M は平坦だから, $0 \to \operatorname{Im} f \otimes M \to \operatorname{Ker} g \otimes M \to (\operatorname{Ker} g/\operatorname{Im} f) \otimes M \to 0$ は完全であるが, $\operatorname{Im}(f \otimes 1) = \operatorname{Ker}(g \otimes 1)$ から $\operatorname{Im} f \otimes M = \operatorname{Ker} g \otimes M$.

よって $(\operatorname{Ker} g/\operatorname{Im} f)\otimes M=0$ となり，条件から $(\operatorname{Ker} g/\operatorname{Im} f)=0$，すなわち $\operatorname{Ker} g=\operatorname{Im} f$ が成り立ち，$\mathcal{N}$ の完全性が示された． ∎

系 4.18 $\phi:A\to B$ を局所環の**局所射**($\mathfrak{m},\mathfrak{M}$ をそれぞれ局所環 A,B の唯一つの極大イデアルとするとき，$\phi(\mathfrak{m})\subset\mathfrak{M}$)とするとき，$B$ が A 上平坦ならば忠実平坦である．

[証明] 定理4.17から明らか． ∎

次の定理は"忠実"ということの幾何学的意味を表している．

定理 4.19 $\phi:A\to B$ を環準同型とするとき，B が A 上忠実平坦であることと，B が A 上平坦で，かつ ϕ が引き起こす $\phi^a:\operatorname{Spec} B\to\operatorname{Spec} A$ が全射であることが同値である．

[証明] ($\Longrightarrow$) $\mathfrak{p}\in\operatorname{Spec} A$ に対して，$\kappa(\mathfrak{p})$ を $\mathfrak{p}$ の剰余体($A/\mathfrak{p}$ の商体 $=A_\mathfrak{p}/\mathfrak{p}A_\mathfrak{p}$)とすると，定理4.17から $\kappa(\mathfrak{p})\otimes_A B\neq 0$．ところが，命題4.15の証明と同様に $(\phi^a)^{-1}(\mathfrak{p})\simeq\operatorname{Spec}(\kappa(\mathfrak{p})\otimes_A B)(\neq\emptyset)$ ゆえ，ϕ^a は全射である．

($\Longleftarrow$) ϕ^a は全射であるから，A の極大イデアル $\mathfrak{m}$ に対して $\phi^a(\mathfrak{P})=\mathfrak{m}$ となる $\mathfrak{P}\in\operatorname{Spec} B$ が存在する．ところが $\mathfrak{m}B\subset\mathfrak{P}$ ゆえ，$B/\mathfrak{m}B\twoheadrightarrow B/\mathfrak{P}\neq 0$ は全射で $B\neq\mathfrak{m}B$．よって，定理4.17から B は忠実平坦である． ∎

定理 4.20 A 代数 B に関して，B が A 上平坦ならば，下降定理が成り立つ．

[証明] $\mathfrak{p}\subset\mathfrak{p}'$ を $\operatorname{Spec} A$ の元の列とし，$\mathfrak{P}'\in\operatorname{Spec} B$ を $\mathfrak{P}'\cap A=\mathfrak{p}'$ とする．B が平坦 A 加群ゆえ，局所化について $B_{\mathfrak{p}'}$ は $A_{\mathfrak{p}'}$ 上平坦であり，局所環 $B_{\mathfrak{P}'}$ は $B_{\mathfrak{p}'}=A_{\mathfrak{p}'}\otimes_A B$ の局所化であるから，$A_{\mathfrak{p}'}$ 上平坦である(命題2.24)．したがって，系4.18から，局所射 $A_{\mathfrak{p}'}\to B_{\mathfrak{P}'}$ は忠実平坦となり，定理4.19より $\operatorname{Spec} B_{\mathfrak{P}'}\to\operatorname{Spec} A_{\mathfrak{p}'}$ は全射である．よって $\mathfrak{p}A_{\mathfrak{p}'}\in\operatorname{Spec} A_{\mathfrak{p}'}$ の上にある $\widetilde{\mathfrak{P}}\in\operatorname{Spec} B_{\mathfrak{P}'}$ ($\widetilde{\mathfrak{P}}\cap A_{\mathfrak{p}'}=\mathfrak{p}A_{\mathfrak{p}'}$)をとり，$\mathfrak{P}=\widetilde{\mathfrak{P}}\cap B_{\mathfrak{P}'}$ とおくと，$\mathfrak{P}\cap A=\mathfrak{p}$ が成り立つ． ∎

最後に，上昇と下降の性質は $\phi^a:\operatorname{Spec} B\to\operatorname{Spec} A$ の位相的な性質と関係していることを証明なしで注意しておこう．

命題 4.21 環準同型 $\phi:A\to B$ が引き起こす連続な写像 $\phi^a:\operatorname{Spec} B\to\operatorname{Spec} A$ を考える(位相は Zariski 位相，§2.8)．このとき次が成り立つ．

（i） ϕ^a が閉写像ならば，ϕ について上昇定理が成り立ち，ϕ^a が開写像ならば，ϕ について下降定理が成り立つ．

（ii） B を Noether 環とする．ϕ について上昇定理が成り立てば ϕ^a は閉写像である．

（iii） A が Noether 環で B は A 上有限生成とする．ϕ について下降定理が成り立てば ϕ^a は開写像である．

［証明］略．（文献 [4] の 6I, 6J などを参照．） ∎

§4.5 正 規 環

整域 A がその商体 K の中で整閉であるとき A を**正規整域**という（単に**整閉整域**ということもある）．すなわち，$x \in K$ がモニックな多項式関係 $x^n + a_{n-1}x^{n-1} + \cdots + a_0 = 0\ (a_i \in A)$ をみたせば $x \in A$ が導かれるときである．

この性質は，イデアル論的にも幾何学的にも具合のよいもので，徐々にそれらが分かるようになるだろう．

例 4.22 素元分解整域(UFD)は正規である．とくに，単項イデアル整域(PID)や UFD 上の多項式整域も正規である（定理 1.24, 1.28）．

実際，A を UFD とし K をその商体とする．$x/y \in K$ を既約表示($x, y \in A$ は互いに素な元)として，$(x/y)^n + a_{n-1}(x/y)^{n-1} + \cdots + a_0 = 0\ (a_i \in A)$ とすると，$x^n = -y(a_{n-1}x^{n-1} + \cdots + a_0 y^{n-1}) \in A$．$A$ は UFD ゆえ，y は x^n の因子，したがって，y の素因子は x を割り切る．x と y とは互いに素と仮定したので，y は A の単元でなければいけない．すなわち $x/y \in A$． □

例 4.23 体 k 上の多項式整域 $k[t]$ の部分整域 $k[t^2, t^3]\ (\simeq k[X, Y]/(Y^2 - X^3))$ は正規ではない．$t = t^3/t^2$ は $k[t^2, t^3]$ 上整な元であるが ($X^2 - t^2 = 0$ をみたす)，それに属さない． □

例 4.24 $\mathbb{Z}[\sqrt{-3}]$ は正規ではない．$\omega = \dfrac{-1 \pm \sqrt{-3}}{2} \notin \mathbb{Z}[\sqrt{-3}]$ とすると，$\omega^3 = 1$ であり，この ω は $\mathbb{Z}$ (したがって $\mathbb{Z}[\sqrt{-3}]$) 上整である $\mathbb{Q}(\sqrt{-3})$ ($\mathbb{Z}[\sqrt{-3}]$ の商体)の元である． □

"正規"という性質が局所化で安定なことを見るため，補題を準備する．

補題 4.25 $A \subset B$ を環の拡大とし，S を A の積閉集合とする．$\overline{A}$ を A の B における整閉包とするとき，$S^{-1}\overline{A}$ は $S^{-1}B$ における $S^{-1}A$ の整閉包 $\overline{S^{-1}A}$ に等しい．

［証明］ $S^{-1}\overline{A}$ が $S^{-1}A$ 上整になることは容易に見られる．逆に，$b/s \in S^{-1}B$ が $S^{-1}A$ 上整，すなわち
$$(b/s)^n + (a_{n-1}/s_{n-1})(b/s)^{n-1} + \cdots + (a_0/s_0) = 0 \quad (a_i \in A, s_i \in S)$$
とする．分母 s, s_i を払うことで，$bs_0s_1\cdots s_{n-1} \in \overline{A}$ が分かる．よって $b/s = bs_0s_1\cdots s_{n-1}/ss_0s_1\cdots s_{n-1} \in S^{-1}\overline{A}$． ∎

系 4.26 A が正規整域ならば，局所化 $A_\mathfrak{p}$ ($\mathfrak{p} \in \operatorname{Spec} A$) もまた正規である．
□

補題 4.27 A を整域，K をその商体とするとき，$A_\mathfrak{p} \subset K$ とみなして，
$$A = \bigcap_{\mathfrak{p} \in \operatorname{Spec} A} A_\mathfrak{p} = \bigcap_{\mathfrak{m} \in \operatorname{Specm} A} A_\mathfrak{m}.$$

（$\operatorname{Specm} A$ は A の極大イデアル全体のなす集合．）

［証明］ 明らかに，第 1 項 $\subset$ 第 2 項 $\subset$ 第 3 項ゆえ，$\bigcap_{\mathfrak{m} \in \operatorname{Specm} A} A_\mathfrak{m} \subset A$ を示せばよい．$x \in \bigcap_\mathfrak{m} A_\mathfrak{m}$ に対して，$I(x) := \{a \in A \mid ax \in A\}$ とおくと $I(x)$ は A のイデアルである．$1 \notin I(x)$ とすると $I(x)$ はある極大イデアル $\mathfrak{m}$ に含まれる．ところが $x \in A_\mathfrak{m}$ ゆえ $x = a/b$ となる $b \notin \mathfrak{m}, a \in A$ がとれる．よって，$bx \in A$，すなわち $b \in I(x)$，これは $I(x) \subset \mathfrak{m}$ に反する． ∎

定理 4.28 A を整域とするとき，次は同値である．
（ⅰ） A は正規．
（ⅱ） 任意の素イデアル $\mathfrak{p} \in \operatorname{Spec} A$ に対して $A_\mathfrak{p}$ は正規．
（ⅲ） 任意の極大イデアル $\mathfrak{m} \in \operatorname{Specm} A$ に対して $A_\mathfrak{m}$ は正規．

［証明］ (ⅰ) $\Longrightarrow$ (ⅱ) は補題 4.25 から明らか．(ⅱ) $\Longrightarrow$ (ⅲ) は自明．

(ⅲ) $\Longrightarrow$ (ⅰ) $A, A_\mathfrak{m}$ の K (A の商体) における整閉包を，それぞれ $\overline{A}, \overline{A_\mathfrak{m}}$ とすると，補題 4.27 から $\overline{A} \subset \bigcap_{\mathfrak{m} \in \operatorname{Specm} A} \overline{A_\mathfrak{m}}$．ところが条件から $A_\mathfrak{m}$ は正規ゆえ $A_\mathfrak{m} = \overline{A_\mathfrak{m}}$．よって $\overline{A} \subset \bigcap_\mathfrak{m} A_\mathfrak{m} = A$． ∎

A が整域とは限らない環の場合，すべての極大イデアル $\mathfrak{m} \in \operatorname{Specm} A$ に対

し $A_\mathfrak{m}$ が正規整域であるとき,A を**正規環**(normal ring)という.(すべての素イデアル $\mathfrak{p} \in \mathrm{Spec}\, A$ に対し $A_\mathfrak{p}$ が正規,とも同値である.)定理 4.28 によって,A が整域の場合もこの定義は正当化される.たとえば,正規整域の直積環は正規環である.

例題 4.29 $A = k[t^2, t^3]$ は $\mathfrak{p} = (t^2, t^3)$ において,$A_\mathfrak{p}$ が正規ではない.他の素イデアル $\mathfrak{q}$ においては,$A_\mathfrak{q}$ は正規である. □

整域 A に対し,その商体 K における整閉包 $\overline{A}$ をとると,$\overline{A}$ は正規整域である.$\overline{A}$ を A の**正規化**(normalization)ということもある.$k[t^2, t^3]$ の正規化は $k[t]$,$\mathbb{Z}[\sqrt{-3}]$ の正規化は $\mathbb{Z}\left[\dfrac{-1+\sqrt{-3}}{2}\right]$ である.

正規性の幾何学的(関数論的)動機の一つは次のように説明できる.§4.2 で扱った代数的閉体 k 上の有限生成整域 A を考える.Hilbert の零点定理(弱い形)(定理 4.12)により,$\mathrm{Specm}\, A$ は代数的集合(アフィン多様体)V の点と 1:1 に対応していた.A の商体 K は V 上の有理(型)関数のなす体と考えられる.有理関数 f/g が A 上整であると,方程式 $x^n + a_{n-1} x^{n-1} + \cdots + a_0 = 0$ $(a_i \in A)$ をみたし,f/g は V の各点で多価の値をとることになる.もし,$n=1$ ととれなければ,f/g はその点 $\mathfrak{m}$ で極($g(\mathfrak{m})=0 \iff g \in \mathfrak{m}$)でないにもかかわらず,値が一意に確定しないことになる.A が正規であれば,このようなことは起こらず,値が確定しない点 $\mathfrak{m}$ は f/g の極($g \in \mathfrak{m}$)のみになる.

最後に,証明は略すが,前節で話題にした下降定理にとっても正規性はよい性質である.

定理 4.30 整域 $A \subset B$ に関して,B は A 上整でかつ A は正規であるとする.このとき下降定理が成り立つ. □

証明は文献 [1] の Theorem 5.16,または [4] を参照.

《 要 約 》

4.1 環の拡大,整元,整拡大,有限拡大.

4.2 整閉包.代数的数の体とその整数環.

4.3 体の代数拡大，代数的閉体．超越拡大，超越基底と超越次数．
4.4 Noether の正規化定理．
4.5 Hilbert の零点定理．代数的集合．
4.6 上昇定理と下降定理．
4.7 完全関手，忠実平坦加群．
4.8 正規環．

──────── 演習問題 ────────

4.1 A がその全分数環 $F(A)$ の中で整閉ならば，零因子を含まない積閉集合 S による分数化 $S^{-1}A$ も $F(A)$ の中で整閉である．

4.2 部分環の列 $A \subset B \subset C$ について，A は Noether 環，C は A 上有限生成の代数で，かつ B 上有限生成加群とする．このとき，B は A 上有限生成，とくに Noether 環である．

4.3 補題 4.10 "体の拡大 $k \subset K$ について，K が k 上有限生成代数とすると，K は k 上代数的，すなわち，環として K は k 上整(さらに有限)である" を (Noether の正規化定理によらず) 前問を使って証明せよ．

4.4 代数閉体上の有限生成代数について，Hilbert の零点定理を弱い形から導け (Rabinowitch の証明)．

4.5 素体上超越次数が無限な代数閉体 k 上有限生成代数について，Hilbert の零点定理(弱い形)を示せ (例 $k = \mathbb{C}$, Weil の universal domain).

5

Dedekind 整域

　第 3 章 §3.5 で 0 次元の環として，Artin 環について触れたが，この章では 1 次元の Noether 整域のうちで非常によい性質(正規および(後で論ずる)正則)をもつ Dedekind 整域とよばれる環を紹介する．

　この環は，いわば可換環の歴史の第一歩を印すものとしての誇りをもつ．素元分解は成立しないが，任意のイデアルが素イデアルの積に一意的に分解するという性質をもつもので，Kummer, Dedekind によるイデアル論の起源でもある．有限次代数的整数環をモデルとしており，その性質のうちで，きわめつきの部分を取り出したものである．同時に，1 変数の代数関数論(Riemann 面)とも密接な関係がある．

　まず，Dedekind 局所環に当たる離散付値環の話から始めよう．

§5.1　離散付値環(DVR)

　体 K の乗法群 $K^\times = K \setminus \{0\}$ 上の $\mathbb{Z}$ 値関数 $v : K^\times \to \mathbb{Z}$ が次をみたすとき，v を K の**離散付値**(discrete valuation)という：

　（i）　$v(ab) = v(a) + v(b)$　$(a, b \in K^\times)$．
　（ii）　$v(a+b) \geqq \mathrm{Min}(v(a), v(b))$．

便宜的に $v(0) = +\infty$ とおいて，$\infty > n \in \mathbb{Z}$ と約束する．

　命題 5.1　v を K の離散付値とすると，$A_v = \{a \in K \mid v(a) \geqq 0\}$ は $\mathfrak{m}_v =$

$\{a \in K \mid v(a) > 0\}$ を極大イデアルとする局所整域で,単項イデアル整域である.さらに,A_v のイデアルは $\mathfrak{m}_v^n = \{a \in K \mid v(a) \geqq n\}$ $(n \in \mathbb{N})$ に限る.また,$a \in K$ について $a \in A_v$ または $a^{-1} \in A_v$.とくに K は A_v の商体である.

［証明］ A_v が部分環であることは(i),(ii)からただちに分かる.$I \subset A_v$ を 0 でないイデアルとし,$x_0 \in I$ を $v(x_0) \leqq v(a)$ $(\forall a \in I)$ となる元とする($v(I)$ の最小値を当てるもの).このとき,$I \ni a \neq 0$ に対し $c = ax_0^{-1} \in K$ とおくと,$a = cx_0 \in A_v x_0 = (x_0)$ となり,$I = (x_0)$.これは $I = \mathfrak{m}_v^{v(x_0)}$ を意味し,主張が示された.($\{a \in A_v \mid v(a) = 0\} = A \setminus \mathfrak{m}_v$ が A_v の単元群.） ∎

命題 5.1 のようにして,離散付値 v から得られる局所整域 $(A_v, \mathfrak{m}_v)$ を**離散付値環** (discrete valuation ring,略して DVR) という.

例 5.2 素数 p を固定し,有理数体 $\mathbb{Q}$ 上に $v_p\left(p^n \dfrac{a}{b}\right) = n$ $(a, b \in \mathbb{Z}$ は p と互いに素）と定義すると,v_p は $\mathbb{Q}$ の離散付値になる.v_p に対する離散付値環

$$A_{v_p} = \mathbb{Z}_{(p)} = \left\{ \dfrac{a}{b} \;\middle|\; p \nmid b \right\}$$

は,有理整数環 $\mathbb{Z}$ の素イデアル (p) における局所化である.v_p を **p 進付値** という. □

例 5.3 同様に,有理関数体 $K = k(x)$ に対して,多項式環 $k[x]$ の素元（既約多項式）$p(x)$ を固定し,$v_{p(x)}\left(p(x)^n \dfrac{a(x)}{b(x)}\right) = n$ $(a(x), b(x) \in k[x]$ は $p(x)$ と互いに素）と定義すると,$v_{p(x)}$ は K の離散付値になる.離散付値環は $k[x]$ の極大イデアル $(p(x))$ における局所化である.とくに $p(x) = x - a$ $(a \in k)$ のとき付値 $v_{p(x)}(f(x))$ は関数 $f(x)$ の点 a における零点の（負ならば,その絶対値が極の）位数を表す. □

DVR は体の付値を経由しないで特徴づけることもできる.まず,命題 5.1 より,DVR は次元 1 (0 でない素イデアルが存在して極大）の Noether 局所整域であることに注意しよう.

命題 5.4 A を次元 1 の Noether 局所整域,$\mathfrak{m}$ をその極大イデアルとする.このとき次は同値である.

（ⅰ） A はその商体 K のある離散付値 v により定まる離散付値環 A_v に等

しい.
(ii) A は正規である.
(iii) $\mathfrak{m}$ は単項である.

[証明] (i)$\Longrightarrow$(ii) $A=A_v \subset K$ とする. $0\neq x\in K$ を A 上整なる元で, $x^n+a_{n-1}x^{n-1}+\cdots+a_0=0$ $(a_i\in A)$ とする. もし $x\notin A$ とすると, $v(x)<0$ ゆえ $v(x^{-1})>0$ となって, $x^{-1}\in A$. したがって, $x=-(a_{n-1}+a_{n-2}x^{-1}+\cdots+a_0x^{-(n-1)})\in A$. これは矛盾.

(ii)$\Longrightarrow$(iii) A は Noether 整域で, $\mathfrak{m}$ が 0 でない唯一つの素イデアルであるから, $A\supsetneq I\neq 0$ なるイデアルはすべて準素, すなわち $\sqrt{I}=\mathfrak{m}$. よって $\mathfrak{m}^n\subset I$, $\mathfrak{m}^{n-1}\not\subset I$ となる $n\geq 1$ がある. そこで $\mathfrak{m}\ni a\neq 0$ に対して, $\mathfrak{m}^n\subset(a)\not\supset\mathfrak{m}^{n-1}$ となる n を選んでおき, $b\in\mathfrak{m}^{n-1}\setminus(a)$ をとる. このとき $c=ab^{-1}\in K$ とおくと, $b\notin(a)$ ゆえ $c^{-1}=ba^{-1}\notin A$. 仮定より A は K の中で整閉だから, c^{-1} は A 上整ではない. このとき $c^{-1}\mathfrak{m}\not\subset\mathfrak{m}$ が成り立つ. なぜならば, $c^{-1}\mathfrak{m}\subset\mathfrak{m}$ とすると, $\mathfrak{m}$ は A 上有限生成な忠実 $A[c^{-1}]$ 加群となり, 定理4.1(iv)から c^{-1} が A 上整となり矛盾.

ところが, $c^{-1}\mathfrak{m}=a^{-1}b\mathfrak{m}\subset a^{-1}\mathfrak{m}^n\subset A$ であるから, $c^{-1}\mathfrak{m}=A$ となり, $\mathfrak{m}=Ac=(c)$.

(iii)$\Longrightarrow$(i) まず, $\mathfrak{m}^n=\mathfrak{m}^{n+1}$ とすると, 中山の補題(定理2.29)によって $\mathfrak{m}^n=0$. これは $0\neq a\in\mathfrak{m}$ について $a^n=0$ を意味し, 整域であることに反する. よって, $\mathfrak{m}=(x)=Ax$ とすると, 真の減少列
$$A\supsetneq (x)\supsetneq (x^2)\supsetneq \cdots \supsetneq (x^n)\supsetneq (x^{n+1})\supsetneq \cdots$$
を得る($\mathfrak{m}^n=(x^n)$). A は局所環であるから, $A^{\times}=A\setminus\mathfrak{m}$ (すなわち $a\in A^{\times}\Longleftrightarrow x\nmid a$). よって A の商体を K とすると, $K=A[x^{-1}]=\bigcup_{n\in\mathbb{Z}}(x^n)=\bigsqcup_{n\in\mathbb{Z}}A^{\times}x^n\sqcup\{0\}$ となり, $v(a)=n\Longleftrightarrow a\in A^{\times}x^n$ と定義すれば, K の離散付値 v が得られる. ∎

次のような一般化がある. DVR の性質のうち, A の商体 K の元 $x\neq 0$ について, $x\in A$ または $x^{-1}\in A$ が成立するような整域を単に**付値環**(valuation ring)という. これは, K の付値を(離散順序加群である)$\mathbb{Z}$ より一般の順序加群にとったものに対応するものである. このとき次が成立する.

（ⅰ） 付値環は正規環である.
（ⅱ） Noether 付値環は DVR.

§5.2 Dedekind 整域

次元1の正規 Noether 整域を **Dedekind 整域** とよぶ. すなわち, Noether 整域 A が Dedekind 整域であるとは, A はその商体のなかで整閉で, 0 でない素イデアルが存在して極大であるときをいう. 命題5.4によって, 局所整域が Dedekind 整域であることと, DVR であることは同値である.

Dedekind 整域の特徴づけを得るために, まず補題を準備する.

補題5.5 S を環 A の積閉集合, $\mathfrak{p}$ を $S\cap\mathfrak{p}=\varnothing$ なる素イデアル, $\mathfrak{q}$ を $\mathfrak{p}$ 準素イデアルとすると, $S^{-1}\mathfrak{q}=\mathfrak{q}(S^{-1}A)\subset S^{-1}A$ は $S^{-1}\mathfrak{p}=\mathfrak{p}S^{-1}A$ 準素で, $A\cap\mathfrak{q}S^{-1}A=\mathfrak{q}$.

[証明] $\mathfrak{q}S^{-1}A$ が準素であることはただちに確かめられる. また $\sqrt{S^{-1}\mathfrak{q}}=\sqrt{\mathfrak{q}}S^{-1}A=\mathfrak{p}S^{-1}A=S^{-1}\mathfrak{p}$ より, $S^{-1}\mathfrak{q}$ は $S^{-1}\mathfrak{p}$ 準素である.

最後に $A\cap\mathfrak{q}S^{-1}A=\mathfrak{q}$ をいおう. $\supset$ は明らかゆえ $\subset$ の場合を見る. $a\in A\cap\mathfrak{q}S^{-1}A$ とすると, $sa\in\mathfrak{q}$ となる $s\in S$ がある. $S\cap\mathfrak{p}=\varnothing$ ゆえ $s\notin\mathfrak{p}$, よって $s^n\notin\mathfrak{p}$, したがって $s^n\notin\mathfrak{q}$ $(n\in\mathbb{N})$. ゆえに準素の定義から $a\in\mathfrak{q}$. ∎

次に, 次元1が準素分解の一意性をもたらすことを見る.

補題5.6 次元1の Noether 整域においては, 0 でない真のイデアルは, 相異なる素イデアルに属する準素イデアルの積に一意的に分解する.

[証明] A を次元1の Noether 整域, $I\neq 0$ をそのイデアル, $I=\bigcap_{i=1}^{r}\mathfrak{q}_i$ を最短準素分解とする. 次元1であるから $\mathfrak{p}_i=\sqrt{\mathfrak{q}_i}$ $(\neq 0)$ はすべて極大であるから非孤立因子は存在せず, $\mathfrak{p}_i$ はすべて相異なる. したがって, $\mathfrak{p}_i+\mathfrak{p}_j=A$ $(i\neq j)$ であるが, これから $\mathfrak{q}_i+\mathfrak{q}_j=A$ $(i\neq j)$ が導かれる. 実際, $\sqrt{\mathfrak{q}_i+\mathfrak{q}_j}\supset\sqrt{\mathfrak{q}_i}+\sqrt{\mathfrak{q}_j}=\mathfrak{p}_i+\mathfrak{p}_j\ni 1$ ゆえ, $1=1^n\in\mathfrak{q}_i+\mathfrak{q}_j$.

$1\in\mathfrak{q}_i+\mathfrak{q}_j$ ならば, $\mathfrak{q}_i\cap\mathfrak{q}_j=\mathfrak{q}_i\mathfrak{q}_j$ である. 実際 $\supset$ は明らかである. $x_i+x_j=1$ となる $x_i\in\mathfrak{q}_i, x_j\in\mathfrak{q}_j$ をとると, $a\in\mathfrak{q}_i\cap\mathfrak{q}_j$ に対して, $a=ax_i+ax_j$ を考

ると，$ax_i, ax_j \in \mathfrak{q}_i\mathfrak{q}_j$ となり，$a \in \mathfrak{q}_i\mathfrak{q}_j$ が従う．よって $I = \bigcap_{i=1}^{r} \mathfrak{q}_i = \mathfrak{q}_1\mathfrak{q}_2\cdots\mathfrak{q}_r$ がいえる．

一意性は，逆に $I = \prod_i \mathfrak{q}_i = \bigcap_i \mathfrak{q}_i$ であることと，非孤立因子が存在しないことより，準素分解の一意性から従う． ∎

次元 1 の Noether 整域がさらに正規，すなわち Dedekind 整域ならば，準素イデアルが対応する素イデアルのベキになり，素元分解を素イデアル分解に拡張した性質が成り立つ．

定理 5.7 A を次元 1 の Noether 整域とすると，次は同値である．
(ⅰ) A は正規(すなわち Dedekind 整域)．
(ⅱ) すべての準素イデアルは素イデアルのベキ．
(ⅲ) すべての 0 でない真のイデアルは，素イデアルの積に一意的に分解する．
(ⅳ) 任意の素イデアル $\mathfrak{p} \neq 0$ における局所化 $A_\mathfrak{p}$ は DVR である．

[証明] 定理 4.28 と命題 5.4 から(ⅰ)と(ⅳ)は同値である．

(ⅱ) $\Longrightarrow$ (ⅲ) 補題 5.6 により素イデアルの積に分解する．$\mathfrak{q} = \mathfrak{p}^n$ ($\mathfrak{p}$: 素イデアル)の指数 n の一意性は，$\mathfrak{p}^n = \mathfrak{p}^m$ ($n > m$) とすると，中山の補題(定理 2.29)により $\mathfrak{p}^m = 0$ となるから矛盾．

(ⅲ) $\Longrightarrow$ (ⅱ) は自明．

(ⅳ) $\Longrightarrow$ (ⅱ) $\mathfrak{q}$ を $\mathfrak{p}$ 準素イデアルとすると $A_\mathfrak{p}$ は DVR ゆえ，命題 5.1 と補題 5.5 によって，ある n について $\mathfrak{q}A_\mathfrak{p} = \mathfrak{p}^n A_\mathfrak{p}$．よって補題 5.5 から $\mathfrak{q} = \mathfrak{q}A_\mathfrak{p} \cap A = (\mathfrak{p}^n A_\mathfrak{p}) \cap A = \mathfrak{p}^n$ となり，$\mathfrak{q}$ は $\mathfrak{p}$ のベキになる．

(ⅱ) $\Longrightarrow$ (ⅳ) A の局所化 $A_\mathfrak{p}$ は次元 1 の Noether 整域である．したがって，補題 5.6 より真のイデアル $I \neq 0$ は一意的に準素イデアルの積に分解するが，対応する素因子は唯一つ $\mathfrak{p}A_\mathfrak{p}$ だから，I が準素である．したがって，条件から $I = \mathfrak{p}^n A_\mathfrak{p}$，すなわち，$A_\mathfrak{p}$ の任意の 0 でない真のイデアルは極大イデアル $\mathfrak{p}A_\mathfrak{p}$ のベキとなる．このことから，$A_\mathfrak{p}$ は DVR であることが導かれる．

実際，命題 5.4(ⅲ)により $\mathfrak{p}A_\mathfrak{p} = \mathfrak{m}$ が単項であることを示せばよい．中山の補題(定理 2.29)によって，まず $\mathfrak{m} \neq \mathfrak{m}^2$．$x \in \mathfrak{m} \setminus \mathfrak{m}^2$ に対して単項イデアル

(x) を考えると,条件からある n に対して $(x) = \mathfrak{m}^n$. ところが $n \geqq 2$ ならば $\mathfrak{m}^n \subset \mathfrak{m}^2$ ゆえ $(x) = \mathfrak{m}$. よって証明された. ∎

体ではない単項イデアル整域は Dedekind 整域の最も初等的な例である(0 でない素イデアルは極大であるから,次元 1 であり,UFD ゆえ,正規である)が,最も重要なものは代数的整数の環である.

有理数体 $\mathbb{Q}$ の有限次拡大体 k に対して,k における有理整数環 $\mathbb{Z}$ の整閉包を $\mathfrak{o}_k := \{x \in k \mid x \text{ は } \mathbb{Z} \text{ 上整な元}\} \subset k$ と書くと,定理 4.3 から $\mathfrak{o}_k$ は k の中で整閉で,正規な整域である(**代数体 k の整数環**(integer ring of algebraic number field k)という).

定理 5.8 有限次代数体の整数環 $\mathfrak{o}_k$ は Dedekind 整域である.

[証明] $\mathfrak{o}_k$ は正規であるから,次元 1 の Noether 環であることをいえばよい.このためには,$\mathfrak{o}_k$ が $\mathbb{Z}$ 加群として有限生成であることをいえばよい(Noether 性および上昇定理(定理 4.14)による).

まず,$\mathbb{Q}$ ベクトル空間としての k の基底 $\{e_i\}$ を $e_i \in \mathfrak{o}_k$ となるように選べることに注意しよう(実際,任意の $x \in k$ に対して $mx \in \mathfrak{o}_k$ となる $m \in \mathbb{Z}$ が存在する).

次に,有限次拡大 $\mathbb{Q} \subset k$ についてのトレース $\mathrm{Tr}: k \to \mathbb{Q}$ を,$a \in k$ の乗法が定義する $\mathbb{Q}$ 上の線形写像 $\phi_a(x) = ax$ $(x \in k)$ のトレース $\mathrm{Tr}(a) = \mathrm{Trace}\,\phi_a$ と定義すると,$\mathrm{Tr} \neq 0$. 実際,$0 \neq a \in \mathbb{Q}$ に対して $\mathrm{Tr}(a) = na \neq 0$ $(n = [k:\mathbb{Q}] = \dim_{\mathbb{Q}} k)$. 0 でない線形写像 $\mathrm{Tr}: k \to \mathbb{Q}$ に対して双線形写像 $(x, y) \mapsto \mathrm{Tr}(xy) \in \mathbb{Q}$ は非退化であるから,基底 $\{e_i\}$ に対する双対基底 $\{f_i\}$ を $\mathrm{Tr}(e_i f_j) = \delta_{ij}$ によって定義できる.

このとき,$\mathfrak{o}_k \subset \sum_j \mathbb{Z} f_j$ となることを示そう.実際,$x \in \mathfrak{o}_k$ を $x = \sum_{j=1}^n a_j f_j$ $(a_j \in \mathbb{Q})$ と表しておくと,$x e_i \in \mathfrak{o}_k$ ゆえ $\mathrm{Tr}(x e_i) \in \mathbb{Z}$. なぜなら,一般に $y \in \mathfrak{o}_k$ の最小多項式を $y^m + c_1 y^{m-1} + \cdots + c_m = 0$ $(c_i \in \mathbb{Z})$ とすると $\mathrm{Tr}(y)$ はこの方程式の根の和であるから $\mathrm{Tr}(y) \in \mathfrak{o}_k$. ところが $\mathfrak{o}_k \cap \mathbb{Q} = \mathbb{Z}$ ($\mathbb{Z}$ は正規)ゆえ $\mathrm{Tr}(y) \in \mathbb{Z}$ である.一方,$\mathrm{Tr}(x e_i) = \mathrm{Tr}(\sum_j a_j f_j e_i) = \sum_j a_j \mathrm{Tr}(f_j e_i) = a_i$ ゆえ $a_i \in \mathbb{Z}$.

したがって,$\mathfrak{o}_k$ は有限生成 $\mathbb{Z}$ 加群 $\sum_j \mathbb{Z} f_j$ の部分加群となり,$\mathbb{Z}$ の Noether

性から，$\mathfrak{o}_k$ も有限生成 $\mathbb{Z}$ 加群となり，主張が示された． ∎

§5.3 分数イデアルとイデアル類群

整域 A に対してその商体を K とする．K の部分 A 加群のなす集合を $\mathcal{S}(A)$ と書く．$\mathcal{S}(A)$ は K における積 IJ $(I, J \in \mathcal{S}(A))$ によって，$(1) = A$ を単位元とするモノイドをなす．モノイド $\mathcal{S}(A)$ の単元群 $\mathcal{S}(A)^\times$ を考えよう．$I \in \mathcal{S}(A)$ が可逆であるとは，ある $J \in \mathcal{S}(A)$ に対して $IJ = A$ が成り立つことである．このとき，
$$J = A \div I := \{x \in K \mid xI \subset A\}$$
($J \subset A \div I = (A \div I)IJ \subset AJ = J$) となり，このことからも，逆元 $J = I^{-1}$ の一意性が示される．（ちなみに，上の $A \div I$ は $A : I$ と書かれることが多いが，日本の小学校では割算記号を $\div$ と書くことが普通であるので，上のようにした．）

さらに，上のことから，可逆な部分 A 加群は有限生成となることが分かる．実際，$I \in \mathcal{S}(A)$ を可逆とすると，$I(A \div I) = A \ni 1$ から，$\sum_{i=1}^{n} x_i y_i = 1$ となる $x_i \in I$, $y_i \in A \div I$ がある．したがって，$x \in I$ に対して，$x = \sum_{i=1}^{n} x_i(xy_i)$ $(xy_i \in A)$ となり，I は x_i $(1 \leq i \leq n)$ で生成される．

さて，商体 K の部分 A 加群 $I \in \mathcal{S}(A)$ が有限生成ならば，ある 0 でない元 $x \in A$ に対して $xI \subset A$ が成り立つ．実際，$I = \sum_{i=1}^{n} Ax_i$ $(x_i \in K)$ とするとき，x_i の共通分母 $0 \neq x \in A$ について，$xI = \sum_{i=1}^{n} A(x_i x) \subset A$ となる．

そこで，この性質を取り上げて，次の定義を行う．整域 A の商体を K とするとき，K の部分 A 加群 I が，ある A の元 $x \neq 0$ に対して，$xI \subset A$ をみたすとき，I を A の**分数イデアル**(fractional ideal)という．通常の意味のイデアルは $x = 1$ ととればよいので，もちろん分数イデアルであるが，このときは，とくに**整イデアル**(integral ideal)という．分数イデアルであるということは，単項分数イデアル $(y) = Ay$ $(y \in K)$ の部分 A 加群であることである．あるいは，言い換えると，A のある整イデアル J に対して $I = Jx^{-1}$ $(0 \neq$

$x \in A$) ということである.これらのことから,分数イデアルはちょうど整数の分数に対応するものであることが見てとれるだろう.

いくつかの注意をしておこう.まず,すでに注意したように,K の有限生成部分 A 加群は分数イデアルである.また,可逆な部分 A 加群は有限生成であったから,とくに分数イデアルである.逆に,A が Noether 環ならば,分数イデアルは Noether 加群 Ax^{-1} の部分加群だから有限生成である.

この節の目的は,分数イデアルの有りようが Dedekind 環を特徴づけるという次の定理である.

定理 5.9 体でない整域が Dedekind 環であるためには,0 でない分数イデアルがすべて可逆であることが必要十分である.

[証明] 最初に,局所的な場合を証明し,次に,大域的な場合を局所的な場合から導く.

局所的な場合: Dedekind 局所整域であることと,DVR であることは同値であった(命題 5.4).まず,A を DVR とし,極大イデアル $\mathfrak{m}$ の生成元を x, $\mathfrak{m} = (x)$ とする.$I \neq 0$ を分数イデアル $yI \subset A$ とすると,$yI = (x^r)$ となる $r \geq 0$ が存在するゆえ,$I = (x^r y) = (x^{r-k})$ ($v(y) = k \iff (y) = (x^k)$).よって I は $I^{-1} = (x^{k-r})$ となる可逆イデアルである.

次に,整域 A のすべての 0 でない(整)イデアルが可逆と仮定する.先に注意したように,可逆イデアルは有限生成であるから,A は Noether 環である.体でない Noether 局所整域 A において,すべての 0 でないイデアルが極大イデアル $\mathfrak{m}$ のベキならば,DVR になることに注意しておこう.実際,A は体でないから中山の補題(定理 2.29)から,$\mathfrak{m} \neq \mathfrak{m}^2$.$x \in \mathfrak{m} \setminus \mathfrak{m}^2$ とすると,仮定より $(x) = \mathfrak{m}^r$ であるが,$\mathfrak{m}^r \not\subset \mathfrak{m}^2$ ゆえ $(x) = \mathfrak{m}^r = \mathfrak{m}$.よって,命題 5.4 から A は DVR である.このことから,すべての 0 でない整イデアルが極大イデアルのベキであることを示せばよい.

そこで S を $\mathfrak{m}$ のベキでも 0 でもない整イデアルのなす集合とする.$S \neq \emptyset$ とすると,Noether 性より S に極大元 $I \in S$ がある.仮定から,$I \neq \mathfrak{m}$ ($\mathfrak{m}^0 = A \in S$) ゆえ,$I \subsetneq \mathfrak{m}$.$\mathfrak{m}$ は可逆であるから,逆元 $\mathfrak{m}^{-1}$ をもつ.よって $\mathfrak{m}^{-1} I \subsetneq \mathfrak{m}^{-1} \mathfrak{m} = A$.また,$\mathfrak{m} I \subset I$ から $I \subset \mathfrak{m}^{-1} I$.ここで,$I = \mathfrak{m}^{-1} I$ ならば $I \mathfrak{m} = I$ と

なり，中山の補題(定理2.29)から $I=0$，よって $I \subsetneq I\mathfrak{m}^{-1}$．$I$ は S の極大元だから $I\mathfrak{m}^{-1} \not\in S$，すなわち $I\mathfrak{m}^{-1} = \mathfrak{m}^l$，すなわち $I = \mathfrak{m}^{l-1}$ と書け，これは矛盾である．これで，局所整域の場合に，定理が証明された．

大域的な場合: A を Dedekind 整域，I を A の分数イデアルとする．A は Noether 環ゆえ I は有限生成である．いま A 加群 $A \div I = \{x \in K \mid xI \subset A\}$ に対して，$J = I(A \div I) \subset A$ とおく．そこで A の 0 でない素イデアル(実は極大) $\mathfrak{p} \in \operatorname{Spec} A$ で局所化すると，局所整域 $A_\mathfrak{p}$ のイデアル $J_\mathfrak{p} = I_\mathfrak{p}(A \div I)_\mathfrak{p} \subset A_\mathfrak{p}$ を得る．ここで，I が有限生成であることから，$(A \div I)_\mathfrak{p} = A_\mathfrak{p} \div I_\mathfrak{p}$ となることが容易に分かるので，$A_\mathfrak{p}$ のイデアル $I_\mathfrak{p}$ について，$I_\mathfrak{p}(A_\mathfrak{p} \div I_\mathfrak{p}) = J_\mathfrak{p} \subset A_\mathfrak{p}$ という関係がでる．Dedekind 局所整域 $A_\mathfrak{p}$ は DVR であるから，局所的な場合の定理から，$I_\mathfrak{p}$ は可逆で，$J_\mathfrak{p} = A_\mathfrak{p}$ が成り立つ．これは，$J \not\subset \mathfrak{p}$ を意味しており，任意の極大イデアルについてこれが成立しているので $J = A$，すなわち，I は可逆である．

逆に，体でない整域 A のすべての 0 でないイデアルが可逆であるとする．可逆イデアルは有限生成ゆえ，A は Noether 環である．A が Dedekind 整域であることを示すためには，定理 5.7 によって，任意の $0 \neq \mathfrak{p} \in \operatorname{Spec} A$ に対してその局所化 $A_\mathfrak{p}$ が DVR であることを示せばよい．このためには，先に証明した局所的な場合の定理により，$A_\mathfrak{p}$ のすべての 0 でないイデアルが可逆であることを示せばよい．$A_\mathfrak{p}$ のイデアル $I' \neq 0$ に対して $I = I' \cap A$ は可逆であり，よって，$I_\mathfrak{p} = I'$ も可逆である．よって定理は証明された．∎

整域 A の商体 K の部分 A 加群のなすモノイド $\mathcal{S}(A)$，またはその部分モノイドである分数イデアルのなすモノイドの単元群が可逆イデアルのなす群であった．この群を $\mathcal{I}(A)$ と書くと，$\mathcal{I}(A)$ は単項イデアルからなる部分群 $\mathcal{P}(A) = \{(x) \mid x \in K^\times = K \setminus \{0\}\}$ をもつ．準同型写像 $\pi: K^\times \to \mathcal{I}(A)$ $(\pi(x) = (x))$ の像が $\mathcal{P}(A) = \pi(K^\times)$ であり，π の核は A の単元群である $(A^\times = \operatorname{Ker} \pi$, $(u) = (1) \iff u \in A^\times)$．$\mathcal{H}(A) := \mathcal{I}(A)/\mathcal{P}(A)$ とおくと，群の完全列
$$1 \to A^\times \to K^\times \to \mathcal{I}(A) \to \mathcal{H}(A) \to 1$$
を得る．

群 $\mathcal{H}(A)$ は A の**イデアル類群**(ideal class group)とよばれている．とこ

ろで，$\mathcal{I}(A)^+$ を A の可逆整イデアルがなす $\mathcal{I}(A)$ の部分モノイドとすると，$\mathcal{I}(A) = \mathcal{I}(A)^+ \mathcal{P}(A)$ となり，イデアル類群 $\mathcal{H}(A)$ の元は整イデアル（$\mathcal{I}(A)^+$ の元）で代表される（$I \in \mathcal{I}(A)$ に対し，$xI = I^+ \in \mathcal{I}(A)^+$ すなわち $I = I^+(x^{-1}) \in \mathcal{I}(A)^+ \mathcal{P}(A)$）．

定理 5.9 によって，Dedekind 整域の場合，$\mathcal{I}(A) = \{$すべての 0 でない分数イデアル$\} \supset \mathcal{I}(A)^+ = \{$すべての 0 でない整イデアル$\}$ となり，イデアル類群 $\mathcal{H}(A)$ は $\mathcal{I}(A)^+/\mathcal{P}(A)^+$ とも書ける（$\mathcal{P}(A)^+$ は A の単項イデアルがなすモノイド）．

定義によって，A が PID であることと $\mathcal{H}(A) = 1$ が同値であるので，群 $\mathcal{H}(A)$ は，整域 A の PID からの隔たり具合を示しているともいえる．定理 5.8 によると，（有限次）代数体の整数環 $\mathfrak{o}_k$ は Dedekind 整域であった．この場合，$\mathcal{H}(\mathfrak{o}_k)$ は有限群であることが知られていて，その位数は代数体 k の類数（class number）とよばれており，それを求めることは整数論の重要な基本問題の 1 つである．古来から，単元群 $\mathfrak{o}_k^\times$ の構造とともに，類数を求める努力が続けられているが，通常の「代数的方法」では求め難く，ゼータ関数など様々な方法でのアプローチがなされている．

《要約》

5.1 離散付値環 DVR．
5.2 Dedekind 整域．素イデアルの積への一意分解．
5.3 代数体の整数環．
5.4 可逆イデアル，分数イデアル．分数イデアルによる Dedekind 整域の特徴づけ．イデアル類群，類数．

──────── 演習問題 ────────

5.1 Dedekind 整域において，次の形の孫子の定理が成り立つ．

$$A/\prod_i \mathfrak{p}_i^{e_i} \simeq \prod_i (A/\mathfrak{p}_i^{e_i})$$

5.2 有限次代数体の整数環 $\mathfrak{o}$ において，0 でないイデアル I について，$I = \prod_i \mathfrak{p}_i^{e_i}$ を素イデアルへの分解とすると，

$$\sharp(\mathfrak{o}/I) = \prod_i p_i^{e_i f_i}.$$

ただし，$(p_i) = \mathfrak{p}_i \cap \mathbb{Z}$, $f_i = [\mathfrak{o}/\mathfrak{p}_i : \mathbb{F}_{p_i}]$.

5.3 Dedekind 整域上の有限生成加群について，平坦であることと捩れなし (torsion-free) であることは同値である.

5.4 整域 A の分数イデアル I について，I が可逆であることと，射影加群であることは同値である.

6

イデアルと位相

可換環 A のイデアル I に対して, イデアルの減少列
$$I^0 = A \supset I^1 \supset I^2 \supset \cdots \supset I^n \supset \cdots$$
が与えるフィルター(filtration)を考える(I^n は $a_1 a_2 \cdots a_n$ $(a_i \in I)$ で生成された A のイデアル). このイデアルのフィルターは, $\{I^n\}_{n \geq 0}$ を 0 の開近傍の基とする一様位相を A に与え, A はいわゆる位相環になる. この位相を I 進位相という.

素数 p について有理整数の p 進展開
$$a_0 + a_1 p + a_2 p^2 + \cdots + a_r p^r \quad (0 \leq a_i < p)$$
を考えると, $a_i = 0$ $(i < n)$ なる数(p^n で割り切れる数)が近傍 (p^n) をなしている. この p 進数の発想を一般のイデアルで展開した I 進位相のテクニックがもたらすものをこの章で考察する. Artin–Rees の定理, Krull の交叉定理, 完備化, Hensel の補題などが基本的な成果であり, とくに局所環とその上の加群の考察にとって欠かせない手法である.

§6.1 フィルターと次数化

I を A のイデアルとし, フィルター
$$I^0 = A \supset I^1 \supset I^2 \supset \cdots \supset I^n \supset \cdots$$
を考える. A 加群 M に対して, 部分 A 加群 $I^n M$ を $a_1 a_2 \cdots a_n x$ $(a_i \in I, x \in$

M) なる形の元で生成されたものとすると，同様な減少列
$$M \supset IM \supset I^2 M \supset \cdots \supset I^n M \supset \cdots$$
を得る．定義によって $I(I^n M) = I^{n+1} M$ である．

一般化して，A 加群 M の部分加群 M_n の減少列
$$M_0 = M \supset M_1 \supset M_2 \supset \cdots \supset M_n \supset \cdots$$
が $IM_n \subset M_{n+1}$ $(n \geqq 0)$ をみたすとき，$\{M_n\}_{n \geqq 0}$ を **I フィルター**(I-filtration)とよぶ．I フィルターがさらに十分大きな $n \gg 0$ に対して(すなわち，ある n_0 があって $n \geqq n_0$ に対して) $IM_n = M_{n+1}$ をみたすとき，I フィルター $\{M_n\}$ は**安定**(stable)しているとよぶ．

安定したフィルターについてまず，次を注意する．

補題 6.1 A 加群の2つの安定した I フィルター $\{M_n\}, \{M'_n\}$ について，ある整数 n_0 に対して，$M_{n+n_0} \subset M'_n$ かつ $M'_{n+n_0} \subset M_n$ が成り立つ．

[証明] M_n は安定だから，ある n_0 に対して $M_{n+n_0} = I^n M_{n_0}$ $(n \geqq 0)$ となる．任意の I フィルター M'_n について，$I^n M \subset M'_n$ が成り立つから，$I^n M_{n_0} \subset I^n M \subset M'_n$ となり，$M_{n+n_0} \subset M'_n$. 後半は，安定フィルター $\{M'_n\}$ に同じ議論を施せばよい． ∎

上の補題は，後に論ずる I 進位相の言葉でいえば，M の安定した I フィルターは同じ位相を与えることを意味している．

一般に，環 A が部分群の族 $\{A_n\}_{n \geqq 0}$ の直和
$$A = \bigoplus_{n=0}^{\infty} A_n$$
と書けて，乗法について $A_m A_n \subset A_{n+m}$ $(m, n \geqq 0)$ をみたすとき A を**次数環**(graded ring)という．このとき A_0 は部分環で，A_n は部分 A_0 加群である．A_n の元を **n 次斉次元**(element of homogeneous degree n)という．

可換環 R 上の多項式環 $A = R[X_1, X_2, \cdots, X_n]$ は n 次斉次多項式のなす部分加群を A_n とおくと，次数環である．

次数環 A 上の加群 M が部分加群 M_n の直和
$$M = \sum_{n=0}^{\infty} M_n$$

と書けて, $A_m M_n \subset M_{m+n}$ $(m, n \geqq 0)$ となるとき, M を**次数 A 加群**(graded A-module)という. M_n は A_0 加群となり, M_n の元を n 次斉次元というのも同様である.

さて, I フィルター $\{I^n\}_{n \geqq 0}$ に対して2種類の次数環が得られる:

$$\mathrm{gr}_I A := \bigoplus_{n=0}^{\infty} I^n/I^{n+1},$$

$$\mathrm{bl}_I A := \bigoplus_{n=0}^{\infty} I^n$$

である.

$\mathrm{gr}_I A$ を I フィルターに伴う**次数環**(次数化, gradation)という. 0次部分 A/I 上の次数環である.

$\mathrm{bl}_I A$ を I の**ブローアップ代数**(blow up, 爆発)といい, これは A 上の次数環である. この名前は, 代数幾何の操作名から来ており重要な幾何学的意味をもっている(上野[9]参照; 特異点解消の手続き).

ブローアップ代数 $\mathrm{bl}_I A$ は, また記号的に部分次数環として, $A[It] \subset A[t]$ (t は不定元)と書いてもよい. $\mathrm{bl}_I A$ の n 次斉次部分が

$$I^n \simeq (It)^n = I^n t^n \, (a_1 a_2 \cdots a_n t^n \, (a_i \in I) \text{ で張られる部分})$$

だからである.

$\mathrm{bl}_I A$ は $\mathrm{gr}_I A$ より大きい環で, 同型

$$\mathrm{gr}_I A \simeq \mathrm{bl}_I A / I \, \mathrm{bl}_I A$$

が成り立つ.

同様に, A 加群 M の I フィルター $M_0 = M \supset M_1 \supset M_2 \supset \cdots \supset M_n \supset \cdots$ に対して, 伴う次数化

$$\mathrm{gr}_I M = \bigoplus_{n=0}^{\infty} M_n / M_{n+1}$$

とブローアップ

$$\mathrm{bl}_I M = \bigoplus_{n=0}^{\infty} M_n$$

が得られ, それぞれ, $\mathrm{gr}_I A$ および $\mathrm{bl}_I A$ 上の次数加群になっている.

この節では，これらの次数化と I フィルターの安定性について述べる．

命題6.2 I を Noether 環 A のイデアルとし，I フィルターについて考える．

（ⅰ） $\mathrm{gr}_I A$ はまた Noether 環である．

（ⅱ） M を有限生成 A 加群とし，$\{M_n\}$ を安定な I フィルターとすると，$\mathrm{gr}_I M$ は有限生成次数 $\mathrm{gr}_I A$ 加群となる．

[証明] （ⅰ） A は Noether 環であるから，I は有限個の生成元 $\{a_1, a_2, \cdots, a_r\}$ をもつ．I/I^2 の元として $\bar{a}_i \equiv a_i \bmod I^2$ とおくと，定義から
$$\mathrm{gr}_I A \simeq A/I[\bar{a}_1, \bar{a}_2, \cdots, \bar{a}_r].$$
A/I は Noether 環であるから，Hilbert の基底定理（定理3.6）によってその上に有限生成な環 $\mathrm{gr}_I A$ はまた Noether 環である．

（ⅱ） $\{M_n\}$ は安定ゆえ $M_{n+n_0} = I^n M_{n_0}$ $(n \geq 0)$ となる n_0 がある．よって，$\mathrm{gr}_I M$ は $\bigoplus_{i=0}^{n_0} \overline{M_i}$ $(\overline{M_i} := M_i/M_{i+1})$ によって生成され，各 $\overline{M_i}$ は Noether 環 A/I 上の加群となる．一方，M_i は A 上有限生成ゆえ，$\overline{M_i}$ は A/I 上有限生成であり，$\bigoplus_{i=0}^{n_0} \overline{M_i}$ も A/I 上有限生成加群である．ゆえに $\mathrm{gr}_I M$ は $\mathrm{gr}_I A$ 上有限生成である． ∎

命題6.3 I を Noether 環 A のイデアル，M を有限生成 A 加群，$\{M_n\}$ を I フィルターとする．このとき次は同値である．

（ⅰ） $\mathrm{bl}_I M$ は有限生成 $\mathrm{bl}_I A$ 加群である．

（ⅱ） I フィルター $\{M_n\}$ は安定している．

[証明] （ⅰ）$\Longrightarrow$（ⅱ） $\mathrm{bl}_I M$ が $\bigoplus_{i=0}^{n_0} M_i$ によって生成されているとしてよい．このとき $n \geq n_0$ に対して $M_n \subset (\mathrm{bl}_I A)(\bigoplus_{i=0}^{n_0} M_i)$ であるが，斉次性から $M_n \subset \sum_{0 \leq i \leq n_0} I^{n-i} M_i \subset I^{n-n_0} M_{n_0}$．一般に $I^{n-n_0} M_{n_0} \subset M_n$ ゆえ $M_n = I^{n-n_0} M_{n_0}$ $(n \geq n_0)$ となり，$\{M_n\}$ は安定している．

（ⅱ）$\Longrightarrow$（ⅰ） ある n_0 について $M_{n+n_0} = I^n M_{n_0}$ $(n \geq 0)$ とすると，$\mathrm{bl}_I M = \bigoplus_{n=0}^{\infty} M_n$ は $\bigoplus_{i=0}^{n_0} M_i$ で生成されることになり，有限生成 A 加群 M_i $(i \leq n_0)$ の生成元の和集合をとれば $\mathrm{bl}_I A$ 上の生成元になる． ∎

この命題が次節に取り上げる Artin-Rees の補題を導く．

§6.2 Artin–Rees の補題と Krull の交叉定理

まず，次の有名な定理を証明する．

定理 6.4（Artin–Rees の補題） I を Noether 環 A のイデアル，M を有限生成 A 加群，$N \subset M$ をその部分 A 加群とする．このとき，$\{M_n\}$ が M の安定なフィルターならば，それが N に引き起こす I フィルター $N \cap M_n$ も安定である．

とくに，
$$(I^n M) \cap N = I^{n-n_0}((I^{n_0} M) \cap N) \quad (n \geqq n_0)$$
となる n_0 が存在する．

[証明] N に引き起こされた I フィルター
$$N \supset N_1 \supset N_2 \supset \cdots \supset N_n \supset \cdots \quad (N_i := N \cap M_i)$$
について，ブローアップ加群 $\mathrm{bl}_I N = \bigoplus_{i=0}^{\infty} N_i$ を考えると，これは $\mathrm{bl}_I M$ の部分次数 $\mathrm{bl}_I A$ 加群である．$\{M_n\}$ が安定であるから，命題 6.3 により，$\mathrm{bl}_I M$ は $\mathrm{bl}_I A$ 上有限生成である．一方，ブローアップ環 $\mathrm{bl}_I A$ は Noether 環 A 上有限生成であるから，Hilbert の基底定理（定理 3.6）によって Noether 環である．よって，有限生成加群 $\mathrm{bl}_I M$ の部分加群 $\mathrm{bl}_I N$ はふたたび有限生成加群となり，命題 6.3 によって，I フィルター $\{N_n\}$ は安定になる． ∎

次の系はあとで用いる．

系 6.5 定理 6.4 の設定において，
$$I^{n+n_0} N \subset (I^n M) \cap N,$$
$$(I^{n+n_0} M) \cap N \subset I^n N$$
が任意の $n \geqq 0$ に対して成り立つ n_0 がある．

[証明] 補題 6.1 と Artin–Rees の補題（定理 6.4）から明らかである．（$I^n N$ も $(I^n M) \cap N$ も安定である．） ∎

Artin–Rees の補題の最初の応用として，重要な Krull の交叉定理を挙げよう．

定理 6.6（Krull の交叉定理） I を Noether 環 A のイデアル，M を有限生成 A 加群とする．

(ⅰ) M の部分加群 $N := \bigcap_{i=1}^{\infty} I^i M$ について，$(1-a)N = 0$ となる $a \in I$ が存在する．

(ⅱ) A が整域か，または局所環と仮定するとき，$I \neq A$ ならば $\bigcap_{i=1}^{\infty} I^i = 0$．

[証明] (ⅰ) $N = \bigcap_{i=1}^{\infty} I^i M \subset M$ に Artin–Rees の補題(定理 6.4)を適用すると，ある n_0 について
$$N = N \cap I^{n_0+1} M = I(N \cap I^{n_0} M) = IN.$$
N は有限生成だから，系 2.27 より，ある $a \in I$ について $(1-a)N = 0$ が成立する．

(ⅱ) $M = A$ について(ⅰ)を適用する．$1-a \ (a \in I)$ が零因子でないことに注意すればよい．A が整域で $I \neq A$ ならば $1-a \neq 0$ より明らか．局所環の場合，$a \in \mathfrak{m}$ ($\mathfrak{m}$ は極大イデアル)だから命題 2.28 より $1-a$ は単元である． ∎

系 6.7 A を Noether 局所環，I をその真のイデアルとするとき，I に伴う次数化 $\mathrm{gr}_I A$ が整域ならば A も整域である．

[証明] $a \in A$ に対して，$\mathrm{gr}_I A$ の初項(initial term) $\mathrm{in}\, a \in \mathrm{gr}_I A$ を，ある n について $a \in I^n \setminus I^{n+1}$ のとき，$\mathrm{in}\, a := a \bmod I^{n+1}$ と定義する．(そうでなければ $a \in N = \bigcap_{n=0}^{\infty} I^n$ となり $\mathrm{in}\, a = 0$ とおく．)

このとき，$ab = 0$ ならば，$\mathrm{in}(a)\,\mathrm{in}(b) = 0$．$\mathrm{gr}_I A$ が整域ならば，$\mathrm{in}\, a = 0$ または $\mathrm{in}\, b = 0$．したがって，a または $b \in N$ となり $N = 0$ から a または $b = 0$ である． ∎

注意 Noether 環でないと Krull の交叉定理は成立しない．A を実数直線の原点 0 における無限階微分可能な関数のなす局所環とする．$\mathfrak{m} = \{f \in A \mid f(0) = 0\}$ が極大イデアルである．このとき，$\bigcap_{n=0}^{\infty} \mathfrak{m}^n$ の元は，$f^{(n)}(0) = 0$ ($f^{(n)}$ は n 階微分)となる関数であるが，e^{-1/x^2} はこれをみたす 0 ではない関数である．

§6.3 I 進位相と完備化

自然数 $n \in \mathbb{N}$ に対して，群 G_n と準同型 $f_n : G_{n+1} \to G_n$ が与えられたとき，直積群 $\prod_{n=0}^{\infty} G_n$ の部分群

$$\varprojlim_n G_n := \{x \in (x_0, x_1, \cdots) \in \prod_{n=0}^{\infty} G_n \mid f_n(x_{n+1}) = x_n \ (n \geq 0)\}$$

を射影系 $\{f_n : G_{n+1} \to G_n\}_{n \geq 0}$ の**射影極限**(projective limit)，または**逆極限**(inverse limit)という．各成分への自然な射影 $\phi_n : \varprojlim_n G_n \to G_n$ が $\phi_n(x) = x_n$ によって定義され，$f_n \circ \phi_{n+1} = \phi_n$ となる．この概念はずっと一般の系に対しても定義されるが，この本ではこの場合のみを扱う．

とくに，加群 M の部分群の減少列

$$M = M_0 \supset M_1 \supset \cdots \supset M_n \supset M_{n+1} \supset \cdots$$

が与えられたとき，剰余群のなす射影系

$$f_n : M/M_{n+1} \to M/M_n \quad (f_n(x) = x \bmod M_n)$$

の射影極限 $\widehat{M} := \varprojlim_n M/M_n$ をフィルター $\{M_n\}$ に関する M の**完備化**(completion)という．自然な準同型 $\psi : M \to \widehat{M}$ が $\psi(x) = (x_0, x_1, \cdots, x_n, \cdots)$ $(x_n = x \bmod M_n)$ によって定義され，$\mathrm{Ker}\,\psi = \bigcap_n M_n$ である．

これは，次のように(一様)位相空間における術語に合致している．フィルター $\{M_n\}_{n \geq 0}$ は，これを 0 の開近傍の基とする位相群の構造を M に与える．すなわち，剰余類 $\{x + M_n \mid x \in M, \ n \geq 0\}$ を開近傍の基として M に位相を与えると($U \subset M$ が開集合 $\iff U = \bigcup_i (x_i + M_{n_i})$)，$M$ の群演算 $M \times M \ni (x, y) \mapsto x + y \in M$, $M \ni x \mapsto -x \in M$ は共にこの位相に関して連続になっている(確認せよ)．

M_n も剰余類 $x + M_n$ も開集合であるから，M_n の補集合 $M \setminus M_n = \bigcup_{x \notin M_n} (x + M_n)$ も開集合である．よって，M_n は同時に閉集合でもあり，剰余空間(位相加群になる) M/M_n は離散的な位相空間になることに注意しておこう．

この位相空間が分離的(Hausdorff)であるためには，$\mathrm{Ker}\,\psi = \bigcap_{n=0}^{\infty} M_n = 0$ であることが必要十分である．実際，分離的ならば $0 \neq x$ に対して，$x \notin M_n$ なる n が存在して $\mathrm{Ker}\,\psi = 0$．逆に，$\mathrm{Ker}\,\psi = 0$ ならば $0 \neq x$ に対して，$x \notin \mathrm{Ker}\,\psi$ ゆえ，$x \notin M_n$ なる n がある．このとき $(x + M_n) \cap M_n = \emptyset$．なぜなら，$y \in (x + M_n) \cap M_n$ とすると $y \in x + M_n$ ゆえ $0 \in x + M_n$．これは $x \in M_n$ を意味しており矛盾．よって，$x + M_n$ と M_n は x と 0 とを分離する開集合であ

る．一般の $x \neq y$ に対しても $x-y \neq 0$ ゆえ，この場合に帰着される．

このことから，$\{M_n\}$ による位相が分離的であることと，完備化への写像 $\psi: M \to \widehat{M}$ が単射であることが同値である．

さて，この(一様)位相において，列 $(x_i)_{i \geq 0}$ $(x_i \in M)$ は，任意の n に対して $x_i - x_j \in M_n$ $(i, j > m_0)$ となる m_0 がとれるとき，**Cauchy列**という．分離的($\iff \bigcap_n M_n = 0$)であって，すべてのCauchy列が収束するような(一様)位相空間を**完備**(complete)という．

命題6.8 M のフィルター $\{M_n\}$ による位相によって M が完備であることと，$\psi: M \to \widehat{M}$ が同型であることは同値である．

［証明］ M が完備とする．$x = (x_n) \in \widehat{M}$ に対して，$x_{n+1} \equiv x_n \bmod M_n$ ゆえ，$x_i \equiv x_j \bmod M_n$ $(i, j \geq n)$. すなわち，(x_n) はCauchy列であり，x_∞ に収束する．このとき $x_\infty \equiv x_n \bmod M_n$ ゆえ，$\psi(x_\infty) = x$ となり，ψ は全射である．

逆に，ψ が同型ならば，M のCauchy列 (x_n) は $\widehat{M}$ の元 x を定義し，x に収束する． ∎

このように，代数的に構成した完備化 $\widehat{M} = \varprojlim_n M/M_n$ は位相的には M を含む最小の完備加群となる．

以下，もっぱら，可換環 A とそのイデアル I に関しての A 加群 M の I フィルター $M_n = I^n M$ に以上の構成を適用する．I フィルター $\{I^n M\}$ が定義する M の位相を **I 進位相**(I-adic topology)といい，$\widehat{M} = \varprojlim_n M/I^n M$ を **I 進完備化**(I-adic completion)という．I 進位相についてスカラー積 $A \times M \to M$ $((a, x) \mapsto am)$ は連続であり，とくに環の積は連続である．

例6.9 p を素数とするとき，$\mathbb{Z}_p := \varprojlim_n \mathbb{Z}/p^n \mathbb{Z}$ を **p 進整数の環**(ring of p-adic integers)という．$\mathbb{Z}_p$ の元は，記号的に $\sum_{i=0}^{\infty} a_i p^i$ $(0 \leq a_i < p)$(無限和)と書ける．($\lim_{n \to \infty} p^n = 0$, $\sum_{i=0}^{n} a_i p^i$ $(\in \mathbb{Z}/p^n \mathbb{Z})$ と考える．) たとえば，2進整数環 $\mathbb{Z}_2$ において，

$$-1 = \frac{1}{1-2} = 1 + 2 + 4 + 8 + \cdots + 2^n + \cdots.$$

Hensel によって導入されたこの数の拡張概念は，近代的数論にとっていまや不可欠のものである． □

Artin–Rees の補題を I 進位相の言葉にいいかえると次を得る．

系 6.10 I を Noether 環 A のイデアルとし，有限生成 A 加群 M とその部分加群 $N \subset M$ を考える．このとき，M の I 進位相を N に制限した M からの誘導位相と，N の I 進位相は一致する．

[証明] 定理 6.4(Artin–Rees の補題) から明らかである． ■

また，Krull の交叉定理と I 進位相の分離性の関係も明らかであろう．

系 6.11 上の系 6.10 において，さらに I が A の Jacobson 根基 $J(A)$ に含まれるとする．このとき，M の I 進位相は分離的，すなわち $\bigcap_{n=0}^{\infty} I^n M = 0$．とくに，$I$ が局所環の極大イデアルのときは分離的位相を定義する．

[証明] 定理 6.6(i)(Krull の交叉定理) により，$N = \bigcap_{n=0}^{\infty} I^n M$ について $(1-a)N = 0$ となる $a \in I$ が存在する．仮定から $a \in J(A)$ ゆえ $1-a$ は A の単元となり (命題 2.28)，$N = 0$． ■

$\mathfrak{m}$ を極大イデアルとする Noether 局所環 A の場合，上の系 6.11 より $\mathfrak{m}$ 進位相は分離的である．$\mathfrak{m}$ 進位相で完備な局所環を単に**完備局所環**という．p 進整数環 $\mathbb{Z}_p$ は完備局所環である．

例 6.12 体 k 上の形式的ベキ級数環 $\widehat{A} = k[[X_1, X_2, \cdots, X_n]]$ は完備局所環である．(極大イデアルは $\widehat{\mathfrak{m}} = (X_1, X_2, \cdots, X_n)$)．これは多項式環 $A = k[X_1, X_2, \cdots, X_n]$ の極大イデアル $\mathfrak{m} = (X_1, X_2, \cdots, X_n)$ による完備化 $\widehat{A} = \varprojlim_n A/\mathfrak{m}^n$ になっている． □

完備化の歴史的動機ともいうべき大切な定理を次に掲げる．

定理 6.13 (Hensel の補題) A を完備局所環，$\mathfrak{m}$ をその極大イデアル，$k = A/\mathfrak{m}$ を剰余体とする．モニック多項式 $f(X) \in A[X]$ に関して，mod $\mathfrak{m}$ で考えた $\overline{f} \in k[X]$ が $\overline{f} = \overline{g}\overline{h}$ と分解し，$\overline{g}$ と $\overline{h}$ は $k[X]$ で互いに素と仮定する．このとき，$g, h \in A[X]$ で $f = gh$, $g \bmod \mathfrak{m} = \overline{g}$, $h \bmod \mathfrak{m} = \overline{h}$ となるものが存在する．

[証明] $g_n, h_n \in A[X]$ で，$f \equiv g_n h_n \bmod \mathfrak{m}^n$, $\overline{g_n} = \overline{g}$, $\overline{h_n} = \overline{h}$ が与えられたとき，$g_{n+1}, h_{n+1} \in A[X]$ で，$f \equiv g_{n+1} h_{n+1} \bmod \mathfrak{m}^{n+1}$, $g_{n+1} \bmod \mathfrak{m}^n =$

$g_n, h_{n+1} \mod \mathfrak{m}^n = h_n$ をみたすものをつくればよい。$\deg f = r$ として
$$f - g_n h_n = \sum_{i=0}^{r-1} a_i X^i \quad (a_i \in \mathfrak{m}^n)$$
とする。$\bar{g}$ と $\bar{h}$ は互いに素であるから、各 $0 \leq i < r$ に対して
$$X^i = \bar{\phi}_i \bar{g} + \bar{\psi}_i \bar{h}$$
となる $\bar{\phi}_i, \bar{\psi}_i \in k[X]$ がとれる。必要ならば剰余をとることで、$\deg \bar{\phi}_i < \deg \bar{h}$, $\deg \bar{\psi}_i < \deg \bar{g}$ と仮定してよい。$\phi_i, \psi_i \in A[X]$ を mod $\mathfrak{m}$ が $\bar{\phi}_i, \bar{\psi}_i$ となるもの($\deg \phi_i = \deg \bar{\phi}_i$, $\deg \psi_i = \deg \bar{\psi}_i$)とし、$g_{n+1} = g_n + \sum_i a_i \psi_i$, $h_{n+1} = h_n + \sum_i a_i \phi_i$ とおけば、要求をみたすものになる。

完備でなくても Hensel の補題が成立するような場合があり、**Hensel 局所環**とよばれる。たとえば、局所環の完備化まで拡大せずに、代数的な拡大に留めて Hensel 環を得る "Hensel 化" という操作が存在する。この研究には日本の学者、とくに永田雅宜が大きな貢献をなしており、数論のみならず、近代的代数幾何、とくにエタール・トポロジーの理論に不可欠である。

$\hat{A} \simeq \hat{B}$ であっても $A \simeq B$ とは限らない。すなわち、完備化でかなりの情報は落ちる。たとえば、代数的閉体 k 上の正則局所環(後述)の完備化は k 上の形式的ベキ級数環となり、次元が等しければすべて同型になってしまう。

§6.4 完備化――続き

完備化という操作 $M \mapsto \widehat{M}$ を関手として考察してみる。まず一般的に、M の位相が部分加群の減少列
$$M = M_0 \supset M_1 \supset \cdots \supset M_n \supset \cdots$$
で与えられている場合を考えよう。

補題 6.14 加群の完全列
$$0 \to N \xrightarrow{\psi} M \xrightarrow{\phi} L \to 0$$
について、M の減少列 $\{M_n\}$ が誘導する N, M のフィルター $N_n := \psi^{-1} M_n$, $L_n := \phi(M_n)$ についての完備化をそれぞれ、

$$\widehat{N} = \varprojlim_n N/N_n, \quad \widehat{M} = \varprojlim_n M/M_n, \quad \widehat{L} = \varprojlim_n L/L_n$$

とすると，完備化の完全列

$$0 \to \widehat{N} \xrightarrow{\widehat{\psi}} \widehat{M} \xrightarrow{\widehat{\phi}} \widehat{L} \to 0$$

を得る．（位相群としても完全列である．）

[証明] 定義によって，n について完全列

$$0 \to N/N_n \xrightarrow{\psi_n} M/M_n \xrightarrow{\phi_n} L/L_n \to 0$$

が成り立つ．$\mathrm{Im}\,\widehat{\psi} = \mathrm{Ker}\,\widehat{\phi}$ であることは，$\widehat{\phi}((x_n)) = 0\,(x_n \in M/M_n) \iff \phi_n(x_n) = 0\,(\forall n) \iff x_n \in \psi_n(N)\,(\forall n) \iff (x_n) \in \widehat{\psi}(\widehat{N})$ であることから分かる．$(x_n) \in \widehat{N}$ とし，$\widehat{\phi}$ を $\widehat{\psi}$ に置き換えれば $\widehat{N} \to \widehat{M}$ の単射性が導かれる．
$\widehat{\phi}$ が全射であることは，$(y_n) \in \widehat{L}\,(y_n \bmod L_{n-1} = y_{n-1})$ に対し $\phi(x_n) = y_n$, $x_n \bmod M_{n-1} = x_{n-1}$ をみたす元 $x_n \in M$ を帰納的に見つければよい． ∎

さて，環 A とそのイデアル I について I 進完備化の場合を考えよう．A 加群 M と部分 A 加群 N に関してそれぞれの I 進位相は，フィルター $M_n = I^n M$, $N_n = I^n N$ によって定義されているが，一般には $N_n = N \cap M_n$ とはなっていない．これを保証する場合が，Artin–Rees の補題であった．

定理 6.15 Noether 環 A 上の有限生成加群の完全列

$$0 \to N \to M \to L \to 0$$

に対して，それが引き起こす A のイデアル I についての I 進完備化の列

$$0 \to \widehat{N} \to \widehat{M} \to \widehat{L} \to 0$$

はまた完全列である．すなわち，この場合，有限生成加群の圏において完備化は完全関手である．

[証明] 定理 6.4 により，この場合，ある n_0 があって $(N_n :=)(I^n M) \cap N = I^{n-n_0}((I^{n_0} M) \cap N)\,(n \geq n_0)$ であった．完備化については $\varprojlim_{n \geq 0} N/N_n \simeq \varprojlim_{n \geq n_0} N/N_n$ ゆえ，補題 6.14 より定理がいえる． ∎

系 6.16 Noether 環 A 上の有限生成加群 M に対して $\widehat{M}$ を I 進完備化とすると，同型 $\widehat{A} \otimes_A M \simeq \widehat{M}$ が成り立つ．

[証明] M は有限生成であるから，有限生成自由加群 $F = A^r$ の準同型像

である．完全列 $0 \to N \to F \to M \to 0$ を考えると，$\widehat{F} \simeq \widehat{A}^r \simeq \widehat{A} \otimes_A F$ であるから，完全列の射

$$\begin{array}{ccccccc} \widehat{A} \otimes_A N & \longrightarrow & \widehat{A} \otimes_A F & \longrightarrow & \widehat{A} \otimes_A M & \longrightarrow & 0 \\ {\scriptstyle \gamma} \downarrow & & {\scriptstyle \beta} \downarrow & & {\scriptstyle \alpha} \downarrow & & \\ 0 \longrightarrow \widehat{N} & \longrightarrow & \widehat{F} & \longrightarrow & \widehat{M} & \longrightarrow & 0 \end{array}$$

において，β は同型である（上段の完全性はテンソル積の右完全性（命題 2.10），下段は定理 6.15 による）．これより，α の全射性は明らかである．α の単射性も下段の完全性から容易に分かる． ∎

系 6.17 Noether 環 A の I 進完備化 $\widehat{A}$ は A 上平坦である．

[証明] （有限生成とは限らない）A 加群の単射 $0 \to N \xrightarrow{\phi} M$ に対して，$0 \to \widehat{A} \otimes_A N \xrightarrow{1 \otimes \phi} \widehat{A} \otimes_A M$ がふたたび単射であることを見ればよい．（有限生成でなければ系 6.16 は必ずしも成立しないが，上の主張は有限生成の場合に帰着できる．）$z := \sum_i a_i \otimes x_i \in \mathrm{Ker}\, 1 \otimes \phi$，すなわち，$\sum_i a_i \otimes \phi(x_i) = 0$ とする．x_i で生成された N の部分加群を N' とし，$z_0 := \sum_i a_i \otimes x_i \in \widehat{A} \otimes_A N'$ とおく．ところがテンソル積の構成から，$\phi(N')$ を含む M の有限生成部分加群 M' で，$\widehat{A} \otimes_A M'$ において $\sum_i a_i \otimes \phi(x_i) = 0$ となるものがとれる．$N' \to M'$ は有限生成加群の単射であるから，定理 6.15 と系 6.16 から $\widehat{A} \otimes_A N' \to \widehat{A} \otimes_A M'$ も単射となり，これは $\sum_i a_i \otimes x_i = 0$ を意味する．よって，始めの $1 \otimes \phi$ は単射である． ∎

完備化 $\widehat{A}$ が A 上平坦であることは，代数幾何（代数多様体の探求）と解析幾何（複素多様体の探求）の平行性を見出すのに重要な役割を果たした（Serre の GAGA 原理）．

命題 6.18 I を Noether 環 A のイデアルとすると，$\widehat{I} = \widehat{A}I \simeq \widehat{A} \otimes_A I$，$A/I^n \simeq \widehat{A}/\widehat{I}^n$，$I^n/I^{n+1} \simeq \widehat{I}^n/\widehat{I}^{n+1}$．とくに，$I$ に伴う次数環について，同型

$$\mathrm{gr}_I A \simeq \mathrm{gr}_{\widehat{I}} \widehat{A}$$

が成り立つ．

[証明] $\widehat{I} \simeq \widehat{A} \otimes_A I$ は，系 6.16 から明らか．$A/I^n \simeq \widehat{A}/\widehat{I}^n$ ゆえ，後の主張

も明らか.

前に見たように Noether 環 A 上の形式的ベキ級数環 $A[[X_1, X_2, \cdots, X_n]]$ はまた Noether 環であった.

A が Noether 環のとき, 次数化 $\mathrm{gr}_I A$ が Noether 環になることはすでに見たが, ある意味でその逆も成立する.

命題 6.19 Noether 環 A の I 進完備化 $\widehat{A}$ はまた Noether 環である.

[証明] $A \supset I = (a_1, a_2, \cdots, a_n)$ とすると, $B/J \simeq \widehat{A}$, ただし, $B = A[[X_1, X_2, \cdots, X_n]]$, $J = \sum_{i=1}^{n} B(X_i - a_i)$. $\widehat{A}/\widehat{I^k} \simeq A/I^k$, $\phi_k : B/J \to \widehat{A}/\widehat{I^k}$ を, $\phi_k(f) = \phi_k(f_1 + f_2) = f_1(a_1, a_2, \cdots, a_n)$ (f_1 は次数 k の多項式, f_2 は位数が高い部分)とすると, $\widehat{\phi} = \varprojlim_k \phi_k : B/J \xrightarrow{\sim} \widehat{A}$ を与える. ∎

《要約》

6.1 次数環と次数加群.
6.2 加群のフィルターとイデアル安定性. イデアルによるフィルター.
6.3 イデアルによる次数化 $\mathrm{gr}_I M$ とブローアップ $\mathrm{bl}_I M$.
6.4 Artin-Rees の補題, 部分加群に引き起こすフィルター.
6.5 Krull の交叉定理.
6.6 位相加群, 位相環, I 進位相.
6.7 射影極限と完備化.
6.8 完備局所環. Hensel の補題.
6.9 完備化の平坦性.

───── 演習問題 ─────

6.1 $\widehat{A}$ を Noether 環 A の I 進完備化とする. $x \in A$ が零因子でなければ, $\widehat{A}$ の元としても零因子ではない.

6.2 Noether 環 A 上の有限生成加群 M について, イデアル I による完備化

の核を $N = \bigcap_i I^i M = \mathrm{Ker}(M \to \widehat{M})$ とおく．このとき，
$$N = \{x \in M \mid (1-a)x = 0 \text{ となる } a \in I \text{ がある}\}.$$

6.3 上の問の状況のもとで次が成り立つ．

(1) $$N = \bigcap_{I \subset \mathfrak{m} \in \mathrm{Specm}\, A} \mathrm{Ker}(M \to M_\mathfrak{m}).$$

(2) $$\widehat{M} = 0 \iff \mathrm{Supp}\, M \cap V(I) = \varnothing.$$

7 次元論

 すでに環 A の**次元**を A が含む最長の素イデアルの列の長さとして定義した(§3.5 Krull 次元). すなわち,
$$\mathfrak{p}_0 \subsetneq \mathfrak{p}_1 \subsetneq \cdots \subsetneq \mathfrak{p}_n \subsetneq A$$
なる素イデアルの列で, n が最大になるとき, $\dim A = n$ と定義した. この定義は代数幾何学において, 既約な部分多様体の最長列
$$V_n \subsetneq V_{n-1} \subsetneq \cdots \subsetneq V_0$$
の長さを次元とよぶことに対応している. これはある種の位相的次元と見なせる.

 解析的には, 空間の次元としては(独立した)座標系の長さと考えるのが普通である. この章では, これら種々の次元の概念が, とくに Noether 的局所環の場合, 非常にうまく整合していることを見よう. そのことから, 正則性(非特異性)の自然な定義が得られる.

 まず, 上に述べた次元に比べると, 一見人工的に見えるかもしれないが, 代数的には, とくに加群に対してはまったく自然な次元の測り方を与える Hilbert 関数によるものを論じる. Hilbert の偉大さを感じさせるアイデアである.

§7.1 Hilbert 関数

まず，Noether 次数環 $A = \bigoplus_{n=0}^{\infty} A_n$ 上の有限生成次数加群 $M = \bigoplus_{n=0}^{\infty} M_n$ に対して M の "大きさ" を測るものとして，**Poincaré 級数**(Poincaré series)とよばれる母関数(形式的ベキ級数)

$$P(M, t) = \sum_{n=0}^{\infty} \lambda(M_n) t^n$$

を考える．ここで，$\lambda(M_n)$ は A_0 加群に対する整数値加法的関数，すなわち，短完全列

$$0 \to M' \to M'' \to M''' \to 0$$

に対して，$\lambda(M'') = \lambda(M') + \lambda(M''')$ をみたすものを1つとる．(たとえば，M の長さ等が典型例である．) これは不変式論等でも重要な役割を果たすが，次のように簡単な性質をもつ．

まず，Noether 次数環 $A = \bigoplus_{n=0}^{\infty} A_n$ は Noether 環 A_0 上有限生成であることに注意しておく．実際，$A_0 = A/A_+$ ($A_+ = \bigoplus_{n=1}^{\infty} A_n$) ゆえ，$A_0$ は Noether 環であり，イデアル A_+ は有限生成である．$x_1, x_2, \cdots, x_r$ を A_+ の(斉次な)生成元として，部分環 $A_0[x_1, x_2, \cdots, x_r] \subset A$ をとると，これが A に等しいことが示される(帰納的に $A_n \subset A_0[x_1, x_2, \cdots, x_r]$ となることを確認せよ)．

さらに A 上の有限生成次数加群 $M = \bigoplus_{n=0}^{\infty} M_n$ について，A_0 加群 M_n は有限生成となることに注意しておく．

定理 7.1 Noether 環 A_0 上の次数環 $A = A_0[x_1, x_2, \cdots, x_r]$ について，生成元 x_i の斉次次数を k_i ($x_i \in A_{k_i}$) とするときに，A 上の有限生成加群 M の Poincaré 級数は，ある有理関数

$$\frac{f(t)}{\prod_{i=1}^{r}(1-t^{k_i})} \quad (f(t) \in \mathbb{Z}[t])$$

の級数展開になっている．

[証明] 生成元の個数 r についての帰納法で示す．$r = 0$ ならば $A = A_0$ で，M は有限生成 A_0 加群ゆえ，$M_n = 0$ ($n \gg 0$)．よって $P(M, t)$ 自身多項式で

ある．$r-1$ まで正しいとして，r の場合を考える．最後の生成元 $x_r \in A_{k_r}$ を乗じる作用 $y \mapsto x_r y$ $(y \in M_n)$ について，完全列
$$0 \to K_n \to M_n \xrightarrow{x_r} M_{n+k_r} \to L_{n+k_r} \to 0$$
を考える ($K_n = \mathrm{Ker}(x_r | M_n)$, $L_{n+k_r} = \mathrm{Coker}(x_r | M_n)$). ここに，次数加群 $K = \bigoplus_{n=0}^{\infty} K_n$, $L = \bigoplus_{n=k_r}^{\infty} L_n$ は M の部分および剰余加群であり，また，x_r はこれらに 0 で作用するから，$A_0[x_1, x_2, \cdots, x_{r-1}]$ 上の有限生成加群と見ることができて帰納法の仮定が適用される．

加法的関数 λ に対しては，
$$\lambda(K_n) - \lambda(M_n) + \lambda(M_{n+k_r}) - \lambda(L_{n+k_r}) = 0$$
であるから(確認せよ)，t^{n+k_r} を乗じて和をとると，適当な多項式 $g(t) \in \mathbb{Z}[t]$ に対して
$$(1-t^{k_r})P(M, t) = P(L, t) - t^{k_r} P(K, t) + g(t)$$
が成り立つ．帰納法の仮定を $P(L, t)$, $P(K, t)$ に適用すると定理の主張がいえる． ∎

以下，この本で考えるのは A の生成元の次数がすべて 1 の場合である．このとき，Poincaré 級数は $P(M, t) = f(t)/(1-t)^r$ (r は生成元の個数) となるが，$f(1) = 0$ のときは，$f(t) = (1-t)^l f_0(t)$, $f_0(1) \neq 0$ と分解して，
$$P(M, t) = f_0(t)(1-t)^{-d} \quad (f_0(1) \neq 0, \ d = r - l)$$
と書いておく．ここで $(1-t)^{-1} = \sum_{i=0}^{\infty} t^i$ ゆえ，
$$(1-t)^{-d} = \sum_{i=0}^{\infty} \binom{d+i-1}{d-1} t^i$$
と級数展開され，$f_0(t) = \sum_{i=0}^{N} c_i t^i$ ($c_i \in \mathbb{Z}$) とすると，
$$P(M, t) = \sum_{n=N}^{\infty} \left(\sum_{i=0}^{N} c_i \binom{n-i+d-1}{d-1} \right) t^n + (N \text{次以下の項})$$
となる．よって次を得る．

命題 7.2 次数環が Noether 環 A_0 上(加群として有限生成である) A_1 で生成されるとする．このとき，有限生成次数 A 加群 $M = \bigoplus_{n=0}^{\infty} M_n$ について，十分大きな n に対しては $\lambda(M_n)$ は，n についての $d-1$ 次の有理数係数の多

項式で与えられる．ここに，$d=d(M)$ は Poincaré 級数 $P(M,t)$ の $t=1$ における極の位数で，

$$P(M,t) = \frac{f_0(t)}{(1-t)^d} \quad (f_0(1) \neq 0)$$

とおいたとき，最高次 n^{d-1} の係数は $f_0(1)/(d-1)! = (\sum_{i=0}^{N} c_i)/(d-1)!$ である．このような n についての多項式を M の（λ に関する）**Hilbert 関数**（多項式）という． □

例7.3 体 k 上の多項式代数 $A = k[X_1, X_2, \cdots, X_d]$ に対して，n 次斉次部分 A_n の長さ（k 上のベクトル空間としての次元）は

$$\binom{n+d-1}{d-1} = n^{d-1}/(d-1)! + (\text{低次の項})$$

であり，$d(A) = d(= (\text{Krull}) \dim A)$ である． □

さて，第6章では A のイデアル I に対して，A 加群 M の I フィルター $\{M_n\}$ ($IM_n \subset M_{n+1}$)，M の次数化 $\mathrm{gr}_I M = \bigoplus_{n=0}^{\infty} M_n/M_{n+1}$ を考えた．今後重要になるのは，Noether 局所環 $(A, \mathfrak{m})$（$\mathfrak{m}$ は極大イデアル）の $\mathfrak{m}$ 準素イデアル $\mathfrak{q}$ に関するフィルターの場合である．このとき，$\mathfrak{m}^n \subset \mathfrak{q} \subset \mathfrak{m}$ となる n がある（$\sqrt{\mathfrak{q}} = \mathfrak{m}$）．

有限生成 A 加群 M の安定な $\mathfrak{q}$ フィルター $\{M_n\}$ に対して，次数化 $\mathrm{gr}_\mathfrak{q} M = \bigoplus_{n=0}^{\infty} M_n/M_{n+1}$ は Noether 環 $\mathrm{gr}_\mathfrak{q} A = \bigoplus_{n=0}^{\infty} \mathfrak{q}^n/\mathfrak{q}^{n+1}$ 上有限生成である（命題6.2）．斉次部分 M_n/M_{n+1} は有限生成な $A/\mathfrak{q}$ 加群で，$A/\mathfrak{q}$ は Artin 環であるから，M_n/M_{n+1} もまた Artin 加群となり，M_n/M_{n+1} の長さ $\mathrm{length}\, M_n/M_{n+1}$ は有限である（§3.5）．よって，$\mathrm{length}\, M/M_{n+1} = \sum_{i=0}^{n} \mathrm{length}\, M_i/M_{i+1}$ も有限である．命題7.2 によって $\mathrm{length}\, M/M_{n+1}$ は十分大きい n に対しては n の多項式で表される．

命題7.4 Noether 局所環 $(A, \mathfrak{m})$ の $\mathfrak{m}$ 準素イデアル $\mathfrak{q}$ と，有限生成 A 加群 M の安定な $\mathfrak{q}$ フィルター $\{M_n\}$ に対して，x の多項式 $p(x)$ が存在して，

$$p(n) = \mathrm{length}\, M/M_{n+1} \quad (n \gg 0)$$

となる．ここで，$p(x)$ の次数は $\mathfrak{q}$ の生成元の個数を超えない．また，異なるフィルターに対しても安定である限り，$p(x)$ の次数と最高次の係数は不変で

§7.1 Hilbert 関数 ——— 123

M と $\mathfrak{q}$ のみによる.

[証明] $\mathfrak{q}$ の生成元を $\{x_1, x_2, \cdots, x_r\}$ とすると, $\{\bar{x}_1, \bar{x}_2, \cdots, \bar{x}_r\} \subset \mathfrak{q}/\mathfrak{q}^2$ が $\mathrm{gr}_{\mathfrak{q}} A = \bigoplus_{n=0}^{\infty} \mathfrak{q}^n/\mathfrak{q}^{n+1}$ を生成している. よって命題 7.2 より, length M_n/M_{n+1} $(n \gg 0)$ の Hilbert 関数 $q(n)$ は, 次数 $r-1$ を超えない多項式となる. ところが定義によって, $p(n) - p(n-1) = q(n)$ ゆえ, p の次数は r を超えない.

次に, $\{M'_n\}$ を別の安定な $\mathfrak{q}$ フィルターとすると補題 6.1 より
$$M_{n+n_0} \subset M'_n \text{ かつ } M'_{n+n_0} \subset M_n \quad (n \geqq 0)$$
となる n_0 がある. したがって, 十分大きな n に対して, $p(n+n_0) \geqq p'(n)$, $p'(n+n_0) \geqq p(n)$ ($p'(n)$ はフィルター $\{M'_n\}$ に対するもの). これは p, p' の最高次の項が一致していることを示している. ∎

とくに $\{\mathfrak{q}^n M\}$ は安定フィルターだから
$$\chi_{\mathfrak{q}}^M(n) = \text{length } M/\mathfrak{q}^{n+1} M \quad (n \gg 0)$$
となる多項式 $\chi_{\mathfrak{q}}^M(x) \in \mathbb{Q}[x]$ が定まる. この多項式を, $\mathfrak{q}, M$ に関する **Hilbert–Samuel 多項式**とよぶことがある. また, この多項式の次数を, 以下 $d(M)$ と記し, **Hilbert–Samuel 次元**といおう (M の "次元" に当たる). さらに次数については $\mathfrak{q}$ のとり方によらず, $\deg \chi_{\mathfrak{q}}^M = \deg \chi_{\mathfrak{m}}^M$ となることに注意しておく. 実際, $\mathfrak{q}$ は $\mathfrak{m}$ 準素ゆえ, $\mathfrak{m} \supset \mathfrak{q} \supset \mathfrak{m}^r$ となる r があり, したがって, $\mathfrak{m}^n \supset \mathfrak{q}^n \supset \mathfrak{m}^{nr}$. すなわち,
$$\chi_{\mathfrak{m}}(n) \leqq \chi_{\mathfrak{q}}(n) \leqq \chi_{\mathfrak{m}}(nr) \quad (n \gg 0).$$
これは $\chi_{\mathfrak{m}}$ と $\chi_{\mathfrak{q}}$ の次数が一致していることを示している.

例 7.5 $A = k[X_1, X_2, \cdots, X_d]_{\mathfrak{m}}$ ($\mathfrak{m} = (X_1, X_2, \cdots, X_d)$) による多項式環の局所化) とすると,

$$\text{length } A/\mathfrak{m}^{n+1} = \text{length } k[X_1, X_2, \cdots, X_d]/\mathfrak{m}^{n+1}$$
$$= (n \text{ 次以下の多項式のなすベクトル空間としての次元})$$
$$= \sum_{i=0}^{n} \binom{d+i-1}{d-1} = \binom{n+d}{d}.$$

とくに, $\chi_{\mathfrak{m}}^A(x) = \binom{x+d}{d}$. □

§7.2 次元定理

この節では，Noether 局所環の次元についての基本定理を証明する.

$(A, \mathfrak{m})$ を Noether 局所環とするとき，われわれはすでに 2 つの"次元"概念を得ている．Krull 次元 $\dim A$ と，§7.1 で得た Hilbert–Samuel 次元 $d(A)$，すなわち，$\mathfrak{m}$ 準素イデアル $\mathfrak{q}$ に関する Hilbert–Samuel 多項式 $\chi_\mathfrak{q}^A(n) = $ length $A/\mathfrak{q}^{n+1}$ $(n \gg 0)$ の次数($\mathfrak{q}$ のとり方によらぬ)である．さらに，有限生成 A 加群 M に対しても，Hilbert–Samuel 多項式 $\chi_\mathfrak{q}^M(n)$ の次数 $d(M)$ を M の Hilbert–Samuel 次元とよぶ.

さらに，$\mathfrak{q}$ の生成元の個数を r とすると，命題 7.4 により，$d(A) \leq r$ である．したがって，$\mathfrak{m}$ 準素イデアルの生成元の個数のうち最小のものを $\delta(A)$ と記すと，不等式 $d(A) \leq \delta(A)$ を得る．この数 $\delta(A)$ は，解析学での座標系の数に当たるものであるから，ここでは仮に A の**座標次元**とよんでおく．
$$\delta(A) = \operatorname{Min}\{r \mid \sqrt{(x_1, x_2, \cdots, x_r)} = \mathfrak{m}\}$$
と書けることに注意しておく.

また，後ほどさらに詳しい議論を行うが，素イデアル $\mathfrak{p}$ に対して $\mathfrak{p}$ を含む素イデアルの最長の減少列の長さを $\mathfrak{p}$ の**高さ**といい，height $\mathfrak{p}$ と書く．すなわち，真の減少列 $\mathfrak{p} = \mathfrak{p}_0 \supsetneq \mathfrak{p}_1 \supsetneq \cdots \supsetneq \mathfrak{p}_n$ が最長のとき，height $\mathfrak{p} = n$ である.

定理 7.6（次元定理）Noether 局所環においては，3 つの次元はすべて等しい．すなわち，
$$\dim A = d(A) = \delta(A). \qquad \square$$

すでに命題 7.4 によって，$d(A) \leq \delta(A)$ は分かっている．残りを，2 つのステップに分けて，$\dim A \leq d(A)$ と $\delta(A) \leq \dim A$ を示そう.

[ステップ 1] $\dim A \leq d(A)$ の証明.

Artin–Rees の補題(定理 6.4)を次の補題の証明に用いる.

補題 7.7 $x \in A$ を有限生成 A 加群 M に関する非零因子 $(xa = 0\ (a \in M) \Longrightarrow a = 0)$ とすると，Hilbert–Samuel 次元について
$$d(M/xM) \leq d(M) - 1.$$

[証明] x は零因子ではないから $x: M \to N = xM\ (\subset M,\ a \mapsto xa)$ は A 同

型である. $L = M/xM$ とすると, $\mathfrak{m}$ 準素イデアル $\mathfrak{q}$ に対して, 完全列
$$0 \to N/(N \cap \mathfrak{q}^{n+1}M) \to M/\mathfrak{q}^{n+1}M \to L/\mathfrak{q}^{n+1}L \to 0$$
があるから, $p(n) = \text{length } N/(N \cap \mathfrak{q}^{n+1}M)$ とおくと
$$p(n) - \chi_\mathfrak{q}^M(n) + \chi_\mathfrak{q}^L(n) = 0 \quad (n \gg 0)$$
が成り立つ. Artin–Rees の補題(定理6.4)より, $\mathfrak{q}^n M \cap N$ は N の $\mathfrak{q}$ 安定なフィルターであるから, 同型 $N \simeq M$ から, 命題7.4より, $p(n)$ と $\chi_\mathfrak{q}^M(n)$ の最高次の項は等しいことが分かる. よって, $\chi_\mathfrak{q}^L(n)$ の次数は $\chi_\mathfrak{q}^M(n)$ の次数以下となり, $d(L) \leq d(M) - 1$ を得る. ∎

不等式 $\dim A \leq d(A)$ を $d(A)$ についての帰納法を用いて示す. $d(A) = 0$ のとき, length $A/\mathfrak{m}^n$ が $n \gg 0$ で一定だから, ある n について $\mathfrak{m}^n = \mathfrak{m}^{n+1}$. よって, 中山の補題(定理2.29)からこの n について $\mathfrak{m}^n = 0$. すなわち A は Artin 環となり $\dim A = 0$ (定理3.33).

$d(A) > 0$ のとき, A の素イデアルの増加列 $\mathfrak{p}_0 \subsetneq \mathfrak{p}_1 \subsetneq \cdots \subsetneq \mathfrak{p}_r$ があれば, $r \leq d(A)$ となることを示せばよい($\dim A$ はそのような最長列に対する r であった). 整域 $A' = A/\mathfrak{p}_0$ に対し, $0 \neq x \in \mathfrak{p}_1/\mathfrak{p}_0$ を 1 つ選ぶ. $x \in A'$ は零因子ではないから, 上の補題7.7を適用すると
$$d(A'/xA') \leq d(A') - 1$$
を得る. A' の極大イデアルを $\mathfrak{m}' = \mathfrak{m}/\mathfrak{p}_0$ とすると, $A/\mathfrak{m}^{n+1} \twoheadrightarrow A'/\mathfrak{m}'^{n+1}$ は全射であるから, $\text{length}(A/\mathfrak{m}^{n+1}) \geq \text{length}(A'/\mathfrak{m}'^{n+1})$ となり, Hilbert–Samuel 次元については $d(A) \geq d(A')$ となっている. よって,
$$d(A'/xA') \leq d(A') - 1 \leq d(A) - 1$$
が得られる. したがって, 帰納法の仮定を A'/xA' に適用することができて, A'/xA' の素イデアルの列の長さを r' とすると $r' \leq d(A'/xA')$. ところが, A'/xA' においては $\mathfrak{p}_1/x\mathfrak{p}_1 \subsetneq \mathfrak{p}_2/x\mathfrak{p}_2 \subsetneq \cdots \subsetneq \mathfrak{p}_r/x\mathfrak{p}_r$ は長さ $r-1$ の素イデアルの列であり, よって $r - 1 \leq d(A'/xA') \leq d(A) - 1$. すなわち, 主張の $r \leq d(A)$ が示された. (ステップ1 終)

[ステップ2] $\delta(A) \leq \dim A$ の証明.

次の補題を用いる.

補題 7.8 $I, \mathfrak{p}_1, \mathfrak{p}_2, \cdots, \mathfrak{p}_r$ を環 A のイデアルとし, $\mathfrak{p}_i$ のうち 2 個以外は素

イデアルと仮定する．このとき，$I \subset \bigcup_{i=1}^{r} \mathfrak{p}_i$ ならば，ある i_0 に対して $I \subset \mathfrak{p}_{i_0}$ が成り立つ．

[証明] まず，イデアル $\mathfrak{p}_i$ の間には互いに包含関係はないものと仮定してよい．r についての帰納法で示す．

$r=2$ のとき，$I \subset \mathfrak{p}_1 \cup \mathfrak{p}_2$ であって，$I \not\subset \mathfrak{p}_1, I \not\subset \mathfrak{p}_2$ とすると，$x_i \in I \setminus \mathfrak{p}_i$ ($i=1,2$) なる元がある．このとき，$x_1+x_2 \in I$ であるが，$x_1+x_2 \notin \mathfrak{p}_i$ ($i=1,2$)．なぜなら，$x_1+x_2 \in \mathfrak{p}_1$ とすると $x_2 \in I \setminus \mathfrak{p}_2 \subset \mathfrak{p}_1$ ゆえ，$x_1 \in \mathfrak{p}_1$ となり矛盾．$\mathfrak{p}_2$ についても同様である．これは，$I \subset \mathfrak{p}_1 \cup \mathfrak{p}_2$ に反する．

次に，$r-1$ まで成り立つとして，$I \subset \bigcup_{i=1}^{r} \mathfrak{p}_i$ かつ $I \not\subset \mathfrak{p}_i$ ($1 \leq i \leq r$) とする．このとき，$\mathfrak{p}_r$ は素イデアルとしてよい．このことから，まず $I\mathfrak{p}_1\mathfrak{p}_2\cdots\mathfrak{p}_{r-1} \not\subset \mathfrak{p}_r$ が導かれる．実際，$x_0 \in I \setminus \mathfrak{p}_r, x_j \in \mathfrak{p}_j \setminus \mathfrak{p}_r$ ($1 \leq j \leq r-1$) とすると $x_0 x_1 \cdots x_{r-1} \notin \mathfrak{p}_r$．そこで $x \in I\mathfrak{p}_1\mathfrak{p}_2\cdots\mathfrak{p}_{r-1} \setminus \mathfrak{p}_r$ を1つ選んでおく．

次に，$I \subset \bigcup_{j=1}^{r-1} \mathfrak{p}_j$ とすると，帰納法の仮定から主張が導かれるので，$y \in I \setminus \bigcup_{j=1}^{r-1} \mathfrak{p}_j$ なる元があるとする．このときに仮定から $y \in \mathfrak{p}_r$ であり，また，$x+y \in I \setminus \bigcup_{j=1}^{r-1} \mathfrak{p}_j \subset \mathfrak{p}_r$．実際，$x \in I \cap \bigcap_{j=1}^{r-1} \mathfrak{p}_j$ ゆえ，$x+y \in \mathfrak{p}_j$ ($1 \leq j \leq r-1$) とすると $y \in \mathfrak{p}_j$ となり，y の選び方に反する．よって $x+y \in \mathfrak{p}_r$．ところが，これは $x \in \mathfrak{p}_r$ を意味し，x の選び方に反する．

すなわち，この場合 $I \subset \mathfrak{p}_r$ となり，主張が示された．∎

環が体上の代数のときは，イデアルは部分ベクトル空間であり，上の補題は明らかであろう．

A の Krull 次元を $r=\dim A$ とするとき，r 個の元 $x_1, x_2, \cdots, x_r$ で生成される $\mathfrak{m}$ 準素イデアルが存在することをいえばよい($\delta(A) \leq r$)．このためには，イデアル $\mathfrak{q}=(x_1, x_2, \cdots, x_r)$ を含む素イデアル $\mathfrak{p}$ の高さが $\geq r$ (height $\mathfrak{p} \geq r$) となるようなものが作られればよい．実際，$r=\text{height}\,\mathfrak{m}=\dim A$ であるから，このとき $\mathfrak{p}=\mathfrak{m}$ となり，$\mathfrak{q}$ を含むイデアルは必ず極大イデアル $\mathfrak{m}$ となり，$\mathfrak{q}$ は $\mathfrak{m}$ 準素であることが分かる．

このような性質(($x_1, x_2, \cdots, x_i) \subset \mathfrak{p}$ となる素イデアルは height $\mathfrak{p} \geq i$ をみたす)をみたす系 $(x_1, x_2, \cdots, x_i)$ を i について帰納的に作ろう．$i \geq 1$ として，

§7.2 次元定理——127

$q_{i-1}=(x_1,x_2,\cdots,x_{i-1})$ まで作れたとする. q_{i-1} を含む height $p_j=i-1$ なる極小素イデアル p_j をとる($1\leqq j\leqq s$ でないかもしれないが). いま $i-1<r=$ height $\mathfrak{m}$ と仮定しているから, $p_j\neq \mathfrak{m}$. よって補題 7.8 より, $\mathfrak{m}\neq \bigcup_{j=1}^{s} p_j$. そこで, $x_i\in \mathfrak{m}\setminus(\bigcup_{j=1}^{s} p_j)$ に対して $q_i=(x_1,x_2,\cdots,x_i)$ とおく. この q_i が求めるものであることを示そう.

実際, $q_i\subset p$ を素イデアルとすると, p は q_{i-1} のある極小イデアル p' に対して, $p'\subset p$ となる. ある $1\leqq j\leqq s$ に対して $p'=p_j$ ならば, $x_i\notin p'=p_j$ だから $p'\subsetneq p$ となって, height $p>$ height $p_j=i-1$, すなわち height $p\geqq i$ をみたす. また, $p'\neq p_j$ $(1\leqq j\leqq s)$ ならば height $p'\geqq i$ となり, やはり height $p\geqq$ height $p'\geqq i$ がいえる. よって, 主張が示された. (ステップ 2 終)

例 7.9 §7.1 例 7.5 において, $A=k[X_1,X_2,\cdots,X_d]_\mathfrak{m}$ の Hilbert–Samuel 次元は d であった. よって $d=\dim A$ (Krull 次元). 実は多項式環のすべての極大イデアル $\mathfrak{m}$ についても同じことがいえ,
$$\dim k[X_1,X_2,\cdots,X_d]=d$$
が成り立つ(後述). □

われわれは, もっと一般に Noether 局所環 A 上の有限生成加群 M についても, その Hilbert–Samuel 次元 $d(M)$ を $\chi_q^M(n)$ の次数として定義している. 次元定理は, 加群の次元についてもまったく同じように成立する(同様の証明, または環の場合への帰着). 一般に A 加群 M に対して, 環 $A/\mathrm{Ann}\,M$ の Krull 次元を M の次元と定義する. すなわち, $\dim M=\dim A/\mathrm{Ann}\,M$ は幾何学的には M の台 $\mathrm{Supp}\,M$ の次元である. また, 座標次元 $\delta(M)$ は, $(x_1,x_2,\cdots,x_r)\subset \mathfrak{m}$ で length$(M/(x_1M+x_2M+\cdots+x_rM))<\infty$ となる最小の r によって定義する. これらが $M=A$ の場合の拡張になっていることは明らかであろう. この定義のもとに, Noether 局所環 A 上の有限生成加群 M について, 次元定理
$$\dim M=d(M)=\delta(M)$$
が成立する.

§7.3 次元定理の帰結

次元定理,およびその証明から多くの重要な結果が得られる.そのいくつかを列挙しよう.

まず,次元定理(定理7.6)の証明のステップ1から次が分かる.

系7.10 Noether 環 A の素イデアルの高さは有限である.とくに Noether 局所環の次元は有限である.

[証明] $\mathfrak{p} \in \mathrm{Spec}\, A$ に対して局所化 $A_\mathfrak{p}$ を考えると,$\mathrm{height}\, \mathfrak{p} = \dim A_\mathfrak{p} \leq d(A_\mathfrak{p}) < \infty$. ∎

Noether 環であっても,次元は必ずしも有限ではないことに注意しておこう(永田の反例あり).

次の定理は,幾何学的イメージの上からも大切であるが,また可換環論の歴史上からも有名である.とくに後半部分は "Krull の単項イデアル定理" とよばれている.

定理7.11(Krull の高度定理)
(i) Noether 環 A のイデアル $(x_1, x_2, \cdots, x_r)$ を含む極小素イデアル $\mathfrak{p}$ の高さについて $\mathrm{height}\, \mathfrak{p} \leq r$ が成り立つ.
(ii) (Krull の単項イデアル定理) x を零因子でも単元でもない元とすると,単項イデアル (x) を含む極小素イデアルの高さは 1 である.
(iii) Noether 局所環 A の非零因子 $x \in \mathfrak{m}$ に対し,$\dim A/(x) = \dim A - 1$ が成り立つ.

[証明] (i) 局所化 $A_\mathfrak{p}$ のなかで $(x_1, x_2, \cdots, x_r)$ は $\mathfrak{p}A_\mathfrak{p}$ 準素であるから,$\mathrm{height}\, \mathfrak{p} = \dim A_\mathfrak{p} \leq r$ (命題7.4).

(ii) (i) によって,$\mathrm{height}\, \mathfrak{p} \leq 1$ であるが,$\mathrm{height}\, \mathfrak{p} = 0$ ならば $\mathfrak{p}$ は A の極小イデアルとなる.ところが,系3.14 によって $\bigcup_{\mathfrak{p}:極小} \mathfrak{p} = \{零因子\}$ だから,$\mathfrak{p}$ の元 x は零因子となる.よって $\mathrm{height}\, \mathfrak{p} = 1$.

(iii) 次元定理(定理7.6)と補題7.7 により,$d = \dim A/(x) \leq \dim A - 1$. いま $x_1, x_2, \cdots, x_d \in \mathfrak{m}$ を $A/(x)$ における像が $\mathfrak{m}/(x)$ 準素を生成するものをと

る(次元定理).このときに,$(x, x_1, x_2, \cdots, x_d)$ は m 準素となるから,$d+1 \geq \dim A$.よって $\dim A = d+1$. ∎

歴史的には,(ii)が直接証明され(難しい),それから(i)が導かれた.環 A が幾何学的な場合(たとえば,代数的閉体上の多項式環),$x_1, x_2, \cdots, x_r$ を含む極小イデアルとは,$x_1 = x_2 = \cdots = x_r = 0$ で定義される部分空間の既約成分の定義イデアルであり,height $\mathfrak{p}$ はその**余次元**(空間次元−部分空間の次元)である.

すなわち上の定理は,r 本の連立方程式の零点の余次元は r を超えないというごく自然な主張の環論的定式化である.

このように,幾何学的には当たり前に見えることが,環論的に正しく定式化していくと非常にデリケートな問題になることがしばしばあり,またそのことが環論の発展を促し,数論等への応用も可能にしてきた.

最後に,完備化が次元を変えないことに注意しておこう.(命題 6.19 によって,Noether 環の完備化はまた Noether 環である.)

系 7.12 $\widehat{A}$ を Noether 局所環 A の完備化 $\varprojlim_n A/\mathfrak{m}^n$ とすると,
$$\dim \widehat{A} = \dim A.$$

[証明] 命題 6.18 により $A/\mathfrak{m}^n \simeq \widehat{A}/\widehat{\mathfrak{m}}^n$ ($\widehat{\mathfrak{m}} = \mathfrak{m}\widehat{A} \colon \widehat{A}$ の極大イデアル)ゆえ,Hilbert–Samuel 多項式について $\chi_\mathfrak{m}^A(n) = \chi_{\widehat{\mathfrak{m}}}^{\widehat{A}}(n)$.ゆえに Hilbert–Samuel 次元について等式 $d(A) = d(\widehat{A})$ が成立し,他の次元についても次元定理から不変性がいえる. ∎

§7.4 パラメータ系(座標系)と正則局所環

Noether 局所環 $(A, \mathfrak{m})$ の次元を d とするとき,次元定理(定理 7.6)より $x_1, x_2, \cdots, x_d \in \mathfrak{m}$ で m 準素イデアルを生成する系が存在する($\sqrt{(x_1, x_2, \cdots, x_d)} = \mathfrak{m}$).このような系 $(x_1, x_2, \cdots, x_d)$ を A の**パラメータ系**(system of parameters)とよぶ(無数にとり方がある).

体 k 上の多項式環 $k[x_1, x_2, \cdots, x_d]$ の $\mathfrak{m} = (x_1, x_2, \cdots, x_d)$ における局所化 $A = k[x_1, x_2, \cdots, x_d]_\mathfrak{m}$ に関して,$(x_1, x_2, \cdots, x_d)$ はもちろんパラメータ系であるが,

$n_1, n_2, \cdots, n_d \geq 1$ に対して,$(x_1^{n_1}, x_2^{n_2}, \cdots, x_d^{n_d})$ 等もパラメータ系である.

さて,局所環とは元来,幾何学的なもの,多様体やスキーム上の点のまわりの"関数環"である.多様体における"特異性"は当然この局所環で特徴づけられており,とくにその否定である非特異点は,局所環においては正則性で判定される.まず,次元定理からの帰結として次のことに注意する.

系 7.13 Noether 局所環 $(A, \mathfrak{m})$ の剰余体を $k = A/\mathfrak{m}$ とおくと,
$$\dim A \leq \dim_k \mathfrak{m}/\mathfrak{m}^2.$$
ただし,$\dim A$ は A の Krull 次元,$\dim_k \mathfrak{m}/\mathfrak{m}^2$ は k ベクトル空間 $\mathfrak{m}/\mathfrak{m}^2$ の k 上の次元である.

[証明] $x_1, x_2, \cdots, x_r \in \mathfrak{m}$ を $\bar{x}_i = x_i \bmod \mathfrak{m}^2$ が $\mathfrak{m}/\mathfrak{m}^2$ の k 基底になるようにとると,中山の補題(定理 2.29)から $(x_1, x_2, \cdots, x_r)$ はイデアル $\mathfrak{m}$ を生成する.よって次元定理から $\dim_k \mathfrak{m}/\mathfrak{m}^2 = r \geq \dim A$. ∎

定義 7.14 Noether 局所環 $(A, \mathfrak{m})$ が $\dim A = \dim_k \mathfrak{m}/\mathfrak{m}^2$ をみたすとき,**正則局所環**(regular local ring)という. □

次の定理が基本的である.

定理 7.15 次元 d の Noether 局所環 $(A, \mathfrak{m})$,$k = A/\mathfrak{m}$ について,次は同値である.
(i) A は正則局所環.
(ii) $\mathfrak{m}$ は d 個の元で生成される.
(iii) $\mathrm{gr}_\mathfrak{m} A \simeq k[X_1, X_2, \cdots, X_d]$. ただし,右辺は d 不定元の多項式代数で同型は k 上の次数環としてのものとする.

[証明] (i) $\Longrightarrow$ (ii) 中山の補題から明らか(系 7.13 の証明を見よ).

(iii) $\Longrightarrow$ (i) $\mathrm{gr}_\mathfrak{m} A$ の 1 次の斉次部分について比較すると,
$$\mathfrak{m}/\mathfrak{m}^2 \simeq \bigoplus_{i=1}^{d} k X_i$$
となり,$\dim_k \mathfrak{m}/\mathfrak{m}^2 = d$.

(ii) $\Longrightarrow$ (iii) $\mathfrak{m}$ の生成元 $x_1, x_2, \cdots, x_d$ をとり,次数環の準同型
$$\phi: k[X_1, X_2, \cdots, X_d] \to \mathrm{gr}_\mathfrak{m} A$$
を $\phi(X_i) = \bar{x}_i \ (= x_i \bmod \mathfrak{m}^2) \ (1 \leq i \leq d)$ によって定義する.ϕ が全射なこと

は明らかであるから，単射を示す．$\mathrm{Ker}\,\phi \neq 0$ とすると，$f(X) \neq 0$ なる斉次元が $\mathrm{Ker}\,\phi$ 中にある．$\deg f = s$ とすると $k[X]f(X) \subset \mathrm{Ker}\,\phi$ ゆえ，$\mathrm{gr}_\mathfrak{m} A$ の斉次部分について，$n > s$ のとき

$$\mathrm{length}(\mathfrak{m}^n/\mathfrak{m}^{n+1}) \leqq \binom{n+d-1}{d-1} - \binom{n-s+d-1}{d-1}$$

となる ($k[X]f(X)$ の n 次斉次部分 $\simeq k[X]$ の $n-s$ 次斉次部分)．右辺は n について $d-2$ 次式であるから，$\mathrm{length}(\mathfrak{m}^n/\mathfrak{m}^{n+1})$ は n について $d-2$ 次以下となり，$\chi_\mathfrak{m}^A(n) = \mathrm{length}\, A/\mathfrak{m}^{n+1}$ は $d-1$ 次以下となる．ところが次元定理(定理7.6)より，$\chi_\mathfrak{m}^A(n)$ は d 次式のはずであったから矛盾． ∎

定理7.15から，正則性は完備化によって不変であることが導かれる．

系7.16 Noether 局所環 A について，A が正則であることと，その完備化 $\widehat{A}$ が正則であることは同値である．

[証明] 系7.12により $\dim A = \dim \widehat{A}$ であった．また命題6.18により $\mathfrak{m}^n/\mathfrak{m}^{n+1} \simeq \widehat{\mathfrak{m}}^n/\widehat{\mathfrak{m}}^{n+1}$ ($\widehat{\mathfrak{m}} = \mathfrak{m}\widehat{A}$: $\widehat{A}$ の極大イデアル)ゆえ，$\mathrm{gr}_\mathfrak{m} A \simeq \mathrm{gr}_{\widehat{\mathfrak{m}}} \widehat{A}$. よって，定理7.15(iii)の判定より分かる． ∎

系7.17 正則局所環は整域である．

[証明] $\mathrm{gr}_\mathfrak{m} A$ が整域であることから導かれる．Krull の交叉定理(定理6.6)によって $\bigcap_n \mathfrak{m}^n = 0$ だから，$A \ni x, y \neq 0$ とすると，$x \in \mathfrak{m}^n \setminus \mathfrak{m}^{n+1}$, $y \in \mathfrak{m}^m \setminus \mathfrak{m}^{m+1}$ となる n, m がある．よって，$\mathrm{gr}_\mathfrak{m} A$ のなかで $\bar{x} \neq 0$, $\bar{y} \neq 0$ となり，$\bar{x}\bar{y} = \overline{xy} \neq 0$. すなわち $xy \neq 0$. ∎

実は，正則局所環はさらに素元分解整域であることが知られている(Auslander–Buchsbaum の定理；松村 [5], p. 197 参照)．

例7.18 DVR は 1 次元の正則局所環であり，逆に，1 次元正則局所環は DVR である(系7.17と§5.1の命題5.4(iii) $\mathfrak{m}$ は単項より)．DVR は正規であり，また正則ならば正規である．しかし，2 次元以上では逆は成立しない． □

例7.19 多項式整域 $k[X_1, X_2, \cdots, X_d]$ の $\mathfrak{m} = (X_1, X_2, \cdots, X_d)$ による局所化は d 次元の正則局所環である．$\mathfrak{m} = (X_1-a_1, X_2-a_2, \cdots, X_d-a_d)$ ($a_i \in k$) による局所化も同型である． □

例 7.20 $k[t^2, t^3] = k[X, Y]/(Y^2 - X^3)$ の $\mathfrak{m} = (t^2, t^3) = (X, Y)$ における局所化は，1 次元の正則ではない局所環である．$\mathfrak{m}^2 = (t^4, t^5, t^6)$ ゆえ，$\mathfrak{m}/\mathfrak{m}^2 \simeq kt^2 + kt^3$ で k 上 2 次元．$A = k[t^2, t^3]_\mathfrak{m}$ の場合，$\mathfrak{m}^n = (t^{2n+i})_{0 \leq i \leq n} = (t$ について $\deg \geq 2n$ $(n \geq 1))$．ゆえに，$\text{length}(A/\mathfrak{m}^{n+1})$ は $2n+1$ 次以下の多項式の次元，すなわち，$2n+1$ となり，$\chi(n) = 2n+1$ である．$d = 1$．一方，$\mathfrak{q} = (t^2)$ について $(t^3)^2 \in \mathfrak{q}$ ゆえ，$\mathfrak{q}$ は $\mathfrak{m}$ 準素となり，座標次元は $\delta = 1$． □

例 7.21 $k[X, Y]/(XY)$ の $\mathfrak{m}(X, Y)$ における局所化は整域ではない．非正則な 1 次元局所環である． □

例 7.22 体 k 上の d 変数形式的ベキ級数環 $\widehat{A} = k[[x_1, x_2, \cdots, x_d]]$ は d 次元正則局所環である（$A = k[X_1, X_2, \cdots, X_d]_{\mathfrak{m}_0}$ の完備化）．逆に，完備正則局所環 $(B, \mathfrak{m})$ が体 k を含み，$k \xrightarrow{\sim} B/\mathfrak{m}$ ならば，B は k 上の形式的ベキ級数環 $k[[X_1, X_2, \cdots, X_d]]$ に同型であることが分かる．実際，$\mathfrak{m} = (x_1, x_2, \cdots, x_d)$ に対し，$\phi_n : k[X_1, X_2, \cdots, X_d] \to B/\mathfrak{m}^n$ を $\phi(F(X_1, X_2, \cdots, X_d)) = F(x_1, x_2, \cdots, x_d) \bmod \mathfrak{m}^n$ と定義すると B は正則であるから，定理 7.15(iii) より同型

$$\overline{\varphi}_n : (n \text{ 次以下の多項式}) \xrightarrow{\sim} B/\mathfrak{m}^n$$

を引き起こす．よって，射影極限について同型

$$\varprojlim_n \overline{\phi}_n : k[[X_1, X_2, \cdots, X_d]] \xrightarrow{\sim} \varprojlim_n B/\mathfrak{m}^n = \widehat{B}$$

を引き起こす． □

このように，体 k 上の同じ次元の完備正則局所環はすべて同型になってしまう．

"本当の"解析的局所環との比較をしてみよう．複素数体 $\mathbb{C}$ 上の形式的ベキ級数環 $\mathbb{C}[[x_1, x_2, \cdots, x_d]] = \widehat{\mathcal{O}}$ は，$\mathbb{C}^d$ の原点の近傍の古典位相に関して収束する収束ベキ級数を含んでおり，これら全体のなす $\mathcal{O} \subset \widehat{\mathcal{O}}$ は $\widehat{\mathcal{O}}$ の部分局所環($\widehat{\mathfrak{m}} = (x_1, x_2, \cdots, x_d)$，$\mathfrak{m} = \mathcal{O} \cap \widehat{\mathfrak{m}} = \{f \in \mathcal{O} \mid f(0) = 0\}$)である．$\mathcal{O}$ を $\mathfrak{m}$ に関して完備化すると，代数的な場合と同じく，形式的ベキ級数環 $\widehat{\mathcal{O}}$ になるから，系 7.16 により，解析的な収束ベキ級数環 $\mathcal{O}$ も正則である．座標系 $(x_1, x_2, \cdots, x_d)$ がまさにパラメータ系である．

先に述べた体上の完備正則な局所環がすべて同型になるということに対応

して，一般の解析的局所環(上のような収束ベキ級数環の準同型像)が正則ならば，やはり上のような収束ベキ級数環になる(座標系を取り替えること)ということが知られている．

動機 局所環 $(A, \mathfrak{m})$ に対して，正則性の判定に用いた k ベクトル空間 $\mathfrak{m}/\mathfrak{m}^2$ は多様体で考えると，余接空間(微分形式からきている)である．たとえば，体 k 上で $A = k[X_1, X_2, \cdots, X_d]_\mathfrak{m}$ を考えると，$\mathfrak{m}/\mathfrak{m}^2$ は(2次以下の項を無視した)1次式 $\overline{X_i}$ で張られている．多項式 $F(X)$ に対して，微分形式 $dF = \sum_{i=1}^{d} \frac{\partial F}{\partial X_i} dX_i$ が考えられ，$\mathfrak{m}$ における原点 $(X_1 = X_2 = \cdots = X_d = 0)$ における値

$$dF(0) = \sum_{i=1}^{n} \frac{\partial F}{\partial X_i}(0) dX_i \equiv \sum_{i=1}^{n} \frac{\partial F}{\partial X_i}(0) \overline{X_i}$$

と考えるのである．したがって，接空間 $\sum_{i=1}^{n} k \frac{\partial}{\partial X_i}$ は $\mathfrak{m}/\mathfrak{m}^2$ の双対空間(同次元)と考えられる．

局所環の正則性は，このような幾何学的な場合の非特異性，ちょうど Krull 次元と同じ(ベクトル空間としての)次元の接空間が存在する，という性質を精密に環論化したものである．

非特異性は，一方，"滑らかさ" という方向の概念へも一般化され，このほうが古典解析幾何学的である(Jacobian 判定法)．

§7.5 代数多様体の次元

第4章で紹介したように，体 k 上有限生成な環 $k[x_1, x_2, \cdots, x_d]$ が古典代数幾何学的な環(アフィン環)であった(さらに，k を代数的閉体と仮定することも多い)．この節では，k 上有限生成な整域(既約な多様体に対応する)に対して次元の古典的な概念との関連を述べてみよう．

A を体 k 上有限生成な整域とし，$F(A)$ を A の商体とする．$F(A)$ は体として k 上有限生成であるから，k 上の超越次数 $\operatorname{trans.deg}_k F(A) < \infty$ が定義される．A. Weil の代数幾何学では，(関数体 $F(A)$ の)この次数を(A に対応する多様体の)次元とよんだ．これが，今まで論じてきた環論的な次元と一

致することを見よう.

定理 7.23 A を体 k 上の有限生成整域とする. A のすべての極大イデアル $\mathfrak{m} \in \operatorname{Specm} A$ に対して,
$$\operatorname{trans.deg}_k F(A) = \dim A = \dim A_{\mathfrak{m}}.\qquad\square$$

環の Krull 次元 $\dim A$ は, A が含む素イデアルの最長列の長さであるから, 一般には
$$\dim A = \operatorname{Max}\{\dim A_{\mathfrak{m}} \mid \mathfrak{m} \in \operatorname{Specm} A\}$$
である. ただし, $\operatorname{Specm} A$ は A の極大イデアルすべての集合とする. 上は定理 7.23 の条件のもとでは $\dim A_{\mathfrak{m}}$ が一定であることも主張している. 証明には, 第 4 章で論じた Noether の正規化定理と, Hilbert の零点定理, 整拡大に関する上昇・下降定理等を用いる.

まず次に注意する.

補題 7.24 $A \subset B$ を整域の整拡大とし, A は商体 $F(A)$ の中で整閉(すなわち正規な整域)と仮定する. このとき, $\mathfrak{m} \in \operatorname{Specm} B$ に対して $\mathfrak{m} \cap A \in \operatorname{Specm} A$ であって,
$$\dim A_{\mathfrak{m} \cap A} = \dim B_{\mathfrak{m}}.$$

[証明] $\mathfrak{m} \cap A$ が極大であることは, 命題 4.13(i) から分かる. B の素イデアルについて $\mathfrak{p}_1 \subsetneq \mathfrak{p}_2$ であれば, 命題 4.13(ii) から, $A \cap \mathfrak{p}_1 \neq A \cap \mathfrak{p}_2$. したがって, $B_{\mathfrak{m}}$ における素イデアルの真の増加列は $A_{\mathfrak{m} \cap A}$ においても真の増加列となり, $\dim A_{\mathfrak{m} \cap A} \geqq \dim B_{\mathfrak{m}}$ が導かれる(ここで A の正規性は用いていない). 次に A が正規であるから, 下降定理(定理 4.30)が成立し, A における素イデアルの真の減少列は B のそれに持ち上がり, 逆の不等式 $\dim A_{\mathfrak{m} \cap A} \leqq \dim B_{\mathfrak{m}}$ が導かれる. ∎

次に, 多項式環について定理が正しいことを見ておく.

補題 7.25 A を体 k 上の d 不定元多項式代数とすると,
$$\dim A = \dim A_{\mathfrak{m}} = d \quad (\mathfrak{m} \in \operatorname{Specm} A).$$

[証明] $A = k[X_1, X_2, \cdots, X_d]$ (X_i は不定元)とする. $\overline{k}$ を k の代数的閉包とすると, $A \subset \overline{A} = \overline{k}[X_1, X_2, \cdots, X_d]$ は整拡大であり, また A は正規である (A は UFD, よって例 4.22 より正規を参照). したがって, 補題 7.24 から,

$\overline{A}$ の極大イデアル $\overline{\mathfrak{m}}$ に対して, $\dim A_\mathfrak{m} = \dim \overline{A}_{\overline{\mathfrak{m}}}$ $(\mathfrak{m} = A \cap \overline{\mathfrak{m}})$ がいえる. この場合, A の極大イデアル $\mathfrak{m}$ に対して, $\overline{\mathfrak{m}} \cap A = \mathfrak{m}$ となる $\overline{A}$ の極大イデアルがとれるから, $\dim \overline{A}_{\overline{\mathfrak{m}}} = d$ がいえればよい. ところが, 代数的閉体 $\overline{k}$ 上では弱 Hilbert の零点定理より, 極大イデアルは必ず $\overline{\mathfrak{m}} = (X_1 - a_1, X_2 - a_2, \cdots, X_d - a_d)$ $(a_i \in \overline{k})$ という形になり, すでに見たように $\dim \overline{A}_{\overline{\mathfrak{m}}} = d$ である(前節の例 7.19 を参照のこと). ∎

[定理 7.23 の証明] 定理の A に対して, $d = \text{trans.deg}_k F(A)$ とおくと, Noether の正規化定理(定理 4.9)によって, 部分環 $B = k[x_1, x_2, \cdots, x_d]$ で A は B 上有限(よって整)拡大, $x_1, x_2, \cdots, x_d$ は k 上代数的に独立なものがとれる. 補題 7.24, 7.25 によって, 任意の $\mathfrak{m} \in \text{Specm}\, A$ に対して $\dim A_\mathfrak{m} = \dim B_{\mathfrak{m} \cap B} = d$ となり, 定理がいえた. ∎

《要 約》

7.1 環または加群の次元. Krull 次元, Hilbert–Samuel 次元, 座標次元.
7.2 次数加群の Poincaré 級数と Hilbert 関数.
7.3 局所環上の有限生成加群の Hilbert–Samuel 多項式.
7.4 次元定理: Noether 局所環の 3 つの次元は一致する.
7.5 Krull の高度定理($\Longrightarrow$ PID 定理).
7.6 局所環のパラメータ系(座標系). 正則局所環.
7.7 代数多様体の次元と関数体の超越次数.

──────── 演習問題 ────────

7.1 代数的閉体 k 上の既約多項式 $F(X_1, X_2, \cdots, X_n) \in k[X_1, X_2, \cdots, X_n]$ が定義するアフィン多様体 $V(F)$ の点 p, $F(p) = 0$ における局所環を $\mathcal{O}_p$, F の X_i による導関数を $\partial F / \partial X_i$ とする. $\mathcal{O}_p$ が正則局所環であるためには, $\partial F / \partial X_i(p) \neq 0$ となる $1 \leq i \leq n$ が少なくとも 1 つあることが必要十分である.

7.2 平面曲線 $F(X, Y) = 0$ の特異点(その局所環が正則ではない点)は,

$F, \partial F/\partial X, \partial F/\partial Y$ の共通零点である. 基礎体 k の標数が 2 でなければ,超楕円曲線 $Y^2 = f(X)$ ($f(X) \in k[X]$) が特異点をもたないことと, $f(X)$ が重根をもたないことが必要十分である.

7.3 環 A は,すべての極大イデアル $\mathfrak{m} \in \mathrm{Spec}\, A$ における局所化 $A_\mathfrak{m}$ が Noether 環であって,任意の元 $x \neq 0$ に対して $x \in \mathfrak{m}$ となる極大イデアル $\mathfrak{m}$ が有限個しかないものとする.このとき,A は Noether 環である.(次の問のための補題)

7.4 (永田による無限次元 Noether 環の例) $A = k[X_1, X_2, \cdots]$ を無限個の不定元 X_n ($n \in \mathbb{N}$) をもつ体 k 上の多項式環とする.自然数 $m_1 < m_2 < \cdots$ を,$m_i - m_{i-1} < m_{i+1} - m_i$ ($\forall i > 1$) をみたすように選ぶ.$\mathfrak{p}_i = (X_{m_i+1}, \cdots, X_{m_{i+1}})$ とおくと, $\mathfrak{p}_i$ は素イデアルで,$S = A \backslash \bigcup_i \mathfrak{p}_i = \bigcap_i (A \backslash \mathfrak{p}_i)$ は積閉集合になる.このとき,$S^{-1}A$ は Noether 環で, height $S^{-1}\mathfrak{p}_i = m_{i+1} - m_i$. したがって, $\dim S^{-1}A = \infty$.

8
Cohen–Macaulay 環

前章で素イデアル $\mathfrak{p}$ の高さ height $\mathfrak{p}$ を定義したが，Noether 環 A の一般のイデアル I の高さ height I を，I を含む素イデアル $\mathfrak{p} \supset I$ の高さ height $\mathfrak{p}$ の最小値で定義する．すなわち，I の極小素因子の高さのうち最小な値である．幾何学的には，イデアル I に対応する部分スキーム(多様体)の各既約成分が極小素因子 $\mathfrak{p}$ に対応していて，その既約成分の(Spec A における)余次元の最小値が高さである．

しかし，たとえば高さと部分スキームの次元の和が必ずしも全空間の次元に等しいとは限らず(height $I + \dim A/I \leqq \dim A$)，十分精密な幾何学的理論(スキーム論)を展開しようとすると，第3章で見たように，イデアル I の準素分解を正しく捉えなければならず，そのためには，I の(A/I の)素因子 $\mathrm{Ass}_A(A/I)$ すべてについての情報が必要である．とくに，非孤立(埋め込まれた)素因子 $\mathfrak{p}' (\supsetneq \mathfrak{p} \in \mathrm{Ass}(A/I))$ があれば，height $\mathfrak{p}' >$ height $\mathfrak{p}$ となって，それは height I になんらの影響も及ぼさない．したがって，これらを排除するためのもっと強い条件：I のすべての素因子 $\mathfrak{p} \in \mathrm{Ass}(A/I)$ について，height $I =$ height $\mathfrak{p}$ が成り立つようなイデアルは，もちろん，非孤立素因子を含まず，十分取り扱いやすいものになるだろう．このようなイデアル I を**純**(unmixed)であるという．

r 個の元で生成されたイデアル $I = (a_1, a_2, \cdots, a_r)$ の高さは，Krull の高度定理(定理7.11)によって height $I \leqq r$ であるが，これがぴったり height $I =$

r のとき必ず純になる(このとき**純性定理が成立する**という)ような Noether 環のことを **Cohen–Macaulay 環**という.Cohen–Macaulay 環は非孤立素因子($I=0$ に対応)をもたず,さらに,余次元が超曲面で測れる (height $I=r$) ものはすべて非孤立素因子をもたないという具合のよい環であって,種々のよい性質をもっている.

Cohen–Macaulay 性は局所的性質であり,また Ext や Koszul 複体などホモロジー代数とも相性がよい.

この章では,局所環の深さ(depth)とよばれる概念に注目し,それが次元に等しいとき,上でいう Cohen–Macaulay 環(純性定理が成立すること)と同値であることを説明しよう.また,場合に応じて種々の概念を加群に拡張しながら行うほうが議論をスムーズにするのが分かるだろう.さらに,深さのホモロジー代数的考察を入門を兼ねて紹介する.

§8.1 M 正則列

A 加群 M に対して,A の元の列 $a_1, a_2, \cdots, a_r$ が M **正則**(M-regular)であるとは,$M / \sum_{i=1}^{r} a_i M \neq 0$ であって,$1 \leq i < r$ について各 a_i が,$M / \sum_{j<i} a_j M$ 上零因子ではないときをいう.$a \in A$ が A 加群 N 上零因子であるとは,$ax=0$ なる $0 \neq x \in N$ があることであった.M 正則列のことを縮めて単に M 列ともいう.M 正則列 $a_1, a_2, \cdots, a_r$ は,順序を換えると正則列でなくなる場合があるが,この章で主に扱う例は順序によらない場合である.

注意(反例) 体上の多項式環 $A = k[X, Y, Z]$ において,$a_1 = X(Y-1)$, $a_2 = Y$, $a_3 = Z(Y-1)$ とおくと,a_1, a_2, a_3 は A 正則列であるが,a_1, a_3, a_2 はそうではない.証明は演習問題 8.1.

以下,環はすべて Noether 環とする.まず次の技術的な補題を用意する.

補題 8.1 M を Noether 環 A 上の有限生成加群,$a \in A$ を M 上の非零因子で,$\bigcap_{n=1}^{\infty} a^n M = 0$ なるものとする.このとき,M の素因子 $\mathfrak{p} \in \operatorname{Ass} M$ に対して,$\mathfrak{q} \supset \mathfrak{p} + (a)$ なる $\mathfrak{q} \in \operatorname{Ass}(M/aM)$ が存在する.

[証明] $\mathfrak{p}=\mathrm{Ann}(x)$ となる $x\in M$ をとり,r を $x\in a^rM\setminus a^{r+1}M$ をみたす自然数とする.$x=a^ry$ と書くと,$y\notin aM$ であり,かつ $\mathrm{Ann}(y)=\mathrm{Ann}(x)$ をみたす(a は非零因子ゆえ).ところで $\overline{y}=y+aM\ne 0\,(\in M/aM)$ に対しては $(\mathfrak{p}+aA)\overline{y}=0$ ゆえ,系 3.14 によって $\mathfrak{p}+aA\subset \mathfrak{q}$ となる $\mathfrak{q}\in\mathrm{Ass}(M/aM)$ がある.∎

補題 8.1 の条件 $\bigcap_n a^nM=0$ は,$a\in J(A)$ (Jacobson 根基)のとき(Krull の交叉定理(定理 6.6))や,次数加群 M に対する正次数の斉次元 a についてみたされる.すなわち,次の定理の条件をみたす場合には補題 8.1 が適用できる.

定理 8.2 Noether 環 A 上の有限生成加群 M と,A の元 $a_1,a_2,\cdots,a_r$ について,次のいずれかの条件をみたすとする:

(ⅰ) $a_i\in J(A)$ $(1\le i\le r)$.

(ⅱ) M は次数環 A 上の次数加群で,a_i はすべて,正の次数の斉次元である.

このとき,$a_1,a_2,\cdots,a_r$ が M の正則列ならば,そのすべての置換もまた M 正則である.

[証明] 本質を見るために,まず 2 個の場合 a_1,a_2 を考えよう.これが正則列であるということは,a_1 が M の,a_2 が M/a_1M の非零因子であることである.このとき,a_2 が M の,a_1 が M/a_2M の非零因子であることを示さなければいけない.

後半の部分は無条件に成り立つ.すなわち,$a_1x=a_2y\,(x,y\in M)$ とすると,a_2 が M/a_1M の非零因子ゆえ $y=a_1z$ となる $z\in M$ がある.したがって,$a_1(x-a_2z)=0$ となり,a_1 が非零因子ゆえ $x=a_2z$,すなわち a_1 は M/a_2M の非零因子であることがいえる.

前半の証明には補題 8.1 が必要である.a_2 が M の零因子であるとすると,$a_2\in\mathfrak{p}\in\mathrm{Ass}\,M$ なる素因子がある(系 3.14).a_1 が M の非零因子であり,a_1 は条件(ⅰ),(ⅱ)のいずれかをみたすゆえ $\bigcap_n a_1^nM=0$.よって補題 8.1 から $\mathfrak{p}+(a_1)\subset\mathfrak{q}\in\mathrm{Ass}(M/a_1M)$ がある.これは $a_2\in\mathfrak{p}\subset\mathfrak{q}\in\mathrm{Ass}(M/a_1M)$,すなわち,$a_2$ は M/a_1M の素因子に含まれており,a_2 は M/a_1M の零因子になる.

これは仮定に反するから a_2 は M 上非零因子である．

2個以上の場合，$a_1, \cdots, a_i, a_{i+1}, \cdots, a_r$ が正則列ならば，$a_1, \cdots, a_{i+1}, a_i, \cdots, a_r$ もまた正則列であることをいえばよい．$M_0 = a_1 M + \cdots + a_{i-1} M$, $M_1 = M_0 + a_i M$, $M_2 = M_0 + a_{i+1} M$, $N = M/M_0$ とおく．このとき，a_i が $N = M/M_0$ の，a_{i+1} が $N/a_i N = M/M_1$ の非零因子であるとき，a_{i+1} が $N = M/M_0$ の，a_i が $N/a_{i+1} N = M/M_2$ の非零因子であることを示せばよい．これははじめに論じた2個の場合である． ∎

われわれは上の定理をもっぱら次の場合に適用する．

系 8.3 A を極大イデアル $\mathfrak{m}$ をもつ Noether 局所環とし，M を有限生成 A 加群とする．このとき，$a_1, a_2, \cdots, a_r \in \mathfrak{m}$ が M 正則列であることはその順序によらない．

[証明] A の Jacobson 根基は $\mathfrak{m}$ である． ∎

Noether 環 A 上の有限生成加群 M を考える．A のイデアル I の元の M 正則列のうち最長の長さを $\mathrm{depth}_I M$ と書いて，I における M の深さとよぶ．A が局所環で $I = \mathfrak{m}$ がその極大イデアルのとき，$\mathrm{depth}_\mathfrak{m} M = \mathrm{depth}\, M$ を単に M の深さという．$a \in I$ が M 正則であれば，明らかに
$$\mathrm{depth}_I M/aM = \mathrm{depth}_I M - 1$$
であるが，次元についても同様のことが成り立つ．

補題 8.4 $M \neq 0$ を Noether 局所環 $(A, \mathfrak{m})$ 上の有限生成加群，$a \in \mathfrak{m}$ を M 正則元（$\iff M$ 上非零因子）とするとき，加群の次元について次が成り立つ．
$$\dim M/aM = \dim M - 1.$$

[証明] a は M 正則ゆえ M のすべての素因子 $\mathfrak{p} \in \mathrm{Ass}\, M$ について $a \notin \mathfrak{p}$．したがって $\mathfrak{q} \in \mathrm{Ass}\, M/aM$ について $\mathfrak{p} \subsetneq \mathfrak{q}$ となり，$\dim M/aM \leqq \dim M - 1$ ($\dim M = \mathrm{Max}\{\dim A/\mathfrak{p} \mid \mathfrak{p} \in \mathrm{Ass}\, M\}$)．

一方，$\mathrm{Supp}(M/aM) = \mathrm{Supp}\, M \cap \{\mathfrak{p} \in \mathrm{Spec}\, A \mid a \in \mathfrak{p}\} = \{\mathfrak{p} \mid a \in \mathfrak{p}, \mathrm{Ann}\, M \subset \mathfrak{p}\}$ ゆえ，$\dim M/aM = \dim A/(\mathrm{Ann}\, M + (a))$ としてよい．$a \in \mathfrak{m}$ は A のパラメータ系の一部になりうるから，次元定理（定理7.6）により $\dim A/(\mathrm{Ann}\, M + (a)) \geqq \dim A/\mathrm{Ann}\, M - 1 = \dim M - 1$． ∎

これより，次元と深さについての次の比較を得る．

定理 8.5 Noether 局所環 $(A, \mathfrak{m})$ 上の有限生成加群 $M \neq 0$ について，
$$\operatorname{depth} M = \operatorname{depth}_{\mathfrak{m}} M \leqq \dim A/\mathfrak{p} \quad (\mathfrak{p} \in \operatorname{Ass} M)$$
が成り立つ．とくに，
$$\operatorname{depth} M \leqq \dim M.$$

［証明］ $\dim A/\mathfrak{p} \,(\mathfrak{p} \in \operatorname{Ass} M)$ に関する帰納法を用いる．$\dim A/\mathfrak{p} = 0$ のとき，$\mathfrak{p} = \mathfrak{m} \in \operatorname{Ass} M$ となり，これは $\mathfrak{m}$ が M 正則元を含まないことを意味する．よって，$\operatorname{depth} M = 0$．

次に $\operatorname{depth} M = 0$ なら主張は正しいから $\operatorname{depth} M > 0$ とし，M 正則元 $a \in \mathfrak{m}$ を 1 つとる．このとき補題 8.1 より，$\mathfrak{p} + (a) \subset \mathfrak{q}$ となる $\mathfrak{q} \in \operatorname{Ass}(M/aM)$ が存在する ($\mathfrak{p} \in \operatorname{Ass} M$)．ここに $a \notin \mathfrak{p}$ ゆえ $\mathfrak{p} \subsetneqq \mathfrak{q}$ となり，$\mathfrak{q}$ についての帰納法の仮定から $\operatorname{depth} M - 1 = \operatorname{depth}(M/aM) \leqq \dim A/\mathfrak{q} < \dim A/\mathfrak{p}$ が成立し，$\operatorname{depth} M \leqq \dim A/\mathfrak{p}$ を得る． ∎

§8.2 深さと Cohen–Macaulay 加群

定理 8.5 によって，Noether 局所環上の有限生成加群については，深さが次元を超えないことが分かった．そこで，次の定義を採用する．

定義 8.6 Noether 局所環 A 上の有限生成加群 M は，$M = 0$ か，または $\dim M = \operatorname{depth} M$ のとき **Cohen–Macaulay 加群**という．A が A 加群として Cohen–Macaulay 加群のとき **Cohen–Macaulay (局所) 環**という． □

まず，Cohen–Macaulay 加群について簡単な性質を述べておく．

命題 8.7 $M(\neq 0)$ を Noether 局所環 $(A, \mathfrak{m})$ 上の Cohen–Macaulay 加群とするとき次が成り立つ．

(ⅰ) $\operatorname{depth} M = \dim A/\mathfrak{p} \quad (\mathfrak{p} \in \operatorname{Ass} M)$．

(ⅱ) M は非孤立素因子をもたない．

(ⅲ) $a_1, a_2, \cdots, a_r$ を $\mathfrak{m}$ のなかの M 正則列とすると，$M/\sum_{i=1}^{r} a_i M$ もまた Cohen–Macaulay 加群となり，その次元は $\dim M - r$ に等しい．（逆

第8章 Cohen-Macaulay 環

に M が Cohen-Macaulay 加群と仮定せずとも，$M/\sum_{i=1}^{r} a_i M$ が Cohen-Macaulay 加群ならば M も Cohen-Macaulay 加群.)

(iv) 素イデアル $\mathfrak{p} \in \operatorname{Spec} A$ に対して，局所化 $M_\mathfrak{p}$ もまた Cohen-Macaulay $A_\mathfrak{p}$ 加群であり，

$$\operatorname{depth}_\mathfrak{p} M = \operatorname{depth}_{\mathfrak{p} A_\mathfrak{p}} M_\mathfrak{p}$$

が成り立つ．

[証明] (i) $\operatorname{depth} M = \dim M = \dim A/\operatorname{Ann} M \geq \dim A/\mathfrak{p} \geq \operatorname{depth} M$ ($\mathfrak{p} \supset \operatorname{Ann} M$) より，すべての等式が成立する．

(ii) もし非孤立素因子 $\mathfrak{q}$ があれば，$\mathfrak{q} \supsetneq \mathfrak{p}$ ($\mathfrak{p} \in \operatorname{Ass} M$) について $\dim A/\mathfrak{q} < \dim A/\mathfrak{p} = \operatorname{depth} M$ となり，(i)に矛盾する．

(iii) $a \in \mathfrak{m}$ を M 正則元とすると，補題 8.1 から $\dim M/aM = \dim M - 1$. 一方，深さについては，定義から $\operatorname{depth} M/aM = \operatorname{depth} M - 1$. これから $\dim M = \operatorname{depth} M$ ならば $\dim M/aM = \operatorname{depth} M/aM$ となり，M/aM も Cohen-Macaulay 加群である．r 個の場合，この繰り返しから分かる．

(iv) $M_\mathfrak{p} \neq 0$ ($\iff \mathfrak{p} \supset \operatorname{Ann} M$) とする．一般に $\operatorname{depth}_\mathfrak{p} M \leq \operatorname{depth}_{\mathfrak{p} A_\mathfrak{p}} M_\mathfrak{p}$ が成り立つ(確認せよ)から，$\dim M_\mathfrak{p} = \operatorname{depth}_\mathfrak{p} M$ を示せばよい(なぜならば，定理 8.5 より $\operatorname{depth}_{\mathfrak{p} A_\mathfrak{p}} M_\mathfrak{p} \leq \dim M_\mathfrak{p}$).

$r = \operatorname{depth}_\mathfrak{p} M$ についての帰納法を用いる．$r = 0$ のとき，$\mathfrak{p} \in \operatorname{Ass}_A M$ で (ii)により $\operatorname{Ass}_A M$ は非孤立素因子を含まないから，$\mathfrak{p} \supset \operatorname{Ann} M$ は極小，よって $\dim M_\mathfrak{p} = 0$. $r > 0$ のとき，M 正則元 $a \in \mathfrak{p}$ がとれるから $N = M/aM$ とおく．このとき，$\operatorname{depth}_\mathfrak{p} N = \operatorname{depth}_\mathfrak{p} M - 1$ となり，(iii)から N も Cohen-Macaulay 加群で $N_\mathfrak{p} \neq 0$ ゆえ，帰納法の仮定から $\dim N_\mathfrak{p} = \operatorname{depth}_\mathfrak{p} N$. また $a \in \mathfrak{p} A_\mathfrak{p}$ と考えて，a は $M_\mathfrak{p}$ 正則で $N_\mathfrak{p} = M_\mathfrak{p}/aM_\mathfrak{p}$ ゆえ，(iii)から $\dim N_\mathfrak{p} = \dim M_\mathfrak{p} - 1$. よって，$\dim M_\mathfrak{p} = \operatorname{depth}_\mathfrak{p} M$ が得られ，$M_\mathfrak{p}$ は Cohen-Macaulay 加群となる． ∎

次の定理は，Cohen-Macaulay 局所環においては，パラメータ系とイデアルの余次元および高さの間に良好な性質があることを示している．

定理 8.8 Cohen-Macaulay 局所環 $(A, \mathfrak{m})$ に対して次が成立する．

（i） イデアル $I \subset \mathfrak{m}$ に対して，
$$\operatorname{height} I + \dim A/I = \dim A.$$
（ii） 2つの素イデアル $\mathfrak{p} \subset \mathfrak{q}$ に対して，素イデアルの真の増加列 $\mathfrak{p} = \mathfrak{p}_0 \subsetneq \mathfrak{p}_1 \subsetneq \cdots \subsetneq \mathfrak{p}_l = \mathfrak{q}$ で，$\mathfrak{p}_i \subsetneq \mathfrak{p}'_i \subsetneq \mathfrak{p}_{i+1}$ となる素イデアル $\mathfrak{p}'_i$ はもはや存在しないものを飽和列という．飽和列の長さ l は一定である．（この性質をもつ環を**鎖状環**(catenarian)という．すなわち，Cohen–Macaulay 局所環は鎖状環である．）

（iii） $\mathfrak{m}$ の元 $a_1, a_2, \cdots, a_r$ について次は同値である．

(1) $a_1, a_2, \cdots, a_r$ は A 正則列である．

(2) $1 \leq i \leq r$ に対して，$\operatorname{height}(a_1, a_2, \cdots, a_i) = i$.

(3) $\operatorname{height}(a_1, a_2, \cdots, a_r) = r$.

(4) $n = \dim A$ とするとき，$n-r$ 個の元 $a_{r+1}, \cdots, a_n \in \mathfrak{m}$ を付け加えて，$\{a_1, a_2, \cdots, a_n\}$ がパラメータ系であるようにできる．

［証明］ （i） 定義によって，$\operatorname{height} I = \operatorname{Min}\{\operatorname{height} \mathfrak{p} \mid I \subset \mathfrak{p} \in \operatorname{Spec} A\}$, $\dim A/I = \operatorname{Max}\{\dim A/\mathfrak{p} \mid I \subset \mathfrak{p} \in \operatorname{Spec} A\}$ であるから，一般には $\operatorname{height} I + \dim A/I \leq \dim A$ が成り立つ．そこで，素イデアル $\mathfrak{p}$ について等式 $\operatorname{height} \mathfrak{p} + \dim A/\mathfrak{p} = \dim A$ が成立すれば，一般のイデアルについても等式が成立する．実際，$\operatorname{height} I = \operatorname{height} \mathfrak{p}$ となる $\mathfrak{p} \in \operatorname{Spec} A$ をとれば $\dim A/I \geq \dim A/\mathfrak{p} = \dim A - \operatorname{height} \mathfrak{p} = \dim A - \operatorname{height} I$ となるから．そこで，$\operatorname{height} \mathfrak{p} = r = \operatorname{height} I$ とする．命題 8.7(iv)により局所化 $A_\mathfrak{p}$ もまた Cohen–Macaulay 環で，$\operatorname{height} \mathfrak{p} = \operatorname{depth}_\mathfrak{p} A$. したがって，$A$ 正則列 $a_1, a_2, \cdots, a_r \in \mathfrak{p}$ がある．再び命題 8.7(iii)より，このとき，A/I, $I = (a_1, a_2, \cdots, a_r)$ は次元 $n-r$ ($n = \dim A$) の Cohen–Macaulay 環である．$\mathfrak{p}$ はイデアル I を含む極小な素イデアルであるから ($\operatorname{height} I = r = \operatorname{height} \mathfrak{p}$)，命題 8.7(i)によって，$\dim A/\mathfrak{p} = n-r = \dim A - \operatorname{height} \mathfrak{p}$ となり，主張が示された．

（ii） $\mathfrak{p} \subset \mathfrak{q}$ を素イデアルとし，局所化 $A_\mathfrak{q}$ も Cohen–Macaulay 環だから，(i)より $\operatorname{height} \mathfrak{q} = \dim A_\mathfrak{q} = \operatorname{height} \mathfrak{p} A_\mathfrak{q} + \dim A_\mathfrak{q}/\mathfrak{p} A_\mathfrak{q} = \operatorname{height} \mathfrak{p} + \operatorname{height} \mathfrak{q}/\mathfrak{p}$. この等式を繰り返し用いることにより，$\mathfrak{p} = \mathfrak{p}_0 \subsetneq \mathfrak{p}_1 \subsetneq \cdots \subsetneq \mathfrak{p}_l = \mathfrak{q}$ を1つの飽和列とすると，$l = \operatorname{height} \mathfrak{q}/\mathfrak{p}$（一定）となる．

(iii) (1) $\Longrightarrow$ (2) Krull の高度定理(定理 7.11)より，height$(a_1, a_2, \cdots, a_i) \leq i$. 一方，$a_i$ は $A/(a_1, a_2, \cdots, a_{i-1})$ 上正則であるから，$(a_1, a_2, \cdots, a_{i-1}) \subset \mathfrak{p}$ となる極小素イデアルに対しては $a_i \notin \mathfrak{p}$. よって，帰納的に height$(a_1, a_2, \cdots, a_i) \geq i$ を得る.

(2) $\Longrightarrow$ (3) は自明.

(3) $\Longrightarrow$ (4) $I_r = (a_1, a_2, \cdots, a_r)$ とおくと，(i)より $\dim A/I_r = n - r$ である. したがって，A/I_r に対する次元定理(定理 7.6)より分かる.

(4) $\Longrightarrow$ (1) 命題 8.7(i)より $\mathfrak{p} \in \mathrm{Ass}\, A$ に対して $\dim A/\mathfrak{p} = \dim A = n$. もし $a_1 \in \mathfrak{p}$ ならば，$a_2, \cdots, a_n$ の $A/\mathfrak{p}$ での像は，極大イデアルに属する準素イデアルを生成するから，$\dim A/\mathfrak{p} \leq n-1$ となり矛盾. よって，$a_1 \notin \mathfrak{p}$, すなわち，a_1 は A 正則な元であり，$A/(a_1)$ も次元 $n-1$ の Cohen–Macaulay 環になる(命題 8.7(iii)). したがって，n に関する帰納法を用いれば，主張が示される. ∎

§8.3 Cohen–Macaulay 環と純性定理

本章の冒頭で述べたように，大域的な Noether 環のイデアルの純性についての要請が Cohen–Macaulay 環という性質の動機であった. この節では，この方向を議論しよう.

Noether 環 A のイデアル I のすべての素因子の高さが等しいとき，すなわち，height $\mathfrak{p}$ = height I ($\mathfrak{p} \in \mathrm{Ass}_A A/I$) のとき I を**純である**といった. $I = (a_1, a_2, \cdots, a_r)$ の高さが r ならば，I が純となるとき，A において**純性定理が成立する**といった. この大域的な性質と局所的な Cohen–Macaulay 性が，次の定理によって結びつく.

定理 8.9(純性定理) Noether 環 A に対して次は同値である.

(ⅰ) A において純性定理が成立する.

(ⅱ) すべての素イデアル $\mathfrak{p} \in \mathrm{Spec}\, A$ に対して，その局所化 $A_\mathfrak{p}$ は Cohen–Macaulay 局所環である.

(ⅲ) すべての極大イデアル $\mathfrak{m} \in \mathrm{Specm}\, A$ に対して，その局所化 $A_\mathfrak{m}$ は

§8.3 Cohen–Macaulay 環と純性定理 —— 145

Cohen–Macaulay 局所環である.

[証明] (i)$\Longrightarrow$(ii) まず, 高さ r の素イデアル $\mathfrak{p}$ のなかに height$(a_1, a_2, \cdots, a_i) = i \, (1 \leq i \leq r)$ となる元の列 $a_1, a_2, \cdots, a_r$ がとれることに注意しよう.

実際, $\dim A_\mathfrak{p} = \operatorname{height} \mathfrak{p} = r$ であるから, 極大イデアル $\mathfrak{p}A_\mathfrak{p}$ のパラメータ系 $\{a_1, a_2, \cdots, a_r\}$ が存在する(次元定理(定理7.6)). ここで $a_1, a_2, \cdots, a_r \in \mathfrak{p}$ と仮定してよく, また $I = (a_1, a_2, \cdots, a_r)$ は $\mathfrak{p}A_\mathfrak{p}$ に属する準素イデアルであるから, $\mathfrak{p}$ は I の極小素因子となる. $J_i = (a_{i+1}, \cdots, a_r)$ とおき, J_i による剰余 $\overline{A} = A/J_i \supset \overline{\mathfrak{p}} = \mathfrak{p}/J_i$ を考える. このとき, $\overline{\mathfrak{p}}$ は $\overline{I} = I/J_i = (\overline{a_1}, \cdots, \overline{a_i})$ の極小素因子となり, $j = \operatorname{height} \overline{\mathfrak{p}} \leq i$ であって, $\overline{A}$ のあるイデアル $(\overline{b_1}, \overline{b_2}, \cdots, \overline{b_j})$ の極小素因子ともなる. よって, $\mathfrak{p}$ は $(b_1, b_2, \cdots, b_j, a_{i+1}, \cdots, a_r)$ $(j+(r-i)$ 個$)$ の極小素因子となり, Krull の高度定理(定理7.11)より $r = \operatorname{height} \mathfrak{p} \leq j + r - i$. ゆえに, $j = \operatorname{height} \overline{\mathfrak{p}} \geq i$. $I_i = (a_1, a_2, \cdots, a_i)$ に対して, $I_i \to \overline{I_i} = I/J_i \subset \overline{A}$ は全射であるから, $\operatorname{height} I_i \geq \operatorname{height} \overline{I_i} = \operatorname{height} \overline{\mathfrak{p}} \geq i$. Krull の高度定理より $\operatorname{height} I_i \leq i$ ゆえ, 結局 $\operatorname{height} I_i = i$ となり, 主張が示された.

さて, そのような $\mathfrak{p}$ の元の列 $a_1, a_2, \cdots, a_r$ をとると, 仮定によって $(a_1, a_2, \cdots, a_i)$ は純だから, $a_{i+1} \notin \mathfrak{q}$ $(\mathfrak{q} \in \operatorname{Ass}_A A/(a_1, a_2, \cdots, a_i))$. すなわち, $a_1, a_2, \cdots, a_r$ は $\mathfrak{p}$ のなかの A 正則列である. よって $r \leq \operatorname{depth} A_\mathfrak{p} \leq \dim A_\mathfrak{p} = \operatorname{height} \mathfrak{p} = r$ となり, $A_\mathfrak{p}$ は Cohen–Macaulay 局所環となる.

(ii)$\Longrightarrow$(iii) 自明.

(iii)$\Longrightarrow$(i) まず Cohen–Macaulay 局所環 B においては純性定理が成り立つことに注意する. 命題8.7(ii)より0イデアルは純である(非孤立素因子をもたない). 次に $(a_1, a_2, \cdots, a_r)$ の高さを r とすると, 定理8.8(iii)により, $a_1, a_2, \cdots, a_r$ は B 正則列である. したがって $B/(a_1, a_2, \cdots, a_r)$ も Cohen–Macaulay 環になり, 前の注意から $(a_1, a_2, \cdots, a_r)$ は純である.

このことと仮定により, すべての極大イデアル $\mathfrak{m}$ に対して $A_\mathfrak{m}$ では純性定理が成立している. A のイデアル $I = (a_1, a_2, \cdots, a_r)$, $\operatorname{height} I = r$ の素因子 $\mathfrak{p} \in \operatorname{Ass}_A A/I$ をとり, 極大イデアル $\mathfrak{m} \supset \mathfrak{p}$ において, 局所化して $A_\mathfrak{m}$ を考える. 定理8.8(iii)より, $(a_1, a_2, \cdots, a_r)$ は $A_\mathfrak{m}$ において正則列であるから, $A_\mathfrak{m}/IA_\mathfrak{m}$ は Cohen–Macaulay 環となり, 非孤立素因子はもたない. よって,

$\mathfrak{p}$ 自身も孤立素因子で，height $\mathfrak{p}$ = height $\mathfrak{p}A_\mathfrak{m}$ = r となり，I が純であることがいえた. ∎

この定理によって，純性定理が成り立つ Noether 環を Cohen–Macaulay 環とよぶことの整合性が保証される．上の定理によって，それはすべての局所化が Cohen–Macaulay 環であることと同値になる．

例 8.10（Cohen, 1946） 正則局所環 $(A, \mathfrak{m})$ は Cohen–Macaulay 環である．実際，$\{a_1, a_2, \cdots, a_n\}$ を正則パラメータ系 $(n = \dim A, \ \mathfrak{m} = (a_1, a_2, \cdots, a_n))$ とすると，$\mathfrak{p}_i = (a_1, a_2, \cdots, a_i)(1 \leqq i \leqq n)$ は素イデアルの真の増加列であり（定理7.15），これは $a_1, a_2, \cdots, a_n$ が A 正則列であることを意味している． □

次の定理はさらに多くの Cohen–Macaulay 環の例を与える．

定理 8.11 Cohen–Macaulay 環 A 上の多項式環 $A[X_1, X_2, \cdots, X_n]$ はまた Cohen–Macaulay 環である．

［証明］ 1 不定元 $n=1$ のとき証明すればよい．そのとき，$B = A[X]$ の極大イデアル $\mathfrak{M}$ に対して $B_\mathfrak{M}$ が Cohen–Macaulay 局所環であることを示せばよい．$\mathfrak{m} = \mathfrak{M} \cap A$（$A$ の素イデアル）とおくと，$B_\mathfrak{M}$ は $A_\mathfrak{m}[X]$ の局所化である．したがって，初めから A は局所環で，$\mathfrak{m} = \mathfrak{M} \cap A$ はその極大イデアルとしてよい．

$\mathfrak{M}/\mathfrak{m}B \subset B/\mathfrak{m}B \simeq A/\mathfrak{m}[X]$ は単項素イデアルであるから，モニックな既約多項式 $\bar{f}(X)$ によって生成される．$f(X) \in A[X]$, $\bar{f}[X] = f(X) \bmod \mathfrak{m}$ をとると，$\mathfrak{M} = \mathfrak{m}B + fB$. そこで，局所環 $(A, \mathfrak{m})$ のパラメータ系 $\{a_1, a_2, \cdots, a_n\}$ をとると，$\{a_1, a_2, \cdots, a_n, f\}$ は $(B, \mathfrak{M})$ のパラメータ系になる．B は A 上平坦であることから，A 正則列 $a_1, a_2, \cdots, a_n$ は B 正則列になり（完全列 $0 \to A/(a_1, a_2, \cdots, a_i) \xrightarrow{a_{i+1}} A/(a_1, a_2, \cdots, a_i) \to A/(a_1, a_2, \cdots, a_{i+1}) \to 0$ に $\otimes_A A[X]$ を施せ），f は $A/(a_1, a_2, \cdots, a_n)$ でモニックだからそこで正則．よって，$a_1, a_2, \cdots, a_n, f$ は B 正則列になり，

$$\mathrm{depth}\, B_\mathfrak{M} \geqq \mathrm{depth}_\mathfrak{M} B \geqq n+1 = \dim B_\mathfrak{M}$$

を得る．したがって，定理 8.5 によって $\mathrm{depth}\, B_\mathfrak{M} = \dim B_\mathfrak{M}$ となり，$B_\mathfrak{M}$ が Cohen–Macaulay 環になることが示された． ∎

例 8.12（Macaulay, 1916） 体 k は Cohen–Macaulay 環であるから，多項

式環 $k[X_1, X_2, \cdots, X_n]$ は Cohen-Macaulay 環である(もっと強く正則環). □

§8.4 ホモロジー代数へ向かって

環 A 上の加群 K が次数付き $K = \bigoplus_{i \in \mathbb{Z}} K^i$ で, 次数 1 の A 準同型 $d: K \to K$, $d(K^i) \subset K^{i+1}$, $d^2 = 0$ となるものを備えているとき, (K, d) を(A 加群の)**複体**(complex)という. d を**境界準同型**という. くだいて書くとき,

$$\cdots \xrightarrow{d} K^{i-1} \xrightarrow{d} K^i \xrightarrow{d} K^{i+1} \longrightarrow \cdots$$

のようになる. また, 環 $\widetilde{A} = A[d] \simeq A[X]/(X^2)$, $\widetilde{A}^0 = A$, $\widetilde{A}^1 = Ad$ を mod 2 の次数環と考えると, K が複体であることと, $\widetilde{A}$ 次数加群であることが同値である. K が次数付きであることを強調する意味で, 右上に黒丸を付けて複体を $K = K^\bullet$ と記すことも多い.

複体 $K^\bullet$ があると, $d^2 = 0$ ゆえ, $\operatorname{Im} d \subset \operatorname{Ker} d$ となり, **コホモロジー(加群)**(cohomology(module))

$$H^\bullet(K^\bullet) = \operatorname{Ker} d / \operatorname{Im} d = \bigoplus_{i \in \mathbb{Z}} H^i(K^\bullet)$$

$$(H^i(K^\bullet) := \operatorname{Ker}(d \mid K^i)/d(K^{i-1}) \quad (i \in \mathbb{Z}))$$

が定義される(次数付き).

定義から明らかなように, $H^i(K^\bullet) = 0$ ということと, 複体において, $K^{i-1} \xrightarrow{d} K^i \xrightarrow{d} K^{i+1}$ の部分が完全列であることが同値である.

$K^i = 0 \, (i \ll 0)$ (または $K^i = 0 \, (i \gg 0)$) のとき, $K^\bullet$ を**下に**(または, **上に**)**有界な複体**といい, 上下に有界な複体を単に**有界な複体**という. 有界な複体のコホモロジーはもちろん有界であるが, $K^\bullet$ が有界でなくともコホモロジーが有界になることもある. ここで論ずるものは, 有界なものが多い.

境界準同型の次数が -1, すなわち $K^\bullet$ の次数に対して, $d(K^i) \subset K^{i-1} \, (i \in \mathbb{Z})$ になるとき, $H_i = \operatorname{Ker}(d \mid K^i)/d(K^{i+1})$ を**ホモロジー(加群)**という. このときは次数の添字は下に付けて, $K_i = K^i$ と書くのが伝統である($d: K_i \to K_{i-1}$).

この用語法は, 元来, 位相幾何学の発生において, 幾何学的な輪体が生成

する群をホモロジー群，その双対である余輪体が生成するものをコホモロジー群とよんだことに由来する(Poincaré). しかし代数的にはまったく機械的な双対性であって，たとえばコホモロジーを与える複体 $K^\bullet = \bigoplus_i K^i$ に対して，複体 $K_\bullet = \bigoplus_i K_i$ を $K_i = K^{-i}$ $(i \in \mathbb{Z})$ と書くと，d の次数は -1 になって，$H_i(K_\bullet) = H^{-i}(K^\bullet)$ はホモロジーとよばれるべき加群になる.

ホモロジー代数では，その名に反してコホモロジーの方が頻出する．その理由は，関手的に構成される自然なものにはその方が多いからであろう．代数学の分野としては"コホモロジー代数"とよぶべきであろうか．しかしこの本での最初の例はホモロジーである．

例 8.13（Koszul 複体） A の元の集合 $\boldsymbol{x} = \{x_1, x_2, \cdots, x_n\}$ と A 加群 M に対して，次の有界複体 $K(\boldsymbol{x}, M)$ を考える．$0 \leq l \leq n$ に対して，$\binom{n}{l}$ 個の記号 $e_{i_1 \cdots i_l}$ $(1 \leq i_1 < \cdots < i_l \leq n)$ を基底とする自由 A 加群 $A_l = \bigoplus_{i_1 < \cdots < i_l} A e_{i_1 \cdots i_l}$ をつくり $(A_0 = Ae = A)$，$M_l = M \otimes_A A_l = \bigoplus_{i_1 < \cdots < i_l} M e_{i_1 \cdots i_l}$ $(0 \leq l \leq n)$，$M_l = 0$ $(l < 0, l > n)$ とおく．$(A_l$ は自由加群 $A^n = \bigoplus_{i=1}^n A e_i$ の l 次交代積 $\bigwedge^l A$ のことである．したがって，$M_l \simeq M \otimes_A \bigwedge^l A$.)

境界作用素 $d: M_l \to M_{l-1}$ を，$d e_{i_1 \cdots i_l} = \sum_{k=1}^{l}(-1)^k x_{i_k} e_{i_1 \cdots \widehat{i_k} \cdots i_l}$ $(\widehat{i_k}$ は i_k の部分を消す記号)によって定義すると，$d^2 = 0$ が容易に分かる．

このホモロジー複体 $K(\boldsymbol{x}, M) = M_\bullet = \bigoplus_{l=0}^n M_l = M \otimes_A \bigwedge A$ を **Koszul 複体** とよび，そのホモロジー加群を $H_l(\boldsymbol{x}, M) := H_l(K(\boldsymbol{x}, M))$ と書く．

最も簡単な $n=1$，$\boldsymbol{x} = \{x\}$ の場合，複体は $0 \to M \xrightarrow{x} M \to 0$ であって，ホモロジー群は $H_0(\boldsymbol{x}, M) = \mathrm{Coker}\, x = M/xM$，$H_1(\boldsymbol{x}, M) = \mathrm{Ker}\, x$ となる．したがって，$M \neq 0$ のとき $x \in A$ が M 正則（M 上非零因子）であることと，$H_1(\boldsymbol{x}, M) = 0$ ということが同値である．後で見るように，このことは一般の n に拡張される． □

ホモロジー代数の最大の利点は，完全列の取り扱いが機械的にできて，この形式的な計算によって，多くの結果が導出されることにある．この様子を垣間みるために，いくつかの基本を紹介しよう．

複体の射 $f: K^\bullet \to L^\bullet$ とは，各次数 $i \in \mathbb{Z}$ について，$f^{(i)}: K^i \to L^i$ が与え

られていて，境界作用素 d と可換なこと，すなわち $d_L f^{(i)} = f^{(i+1)} d_K$ (d_K, d_L は $K^\bullet, L^\bullet$ の d) となるものである．このとき，各 i においてコホモロジー加群の自然な準同型 $H^i(f): H^i(K^\bullet) \to H^i(L^\bullet)$ を引き起こす．

3 つの複体の間の射 $K^\bullet \xrightarrow{f} L^\bullet \xrightarrow{g} M^\bullet$ が完全列であるとは，各 $i \in \mathbb{Z}$ において $K^i \xrightarrow{f^{(i)}} L^i \xrightarrow{g^{(i)}} M^i$ が完全列であることである．次の定理は基本の第 1 歩である．

定理 8.14 3 つの複体の短完全列
$$0 \to K^\bullet \xrightarrow{f} L^\bullet \xrightarrow{g} M^\bullet \to 0$$
に対して，次数を 1 つ上げる準同型 $\partial: H^i(M^\bullet) \to H^{i+1}(K^\bullet)$ が各 $i \in \mathbb{Z}$ に対して定義されて，コホモロジーの長完全列

$$\cdots \longrightarrow H^{i-1}(M^\bullet)$$
$$\xrightarrow{\partial} H^i(K^\bullet) \xrightarrow{H^i(f)} H^i(L^\bullet) \xrightarrow{H^i(g)} H^i(M^\bullet)$$
$$\xrightarrow{\partial} H^{i+1}(K^\bullet) \longrightarrow \cdots$$

が成り立つ． □

証明は，次のさらに簡単な場合を繰り返し適用してなされる．

補題 8.15（蛇の補題） 可換図式

$$\begin{array}{ccccccc} K^0 & \longrightarrow & L^0 & \longrightarrow & M^0 & \longrightarrow & 0 \\ & & \downarrow{\scriptstyle d_K} & & \downarrow{\scriptstyle d_L} & & \downarrow{\scriptstyle d_M} \\ 0 & \longrightarrow & K^1 & \longrightarrow & L^1 & \longrightarrow & M^1 \end{array}$$

において，2 つの横列がともに完全ならば，完全列

$$\operatorname{Ker} d_K \to \operatorname{Ker} d_L \to \operatorname{Ker} d_M \xrightarrow{\partial} \operatorname{Coker} d_K \to \operatorname{Coker} d_L \to \operatorname{Coker} d_M$$

が成り立つように ∂ が定義される．

[証明] $d_M x = 0$ なる $x \in M^0$ に対し，$y \mapsto x$ となる $y \in L^0$ をとり，$d_L y \in L^1$ を考える．$d_M x = 0$ より $d_L y \mapsto 0$ となり，$z \mapsto d_L y$ となる $z \in K^1$ がある．$\partial(x) = z \bmod \operatorname{Im} d_K$ は y のとり方によらず，x のみから決まり，したがって，$\operatorname{Coker} d_K$ の元を定める．とり方から，∂ のところで列が完全になっていることは容易に分かる． ∎

[定理 8.14 の証明] i と $i+1$ のレベル

$$\begin{array}{ccccccccc}
& & \downarrow d & & \downarrow d & & \downarrow d & & \\
0 & \longrightarrow & K^i & \longrightarrow & L^i & \overset{g}{\longrightarrow} & M^i & \longrightarrow & 0 \\
& & \downarrow d & & \downarrow d & & \downarrow d & & \\
0 & \longrightarrow & K^{i+1} & \longrightarrow & L^{i+1} & \overset{g}{\longrightarrow} & M^{i+1} & \longrightarrow & 0 \\
& & \downarrow d & & \downarrow d & & \downarrow d & & \\
\end{array}$$

から,

$$\begin{array}{ccccccc}
K^i/d(K^{i-1}) & \longrightarrow & L^i/d(L^{i-1}) & \longrightarrow & M^i/d(M^{i-1}) & \longrightarrow & 0 \\
\downarrow \bar{d} & & \downarrow \bar{d} & & \downarrow \bar{d} & & \\
0 \longrightarrow \mathrm{Ker}(d \mid K^{i+1}) & \longrightarrow & \mathrm{Ker}(d \mid L^{i+1}) & \longrightarrow & \mathrm{Ker}(d \mid M^{i+1}) & & \\
\end{array}$$

を考えると, $gd(L^{i-1})=d(gL^{i-1})=dM^{i-1}$ ゆえ横の2列は完全列である. よって蛇の補題(補題 8.15)が適用できる. $\mathrm{Ker}\,\bar{d}=H^i(*)$, $\mathrm{Coker}\,\bar{d}=H^{i+1}(*)$ ゆえ, $K^\bullet, L^\bullet, M^\bullet$ に関するコホモロジーの長完全列を得る. ∎

例 8.16 (写像錐 (mapping cone)) 複体の射 $f: K^\bullet \to L^\bullet$ に対して, $C^i = K^{i+1} \oplus L^i$, $d(x \oplus y) = dx \oplus (dy + (-1)^{i+1} f(x))$ $(x \in K^{i+1}, y \in L^i)$ と定義すると, $d^2 = 0$ となり, 複体の短完全列

$$0 \to L^\bullet \to C^\bullet \to K^\bullet[+1] \to 0$$

$$(L^i \ni y \mapsto 0 \oplus y \in C^i \ni x \oplus y \mapsto x \in K^{i+1})$$

を得る. ただし, 第3項は $(K^\bullet[+1])^i = K^{i+1}$ と次数をシフトした複体. □

写像錐の考え方を Koszul 複体に適用してみる, すなわち, 次は上の例の例である.

例 8.17 (Koszul 複体の reduction) $\boldsymbol{x} = \{x_1, x_2, \cdots, x_n\}$, $\boldsymbol{x}' = \{x_1, x_2, \cdots, x_{n-1}\}$ $(x_i \in A)$ に対するそれぞれの Koszul 複体を考える. このとき, $K(\boldsymbol{x}, M)$ は, 複体の射 $x_n : K(\boldsymbol{x}', M) \to K(\boldsymbol{x}', M)$ $(x_n$ を加群 $K_l(\boldsymbol{x}', M) = M \otimes_A \bigwedge^l A^{n-1}$ に乗ずる写像)に対する写像錐である. (もちろん, 上の例 8.16 のコホモロジー複体を双対的にホモロジー複体 $K_\bullet$ に適用する.) 同型は

$$C_l = K_l(\boldsymbol{x'}) \oplus K_{l-1}(\boldsymbol{x'})$$
$$\simeq M \otimes_A \bigwedge^l A^{n-1} \oplus M \otimes_A \bigwedge^{l-1} A^{n-1} \otimes e_n$$
$$\simeq M \otimes_A \bigwedge^l A^n \simeq K_l(\boldsymbol{x})$$

による.したがって,ホモロジー複体の短完全列

$$0 \to K(\boldsymbol{x'}, M) \to K(\boldsymbol{x}, M) \to K(\boldsymbol{x'}, M)[-1] \to 0$$

が得られる(ホモロジーになったのでシフトは$[-1]$).

これから,定理8.14によって,ホモロジー加群の長完全列

$$\cdots \to H_i(\boldsymbol{x'}, M) \xrightarrow{\pm x_n} H_i(\boldsymbol{x'}, M) \to H_i(\boldsymbol{x}, M)$$
$$\to H_{i-1}(\boldsymbol{x'}, M) \xrightarrow{\pm x_n} H_{i-1}(\boldsymbol{x'}, M) \to H_{i-1}(\boldsymbol{x}, M) \to \cdots$$

が導かれる. □

上の完全列を利用すると,先に述べた正則性とKoszulホモロジーの消滅性について,次の際だった結果が得られる.

定理8.18

(ⅰ) A の元 $x_1, x_2, \cdots, x_n$ が M 正則列のとき,$\boldsymbol{x} = \{x_1, x_2, \cdots, x_n\}$ に対するKoszulホモロジーに関して,

$$H_i(\boldsymbol{x}, M) = 0 \quad (i > 0), \quad H_0(\boldsymbol{x}, M) = M \Big/ \sum_{i=1}^n x_i M$$

が成り立つ.

(ⅱ) $(A, \mathfrak{m})$ がNoether局所環,M が有限生成で $\boldsymbol{x} \subset \mathfrak{m}$ のとき,次のような強い逆が成立する.$M \neq 0$ で $H_1(\boldsymbol{x}, M) = 0$ ならば,$x_1, x_2, \cdots, x_n$ は M 正則列である.(x_i の順序によらぬことがこれからも分かる!)

[証明](ⅰ) $H_0 = M/\boldsymbol{x}M$ であることは定義から明らか.$H_i = 0 \, (i > 0)$ を n についての帰納法を用いて示す.$n = 1$ のときは,$H_1 = 0$ であることと x_1 が M 正則であることが同じであるからよい.$n > 1$ のとき,$x_1, x_2, \cdots, x_{n-1}$ が M 正則列であるから,仮定より $H_i(\boldsymbol{x'}) = 0 \, (i > 0)$.$i > 1$ のとき,例8.17におけるKoszulホモロジーの長完全列の

$$0 = H_i(\boldsymbol{x'}, M) \to H_i(\boldsymbol{x}, M) \to H_{i-1}(\boldsymbol{x'}, M) = 0$$

の部分から，$H_i(\boldsymbol{x}, M) = 0\,(i>1)$. $H_1(\boldsymbol{x}, M) = 0$ は，$H_1(\boldsymbol{x}, M) = \operatorname{Ker}(x_n \mid H_0(\boldsymbol{x}', M)) = \operatorname{Ker}(x_n \mid M/\boldsymbol{x}'M)$ で，x_n が $M/\boldsymbol{x}'M$ 上非零因子であることから分かる．

(ii) n についての帰納法を用いる．完全列
$$H_1(\boldsymbol{x}', M) \xrightarrow{x_n} H_1(\boldsymbol{x}', M) \to H_1(\boldsymbol{x}, M) = 0$$
と中山の補題(定理 2.29)から $H_1(\boldsymbol{x}', M) = 0$．よって，帰納法の仮定から，$\boldsymbol{x}'$ をつくる列は M 正則列である(順序によらぬ)．(i)の論法を $H_0(\boldsymbol{x}', M) = M/\boldsymbol{x}'M$ に適用して，x_n が正則になり，$x_1, x_2, \cdots, x_n$ が M 正則であることが分かる． ∎

注意 定理の(ii)は次数加群で，x_i が正の斉次元のときも成立．このときも正則性は列の順序によらなかった(前節参照)．

§8.5 関手 Ext と Tor

ホモロジー代数では，**関手的**(functorial)であるということに一番の値打ちが与えられる．射に対してはコホモロジーの射が対応し，完全列には(修正された)完全列が対応する，という具合である．前節で，複体の短完全列からコホモロジーの長完全列が導かれたが，これらの仕組みがもっと機械的＝関手的に導かれる世界がある．

そこでは，ずっと前に第 2 章で定義した射影的または入射的加群が黒衣として働く(その他大勢のエキストラ，それ自身の個性はもたない)．

A 加群 M は生成系 $\sum_i Ax_i$ をとることにより，自由加群からの全射 $F = \bigoplus_i A \to M\,((a_i) \mapsto \sum_i a_i x_i)$ を得る．双対的に，M はある入射加群 I の部分群 $M \hookrightarrow I$ と見なせる．これは少し複雑で次の論法による．

まず，加群 $T := \mathbb{Q}/\mathbb{Z}$ は($\mathbb{Z}$ 加群として)入射的である．実際，任意の単射 $M \hookrightarrow N$ と準同型 $\phi : M \to T$ に対し，$\widetilde{\phi} : N \to T\,(\widetilde{\phi} \mid M = \phi)$ と拡張できることを示せばよい．$\phi' : N' \to T\,(M \subset N' \subsetneqq N)$ を ϕ の 1 つの拡張とすると，$x \in N \setminus N'$ に対して，$\phi' \mid (\mathbb{Z}x \cap N')$ を $\overline{\phi'} : \mathbb{Z}x \to T$ へ拡張できる．すなわち，

$\mathbb{Z}y = \mathbb{Z}x \cap N'$, $nx = y$ とするとき, $\overline{\phi'}(x) = \dfrac{1}{n}\phi'(y) \in T = \mathbb{Q}/\mathbb{Z}$ とおけばよい ($\mathbb{Q}/\mathbb{Z} = T$ の可除性). そこで, Zorn の補題によって全体への拡張 $\widetilde{\phi}$ の存在が保証される.

次に, A 加群 M に対し, T 双対を $M^* := \mathrm{Hom}_{\mathbb{Z}}(M, T)$ とおくと, M^* は A 加群である ($((a\xi)(x) = \xi(ax)$ $(a \in A, x \in M))$. さて, P が A 射影的ならば, その T 双対 P^* は A 入射的である. 実際, 単射 $M \hookrightarrow N$ と A 準同型 $\phi: M \to P^*$ は $\Phi: M \otimes_A P \to T$ $(x \otimes y \mapsto \phi(x)(y))$ を与える. ところが, P は射影的ゆえ A 平坦で, $M \otimes_A P \hookrightarrow N \otimes_A P$ も単射になる. よって, T の入射性から Φ は $\widetilde{\Phi}: N \otimes_A P \to T$ へ拡張され, これは ϕ の拡張 $\widetilde{\phi}: N \to P^*$ を与えている.

これらのことから, 任意の A 加群 M はある A 入射加群へ埋め込まれることが分かる. すなわち, まず射影加群 P から M の T 双対 M^* への全射 $P \twoheadrightarrow M^*$ に対して, T の双対をとると A 加群の単射 $M^{**} \hookrightarrow P^*$ を得る. 自然な射 $M \to M^{**}$ は単射であることは容易に見られるので, 結局, A 入射加群 $I = P^*$ への単射 $M \hookrightarrow M^{**} \hookrightarrow P^* = I$ を得る.

命題 8.19 M を A 加群とする.

(i) 射影加群 P_i $(i = 0, 1, 2, \cdots)$ の列で
$$0 \leftarrow M \leftarrow P_0 \leftarrow P_1 \leftarrow P_2 \leftarrow \cdots$$
が完全列になるものが存在する.

(ii) 入射加群 I^i $(i = 0, 1, 2, \cdots)$ の列で
$$0 \to M \to I^0 \to I^1 \to I^2 \to \cdots$$
が完全列になるものが存在する.

[証明] (ii) 単射 $M \hookrightarrow I^0$ に対し, $I^0/M \hookrightarrow I^1$, … と続けて入射加群を選べばよい. (i) も同様. ∎

命題 8.19 の (i) を M の**射影分解** (projective resolution), (ii) を**入射分解** (injective resolution) とよび, それぞれ $M \xleftarrow{\sim} P_\bullet$, $M \xrightarrow{\sim} I^\bullet$ などとも書く. 次に, これらの分解の一意性について触れておこう.

2つのコホモロジー複体 $K^\bullet$, $L^\bullet$ の間の射 $f: K^\bullet \to L^\bullet$ に関して, 準同型 $h^{(i)}: K^{i+1} \to L^i$ が各 $i \in \mathbb{Z}$ に対して存在して, $f^{(i)} = h^{(i)} d_K + d_L h^{(i-1)}$ (単に

$f = hd + dh$ と書いても誤解はなかろう)が成り立つとき,f は 0 にホモトープ (homotopic) という.さらに 2 つの射 $f, g : K^\bullet \to L^\bullet$ に関して,$f - g$ が 0 にホモトープであるとき,f と g はホモトープであるといい,$f \sim g$ と書く.次の命題の証明は容易である.

命題 8.20 複体の射 $f : K^\bullet \to L^\bullet$ が 0 にホモトープならば,f が引き起こすコホモロジーの射はすべて 0 $(H^i(f) = 0)$ である.とくに,2 つの射がホモトープ $f \sim g$ ならば,それらが引き起こすコホモロジーの射はすべて相等しい,すなわち $H^i(f) = H^i(g)$ $(i \in \mathbb{Z})$. □

2 つの複体の間の射 $f : K^\bullet \to L^\bullet$, $g : L^\bullet \to K^\bullet$ が,$g \circ f \sim \mathrm{Id}_K$, $f \circ g \sim \mathrm{Id}_L$ をみたすとき,複体 $K^\bullet, L^\bullet$ は互いにホモトピー同値であるという.ホモトピー同値な複体 $K^\bullet \xrightarrow{f} L^\bullet \xrightarrow{g} K^\bullet$ においては,$H^\bullet(f), H^\bullet(g)$ はコホモロジーの同型 $H^\bullet(K^\bullet) \simeq H^\bullet(L^\bullet)$ を与えている.

Koszul 複体などホモロジー複体の射については,もちろん,双対するコホモロジー複体 $K^i = K_{-i}$ での次数にあわせてホモトープなどを考える.

この用語を用いると,1 つの加群の入射(射影)分解が与える複体 $I^\bullet$ $(P_\bullet)$ はホモトピー同値を除いて一意的であることがいえる.さらに詳しく,これらの分解が(ホモトピー同値を除いて)関手的であることを主張する次の命題が成立する.

命題 8.21 加群の準同型 $\phi : M \to N$ は,M, N の入射分解 $M \xrightarrow{\sim} I^\bullet$, $N \xrightarrow{\sim} J^\bullet$ の複体としての射 $f : I^\bullet \to J^\bullet$ を引き起こす.すなわち,

$$\begin{array}{ccccccccc} 0 & \longrightarrow & M & \longrightarrow & I^0 & \longrightarrow & I^1 & \longrightarrow & \cdots \\ & & \phi \downarrow & & f^{(0)} \downarrow & & f^{(1)} \downarrow & & \\ 0 & \longrightarrow & N & \longrightarrow & J^0 & \longrightarrow & J^1 & \longrightarrow & \cdots \end{array}$$

は可換図式をなす.

さらに,$f, g : I^\bullet \to J^\bullet$ をともに ϕ が引き起こす複体の射とすると,$f \sim g$ (ホモトープ)である.

とくに,$I^\bullet, J^\bullet$ をともに 1 つの加群 M の入射分解とすると,$I^\bullet, J^\bullet$ は互いにホモトピー同値である.

射影分解についても同様のことが成立する．

[証明] 最後の部分は，$\mathrm{Id}_M: M \xrightarrow{=} M$ に対して前半部分を適用すればできる．

$M \xrightarrow{\phi} N \hookrightarrow J^0$，$M \hookrightarrow I^0$ に対し，J^0 の入射性から，$M \to J^0$ の拡張 $f^{(0)}: I^0 \to J^0$ が存在する．以下，これを続けて複体の射 $f: I^{\bullet} \to J^{\bullet}$ を得る．

次に，$f, g: I^{\bullet} \to J^{\bullet}$ を ϕ の拡張とする．このとき，$f^{(0)}|M = g^{(0)}|M$ だから $(f^{(0)} - g^{(0)})|M = 0$．したがって，$f^{(0)} - g^{(0)}: I^0 \to J^0$ は $I^0/M \hookrightarrow I^1 \xrightarrow{h} J^0$ と分解する ($f^{(0)} - g^{(0)} = h \circ d_I$)．以下，$I^i$ ($i \geq 1$) についても同様に続けられる． ∎

さて，以上の準備，入射分解・射影分解のもとで加群の圏における代表的な関手 Ext と Tor が構成される．

2つの A 加群 M, N に対して，新しい加群の系列 $\mathrm{Ext}_A^i(M, N)$ および $\mathrm{Tor}_i^A(M, N)$ ($i \in \mathbb{N}$) が定義される (A が可換環のときは，これらもまた A 加群である)．

N の入射分解
$$0 \to N \to I^0 \to I^1 \to I^2 \to \cdots$$
に対して，複体
$$0 \to \mathrm{Hom}_A(M, I^0) \to \mathrm{Hom}_A(M, I^1) \to \mathrm{Hom}_A(M, I^2) \to \cdots$$
($K^i := \mathrm{Hom}_A(M, I^i)$, $d: K^i \to K^{i+1}$ は $I^i \to I^{i+1}$ が引き起こす射) のコホモロジー加群を
$$\mathrm{Ext}_A^i(M, N) := H^i(K^{\bullet}) = H^i(\mathrm{Hom}_A(M, I^{\bullet}))$$
とおく．関手 $\mathrm{Hom}_A(M, *)$ は左完全なので (命題 2.9)，初項については
$$0 \to \mathrm{Hom}_A(M, N) \to \mathrm{Hom}_A(M, I^0) \to \mathrm{Hom}_A(M, I^1)$$
の部分は完全で，同型
$$\mathrm{Hom}_A(M, N) \simeq \mathrm{Ext}_A^0(M, N)$$
が成り立っている．しかし，$\mathrm{Hom}_A(M, *)$ は右完全ではないので，複体 $K^{\bullet} = \mathrm{Hom}_A(M, I^{\bullet})$ は $i \geq 1$ の部分では完全列とは限らず，$\mathrm{Ext}_A^i(M, N)$ の $i \geq 1$ については一般にはどうなるかは分からない．

記号 Ext のいわれは加群の拡大 (extension) を分類することに由来するが

(後述),現在はそのことを意識しない様々な使用法がある.まず,Ext についてのいくつかの基本的な注意をしておこう.命題 8.21 から,2 つの入射分解 $M \stackrel{\sim}{\hookrightarrow} I^{\bullet}$, $M \stackrel{\sim}{\hookrightarrow} J^{\bullet}$ はホモトピー同値 $I^{\bullet} \sim J^{\bullet}$ であるから,Ext を与える複体の射 $f: \mathrm{Hom}_A(M, I^{\bullet}) \to \mathrm{Hom}_A(M, J^{\bullet})$ で,コホモロジーの同型 $H^i(f): H^i(\mathrm{Hom}_A(M, I^{\bullet})) \simeq H^i(\mathrm{Hom}_A(M, J^{\bullet}))$ を与えるものが存在する(命題 8.20).すなわち,$\mathrm{Ext}^i_A(M, N)$ は N の入射分解のとり方によらない.

また,同じ命題 8.21 から,$\mathrm{Ext}^i_A(M, N)$ は $\mathrm{Hom} = \mathrm{Ext}^0$ のときと同様に,N について同変,M について反変関手である.すなわち,$N \to N'$ は自然な射 $\mathrm{Ext}^i_A(M, N) \to \mathrm{Ext}^i_A(M, N')$,$M \to M'$ は $\mathrm{Ext}^i_A(M', N) \to \mathrm{Ext}^i_A(M, N)$ を引き起こす.

Ext が与える最大の恩恵は,Ext が Hom の右"導来関手"であること,すなわち次の定理が成り立つことである.

定理 8.22 A 加群の短完全列
$$0 \to N_1 \to N_2 \to N_3 \to 0$$
に対して,Ext についての長完全列
$$\begin{aligned}
0 &\to \mathrm{Ext}^0_A(M, N_1) \to \mathrm{Ext}^0_A(M, N_2) \to \mathrm{Ext}^0_A(M, N_3) \\
&\to \mathrm{Ext}^1_A(M, N_1) \to \mathrm{Ext}^1_A(M, N_2) \to \mathrm{Ext}^1_A(M, N_3) \\
&\to \mathrm{Ext}^2_A(M, N_1) \to \cdots
\end{aligned}$$

および

$$\begin{aligned}
0 &\to \mathrm{Ext}^0_A(N_3, M) \to \mathrm{Ext}^0_A(N_2, M) \to \mathrm{Ext}^0_A(N_1, M) \\
&\to \mathrm{Ext}^1_A(N_3, M) \to \mathrm{Ext}^1_A(N_2, M) \to \mathrm{Ext}^1_A(N_1, M) \\
&\to \mathrm{Ext}^2_A(N_3, M) \to \cdots
\end{aligned}$$

を得る. □

証明は次の補題からでる.

補題 8.23 短完全列
$$0 \to N_1 \to N_2 \to N_3 \to 0$$
に対して,各 N_i の入射分解 $N_i \stackrel{\sim}{\hookrightarrow} I^{\bullet}_i$ で,複体の短完全列

$$0 \to I_1^\bullet \to I_2^\bullet \to I_3^\bullet \to 0$$

をなすものが存在する.ここで

$$\begin{array}{ccccccccc} 0 & \longrightarrow & N_1 & \longrightarrow & N_2 & \longrightarrow & N_3 & \longrightarrow & 0 \\ & & \downarrow & & \downarrow & & \downarrow & & \\ 0 & \longrightarrow & I_1^0 & \longrightarrow & I_2^0 & \longrightarrow & I_3^0 & \longrightarrow & 0 \end{array}$$

は可換になるようにとれる.

[証明] 入射加群 $N_1 \hookrightarrow I_1^0$, $N_3 \hookrightarrow I_3^0$ をとり,$I_2^0 = I_1^0 \oplus I_3^0$ とおくと,最初の短完全列

$$0 \to I_1^0 \to I_2^0 \to I_3^0 \to 0$$

を得る.I_i^0/N_i に対して同様に I_i^1 をとり,同様に続ければよい. ∎

[定理 8.22 の証明] 補題 8.23 の入射分解 $I_i^\bullet$ に対して Ext を与える複体は,I_i^j が入射加群ゆえ,短完全列

$$0 \to \mathrm{Hom}_A(M, I_1^\bullet) \to \mathrm{Hom}_A(M, I_2^\bullet) \to \mathrm{Hom}_A(M, I_3^\bullet) \to 0$$

になる.したがって,定理 8.14 によって $\mathrm{Ext}_A^\bullet(M, N_i)$ の長完全列を得る.

2 番目の長完全列については補題 8.23 は不要,M の入射分解に定理 8.14 を適用すればよい. ∎

$\mathrm{Ext}_A^\bullet(M, N)$ を定義するのに,N の入射分解ではなく,M の射影分解 $P_\bullet \overset{\sim}{\twoheadrightarrow} M$ を用いて複体 $L^i = \mathrm{Hom}_A(P_i, N)$ をつくり,そのコホモロジー $H^i(L^\bullet)$ をとってもよい.すなわち,N の入射分解 $N \overset{\sim}{\hookrightarrow} I^\bullet$ によるコホモロジーとの間に自然な同型

$$H^i(\mathrm{Hom}_A(M, I^\bullet)) \simeq H^i(\mathrm{Hom}_A(P_\bullet, N))$$

が成り立つことが知られている(証明は難しいわけではないが,長くなるので省).M の射影分解 $P_\bullet \overset{\sim}{\twoheadrightarrow} M$ によって $\mathrm{Ext}_A^\bullet(M, N)$ を定義すると,定理 8.22 において複体の列

$$0 \to \mathrm{Hom}_A(P_\bullet, N_1) \to \mathrm{Hom}_A(P_\bullet, N_2) \to \mathrm{Hom}_A(P_\bullet, N_3) \to 0$$

の完全性は,P_i が射影的であることから明らかであるので,補題 8.23 なしに第 1 の長完全列を得る.

以上,Ext は関手 Hom の右導来関手として構成されたが,テンソル積 $\otimes$

の左 "導来関手" としてホモロジー加群 Tor が得られる. 2 つの A 加群 M, N に対して M の射影分解 $P_\bullet \twoheadrightarrow M$ をとり, 複体

$$K_\bullet : \cdots \to P_2 \otimes_A N \to P_1 \otimes_A N \to P_0 \otimes_A N \to 0$$

を考えたときのホモロジーを

$$\operatorname{Tor}_i^A(M, N) := H_i(K_\bullet) = H_i(P_\bullet \otimes_A N)$$

と定義する. N の射影分解 $Q_\bullet \twoheadrightarrow N$ をとっても同じものが得られる:

$$\operatorname{Tor}_i^A(M, N) = H_i(P_\bullet \otimes_A N) \simeq H_i(M \otimes_A Q_\bullet).$$

Ext の定理 8.22 に対応するものとして, 次が成立する.

定理 8.24 A 加群の短完全列

$$0 \to N_1 \to N_2 \to N_3 \to 0$$

に対して, 長完全列

$$\cdots \to \operatorname{Tor}_1^A(M, N_1) \to \operatorname{Tor}_1^A(M, N_2) \to \operatorname{Tor}_1^A(M, N_3)$$
$$\to \operatorname{Tor}_0^A(M, N_1) \to \operatorname{Tor}_0^A(M, N_2) \to \operatorname{Tor}_0^A(M, N_3) \to 0$$
$$(\operatorname{Tor}_0^A(M, N) \simeq M \otimes_A N)$$

を得る.

[証明] 定理 8.14 からただちにでる. ∎

この本では扱わないが, もちろん Tor は加群の平坦性を論ずる際に重要な働きをする.

例 8.25 (Baer の和) A 加群の短完全列

$$0 \to N \to L \to M \to 0$$

があるとき, L を M の N による拡大(extension)という. 2 つの拡大 $0 \to N \to L \to M \to 0$ と $0 \to N \to L' \to M \to 0$ に対し, 準同型 $f : L \to L'$ で図式

$$\begin{array}{ccccccccc} 0 & \longrightarrow & N & \longrightarrow & L & \longrightarrow & M & \longrightarrow & 0 \\ & & \parallel & & \downarrow f & & \parallel & & \\ 0 & \longrightarrow & N & \longrightarrow & L' & \longrightarrow & M & \longrightarrow & 0 \end{array}$$

を可換にするものがあれば, f は同型になる. このとき, 拡大 L, L' は同型であるという. M の N による拡大の同型類のなす集合に次のように和を定

義すると，加群になり自然に $\mathrm{Ext}^1_A(M,N)$ に同型になる.

2つの拡大 L, L' に対して，次の可換図式を考える.

$$\begin{array}{ccccccccc}
0 & \longrightarrow & N^2 & \longrightarrow & L\oplus L' & \stackrel{\alpha}{\longrightarrow} & M^2 & \longrightarrow & 0 \\
& & \| \downarrow & & \cup \uparrow & & \cup \uparrow & & \\
0 & \longrightarrow & N^2 & \longrightarrow & \alpha^{-1}M & \longrightarrow & M & \longrightarrow & 0 \\
& & \sigma \downarrow & & \tau \downarrow & & \| \downarrow & & \\
0 & \longrightarrow & N & \longrightarrow & (\alpha^{-1}M)/N & \longrightarrow & M & \longrightarrow & 0
\end{array}$$

ただし，$\sigma: N^2 \twoheadrightarrow N\ (\sigma(x,y)=x+y)$ は和，$\tau: \alpha^{-1}M \twoheadrightarrow (\alpha^{-1}M)/N$ は $N \ni x \mapsto (x,-x) \in N^2 \hookrightarrow \alpha^{-1}M$ による剰余である. 3つの横列はすべて完全列であり，$L'' := (\alpha^{-1}M)/N$ とおく. L'' が拡大類としての和 $[L]+[L']$ を与えている.

詳しくいうと次のようになる. 短完全列

$$0 \to N \to L \to M \to 0$$

に関手 $\mathrm{Ext}_A(M, *)$ を施すと，定理 8.22 より，長完全列

$$0 \to \mathrm{Hom}_A(M,N) \to \mathrm{Hom}_A(M,L) \to \mathrm{Hom}_A(M,M) \stackrel{\partial}{\longrightarrow} \mathrm{Ext}^1_A(M,N)$$

を得るが，$\mathrm{Hom}_A(M,M) = \mathrm{End}_A(M)$ であるから，これは，特別の元 $\mathrm{Id}_M \in \mathrm{End}_A(M)$ をもつ. ここで，Id_M の像を $[L] = \partial(\mathrm{Id}_M) \in \mathrm{Ext}^1_A(M,N)$ とおくと，$\mathrm{Ext}^1_A(M,N)$ の加法で $[L''] = [L]+[L']$ が成り立つ. 高次の Ext^i についても長い完全列を考えることによって同様の解釈ができることが知られている (米田信夫). □

例 8.26 $\mathrm{Tor}^{\mathbb{Z}}_0(M, \mathbb{Z}/(n)) = M/nM$,

$\mathrm{Tor}^{\mathbb{Z}}_1(M, \mathbb{Z}/(n)) = \mathrm{Ker}(n \,|\, M) = \{M\text{ の }n\text{ ねじれ元}\}$

である. 自由分解 $0 \to \mathbb{Z} \stackrel{n}{\to} \mathbb{Z} \to \mathbb{Z}/(n) \to 0$ を用いよ. □

§8.6 Cohen–Macaulay 性と Ext

§8.4 の定理 8.18 において，M 正則列と Koszul ホモロジーの消滅との関係を述べたが，Ext との簡明な関係もある. これは，Cohen–Macaulay 性の

一つの本質を突くものと考えられるので，ここで紹介しよう．

まず，次のことに注意しよう．Noether 環のイデアル I が A 加群 M 正則元(M 上の非零因子) $x \in I$ を含むとすると，$\mathrm{Hom}_A(A/I, M) = 0$ である．実際，$0 \to M \xrightarrow{x} M$ は完全だから，$0 \to \mathrm{Hom}_A(A/I, M) \xrightarrow{x} \mathrm{Hom}_A(A/I, M)$ も完全．ところが，$\phi \in \mathrm{Hom}_A(A/I, M)$ に対して，$(x\phi)(a) = \phi(xa) = 0$ $(a \in A)$，すなわち $x\phi = 0$ ゆえ，$\phi = 0$．

逆に，I が M 正則元を含まなければ，I の元はすべて M 上の零因子ゆえ，系 3.14 より，$I \subset \bigcup_{\mathfrak{p} \in \mathrm{Ass}\, M} \mathfrak{p}$．したがって，補題 7.8 より，ある $\mathfrak{p} \in \mathrm{Ass}\, M$ に対して $I \subset \mathfrak{p}$ $(= \mathrm{Ann}\, y,\ y \in M)$．よって A 準同型 $A/I \twoheadrightarrow A/\mathfrak{p} \hookrightarrow M$ が存在し，$\mathrm{Hom}_A(A/I, M) \neq 0$．

すなわち，
$$\mathrm{Hom}_A(A/I, M) = 0 \iff I\ は\ M\ 正則元を含む$$
ということが分かった．Hom の右導来関手 Ext を用いることによって，この評価が I における M 正則列の存在にまで拡張できる．

定理 8.27 M を Noether 環 A 上の有限生成加群，I を A のイデアルで $M \neq IM$ とする．このとき，自然数 $n > 0$ について次は同値である．

(i) $\mathrm{Supp}\, N \subset V(I)$ をみたす任意の有限生成 A 加群 N に対して，
$$\mathrm{Ext}_A^i(N, M) = 0 \quad (i < n).$$

(ii) $\mathrm{Ext}_A^i(A/I, M) = 0$ $(i < n)$．

(iii) I の中に M 正則列 $x_1, x_2, \cdots, x_n$ が存在する．

[証明] (i) $\Longrightarrow$ (ii) は定義によって自明である ($\mathrm{Supp}\, A/I = \{\mathfrak{p} \in \mathrm{Spec}\, A \mid I \subset \mathfrak{p}\}$ $(=: V(I))$).

(ii) $\Longrightarrow$ (iii) $n = 1$ のときは，すでに注意した($i = 0$ の場合)．$n > 1$ のときは，$\mathrm{Hom}_A(A/I, M) = \mathrm{Ext}_A^0(A/I, M) = 0$ ゆえ，M 正則元 $x_1 \in I$ がある．$M_1 = M/x_1 M$ とおくと，短完全列
$$0 \to M \xrightarrow{x_1} M \to M_1 \to 0$$
に対する Ext の長完全列(定理 8.22)
$$\cdots \to \mathrm{Ext}_A^i(A/I, M) \to \mathrm{Ext}_A^i(A/I, M_1) \to \mathrm{Ext}_A^{i+1}(A/I, M) \to \cdots \quad (i \geq 0)$$

において，$\mathrm{Ext}_A^i(A/I, M) = 0 \, (i<n)$ だから，$\mathrm{Ext}_A^i(A/I, M_1) = 0 \, (i<n-1)$ を得る．したがって n についての帰納法によって，$M_1 = M/x_1 M$ は M_1 正則列 $x_2, \cdots, x_n \in I$ をもつ．この $x_1, x_2, \cdots, x_n \in I$ は M 正則列をなす．

(iii) $\Longrightarrow$ (i) n についての帰納法で示す．$M_1 = M/x_1 M$ とおくと，$x_2, \cdots, x_n \in I$ は M_1 正則列であるから，$\mathrm{Ext}_A^i(N, M_1) = 0 \, (i<n-1)$．$0 \to M \xrightarrow{x_1} M \to M_1 \to 0$ に対する長完全列

$$\cdots \to \mathrm{Ext}_A^{i-1}(N, M_1) \to \mathrm{Ext}_A^i(N, M) \xrightarrow{x_1} \mathrm{Ext}_A^i(N, M) \to \cdots$$

から，$i<n$ に対しては

$$0 \to \mathrm{Ext}_A^i(N, M) \xrightarrow{x_1} \mathrm{Ext}_A^i(N, M)$$

は完全(単射)である，すなわち，x_1 は $\mathrm{Ext}_A^i(N, M)$ 上非零因子である．ところが，N は有限生成であるから(命題 2.36)，$\mathrm{Supp}\, N = V(\mathrm{Ann}\, N) \subset V(I)$．したがって，$I \subset \sqrt{\mathrm{Ann}\, N}$ となり，$x_1^r \in \mathrm{Ann}\, N$ となる $r \in \mathbb{N}$ がある．よって，$x_1^r \in \mathrm{Ann}\, \mathrm{Ext}_A^i(N, M)$．$x_1$ は $\mathrm{Ext}_A^i(N, M)$ 上非零因子であったので，これは $\mathrm{Ext}_A^i(N, M) = 0$ であることを意味する． ∎

Noether 環 A 上の有限生成加群 M と，A のイデアル I に対して，I の中の M 正則列 $x_1, x_2, \cdots, x_n$ が最長のとき，$n = \mathrm{depth}_I M$ を M の I における深さといった．定理 8.27 から次の系が導かれる．

系 8.28 $M \neq IM$ のとき，$x_1, x_2, \cdots, x_n \in I$ が極大 M 正則列($x_1, x_2, \cdots, x_n, x_{n+1} \in I$ が M 正則列になるような x_{n+1} が存在しない)ならば，

$$\mathrm{Ext}_A^i(A/I, M) = 0 \quad (i<n), \quad \mathrm{Ext}_A^n(A/I, M) \neq 0.$$

とくに，極大 M 正則列の長さは一定で，最長になり，

$$\mathrm{depth}_I M = \mathrm{Min}\{i \mid \mathrm{Ext}_A^i(A/I, M) \neq 0\}$$

となる．

[証明] 定理 8.27 より，$\mathrm{Ext}_A^n(A/I, M) \neq 0$ をいえばよい．前定理の証明 (ii) $\Longrightarrow$ (iii) の論法によって，もし $\mathrm{Ext}_A^n(A/I, M) = 0$ ならば，さらに $x_{n+1} \in I$ をとって，$x_1, x_2, \cdots, x_n, x_{n+1}$ が M 正則列になるようにできる． ∎

Koszul ホモロジーの消滅を用いても，同様に深さの評価が得られる．

定理 8.29 $I = (y_1, y_2, \cdots, y_m)$ を Noether 環 A のイデアルで，$M \neq IM$ を有限生成 A 加群とする．このとき，$q = \mathrm{Max}\{i \mid H_i(\boldsymbol{y}, M) \neq 0\}$ とおくと，I

の中の極大 M 正則列の長さは $m-q$ に等しい. □

証明は [5], p. 158 を参照.

系 8.28 より，Ext の消滅による Cohen–Macaulay 加群の特徴づけが得られる．A を Noether 局所環，$\mathfrak{m}$ をその極大イデアル，$k = A/\mathfrak{m}$ を剰余体とし，$M \neq 0$ を有限生成 A 加群とする．一般に
$$\operatorname{depth} M = \operatorname{depth}_{\mathfrak{m}} M \leq \dim M$$
であったが(定理 8.5)，$\operatorname{depth} M = \dim M$ のとき，M を Cohen–Macaulay 加群とよんだ．系 8.28 によって，
$$\operatorname{depth} M = \operatorname{Min}\{ i \mid \operatorname{Ext}_A^i(k, M) \neq 0 \}$$
であるから，M が Cohen–Macaulay 加群であるためには，
$$\operatorname{Ext}_A^i(k, M) = 0 \quad (i < \dim M)$$
であることが必要十分である．

とくに，A 自身が Cohen–Macaulay 局所環であることと，
$$\operatorname{Ext}_A^i(k, A) = 0 \quad (i < \dim A)$$
であることが同値である．

この特徴づけに注目して，Cohen–Macaulay 局所環の中でさらに具合のよいクラスの局所環が取り上げられている．$n = \dim A$ なる Cohen–Macaulay 局所環において，$\operatorname{Ext}_A^n(k, A) \neq 0$ はどんな A 加群であるか一般には不明である．

ところで，A を正則局所環，$\mathfrak{m} = (x_1, x_2, \cdots, x_n)$ $(n = \dim A)$ を正則パラメータ系とすると，例 8.10 によって，$x_1, x_2, \cdots, x_n$ は A 正則列であった．したがって，定理 8.18 によって，$x = \{x_1, x_2, \cdots, x_n\}$ に対する Koszul 複体
$$0 \to K_n \to K_{n-1} \to \cdots \to K_1 \to K_0 \to A/\mathfrak{m} \to 0$$
は完全列であり，$K_i \simeq \bigwedge^i A$ は自由加群だから，A 加群 $k = A/\mathfrak{m}$ の自由(とくに射影)分解を与えている．この自由分解を用いると，$\operatorname{Ext}_A^n(k, A)$ が計算できて，
$$\operatorname{Ext}_A^n(k, A) = \operatorname{Hom}_A(K_n, A)/\operatorname{Im}(\operatorname{Hom}_A(K_{n-1}, A))$$
$$\simeq A \Big/ \sum_{i=1}^n x_i A \simeq A/\mathfrak{m} = k$$

となる. すなわち, A が正則局所環の場合は
$$\mathrm{Ext}_A^n(k, A) \simeq k$$
となる.

このような性質の局所環は, 代数幾何における双対性(Serre–Grothendieck)において非常によい性質をみたし, **Gorenstein 環**とよばれている. すなわち, 次元 n の Noether 局所環 $(A, \mathfrak{m})$, $A/\mathfrak{m} = k$ が
$$\mathrm{Ext}_A^i(k, A) = 0 \quad (i < n), \quad \mathrm{Ext}_A^n(k, A) \simeq k$$
をみたすとき, A を Gorenstein 環という. 局所環が Gorenstein 局所環であることと, 入射次元が有限(すなわち, 有界な入射分解をもつ)であることが同値である等, ホモロジー代数的な著しい特徴づけをもつことが分かっている([5], p.171).

以上を整理すると, Noether 局所環のクラスの間に次の包含関係がある.

正則局所環 $\Longrightarrow$ Gorenstein 局所環 $\Longrightarrow$ Cohen–Macaulay 局所環.

実は, さらに正則局所環と Gorenstein 環の間に位置する**完全交叉**(complete intersection)**局所環**と称するクラスもある. 完全交叉環の正式の定義はいささか込み入っているのだが, 次の性質で特徴づけられる.

すなわち, A が完全交叉であるためには, その完備化 $\hat{A}$ が, ある完備正則局所環 R を R 正則列で生成されるイデアルで割った剰余環に同型であることが必要十分である.

完全交叉という性質は, 元来 n 次元空間において, r 本の多項式の共通零点集合として定義された部分空間でちょうど $n-r$ 次元になるようなものを名付けたいのであった(一般には $n-r$ 次元以上になる; Krull の高度定理(定理 7.11)). いま述べた局所環における精密化された完全交叉性の定義にもその形跡を見ることができるだろう(完備化=解析幾何化).

正則局所環は完全交叉であり, 完全交叉ならば Cohen–Macaulay 局所環であることは容易に見られるが, さらに完全交叉ならば Gorenstein 局所環であることが示される.

証明は略すが次を用いる.

(i) Noether 局所環 $(A, \mathfrak{m})$ の A 正則列 $x_1, x_2, \cdots, x_r$ に対して,

第8章 Cohen–Macaulay 環

A: Gorenstein $\iff A/(x_1, x_2, \cdots, x_r)$: Gorenstein.

（ii） A: Gorenstein $\iff \hat{A}$: Gorenstein.

結局，Noether 局所環において，

正則局所環 $\implies$ 完全交叉局所環 $\implies$ Gorenstein 局所環
$\implies$ Cohen–Macaulay 局所環

という包含関係がある．

正則局所環 $\implies$ UFD $\implies$ 正規局所環

というのは，また別の流れをなすクラスである．

《 要 約 》

8.1 M 正則列．

8.2 加群および環の深さ．

8.3 深さ $\leq$ 次元．

8.4 局所環上の Cohen–Macaulay 加群（深さ=次元）．非孤立素因子の非存在．

8.5 イデアルの高さと純性定理．Cohen–Macaulay $\iff$ 純性定理．

8.6 ホモロジー代数；複体と（コ）ホモロジー，蛇の補題，長完全列．

8.7 Koszul 複体．入射分解，射影分解，関手 Ext と Tor．

8.8 正則列と Koszul ホモロジーの消滅．

8.9 正則列と Ext の消滅．

8.10 Ext の消滅と Cohen–Macaulay 性；Cohen–Macaulay $\iff \mathrm{Ext}_A^i(A/\mathfrak{m}, M) = 0$ $(i < \dim M)$．

8.11 Gorenstein 局所環，完全交叉局所環．

───── 演習問題 ─────

8.1 $A = k[X, Y, Z]$ において $a_1 = X(Y-1)$, $a_2 = Y$, $a_3 = Z(Y-1)$ とおくと，a_1, a_2, a_3 は A 正則列であるが，a_1, a_3, a_2 はそうではない．

8.2 A 加群 M について次は同値である：

（ⅰ） M は A 平坦.
（ⅱ） 任意の A 加群 N に対して $\mathrm{Tor}_i^A(M,N)=0\,(i>0)$.
（ⅲ） 任意の A 加群 N に対して $\mathrm{Tor}_1^A(M,N)=0$.

8.3 A 加群 M について，M が平坦であることと，$\mathrm{Tor}_1^A(M,A/I)=0$ が任意の有限生成イデアル I について成り立つことが同値である．

8.4 1次元の被約な(0 以外のベキ零元をもたない) Noether 環は Cohen-Macaulay 環である．

第 2 部

体

理論の概要と目標

　第2部の目標は，代数拡大の Galois 理論と，1 変数代数関数論，および，有限体上の代数関数体の合同ゼータ関数の基本的性質を紹介することである．
　E. Galois の動機は，代数方程式の根のベキ根による表示の可能性の問題であるといわれているが，約170年前のこの青年による発想は，その動機を大きく越えてその後の数論および代数幾何の基本的手法として欠かせないものになった．代数系の階層，今の場合は体の拡大をその対称性を表現する群によって捉えるというアイデアは，代数系のみならず，後に H. Poincaré によってあからさまにされたように，空間が内在する群・基本群の認識と同類であった．このような，Galois によって始められた，事物の中に群を見るというパラダイムは，その後の全数学を覆い尽くしていくことになった．微分方程式のモノドロミー群などは，体の Galois 理論のまったくの直接的延長上にある．
　第1章では，Galois 理論の展開の基礎となる代数拡大についての基礎事項を述べる．概念としては，正規性と分離性が重要である．
　正規性は，群論における共役やそれから定まる正規部分群の考えを体論に反映させたものである．分離性は，拡大体の複数の元が変換(群の元)によって分離できるかどうかという性質であるが，素朴には，重根をもたない多項式の根という性質につながる．したがって分離性は，体の標数が正のときのみ重要な概念である．
　これらのことを柔軟に論ずるためには，普遍的な代数拡大，すなわち代数的閉包の存在を基盤にすると便利である．したがって，任意の体は同型を除いて唯一つ代数的閉包をもつという，Steinitz の定理を早い時期に証明しておく．
　第2章で Galois 理論の枠組みと応用を紹介する．中間体と同型群の部分群

が1対1に対応する代数拡大を Galois 拡大とよびたいのであるが，ちょうど第1章で論じた2つの性質，正規かつ分離的という2つの性質を合わせもつ場合がこれにあたることが分かる．ここでは，この2つをみたす代数拡大を Galois 拡大の定義として採用した．Galois 理論の基本は上のように体と群の対応という，まったくの抽象構造論であるとも言えるのであるが，具体的な肉付けとして，数論の初歩的部分から題材をとった話題をいくつか紹介する．これらは単なる例以上のもので，平方剰余の相互法則などのさらに深い追究は，山本[17]や加藤-黒川-斎藤[18]で行われている．

方程式の Galois 群の考察がこの章の主目的であるが，まず，2項方程式 $X^n - a = 0$ と巡回拡大の関係から始まって，最初の動機である方程式の根のベキ根による表示の可能性を体の拡大の性質として考察する．結局，方程式の Galois 群が可解群であることと，ベキ根による表示が可能であることが同値であることが分かる．もちろん，可解群という名前はここに歴史的な根拠をもっている．5次以上の一般代数方程式がベキ根による根の表示をもたないという事実は，5次以上の対称群が可解ではないという事実に対応している．

ベキ根による表示うんぬんという束縛から解き放されて，具体的な方程式(具体的な Galois 拡大)の Galois 群を知ることは，現在でもいろいろな面で興味深い．その方向は，いわゆる代数的整数論の入口になるのであるが，環と関連する Galois 群について，少し紹介してこの章を締めくくる．

第3章では，1変数の代数関数論を超越拡大の付値論に基づいて論ずる．この立場は，古典的な複素関数論への代数的アプローチともいえるが，任意の体上の代数関数論が展開できることが重要である．実際，第4章で話題にする合同ゼータ関数は，有限体上の関数体についての議論であり，この立場での基礎づけの上に構成されている．

もう少し立ち入って説明しよう．例えば，体 k 係数の2変数の多項式 $f(x,y) \in k[x,y]$ に対して，代数的関係 $f(x,y) = 0$ を考えるとき，y は x のある関数(1価とは限らぬ，例えば $x^3 + y^2 = 0$)，または，x は y のある関数と見られる．すなわち，一方を独立変数と見たとき，もう一方は従属変数と

見なせる.この関係を明確にすると次のようになる.体 k 上に超越元 x を添加した体を $k(x)$ とするとき,y は関係 $f(x,y)=0$ によって,$k(x)$ 上代数的となる.よって,体 $K=k(x,y)$ は k 上純超越拡大 $k(x)$ 上代数的であり,y とは限らず,この元 $f \in K$ 全体が関係 $f(x,y)=0$ を基にした代数関数と考えられる.この意味で K を代数関数体というが,一般的には,係数体 k 上有限生成で超越次数が1の拡大体を1変数代数関数体とよぶ.

体の K の乗法群 $K^\times = K \setminus \{0\}$ の実数値関数 $v: K^\times \to \mathbb{R}$ が,(1) 準同型 $v(ab)=v(a)+v(b)$ で,(2) $v(a+b) \geqq \mathrm{Min}\{v(a), v(b)\}$ $(a, b \in K^\times)$,(3) $v(k^\times)=\{0\}$ で像 $v(K^\times)$ は $\mathbb{R}$ の自明でない離散部分群($\mathbb{Z}$ に同型)である,をみたすとき,v を代数関数体の離散付値という.

例えば,有理関数 $f(x)=(x-a)^n h(x)/g(x)$ $(a \in k, h(a) \neq 0, g(a) \neq 0)$ に対して,$v_a(f)=n \in \mathbb{Z}$ と定義すると,v_a は有理関数体 $k(x)$ の離散付値を与える.このようなものが付値の典型であり,"点" $a \in k$ に対応して,関数 f のその点における零点(またはその絶対値が極)の位数を与えるものといえる.

理論の要は,代数関数体 K/k の離散付値(の同値類)の全体 X を考えると,これが,K/k の基盤を与える"点"全体(幾何学的空間)と見なせるということに始まる.われわれは,したがってこの空間 X を"抽象 Riemann 面"と呼ぶことにする.代数幾何の言葉では完備で滑らかな代数曲線と呼ぶべきであろう.

この章の主目標は,抽象 Riemann 面上の因子に関する Riemann–Roch の定理である.この定理は,種数の概念の導入と相俟って,代数関数についての何らかの具体的考察を行う際つねに必要となる道具である.

章の最後に重要な例として,楕円関数体と超楕円関数体について触れる.

第4章で有限体上の代数関数体のゼータ関数を紹介する.様々な導入の仕方があるが,ここでは次のように考えよう.有限体 $\mathbb{F}_q$ 上定義された代数曲線 X の n 次拡大 $\mathbb{F}_{q^n}$ に対する有理点のなす集合の個数 $\nu_n = \sharp X(\mathbb{F}_{q^n})$ を考える.例えば,X の定義方程式を $f(x,y) \in \mathbb{F}_q[x,y]$ とするとき,ν_n は解 $X(\mathbb{F}_{q^n})=\{(x,y) \in \mathbb{F}_{q^n}^2 \mid f(x,y)=0\}$ の個数を表す(射影曲線を考えるときは,

無限遠点をつけ加える). 数列 ν_n に対して, 母関数 $\sum_{n=1}^{\infty} \nu_n u^n$ を考えることができるが, ある理由から(後述の性質), $Z(u) = \exp(\sum_{n=1}^{\infty} \nu_n u^n/n)$ を X のゼータ関数という. 有限体上で考えるから, 合同ゼータ関数ともいう.

代数曲線のみならず, X を $\mathbb{F}_q$ 上定義された高次元の代数多様体としても同じものが考えられて, 実際大変大切なものであるのだが, ここでは X が $\mathbb{F}_q$ 上の(1 変数)代数関数体 $K/\mathbb{F}_q$ の抽象 Riemann 面の場合を考える. 代数曲線の言葉でいえば, 完備で滑らかな場合である. このとき合同ゼータ関数について次が成り立つ.

(1) 有理性 : $Z(u) = P(u)/(1-u)(1-qu)$, $P(u)$, $P(0) = 1$ は次数 $2g$ の整多項式(g は X の種数).

(2) 関数等式 : $Z(q^{-1}u^{-1}) = q^{\chi/2} u^{\chi} Z(u)$ ($\chi = 2 - 2g$).

(3) Riemann 仮説の類似 : $Z(u)$ すなわち $P(u)$ の零点の絶対値は $q^{\frac{1}{2}}$.

(1), (2) は F. K. Schmidt により, (3) は A. Weil の歴史的著作 [14] により初めて証明された. (3) が Riemann 仮説の類似と呼ばれる理由については本文を参照されたい. (1), (2) は Riemann–Roch の定理から比較的容易に導かれることはよく知られていたが, S. A. Stepanov [12] のアイデアを受けて E. Bombieri [6] が(3)の初等的証明を与えた. ここでは, この Bombieri による証明を紹介する.

以上が, 本文の実質的内容であるが, その後の展開については最終節 §4.5 を見られたい. 高次元代数多様体の合同ゼータ関数に関する (1), (2), (3) の類似(Weil 予想とよばれた [15])が予定通り, 1970 年代初頭までにすべて証明されたのである.

このような入門書で, 合同ゼータ関数に関する(3)の証明まで紹介できるようになった 20 世紀後半の数学の進歩の目覚ましさにあらためて感銘を覚える.

体の拡大

2つの体の間の環準同型 $K \to L$ は必ず単射になるので，K は L の部分体，L は K の拡大体と見なせる．したがって，体の相対論は体の拡大 $K \subset L$ (L/K とかく)の論になる．部分体 K 係数の多項式 $f(X) \in K[X]$ の根(代数方程式 $f(X)=0$ の解)になるような元を K 上代数的な元，そうでないとき超越元という．

代数的な元同士の加減乗除はふたたび代数的な元になる．拡大 L/K において L のすべての元が K 上代数的なとき，代数拡大という．1つの代数的な元 α で生成された体 $K(\alpha)$ は，α の最小多項式を $p_\alpha \in K[X]$ とすると，剰余体 $k[X]/(p_\alpha)$ に同型である．この簡単な事実はすべての議論の基礎である．

任意の体にはそれを含む最大の代数拡大(代数的閉包)が同型を除いて唯一つ存在する．この事実の証明は，抽象的構成によるが，この定理を土台にすると，代数拡大の一般論の展開には便利である．具体的な例としては，有理数体 $\mathbb{Q}$ 上代数的な複素数(代数的数という)の全体がなす体 $\overline{\mathbb{Q}}$ (代数的数体という)がある．

体の一般論において標数(0かまたは素数)は重要である．標数 0 の体は $\mathbb{Q}$ の拡大体で，正標数 $p>0$ の体は p 元体 $\mathbb{F}_p = \mathbb{Z}/(p)$ の拡大体である．

重根をもたない多項式を分離多項式という．標数 0 の場合，既約多項式は分離的であるが，正標数の場合は必ずしもそうではない．代数的な元につい

て，その最小多項式が分離的であるか否かに従って，その元を分離的または非分離的という．すべての元が分離的なとき，分離拡大という．拡大 L/K の分離性は，L の K の代数的閉包 $\overline{K}$ への K 埋め込みの様子と強く関係している．この章では，次章で展開する Galois 理論の準備のため，分離拡大についてこの辺りのことを強調しておく．とくに，拡大の分離性が"埋め込みの分離性"と同値であるということが分かれば，自ずから Galois 理論への道が開けてくる．

ちなみに，すべての代数拡大が分離的であるような体を完全体というが，その 1 つの特徴づけを与える．正標数の場合，有限体が完全体の重要な例である．

最後に，有限体の基本的な性質をまとめる．有限体は拡大論が極めて単純で Galois 理論の良い例を与える．q 乗写像（Frobenius 準同型）が重要である．

§1.1 体の作り方

4 則演算をもつ代数系を体という．正確にいうと，環であって，0 でない元は単元，すなわち，乗法に関して可逆であるものをいう．復習してみよう．

まず，A を加法群とする．すなわち，2 項演算 $(a,b) \mapsto a+b = b+a$ $(a,b \in A)$ が定義されていて，次をみたすとする．

（1） $(a+b)+c = a+(b+c)$.
（2） $a+0 = a$ $(a \in A)$ をみたす元 $0 \in A$ がある．
（3） 任意の $a \in A$ に対して，$a+(-a) = 0$ となる $-a \in A$ がある．

(2) をみたす 0 は唯一つであり，a に対して $-a$ は唯一つである．

有理整数全体 $\mathbb{Z} = \{\cdots, -2, -1, 0, 1, 2, \cdots\}$ は通常の加法によって加法群である．

A がさらに，モノイド（monoid）をなす乗法 $(a,b) \mapsto ab$ をもち，分配則をみたすとき A を環（ring）という．すなわち，

（4） $(ab)c = a(bc)$ $(a,b,c \in A)$.
（5） $1a = a1 = a$ $(a \in A)$ となる $1 \in A$ がある（乗法に関する単位元）．

（6） $(a+b)c = ac+bc$, $c(a+b) = ca+cb$ $(a,b,c \in A)$ （分配則）．

乗法に関して可換($ab=ba$ $(a,b\in A)$)のとき，A を**可換環**という．$\mathbb{Z}$ は可換環の最初の例である．行列環，線形作用素のなす環などが非可換環の基本例である．

3則演算 $\pm, \times$ の上にさらに除法 $\div(=/)$ を可能にするものとして，体と名付けられた代数系がある．代数系の議論としては，体は環の特殊例であると思うのが最良であるから，環論の言葉で定義しよう．

環 A の元 $a \in A$ が（乗法に関する）逆元 a^{-1} $(aa^{-1}=a^{-1}a=1)$ をもつとき，a を A の**単元**(unit)という．単元の集合 $A^\times = \{a \in A \mid aa^{-1}=a^{-1}a=1$ となる a^{-1} あり$\}$ は（乗法 $\times$ について）群をなすが，$A\setminus\{0\}=A^\times$ となるとき，A を**体**(field)（または**可除環**(division ring)）という．すなわち，$a \neq 0$ ならば，$aa^{-1}=a^{-1}a=1$ となる $a^{-1} \in A$ がある環を体という．

$\mathbb{Z}$ は体ではないが，分数化した有理数全体の集合 $\mathbb{Q} = \{a/b \mid a,b \in \mathbb{Z}, b \neq 0\}$ は体である．このレベルの構成を商体といった．すなわち，一般に整域（零因子をもたない可換環）A に対して，$QA = \{a/b \mid a,b \in A, b \neq 0\}$，ただし，$a/b = a'/b' \iff ab' = a'b$ と見なす，と定義すると，QA は A を含む最小の体となり，これを整域 A の**商体**(quotient field)という．

非可換な体の例としては，4元数体(Hamilton 体)が有名である．$1, i, j, k$ を基底とする実数体 $\mathbb{R}$（またはその部分体）上の4次元ベクトル空間 $\mathbb{H} = \{a+bi+cj+dk \mid a,b,c,d \in \mathbb{R}\}$ に乗法を基底の積
$$i^2 = j^2 = k^2 = -1, \quad ij = -ji = k, \quad jk = -kj = i, \quad ki = -ik = j$$
によって定義したものである．複素数体上の2次行列のなす部分環

$$\left\{ \begin{pmatrix} \alpha & \beta \\ -\bar{\beta} & \bar{\alpha} \end{pmatrix} \,\middle|\, \alpha, \beta \in \mathbb{C} \right\} \quad (\bar{\alpha}, \bar{\beta} \text{ は } \alpha, \beta \text{ の複素共役})$$

も4元数体 $\mathbb{H}$ と同型である．

このような非可換体も，数論など有用である分野もあるが，その取り扱いは，むしろ特別な非可換環と考えた方がよいので，本書では以下，体といえば**可換体**のことを指すことにする．

さて分数化は，小学校でもやったように最も初等的な体の作り方を与えるわけであるが，他の方法もざっと閲覧してみよう．

まず，ある体 K が何らかの状況で，もっと大きな体 Ω の部分体(Ω を K の拡大体という)になっているとする．(K は 1 を含み，加法・乗法で閉じている体である．) 例えば，有理数体 $\mathbb{Q}$ が大きな複素数体 $\mathbb{C}$ に入っている状況である．このとき，Ω の部分集合 $S \subset \Omega$ について，K と S が生成する Ω の部分体 $K(S)$ がつくられる．$K(S)$ は定義によって K と S を含む最小の部分体のことである．すなわち，$K(S)$ の元は，K と S の有限個の元の加減乗除によって表される元からなる．言い替えれば，S の有限個の元を K 係数の有理式に代入した形をしている．$S = \{a_1, a_2, \cdots, a_n, \cdots\}$ などと明示されている場合，$K(S) = K(a_1, a_2, \cdots, a_n, \cdots)$ と書くことが多い．とくに1つの元 a で生成された体 $K(a)$ を**単拡大**(simple (monogenic) extension)という．$K(S)$ を，K に S の元を**添加した体**ともいう．

例 1.1 d を平方数でない整数とするとき，$\mathbb{Q}(\sqrt{d}) = \{a + b\sqrt{d} \mid a, b \in \mathbb{Q}\} \subset \mathbb{C}$．例えば，$\mathbb{Q}(\sqrt{2})$ など． □

例 1.2 $\alpha \in \mathbb{C}$ を超越数，すなわちどのような有理係数の多項式の零点にもなり得ないとするとき，$\mathbb{Q}(\alpha) = \{p(\alpha)/q(\alpha) \mid p(X), q(X) \in \mathbb{Q}[X],\ q(X) \neq 0\}$．言い替えれば，$\mathbb{Q}(\alpha)$ は，多項式整域 $\mathbb{Q}[X]$ の商体に同型である．e, π などが超越数であることは(解析的)数論の有名な定理である． □

上のように，大きな体 Ω が前提されていない場合の拡大体の構成にはさらに立ち入った方法が必要である．体 K 上不定元 $\{X_i\}_{i \in I}$ (I は添字集合) で生成される多項式整域 $K[X_i]_{i \in I}$ の商体 $K(X_i)_{i \in I}$ は最も簡単なものである (K 上の**有理関数体**(rational function field)という)．

解析的(位相的)構成として，有理数体 $\mathbb{Q}$ から実数体 $\mathbb{R}$ をつくる方法の一般化がある．第3章で詳しく論じるが，適当な条件をみたす位相体に完備化という操作を施す方法である(第1部，§6.3 も参照)．p 進体 $\mathbb{Q}_p$ などもこの構成である．今はこの構成にはこれ以上立ち入らずに，環論的な構成，剰余によるものを復習しよう．

I が可換環 A のイデアルであるとは，加法によって閉じており，かつ

$AI \subset I$ をみたすものであった($a+b \in I$ $(a, b \in I)$, $ax \in I$ $(a \in A, x \in I)$).こ のとき,剰余類の集合 $A/I := \{\bar{a} = a+I \mid a \in A\}$ は加法群になるのみならず, 乗法 $\bar{a}\bar{b} = \overline{ab}$ の定義が整合的(well-defined)で,再び環になり,自然な射影 $A \to A/I$ $(a \mapsto \bar{a})$ は環の全準同型になる(第1部,§1.3).さらに,環準同型 $f: A \to B$ が与えられたとき,f の核 $\mathrm{Ker}\, f = \{a \in A \mid f(a) = 0\}$ は A のイデ アルで,環の同型 $A/\mathrm{Ker}\, f \xrightarrow{\sim} f(A)$ $(\bar{a} \mapsto f(a))$ が成り立つ.

さて,A のイデアル $\mathfrak{m}$ について,剰余環 $A/\mathfrak{m}$ が体であることと,$\mathfrak{m}$ が 極大であることが同値である(第1部,命題1.15).実際,$\mathfrak{m}$ を極大イデア ルとするとき,$\bar{a} \ne 0$ ならば $a \notin \mathfrak{m}$ ゆえ,$Aa + \mathfrak{m} = A$.すなわち,$ba + x = 1$ $(b \in A, x \in \mathfrak{m})$ となる元がある.これは $\bar{b}\bar{a} = \overline{ba} = 1$,すなわち $\bar{b} = \bar{a}^{-1}$ を意 味し,$A/\mathfrak{m}$ は体である.逆に,$A/\mathfrak{m}$ が体ならば,$a \notin \mathfrak{m}$ に対して $\bar{b}\bar{a} = 1$ と なる $b \notin \mathfrak{m}$ が存在する.すなわち,$Aa + \mathfrak{m} = A1 = A$ となり,$a, \mathfrak{m}$ は単位イ デアル $(1) = A$ を生成し,これは $\mathfrak{m}$ が極大イデアルであることを示してい る.

このことから,自明でない可換環があれば,極大イデアル(いつでも存在 する;第1部,命題1.19)による剰余環をとるごとに体が得られる(**剰余体** (residue field)という).具体的なものとして,単項イデアル整域(PID)の 0 でない素イデアルによる剰余体が多くの基本的な例を与える.次の命題を 思い起こそう.第1部(命題1.17,定理1.24)にあるが,証明も与えておこ う.

命題 1.3 単項イデアル整域 A のイデアル $(a) = Aa$ $(a \ne 0)$ について次は 同値である.
 (i) (a) は極大イデアルである.
 (ii) (a) は素イデアルである.
 (iii) a は既約元である;すなわち,a は単元でなく,$a = bc$ とすると b または c は単元である.

 [証明] (i) $\Rightarrow$ (ii)は明らか.
 (ii) $\Rightarrow$ (iii) $a = bc$ とすると,$bc \in (a)$ で,(a) は素であるから,b または $c \in (a)$.$b \in (a)$ とすると $b = ab'$,よって $a = ab'c$.A は整域で $a \ne 0$ ゆえ

$b'c=1$, すなわち c は単元である.

(iii) ⇒ (i) (a) が極大ではないとする. $b \notin (a)$ をとり, イデアル $(a,b) = Aa+Ab$ を考える. PID ゆえ, $(a,b)=(c)$ となる元 c がある. ここで, $(c)=(a,b)\neq A$ とすると c は単元ではない. $a\in(c)$ より, $a=ca'$ とすると, a の既約性から, c は単元ではないから a' が単元である. よって, $c=a'^{-1}a \in (a)$, すなわち, $(a)=(c)=(a,b)$ となり矛盾である. ∎

例 1.4 $p\in\mathbb{Z}$ を素数とするとき, $\mathrm{mod}\ p$ の合同数のなす環 $\mathbb{F}_p=\mathbb{Z}/(p)$ は p 個の元をもつ体である. $\mathbb{Z}$ の剰余体はこれらのみである. □

例 1.5 体 K 上の(1 不定元)多項式整域 $K[X]$ の既約多項式 $p(X)$ に対して, 剰余体 $K[X]/(p(X))$ は K の拡大体である. ($a \mapsto \bar{a} = a+(p(X))$ は単射であるから, a と $\bar{a}$ とを同一視する.) □

例 1.6 d を平方数でないとするとき, 体の同型 $\mathbb{Q}[X]/(X^2-d) \xrightarrow{\sim} \mathbb{Q}(\sqrt{d})$ がある. すなわち, 環の準同型 $\phi: \mathbb{Q}[X] \to \mathbb{Q}(\sqrt{d})$ を $\phi(h(X))=h(\sqrt{d})$ によって定義すると, ϕ は全射で $\mathrm{Ker}\,\phi=(p(X))$ ($p(X)$ は $\sqrt{d}$ の最小多項式). $p(X)=X^2-d$ ゆえ準同型定理から上の同型を得る. □

以上のように, 1 つの体があると, 多項式整域の商体を取ったり, 多項式整域の極大イデアルによる剰余を取ったりして, 次々に拡大体が得られる. 第 2 部では, これらの体系的な取り扱いを学んでいこう.

§1.2 体の拡大──基本事項

可換環の準同型 $f: A \to B$ について次の事柄に注意しておこう.

(1) A が体で $B\neq 0$ ならば f は単射である. なぜならば, $f(1)=1$ ゆえ, $\mathrm{Ker}\,f \neq A$ でそのようなイデアルは 0 しかないから.

(2) B を整域とすると, $A/\mathrm{Ker}\,f \xrightarrow{\sim} f(A) \subset B$ ゆえ, $A/\mathrm{Ker}\,f$ も整域となり, $\mathrm{Ker}\,f$ は素イデアルである.

(3) $A=\mathbb{Z}$, $f(n)=n\cdot 1 \in B$ と定めたとき, 単項イデアル環 $\mathbb{Z}$ のイデアル $\mathrm{Ker}\,f$ の生成元 $l\geq 0$ を環 B の**標数**(characteristic)といい, $\mathrm{char}\,B$ で表す. 標数 l は 0 でなければ $l\cdot 1=0$ となる最小の正整数である.

(3)より B が整域ならば，その標数 l は 0 であるか ($\mathbb{Z} \hookrightarrow B$)，または素数 $l=p>0$ である ($\mathbb{F}_p=\mathbb{Z}/(p) \hookrightarrow B$). B がさらに体であれば，$\mathbb{Z}$ の商体 $\mathbb{Q}$ を含むから，体については次が成立する．

(i) 標数が 0 $\iff$ 有理数体 $\mathbb{Q}$ の拡大体である．

(ii) 標数が $p>0$ $\iff$ p 個の元からなる有限体 $\mathbb{F}_p$ の拡大体である．

最小の体 ($\mathbb{Q}$ または $\mathbb{F}_p$ に同型)を**素体**(prime field)という．$\mathbb{Q}$ は標数 0 の素体，$\mathbb{F}_p$ は標数 p の素体である．

体の拡大 $K \subset L$ が与えられたとき，体論特有の記号として，L/K とかく流儀がある．字面からは，剰余の記号と同じで紛らわしいが，K は環 L のイデアルにはならないので(部分加法群ではあるが)混同の恐れは普通はない．以下本書でも体の拡大について，この記号を用いる．

体の拡大 L/K において，まず L は K 加群，すなわち体 K 上のベクトル空間になっている．したがって，K 上のベクトル空間としての次元 $\dim_K L$ が考えられるが，これを $[L:K]=\dim_K L$ とかいて，L/K の**拡大次数**(extension degree)という．$[L:K] \geqq 1$ で，$[L:K]=1 \iff L=K$ である．$[L:K] < \infty$ のとき，L/K を有限次拡大という．

例1.7 K を標数 p の有限体($p>0$)とすると，$\sharp K = p^n$ ($n=[K:\mathbb{F}_p]$). 実際，K は標数 p の素体 $\mathbb{F}_p$ の拡大体であり，$\mathbb{F}_p$ 上のベクトル空間としては n 個の直積 $(\mathbb{F}_p)^n$ に同型である．よって元の個数について $\sharp K = p^n$．

さらにこのような有限体が同型を除いて唯一つ存在することを後に示す．□

まず，中間体があるとき，次の鎖公式が成り立つ．

命題1.8 M を拡大 L/K の中間体，すなわち $K \subset M \subset L$ とする．このとき，拡大次数の間に積公式 $[L:K]=[L:M][M:K]$ が成り立つ．ただし，いずれかが無限大のときは，$\infty \cdot n = \infty$ などの便宜を行う．

[証明] $(x_i)_{i \in I}$ を M/K の基底，$(y_j)_{j \in J}$ を L/M の基底とするとき，$(x_i y_j)_{(i,j) \in I \times J}$ が L/K の基底を与えることを示せばよい($\sharp I = [M:K]$, $\sharp J = [L:M]$).

$$L = \bigoplus_{j \in J} M y_j = \bigoplus_{j \in J} \left(\bigoplus_{i \in I} K x_i \right) y_j = \bigoplus_{i \in I, j \in J} K x_i y_j$$

より主張が導かれる.

体の拡大 L/K があるとき, 元 $a \in L$ が 0 でない K 係数多項式 $f(X) \in K[X]$ の根 ($f(a) = 0$) になるとき, a を K 上**代数的**(algebraic)な元といい, 代数的でない元を K 上**超越的**(transcendental)な元という.

$a \in L$ が代数的なとき, $f(a) = 0$ をみたす 0 でない多項式のうち, 最小次数でモニック(最高次の係数が 1)なものを**最小多項式**(minimal polynomial)といい, $p_a(X) \in K[X]$ とかく. このとき, 環準同型 $\phi: K[X] \to L$ を $\phi(f(X)) = f(a)$ ($f(x) \in K[X]$) によって定義すると, $K[X]$ は Euclid 整域(よって PID)ゆえ, $\mathrm{Ker}\,\phi = (p_a(X))$ となり, 環準同型定理から体の同型
$$K[X]/(p_a(X)) \xrightarrow{\sim} K[a] \subset L$$
を得る. ここで $K[a] = \mathrm{Im}\,\phi$ は K 上 a が生成する部分環であるが, それが部分体 $K(a)$ と一致することになる. 命題 1.3 より極大イデアルを生成する $p_a(X)$ は K 上既約であり, また剰余体 $K[X]/(p_a(X))$ の K 上の次元は最小多項式の次数 $\deg p_a(X)$ に等しい. すなわち, $[K(a):K] = \deg p_a(X)$.

a が K 上超越的ならば, 上の準同型 ϕ は単射となり ($f(a) = 0 \Longrightarrow f(X) = 0$), $K[X] \simeq K[a] \subsetneq K(a)$ となり, $[K(a):K] = \infty$ である.

拡大 L/K について, L の元がすべて K 上代数的であるとき, **代数拡大**(algebraic extension)といい, そうでないとき(すなわち少なくとも 1 つは超越元があるとき)**超越拡大**(transcendental extension)という.

以上をまとめて次の命題を得る.

命題 1.9 体 L の元 a と部分体 K について次は同値である.

(i) a は K 上代数的である.

(ii) $[K(a):K] < \infty$, すなわち, $K(a)/K$ は有限次拡大である ($[K(a):K] = \deg p_a(X)$).

(iii) L の部分環 $K[a]$ は体, すなわち $K(a)$ に等しい.

(iv) $K(a)/K$ は代数拡大である.

[証明] (iii) $\Rightarrow$ (iv) の部分のみ, 未決である. $a \neq 0$ としてよい. $K[a]$ は体だから, $af(a) = 1$ となる $f(X) \in K[X]$ がある. a は $Xf(X) - 1$ の根だから K 上代数的である. よって $K(a)/K$ は有限次拡大である. 他の元 $b \in$

$K(a)$ について，もし b が超越的ならば $[K(b):K]=\infty$ となり $[K(b):K] \leqq [K(a):K]<\infty$ に矛盾する． ∎

第2部では，前半の第1章と第2章では主として代数拡大について論ずる．

§1.3 代数拡大

この節では，代数拡大についての一般的考察を行う．まず，今や容易に証明できる次の命題群に注意しよう．

命題 1.10 有限次拡大は代数拡大である．

[証明] $[L:K]<\infty$ とすると，$a \in L$ について $[K(a):K] \leqq [L:K]<\infty$ である．よって命題1.9により，a は K 上代数的である． ∎

命題 1.11 体 K の拡大体 L の元 $a_1, a_2, \cdots, a_n$ について次は同値である．

(ⅰ) $a_1, a_2, \cdots, a_n$ は K 上代数的である．

(ⅱ) $K[a_1, a_2, \cdots, a_n] = K(a_1, a_2, \cdots, a_n)$. ただし，$K[a_1, a_2, \cdots, a_n]$, $K(a_1, a_2, \cdots, a_n)$ は，それぞれ $a_1, a_2, \cdots, a_n$ が K 上生成する環，および体．

(ⅲ) $[K(a_1, a_2, \cdots, a_n):K]<\infty$.

[証明] 元の個数 n についての帰納法を用いる．$n=1$ のときは，前節の命題1.9である．$n-1$ まで成立するとして，$M=K[a_1, a_2, \cdots, a_{n-1}]=K(a_1, a_2, \cdots, a_{n-1})$ とおく．

(ⅰ)⇒(ⅱ) a_n は M 上代数的ゆえ，$n=1$ の場合と仮定から，$K[a_1, a_2, \cdots, a_n]=M[a_n]=M(a_n)=K(a_1, a_2, \cdots, a_n)$.

(ⅱ)⇒(ⅲ) 命題1.8から，$[K(a_1, a_2, \cdots, a_n):K]=[M(a_n):M][M:K]$. 帰納法の仮定から，$[M:K]<\infty$. また，$M(a_n)=M[a_n]$ ゆえ，$n=1$ の場合から $[M(a_n):M]<\infty$. よって，(ⅲ)が成り立つ．

(ⅲ)⇒(ⅰ) 仮定より部分拡大 $K(a_n)/K$ は有限次拡大である．よって命題1.9より a_n は K 上代数的である． ∎

系 1.12 K 上代数的な元で生成された体は代数拡大である．また，有限生成代数拡大は有限次拡大である． □

系 1.13 a, b が K 上代数的ならば，$a \pm b$, ab, a/b ($b \neq 0$) も K 上代数的

である.

[証明] 系1.12により,$K(a,b)/K$ は代数拡大であるから $K(a,b)$ の元 $a\pm b$, ab, a/b $(b\ne 0)$ も K 上代数的である. ∎

系1.14 代数拡大の列 $K\subset M\subset L$ において,
L/K が代数拡大 $\iff$ L/M と M/K が共に代数拡大.

[証明] ($\Rightarrow$)は明らか.

($\Leftarrow$) $a\in L$ は M 上代数的だから,M 上の最小多項式 $p_a(X) = X^l + b_{l-1}X^{l-1} + \cdots + b_0$ $(b_i\in M)$ をもつ.すると,a は $M_0 = K(b_0,\cdots,b_{l-1})$ 上代数的である.$b_i\in M$ は K 上代数的だから命題1.11 より $[M_0:K]<\infty$. よって命題1.8 と命題1.9 とから $[M_0(a):K] = [M_0(a):M_0][M_0:K]<\infty$. よって,命題1.9 から $M_0(a)$ は K 上代数的で,a は K 上代数的な元になる. ∎

先に見たように,有限次拡大は代数拡大であるが逆は成り立たない.代数拡大のうち最大のものを考えることができてそのようなものを代数的閉包という.まず,自分自身以外(真に大きな)代数拡大をもたない体を**代数的閉体** (algebraically closed field) とよぶ.

命題1.15 体 K について次は同値.

（i） K 代数的閉体,すなわち,L/K が代数的ならば $L=K$.

（ii） K 上の(定数でない)既約多項式は 1 次式.

（iii） K 上の任意の(定数でない)多項式は 1 次式の積に分解する.

（iv） K 上の任意の(定数でない)多項式は K に少なくとも 1 つの根をもつ.

（v） 任意の拡大 L/K に対して,K 上代数的な元 $a\in L$ は $a\in K$.

[証明] (i)⇒(ii) $f(X)\in K[X]$ を定数でない既約多項式とすると,$K_1 = K[X]/(f(X))$ は K の有限次(代数)拡大体である.よって $K_1 = K$,すなわち,$\deg f = [K_1:K] = 1$.

(ii)⇒(iii)⇒(iv) 明らか.

(iv)⇒(v) $a\in L$ の K 上の最小多項式 p_a は K に根をもつ.よって,$p_a(X) = X-a$,すなわち,$a\in K$.

(v)⇒(i) 明らか. ∎

§1.3 代数拡大 —— 183

複素数体 $\mathbb{C}$ が代数的閉体であること(の証明)は有名な歴史的事実である．Gauss によって「代数学の基本定理」と名付けられたが，本質は解析的・位相的な定理である．数種類の証明が知られていて，本書でも次章で 1 つの証明を与えるが，とりあえずここではそれを認めておこう．

さて，拡大 $\overline{K}/K$ が代数的であって，かつ $\overline{K}$ が代数的閉体のとき，$\overline{K}$ を K の**代数的閉包**(algebraic closure)という．あとで，代数的閉包は K 同型を除いて一意的であることを示す．

代数的閉包とは，K を含む最小の代数的閉体であり，また K の最大の代数的拡大であるといえる．

代数的閉体 L とその部分体 K が与えられたとき，$\overline{K_L} := \{a \in L \mid a \text{ は } K \text{ 上代数的}\}$ とおくと，$\overline{K_L}$ は K の 1 つの代数的閉包を与えている ($\overline{K_L}$ を L における K の代数的閉包という)．実際，系 1.13 から $\overline{K_L}$ は体であり，定義によって K 上代数的である．さらに，$b \in L$ を $\overline{K_L}$ 上代数的な元とすると，$\overline{K_L}(b)/\overline{K_L}$ は代数拡大で，系 1.14 から，$\overline{K_L}(b)$ は K 上代数拡大になる．よって，$b \in \overline{K_L}$ となり，命題 1.15 (v) から，$\overline{K_L}$ は代数的閉体となる．

例 1.16 $\overline{\mathbb{Q}} = \overline{\mathbb{Q}_\mathbb{C}} = \{a \in \mathbb{C} \mid a \text{ は } \mathbb{Q} \text{ 上代数的}(代数的数)\}$ は $\mathbb{Q}$ の代数的閉包である．また，$\mathbb{C}$ は $\mathbb{R}$ の代数的閉包である． □

主定理を述べる前に，言葉の復習を 1 つ．一般に，2 つの体拡大 L_1/K と L_2/K に対して，K 代数としての環準同型 $f: L_1 \to L_2$ があるとき，f は単射で，$f|K = \mathrm{Id}_K$(恒等写像)になることに注意しておこう．単射になることは，体が自明なイデアルしかもたないことから明らかで，後者は $a \in K$ に対しては，K 準同型 $f(a) = f(a \cdot 1) = af(1) = a1 = a$ から分かる．

以上によって，体の場合のこのような K 準同型 f を K **埋め込み**(embedding)ともいい，f が全射ならば K 同型を与える．

次の定理の存在の部分の証明は面白いが，読まなくても以後の議論を理解する上で差し障りはなかろう．

定理 1.17 (Steinitz) 体 K に対して，その代数的閉包が K 同型を除いて唯一つ存在する．

[証明] (存在の証明) まず，$K[X]^* = K[X] \setminus K$ を定数でない K 上の 1

不定元多項式のなす集合とする. $f \in K[X]^*$ に対して文字 X_f を新たに導入して,これらがなす不定元の集合を $\mathcal{S} := \{X_f | f \in K[X]^*\}$ とおく. (集合としては $K[X]^* \simeq \mathcal{S}$.) そこで $\mathcal{S}$ の元が生成する (無限不定元の) 多項式整域 $K[\mathcal{S}] := K[X_f | f \in K[X]^*]$ を考える. ところで, $f \in K[X]^*$ の不定元 X に X_f を代入した $f(X_f) \in K[\mathcal{S}]$ が考えられるが, それらが生成する $K[\mathcal{S}]$ のイデアルを $I := (f(X_f) | f \in K[X]^*)$ とおく.

このとき,まず $1 \notin I$ を示す. 実際, そうでないとすると, 有限個の $f_1, f_2, \cdots, f_N \in K[X]^*$ と $g_1, g_2, \cdots, g_N \in K[\mathcal{S}]$ が存在して,

$$(1.1) \qquad \sum_{i=1}^{N} g_i f_i(X_{f_i}) = 1$$

となる. ここに現れる N 個の多項式 f_i 1 個 1 個については, $K(\theta_i)/K$ ($f_i(\theta_i) = 0$) となる代数拡大が存在する (多項式 f_i の 1 つの既約因子 $p_i | f_i$ について, $K[X]/(p_i(X))$ をとれば, $\theta_i = X \bmod (p_i)$ がこれをみたす). そこで, 式 (1.1) を $K(\theta_1, \theta_2, \cdots, \theta_N)$ 係数の多項式関係と見なして, $X_{f_i} = \theta_i$ を代入すると, $K(\theta_1, \theta_2, \cdots, \theta_N)[\mathcal{S}]$ のなかで $0 = 1$ となり矛盾する.

よって, イデアル I は $K[\mathcal{S}]$ の真のイデアルとなり, これを含む極大イデアル $\mathfrak{m} \supset I$ が存在する (第 1 部, 命題 1.19). その剰余体 $\Omega_K := K[\mathcal{S}]/\mathfrak{m}$ を考えると, $\theta_f := X_f \bmod \mathfrak{m} \in \Omega_K$ に対して, $f(\theta_f) = 0$ で, Ω_K は K 上 $\{\theta_f | f \in K[X]^*\}$ で生成されている. よって, 系 1.12 より Ω_K/K は代数拡大である. まとめると, Ω_K はすべての K 上の多項式 $f \in K[X]^*$ が少なくとも 1 つずつ根をもつ代数拡大である.

次に, この構成を繰り返して
$$K_1 = \Omega_K \subset K_2 = \Omega_{K_1} \subset \cdots \subset K_n = \Omega_{K_{n-1}} \subset \cdots$$
という代数拡大の列をつくり, $\overline{K} := \bigcup_{n=1}^{\infty} K_n$ とおく.

このとき $\overline{K}/K$ は代数拡大で, $\overline{K}$ は代数的閉体となる. 実際, $f \in \overline{K}[X]$ はある n に対して $f \in K_n[X]$ であり, f は $K_{n+1} = \Omega_n$ において 1 つの根 $\theta \in K_{n+1} \subset \overline{K}$ をもつ. よって命題 1.15 によって $\overline{K}$ は代数的閉体である. これで, K の代数的閉包が構成できた. (存在証明終わり)∎

一意性は，あとでもよく使われる次の補題から従う．

補題1.18（埋め込みの拡張可能性）　L/K を代数拡大とし，M を代数的閉体とする．このとき，体の埋め込み $\sigma: K \hookrightarrow M$ は埋め込み $\tilde{\sigma}: L \hookrightarrow M$ $(\tilde{\sigma}|K = \sigma)$ に拡張できる．

[証明]　部分拡大 L_i/K $(K \subset L_i \subset L)$ への σ の拡張 $\sigma_i: L_i \to M$ $(\sigma_i|K = \sigma)$ について，順序 $(\sigma_i, L_i) \leqq (\sigma_j, L_j)$ を $L_i \subset L_j$, $\sigma_i = \sigma_j|L_i$ によって定義する．この順序集合 $\{(\sigma_i, L_i)\}$ は帰納的であるから（全順序部分集合に対して和 $L_\infty = \bigcup_i L_i$ をとれば上界を与える），Zorn の補題によって極大元 (σ', L') が少なくとも1つある．

　$L' = L$ となることを示せばよい．もし，$L' \neq L$ ならば，$a \in L \setminus L'$ をとり，代数拡大 $L'(a)/L'$ を考えると，σ' は $\sigma'': L'(a) \to M$ $(\sigma''|L' = \sigma')$ に拡張できる．実際，a の L' 上の最小多項式を $p_a \in L'[X]$ とすると，$\sigma'(p_a) \in \sigma'(L')[X] \subset M[X]$ であり，M は代数的閉体であるから，$\sigma'(p_a)(\alpha) = 0$ となる $\alpha \in M$ を1つとれば，

$$\sigma'(L')[X]/(\sigma'(p_a)) \xrightarrow{\sim} \sigma'(L')(\alpha) \subset M \quad (X \mapsto \alpha)$$

が拡張 $L'(a) \to M$ を与えている．これは (σ', L') の極大性に反するから $L = L'$, すなわち，σ は全体 L に拡張可能である． ∎

[定理1.17の一意性の証明]　L_1, L_2 をともに体 K の代数的閉包とする．L_1/K は代数拡大ゆえ，補題1.18によって $K \hookrightarrow L_2$ を拡張した K 埋め込み $\sigma_1: L_1 \hookrightarrow L_2$ がある．ところが，$K \subset \sigma_1(L_1) \subset L_2$ において L_2/K も代数的で，$\sigma_1(L_1)$ は閉体であるから $\sigma_1(L_1) = L_2$, すなわち σ_1 は全射となり，K 同型を与える．（定理1.17証明終わり） ∎

　一意性の証明部分からよく用いられる次の形の命題が得られる．

系1.19　代数的閉包の中間体 $K \subset L \subset \overline{K}$ の K 埋め込み $\sigma: L \to \overline{K}$ は，K 同型 $\tilde{\sigma}: \overline{K} \xrightarrow{\sim} \overline{K}$ へ拡張できる． □

§1.4　分解体と正規拡大

　K 係数多項式 $f \in K[X]$ が，K の拡大体 L において1次式に分解する

とき，すなわち，$\theta_1, \theta_2, \cdots, \theta_n \in L$ があって，$f(X) = c(X-\theta_1)(X-\theta_2)\cdots(X-\theta_n) \in L[X]$ となるとき，L は f の**分解体**(splitting field)であるという．$L = K(\theta_1, \theta_2, \cdots, \theta_n)$ のとき，L は f の**最小分解体**という (L は f が1次式に分解する最小の分解体)．明らかに，K の代数的閉包 $\overline{K}$ はすべての $f \in K[X]$ の分解体であり，1つの $f \in K[X]$ に対して ($\overline{K}$ を1つ固定したとき)，K に f のすべての根 $\theta_1, \theta_2, \cdots, \theta_n \in \overline{K}$ ($f(X) = c\prod_{i=1}^{n}(X-\theta_i)$) を添加した拡大体 $K(\theta_1, \theta_2, \cdots, \theta_n) \subset \overline{K}$ は f の最小分解体である．

$f \in K[X]$ に対して f の最小分解体は K 同型を除いて唯一つ存在する．実際，L を f の最小分解体とすると，$f(X) = c\prod_{i=1}^{n}(X-\theta'_i)$ ($\theta'_i \in L$)，$L = K(\theta'_1, \theta'_2, \cdots, \theta'_n)$ とかける．L/K は代数拡大であるから補題 1.18 から K 同型 $\sigma: L \to \overline{K}$ がある．$f(X) = c\prod_{i=1}^{n}(X-\sigma(\theta'_i))$ ($\sigma(\theta'_i) \in \overline{K}$) ゆえ，順序を除いて $\{\theta_i\}_{1 \leq i \leq n} = \{\sigma(\theta'_i)\}_{1 \leq i \leq n}$ であって $\sigma(L) = K(\theta_1, \theta_2, \cdots, \theta_n)$，すなわち K 同型 $L \xrightarrow{\sim} K(\theta_1, \theta_2, \cdots, \theta_n)$ がある．

例 1.20 $\mathbb{Q} \subset \overline{\mathbb{Q}} \subset \mathbb{C}$ で考える．
$$f(X) = X^3 - 2 = (X - \sqrt[3]{2})(X - \omega\sqrt[3]{2})(X - \omega^2\sqrt[3]{2}),$$
$$\omega^2 + \omega + 1 = 0 \quad \left(\omega = \frac{-1 \pm \sqrt{-3}}{2}\right)$$
の $\mathbb{C}$ のなかでの最小分解体は，$\mathbb{Q}(\sqrt[3]{2}, \omega\sqrt[3]{2}, \omega^2\sqrt[3]{2}) = \mathbb{Q}(\omega, \sqrt[3]{2})$ である．$\mathbb{Q}(\sqrt[3]{2}) \simeq \mathbb{Q}(\omega^i\sqrt[3]{2})$ ($i = 0, 1, 2$) などは f の分解体ではない． □

この節では，Galois 理論へ向かうため，このような分解体のもつ性質のうち，K 埋め込みによる安定性との関連を調べてみる．まず，古く，共役元とよばれていた概念をこの立場から定義すると次のようになる．

K 上代数的な2つの元 $\alpha, \beta \in \overline{K}$ が，K 同型 $\sigma: \overline{K} \xrightarrow{\sim} \overline{K}$ によって移り合うとき ($\sigma(\alpha) = \beta$)，α と β とは K **共役**(conjugate)であるという．ついでに，K の2つの拡大体 L_1, L_2 について，K 同型 $\sigma: L_1 \xrightarrow{\sim} L_2$ があるとき，拡大体 L_1 と L_2 とは K 共役であるということもある．

命題 1.21 K 上代数的な元 α, β について次は同値である．

(i) α と β とは K 共役である．

(ii) α と β の K 上の最小多項式は等しい.

(iii) $\sigma_0: K(\alpha) \xrightarrow{\sim} K(\beta)$ $(\sigma_0(\alpha) = (\beta))$ なる K 同型がある.

[証明] (i) $\Rightarrow$ (ii) $\sigma: \overline{K} \xrightarrow{\sim} \overline{K}$ $(\sigma|K = \mathrm{Id}_K, \sigma(\alpha) = \beta)$ とすると, α, β の最小多項式 p_α, p_β に関して, $\sigma(p_\alpha) = p_\beta$. ところが, $\sigma|K = \mathrm{Id}_K$ ゆえ $p_\alpha = p_\beta$.

(ii) $\Rightarrow$ (iii) $K(\alpha) \simeq K[X]/(p_\alpha) = K[X]/(p_\beta) \simeq K(\beta)$ より明らか.

(iii) $\Rightarrow$ (i) $\sigma_0: K(\alpha) \xrightarrow{\sim} K(\beta)$ $(\sigma_0(\alpha) = \beta)$ は系 1.19 によって K 同型 $\sigma: \overline{K} \xrightarrow{\sim} \overline{K}$ に拡張できる. ∎

例 1.22 $\omega^i \sqrt[3]{2}$ $(i = 0, 1, 2)$ はそれぞれ互いに $\mathbb{Q}$ 共役である. □

記述の便宜のため, 次の記号を導入する. 2 つの拡大 L_1/K, L_2/K に対して, $\mathrm{Emb}_K(L_1, L_2)$ によって, K 埋め込み $\sigma: L_1 \to L_2$ $(\sigma|K = \mathrm{Id}_K)$ 全体のなす集合を表す. 以前の注意によって, 環論の範囲で考えればこれは K 代数としての準同型全体の集合 $\mathrm{Hom}_{K代数}(L_1, L_2)$ にすぎない.

$L = L_1 = L_2$ のときに, K 自己同型全体のなす部分集合を $\mathrm{Aut}_K(L) = \{\sigma \in \mathrm{Emb}_K(L, L) \mid \sigma(L) = L\}$ と表す. $\mathrm{Aut}_K(L)$ は, 体 L の K **自己同型群** (automorphism group) である.

命題 1.23 代数拡大 L/K について次は同値である.

(i) L の任意の拡大体 $M (\supset L)$ と $\sigma \in \mathrm{Aut}_K M$ に対して $\sigma L = L$.

(ii) $K \subset L \subset \overline{K}$ となる K の代数的閉包を 1 つ固定したとき, 任意の $\sigma \in \mathrm{Aut}_K \overline{K}$ に対して $\sigma L = L$.

(iii) (ii)の状況で任意の $\tau \in \mathrm{Emb}_K(L, \overline{K})$ に対して $\tau L = L$.

(iv) 既約な $f \in K[X]$ の根 θ $(f(\theta) = 0)$ について, $\theta \in L$ ならば L は f の分解体である.

[証明] (i) $\Rightarrow$ (ii) 自明.

(ii) $\Rightarrow$ (iii) 系 1.19 より, τ は $\tilde{\tau} \in \mathrm{Aut}_K \overline{K}$ に拡張でき, (ii)から $\tau L = \tilde{\tau} L = L$.

(iii) $\Rightarrow$ (iv) $K \subset L \subset \overline{K}$, $f(X) = c \prod_{i=1}^{n} (X - \theta_i)$ $(\theta = \theta_1 \in L)$ とする. K 埋め込み $\sigma_i: K(\theta) \xrightarrow{\sim} K[X]/(f(X)) \xrightarrow{\sim} K(\theta_i) \subset \overline{K}$ は, やはり系 1.19 より, $\tilde{\sigma}_i$:

$\overline{K} \xrightarrow{\sim} \overline{K}$ に拡張されるから $(K(\theta) \subset L \subset \overline{K})$, $\tilde{\sigma}_i L = L$; すなわち, $\sigma_i(K(\theta)) = K(\theta_i) \subset L$ となり, $\theta_i \in L$ である.

(iv) $\Rightarrow$ (i) $\theta \in L$ の K 上の最小多項式を $p_\theta(X) = \prod_{i=1}^{n}(X - \theta_i)$ $(\theta_i \in L)$ とする. $\sigma \in \mathrm{Aut}_K M$ に対して, $p_{\sigma(\theta)} = \sigma(p_\theta) = p_\theta$ ゆえ, $\sigma(\theta) = \theta_i$ となる i があり, すなわち $\sigma(\theta) \in L$. よって, $\sigma L \subset L$. $\sigma^{-1} \in \mathrm{Aut}_K M$ に対しても同様に $\sigma^{-1}L \subset L$ ゆえ $\sigma L = L$. ∎

代数拡大 L/K が, 上の命題 1.23 の同値な条件 (i)〜(iv) をみたすとき**正規拡大**(normal extension) という.

2 つの体 L, M がもっと大きな体 Ω の部分体であるとき, L と M で生成された Ω の部分体を LM または ML とかき, L と M の**合成体**(composite) という. もちろん $LM = L(M) = M(L)$ である. このような状況では, しばしば大きな体 Ω を裏舞台として隠してしまって明示しないことが多い.

例えば, 2 つの拡大体 $L/K, M/K$ に対して合成体 LM を考えるというとき, これらの体はすべて 1 つの大きな体に入っているものと仮定している.

このとき, 拡大 LM/M を拡大 L/K の, 拡大 M/K による**リフト**(持ち上げ)(lift) という.

これから扱う拡大の重要な性質は, リフトで保たれることが多い.

例 1.24 代数拡大の任意のリフトはまた代数拡大である. 有限次拡大の任意のリフトも有限次である. □

以下, 命題 1.23 の系をいくつか並べる.

系 1.25 正規拡大の任意のリフトはまた正規拡大である.

[証明] L/K を正規, M/K を任意の拡大とする. 合成体 LM の任意の拡大 Ω と, 同型 $\sigma \in \mathrm{Aut}_M \Omega$ に対し, L/K は正規で $\sigma \in \mathrm{Aut}_K \Omega$ でもあるから, 命題 1.23(i) によって $\sigma L = L$. $\sigma M = M$ ゆえ, $\sigma(LM) = \sigma(L)\sigma(M) = LM$ となり, 同命題によって LM/M も正規である. ∎

系 1.26 2 つの拡大 $L/K, M/K$ がともに正規ならば, $LM/K, L \cap M/K$ も正規である.

[証明] 命題 1.23(i) を用いよ. ∎

系 1.27 $K \subset M \subset L$ において, L/K が正規ならば, L/M も正規であ

る.

[証明] $L \subset \overline{K}$ を固定しておくと,命題 1.23(ii) から $\sigma \in \mathrm{Aut}_K \overline{K}$ に対して $\sigma L = L$. よって $\sigma \in \mathrm{Aut}_M \overline{K} \subset \mathrm{Aut}_K \overline{K}$ に対しても $\sigma L = L$. ∎

例 1.28 $X^3 - 2$ の $\mathbb{Q}$ 上の最小分解体 $L = \mathbb{Q}(\sqrt[3]{2}, \omega)$ の部分体 $\mathbb{Q}(\omega)$, $\mathbb{Q}(\sqrt[3]{2})$ に対して,$L/\mathbb{Q}(\omega)$, $L/\mathbb{Q}(\sqrt[3]{2})$, $\mathbb{Q}(\omega)/\mathbb{Q}$ は正規であるが,$\mathbb{Q}(\sqrt[3]{2})/\mathbb{Q}$ は正規ではない.実際,$\mathbb{Q}$ 上既約な多項式 $X^3 - 2$ の根 $\omega^i \sqrt[3]{2}$ に対して,$\sqrt[3]{2} \in \mathbb{Q}(\sqrt[3]{2})$, $\omega^i \sqrt[3]{2} \notin \mathbb{Q}(\sqrt[3]{2}) (\subset \mathbb{R}) (i = 1, 2)$. □

系 1.29 正規拡大 L/K の中間体 $K \subset M \subset L$ について,L を含む閉体 $\overline{K}$ を1つ固定したとき,K 埋め込み $\sigma \in \mathrm{Emb}_K(M, \overline{K})$ は,L の K 同型 $\widetilde{\sigma} \in \mathrm{Aut}_K L$ に拡張される.(すなわち,拡張 $\widetilde{\sigma} \in \mathrm{Emb}_K(L, \overline{K})$ は $\widetilde{\sigma} L = L$ で $\mathrm{Aut}_K L$ の元を与える.) □

[証明] 系 1.19 によって,σ の拡張 $\bar{\sigma} \in \mathrm{Aut}_K \overline{K}$ があるが,正規性から $\bar{\sigma} L = L$. よって,$\widetilde{\sigma} = \bar{\sigma}|_L$ とすればよい. ∎

以上,正規拡大と埋め込みの関係をいろいろ見てきたが,正規拡大そのものは素朴には最小分解体の別名であることは推察できるであろう.

定理 1.30 有限次正規拡大であることと,ある多項式の最小分解体であることは同値である.

[証明] L を K の有限次正規拡大とすると,有限生成代数的であるから,$L = K(\theta_1, \theta_2, \cdots, \theta_n)$ $(\theta_i : K$ 上代数的$)$. p_i を θ_i の K 上の最小多項式とし,$f(X) = \prod_{i=1}^{n} p_i(X)$ とおく.命題 1.23(iv) より,$p_i(X)$ の根はすべて L の元となり,f の根はすべて L の元となり,L は f の分解体である.仮定により,L は f の根で生成されているから最小である.

逆に,$f \in K[X]$ の根の集合を $R \subset \overline{K}$ とおき,最小分解体 $L = K(R)$ を考える.$\sigma \in \mathrm{Aut}_K \overline{K}$ に対して,$\sigma(f) = f$ ゆえ $\sigma R = R$. よって $\sigma L = K(\sigma R) = K(R) = L$. ゆえに,命題 1.23 から L/K は正規である. ∎

系 1.31 有限次拡大 L/K に対して,L の拡大体 $\widetilde{L}$ で $\widetilde{L}/K$ が有限次正規拡大となるものがある.

[証明] $L = K(\theta_1, \theta_2, \cdots, \theta_n)$ $(\theta_i : K$ 上代数的$)$ に対し,$\theta_1, \theta_2, \cdots, \theta_n$ のすべての K 共役元のなす集合を R とおき $\widetilde{L} = K(R)$ とせよ. ∎

§1.5 分離性

多項式について,"根が分離している"というイメージをもって,重根をもたない多項式を**分離**(separable)**多項式**という.すなわち,適当な代数拡大体において,$f(X) = c \prod_{i=1}^{n}(X-\theta_i)$ $(\theta_i \neq \theta_j, i \neq j)$ と因数分解するとき f を分離多項式という.

一般の体係数の多項式 $f(X) = a_n X^n + a_{n-1}X^{n-1} + \cdots + a_i X^i + \cdots + a_0$ に対しても,**導分**(derivative)を形式的に $f'(X) = a_n n X^{n-1} + a_{n-1}(n-1)X^{n-2} + \cdots + a_i i X^{i-1} + \cdots + a_1$ と定義する.このとき,古典的な場合と同様に,$(fg)' = f'g + fg'$ などの公式が成り立つことは明らかであろう.まず次の補題を思い出そう.

補題 1.32 多項式 f が分離的であるためには,f とその導分 f' が共通根をもたないことが必要十分である.

[証明] f の1つの根を θ とし,$f(X) = (X-\theta)g(X)$ とする.このとき $f'(X) = g(X) + (X-\theta)g'(X)$ であるから,f と f' とが θ を共通根とすることと,$g(\theta) = 0$ すなわち,f が θ を重根にもつことが同値である. ∎

標数が素数 $p > 0$ の場合の2項展開を確認しておこう.

補題 1.33 標数が素数 $p > 0$ の環において,
$$(f+g)^{p^e} = f^{p^e} + g^{p^e}.$$

[証明] 2項係数について,
$$\binom{p}{i} = \frac{p(p-1)\cdots(p-i+1)}{i!} \equiv 0 \mod p \quad (i \neq 0, p)$$
より,$(f+g)^p = f^p + g^p$. これを繰り返せばよい. ∎

多項式が既約な場合,分離性との関係は次が出発点となる.

定理 1.34 K 係数の既約な多項式 $f \in K[X]$ について次が成立する.

(ⅰ) K の標数が0ならば,f は分離的である.

(ⅱ) K の標数が正 $p > 0$ ならば,f に対して唯一つの分離多項式 $f_s \in K[X]$ と,自然数 $e \geq 0$ が定まり,
$$f(X) = f_s(X^{p^e})$$

§1.5 分離性 —— 191

となる.

[証明] 既約多項式 $f \in K[X]$ に対して,その導分が $f' \neq 0$ とする. このとき, $\deg f' < \deg f$ だから,最大公約因子 $d = (f, f')$ は定数 1 となり,補題 1.32 から f は分離的である($d \in K[X]$ は f の因子であるから, d が 1 次以上ならば f の既約性に反する). K の標数が 0 ならば,1 次以上の多項式の導分は $f' \neq 0$ ゆえ, (i) が成り立つ.

次に, (ii) を示す. f が分離的ならば, $f_s = f$, $e = 0$ とすればよい. 分離的でなければ,上のことから, $f' = 0$. $f(X) = \sum_{i=0}^{n} a_i X^i$ とおくと,これは $ia_i = 0 (1 \leq i \leq n)$ を意味する. すなわち, $a_i \neq 0$ のとき, $i \equiv 0 \mod p$ でなければならない. すなわち,

$$f(X) = \sum_{i \equiv 0 \mod p} a_i X^i = \sum_{j \leq n/p} a_{jp} X^{jp}$$

となる. ここで, $f_1(Y) = \sum_{j \leq n/p} a_{jp} Y^j \in K[Y]$ とおくと, $f(X) = f_1(X^p)$. f_1 が分離的ならば, $f_s = f_1$, $e = 1$ とおけばよい. f_1 が分離的でなければ,同じ論法で, $f_1(X) = f_2(X^p)$ となる多項式 f_2 がある. この操作で, $f_1, f_2, \cdots$ の次数は p ずつ下がっていくから,いずれ分離多項式 f_r で, $f(X) = f_r(p^r)$ となるものがある(1 次式は分離的). このとき, $f_r = f_s$, $e = r$ とおけばよい.

一意性については,2 つの多項式について $g(X) = h(X^{p^i})$ という関係があれば, g は非分離的であることからでる(h の 1 つの根を $\theta \in \overline{K}$ とすれば, $(X^{p^i} - \theta) = (X - \theta^{1/p^i})^{p^i}$ となり, θ^{1/p^i} は g の p^i 重根). ∎

例 1.35 標数が $p = \operatorname{char} K > 0$ のとき, $a \in K$, $a^{1/p} = \theta \notin K$ とする(例えば, $K = k(a)$ (a は k 上の超越元)). このとき, $f(X) = X^p - a$ は既約であるが非分離的で, $f(X) = (X - \theta)^p$ ($\theta = a^{1/p} \in \overline{K}$), $f_s(X) = X - a$, $e = 1$ である. □

上の定理において, $\deg f_s$ を f の**分離次数**(separable degree), p^e を**非分離次数**(inseparable degree), e を**非分離指数**(inseparable exponent) という. $\deg f = (\deg f_s) p^e$ である. 分離次数が 1 のとき, f を**純非分離**(purely inseparable)**多項式**という(このとき, $\deg f = p^e = $ 非分離次数).

以下，多項式についての分離性概念を，代数的な元および拡大に適用する．K 上代数的な元 $\theta \in \overline{K}$ について，θ の K 上の最小多項式を p_θ とするとき，p_θ についての上記の定義を元 θ についての定義とする．すなわち，θ の分離次数は p_θ のそれ，非分離次数も p_θ のそれ，という具合である．とくに，元 θ が K 上**純非分離的**であるとは，$p_\theta(X) = (X-\theta)^{p^e}$ $(\theta \in \overline{K}, \theta^{p^e} \in K)$ となるときである．K の元自身は，K 上分離的かつ非分離的である．

代数拡大 L/K について，L のすべての元が K 上分離的であるとき，**分離拡大**(separable extension)という．$L \setminus K$ に K 上非分離的な元が存在するとき，L/K を**非分離拡大**(inseparable extension)という．L のすべての元が K 上純非分離的なとき，L/K を**純非分離拡大**(purely inseparable extension)という．もちろん，標数が 0 のときは，すべての代数拡大は分離的である．

以降，このような拡大の分離性を K 埋め込みの多様性との関連から調べる．結果から言えば，上の意味の分離性は "埋め込みによる分離性＝十分多くの埋め込みがあること" を導き，Galois 理論への道が開かれる．

まず特別な場合，すなわち，K 上分離的な元 θ で生成される単拡大 $K(\theta)$ を考える．このとき，K 埋め込み $\sigma: L \to \overline{K}$ は，生成元 θ の行く先 $\sigma(\theta) \in \overline{K}$ で決まる．ところで，$p_\theta \in K[X]$ を θ の K 上の最小多項式とすると，$\sigma p_\theta = p_\theta$ ゆえ，$p_\theta(\sigma(\theta)) = (\sigma p_\theta)(\theta) = p_\theta(\theta) = 0$ となり，$\sigma(\theta) \in \overline{K}$ は p_θ の 1 つの根である．また，θ' を p_θ の 1 つの根とすると，K 同型 $L = K(\theta) \simeq K[X]/(p_\theta) \simeq K(\theta') \subset \overline{K}$ は，$\sigma: L \to K(\theta') \subset \overline{K}$ $(\sigma\theta = \theta')$ となる K 埋め込みを与える．すなわち，K 埋め込み $L \to \overline{K}$ と θ の最小多項式の根が 1 対 1 に対応している．θ は K 上分離的な元であるから，p_θ の根の数は p_θ の次数に等しい．したがって，K 埋め込み $L \to \overline{K}$ のなす集合の個数について，等式
$$\sharp\mathrm{Emb}_K(L, \overline{K}) = \deg p_\theta = [L:K]$$
が成立している．この例を考慮に入れて，次の定義を行う．

定義 1.36 代数拡大 L/K に対して，
$$[L:K]_s := \sharp\mathrm{Emb}_K(L, \overline{K})$$
を**分離次数**(separable degree)という． □

先の例，θ が K 上分離的な元のときは，$[K(\theta):K]_s = \deg p_\theta$ である．

§1.5 分離性 —— 193

この定義においても，次の鎖公式が成り立つ．

定理 1.37 代数拡大の列 $K \subset M \subset L$ の分離次数について，積公式
$$[L:K]_s = [L:M]_s [M:K]_s$$
が成り立つ．

［証明］ 代数的閉包 $\overline{L} = \overline{M} = \overline{K}$ を1つ固定しておく（$K \subset M \subset L \subset \overline{K}$）．
K 埋め込みの集合について射影
$$f: \mathrm{Emb}_K(L, \overline{K}) \to \mathrm{Emb}_K(M, \overline{K})$$
を中間体 M への制限 $f(\sigma) = \sigma|M$ によって定義する．

このとき，まず補題 1.18 によって $M \to \overline{K}$ は $L \to \overline{K}$ に拡張可能であるから，f は全射であることに注意する．

次に，f のファイバーを見る．$\tau \in \mathrm{Emb}_K(M, \overline{K})$ に対して，$f^{-1}(\tau) = \{\sigma : L \to \overline{K} \mid \sigma|M = \tau\}$．系 1.19 によって，$\tau$ の拡張である K 同型 $\bar{\tau}: \overline{K} \xrightarrow{\sim} \overline{K}$ ($\bar{\tau}|M = \tau$) を1つ選んでおくと，
$$f^{-1}(\tau) \underset{\bar{\tau}^{-1}}{\simeq} \{\bar{\tau}^{-1} \circ \sigma : L \to \overline{K} \mid \sigma|L = \tau\}$$
$$= \{\mu : L \to \overline{K} \mid \mu|M = \mathrm{Id}_M\}$$
$$= \mathrm{Emb}_M(L, \overline{K})$$
となり，この最後の集合は τ の選び方によらない．よってその個数について $\sharp f^{-1}(\tau) = \sharp \mathrm{Emb}_M(L, \overline{K}) = [L:M]_s$ となり，等式
$$[L:K]_s = \sharp \mathrm{Emb}_K(L, \overline{K}) = \sharp \mathrm{Emb}_M(L, \overline{K}) \sharp \mathrm{Emb}_K(M, \overline{K})$$
$$= [L:M]_s [M:K]_s$$
を得る． ■

分離次数と通常の拡大次数との関係は次で与えられる．

定理 1.38 L/K を有限次拡大とする．
(ⅰ) 体の標数を p とすると，ある $e \geqq 0$ に対して，$[L:K] = [L:K]_s p^e$．
(ⅱ) L/K が分離拡大であることと，$[L:K] = [L:K]_s$ となることは同値である．

［証明］ (ⅰ) 単拡大 $L = K(\theta)$ のとき，θ の分離次数を m，非分離次数を p^e とすると，定理 1.34 から $[L:K] = mp^e$ であった．このとき $\theta^{p^e} \in L$ が

K 上分離的で次数 m だから, $[K(\theta^{p^e}):K]_s = [K(\theta^{p^e}):K] = m$. ところが, K 埋め込み $\sigma: K(\theta) \to \overline{K}$ について, $\sigma(\theta^{p^e}) = \alpha$ とおくと $\sigma(\theta) = \alpha^{1/p^e} \in \overline{K}$ となり, σ は分離元 θ^{p^e} の行く先で決まる. したがって, $\sharp \mathrm{Emb}_K(L, \overline{K}) = \sharp \mathrm{Emb}_K(K(\theta^{p^e}), \overline{K}) = m$ が成り立ち, (i) の式が成立する.

一般の場合, $L = K(\theta_1, \theta_2, \cdots, \theta_n)$ に対して, 中間体の列 $K_i = K(\theta_1, \theta_2, \cdots, \theta_i)$ ($1 \leq i \leq n$) をとると定理 1.37 と命題 1.8 によって, 証明は単拡大の場合に帰着する.

(ii) $[L:K]$ についての帰納法を行う. $[L:K] > 1$ のとき, $\theta \in L \setminus K$ に対して $K_1 = K(\theta)$ とおくと, 鎖公式によってそれぞれ $[L:K] = [L:K_1][K_1:K]$, $[L:K]_s = [L:K_1]_s[K_1:K]_s$. そこで, L/K が分離的ならば, 分離次数の右辺が $[L:K_1][K_1:K]$ に等しく, $[L:K] = [L:K]_s$.

逆に $[L:K] = [L:K]_s$ ならば, (i) から分離次数は拡大次数の約数だから, $[K_1:K] = [K_1:K]_s$. これは θ が K 上分離的であることを示している. θ は L の任意の元であったから, L/K は分離拡大である. ∎

有限次拡大において, 定理 1.38 (i) の $p^e = [L:K]/[L:K]_s$ を L/K の**非分離次数**(inseparable degree) といい, $[L:K]_i$ とかく. すなわち, $[L:K] = [L:K]_s[L:K]_i$. 有限次拡大 L/K が純非分離的であることと, $[L:K] = [L:K]_i$ が成り立つことが同値である (演習問題 1.10).

以下, 分離拡大について大切な性質を列挙する.

系 1.39 K 上分離的な元で生成される拡大は分離的である.

[証明] $L = K(S)$ (S の元は K 上分離的), $\alpha \in K(S)$ とすると, S のある有限個の元 $\theta_1, \theta_2, \cdots, \theta_n$ について $\alpha \in K(\theta_1, \theta_2, \cdots, \theta_n)$ であるから, 有限生成代数的(有限次)の場合に示せばよい. $K_i = K(\theta_1, \theta_2, \cdots, \theta_i) = K_{i-1}(\theta_i)$ とおくと, 単拡大については $[K_i:K_{i-1}] = [K_i:K_{i-1}]_s$ だから, 鎖公式から $[K_n:K] = \prod_{i=1}^{n}[K_i:K_{i-1}] = \prod_{i=1}^{n}[K_i:K_{i-1}]_s = [K_n:K]_s$. よって定理 1.38(ii) によって K_n/K は分離拡大である. ∎

系 1.40

(i) $K \subset M \subset L$ において,

§1.5 分離性 —— 195

L/K が分離的 $\iff$ L/M と M/K がともに分離的.

(ii) 拡大 $L/K, M/K$ に関して，L/K が分離的ならば，そのリフト LM/M も分離的である.

(iii) $L/K, M/K$ がともに分離的ならば，合成 LM/K も分離的である.

(iv) 代数拡大 L/K に対して，$L_s = \{\theta \in L \mid \theta$ は K 上分離的$\}$ とおくと，L_s は L の部分体で L/L_s は純非分離拡大である (L_s/K は分離拡大).
L_s を K の L における**分離閉包**(separable closure)という.

[証明] (i) ($\Rightarrow$) 定義から明らか.

($\Leftarrow$) $\theta \in L$ は M 上分離元である. θ の M 上の最小多項式 $p_\theta \in M[X]$ のすべての係数を K に添加した体を $K'(\subset M)$ とおくと，$p_\theta \in K'[X]$ でこれは分離多項式だから θ は K' 上分離的である. よって，$[K'(\theta):K'] = [K'(\theta):K']_s$ であり，また K'/K は分離拡大だから $[K':K] = [K':K]_s$. ゆえに定理 1.37 と定理 1.38 から $[K'(\theta):K] = [K'(\theta):K'][K':K] = [K'(\theta):K']_s[K':K]_s = [K'(\theta):K]_s$ となり，$K'(\theta)/K$ は分離的となる. よって θ は K 上分離的な元である.

(ii) L の元は K 上分離的だから，$M(\subset K)$ 上分離的. ゆえに(i)から $LM = L(M)$ は M の分離拡大.

(iii) (i) と (ii) から明らか.

(iv) (i)から拡大 $K(L_s)/K$ は分離的である. ゆえに $K(L_s) \subset L_s$ となり，$K(L_s) = L_s$，すなわち L_s は部分体である.

次に，$[L:L_s]_s > 1$ とすると，L_s 埋め込み $\sigma: L \to \overline{L}$ で $\sigma \neq \mathrm{Id}_L$ なるものがある. $\theta \in L$, $\sigma\theta \neq \theta$ とすると，$[L_s(\theta):L_s]_s > 1$. 定理 1.38 によって，$[L_s(\theta):L_s] = [L_s(\theta):L_s]_s p^e$ とすると，θ^{p^e} は L_s 上分離的になる. よって(i)から θ^{p^e} は K 上分離的で $\theta^{p^e} \in L_s$. ところが $[L_s(\theta):L_s]_s = [L_s(\theta^{p^e}):L_s] = [L_s:L_s] = 1$ となり矛盾である. よって，$[L:L_s]_s = 1$，すなわち L/L_s は純非分離拡大である. ∎

任意の代数拡大が分離的であるような体を**完全体**(perfect field)という. 例えば，標数 0 の体は完全である. K が完全体であるためには，その代数的閉包 $\overline{K}$ が K の分離拡大であることが必要十分である. いいかえれば，$\overline{K} =$

$\overline{K}_s$, すなわち, K の $\overline{K}$ における分離閉包 $\overline{K}_s$ が代数的閉包となることと同値である.

K が正標数 $p>0$ のとき, 補題 1.33 によって, 写像 $F: K \to K$ ($F(a) = a^p$) は体の自己準同型(単射)を与える. この F は **Frobenius 準同型**と呼ばれていて, 正標数の体が関わる理論すべてにおいて極めて重要な自己準同型である. 例えば, 完全体を特徴づける次の定理がある.

定理 1.41 標数 $p>0$ の体 K が完全体であるためには,

$$K^{\frac{1}{p}} := \{\theta \in \overline{K} \mid \theta^p \in K\} = K,$$

すなわち, Frobenius 写像 $F: K \to K$ が全射であることが必要十分である.

[証明] ($\Rightarrow$) $K^{\frac{1}{p}} = \overline{F}^{-1}(K)$ ($\overline{F}: \overline{K} \to \overline{K}$, $\overline{F}(\theta) = \theta^p$) は, K の代数拡大であるから, 分離拡大である. よって, $\theta \in K^{\frac{1}{p}}$ の K 上の最小多項式を p_θ とすると, これは分離多項式ゆえ, $p_\theta = X - \theta$ でなければいけない ($p_\theta(X)$ は $X^p - \theta^p = (X-\theta)^p$ ($\theta^p \in K$) の因子であるから). すなわち, $\theta \in K$.

($\Leftarrow$) $\theta \in \overline{K}$ の K 上の最小多項式 p_θ が分離的でなければある $g(X) \in K[X]$ に対して, $p_\theta(X) = g(X^p)$ となる(定理 1.34). $g(X) = \sum_{i=0}^{m} a_i X^i$ として仮定から各 $a_i \in K$ に対して $b_i^p = a_i$ となる元 $b_i \in K$ があるから, $g(X^p) = \sum_{i=0}^{m} b_i^p X^{ip} = \left(\sum_{i=0}^{m} b_i X^i\right)^p$ となる. これは p_θ の既約性に反する. したがって, p_θ は分離多項式である. ∎

次の性質は後ほど用いられる.

定理 1.42 有限生成代数拡大 $L = K(\theta_1, \theta_2, \cdots, \theta_n)$ において, θ_i ($i \geq 2$) が K 上分離的ならば, L の元 θ があって $K(\theta) = L$, すなわち単拡大になる.

とくに, 有限次分離拡大は単拡大である.

[証明] L が有限体($\iff K$ が有限体)ならば, 次節(定理 1.43)で示すように乗法群 $L^\times$ は巡回群であるからその生成元を θ とすればよい.

よって K を無限体とする. $n=2$ の場合を示せばよい. $L = K(\alpha, \beta)$ とおき, β が K 上分離的な元とする. このとき β の分離性から $m = [L:K]_s > 1$ である. ここで $\{\sigma_1, \sigma_2, \cdots, \sigma_m\} = \mathrm{Emb}_K(L, \overline{K})$ に対して, $\overline{K}$ 係数の多項式

$$f(X) = \prod_{i \neq j}((\sigma_i(\alpha)-\sigma_j(\alpha))X+(\sigma_i(\beta)-\sigma_j(\beta)))$$

を考えると,各対 $i \neq j$ に対して $\sigma_i(\alpha)-\sigma_j(\alpha) \neq 0$ であるか $\sigma_i(\beta)-\sigma_j(\beta) \neq 0$ である.すなわち,$f(X) \neq 0$ である.

したがって,無限体という仮定から写像(関数) $K \ni x \mapsto xf(x) \in \overline{K}$ は恒等的に 0 ではなく,$cf(c) \neq 0$ となる $c \in K$ が存在する.そこで $\theta = c\alpha+\beta \in L$ とおくと,$i \neq j$ のとき $\sigma_i(\theta) \neq \sigma_j(\theta)$ となり,$[K(\theta):K]_s = \sharp \mathrm{Emb}_K(K(\theta), \overline{K}) \geqq m = [L:K]_s = [L_s:K]$ ($\sigma_1, \sigma_2, \cdots, \sigma_m$ は $\mathrm{Emb}_K(K(\theta), \overline{K})$ の相異なる元を与えている).これは $(\beta \in) L_s \subset K(\theta)$ を意味しており,$\beta \in K(\theta)$.ゆえに $\alpha = c^{-1}(\theta-\beta) \in K(\theta)$ となり,$\alpha, \beta \in K(\theta)$ すなわち,$L = K(\theta)$ が成り立つ.■

§1.6 有限体

まず一般の体について次の事実に注意する.

定理 1.43 体 K の乗法群 $K^\times$ の有限部分群は巡回群である.

[証明] $G \subset K^\times$ を位数 n の部分群とする.G_d を G の元で位数が d になるもののなす部分集合とすると,$\sum_{d|n} \sharp G_d = n$. ところで $\sharp G_d \neq 0$ とすると,$x \in G_d$ に対して,$G_d \subset \langle x \rangle = (x$ で生成される巡回群$)$.

実際,$y \in G_d \setminus \langle x \rangle$ があれば,$\langle x \rangle \cup \langle y \rangle \subset \{z \in G \mid z^d = 1\}$ で,$d = \sharp \langle x \rangle < \sharp \{z \in K \mid z^d - 1 = 0\} \leqq d$ となり矛盾(体において $X^d - 1$ の根の個数は $\leqq d$).

よって,G_d は位数 d の巡回群 $\langle x \rangle$ の位数 d のなす元の集合で,$\sharp G_d = \phi(d) = \sharp(\mathbb{Z}/(d))^\times$ (Euler の関数).位数 n の巡回群を考えることによって,よく知られた公式 $\sum_{d|n} \phi(d) = n$ が成り立つ.上の考察から一般には $\sharp G_d \leqq \phi(d)$ であるから,2 つの和公式を比較して,結局 n の任意の約数 $d|n$ に対して $\sharp G_d = \phi(d)$ を得る.とくに,$\sharp G_n = \phi(n) > 0$ が成り立ち,G は位数 n の元をもつことが分かり,巡回群となる.■

上の定理はまた,有限可換群の基本定理(定理 2.54)を用いれば容易に証明できる.

さて，K を有限体とすると，§1.2 で示したように，それは素体 $\mathbb{F}_p = \mathbb{Z}/(p)$ 上の拡大次数 $n = [K : \mathbb{F}_p]$ は有限で，$\sharp K = p^n$ である（p は標数で，素数）．$K/\mathbb{F}_p$ は代数拡大だから，$\mathbb{F}_p$ の代数的閉包 $\overline{\mathbb{F}_p} \supset K$ を1つ固定しておく（定理 1.17）．

$q = \sharp K$ とおくと，定理 1.43 により K の乗法群 $K^\times$ は位数 $q-1$ の巡回群であるから，$K^\times \subset \{x \in \overline{\mathbb{F}_p} \mid x^{q-1} = 1\}$．したがって，$\mathbb{F}_q := \{x \in \overline{\mathbb{F}_p} \mid x^q - x = 0\}$ とおくと，$K \subset \mathbb{F}_q$．ところで，多項式 $f(X) = X^q - X \in \mathbb{F}_p[X]$ は，$f'(X) = qX^{q-1} - 1 = -1 \neq 0$ と共通根をもたないから分離的である．したがって，$f(X)$ の根の集合 $\mathbb{F}_q$ は q 個の元をもち，結局 $K = \mathbb{F}_q$ となる．q 元体 $\mathbb{F}_q$ は $f(X)$ の最小分解体でもあり，同型を除いて唯一つに定まる．

有限体は完全体である．実際，Frobenius 写像 $F : \mathbb{F}_q \to \mathbb{F}_q$ $(F(x) = x^p)$ は単射であるから，$\sharp F(\mathbb{F}_q) = q$．よって F は全射でもあり，$\mathbb{F}_q^{\frac{1}{p}} = \mathbb{F}_q$ となり，定理 1.41 により $\mathbb{F}_q$ は完全である．以上を合わせて有限体について基本的なことを定理としてまとめておく．

定理 1.44 p を素数とし，$\mathbb{F}_p = \mathbb{Z}/(p)$ を標数 p の素体とする．

（ⅰ） q 元体 K は，その標数を p とすると $\mathbb{F}_p$ の有限次拡大で，$n = [K : \mathbb{F}_p]$ のとき $q = p^n$．

（ⅱ） $q = p^n$ に対して，同型を除いて唯一つ q 元体 $\mathbb{F}_q$ が存在する．$\mathbb{F}_p$ の代数的閉包を $\overline{\mathbb{F}_p}$ とおくとき，$\mathbb{F}_q = \{x \in \overline{\mathbb{F}_p} \mid x^q - x = 0\}$ となり，これはまた分離多項式 $X^q - X$ の最小分解体でもある．

（ⅲ） 有限体は完全体である．

（ⅳ） 乗法群 $\mathbb{F}_q^\times$ は位数 $q-1$ の巡回群である． □

系 1.45 $\mathbb{F}_q$ を q 元体とする．

（ⅰ） $\mathbb{F}_q$ の m 次拡大は $\mathbb{F}_{q^m}$ に同型である．

（ⅱ） $\mathbb{F}_{q^m}/\mathbb{F}_q$ は正規かつ分離拡大で，$\mathbb{F}_q$ 上の同型群 $\mathrm{Aut}_{\mathbb{F}_q} \mathbb{F}_{q^m}$ は $\sigma(x) = x^q$ で生成される位数 m の巡回群である．（σ も Frobenius 写像という．）

（ⅲ） $(\mathbb{F}_{q^m})^{\sigma^i}$ を σ^i による固定元のなす集合とすると，$(\mathbb{F}_{q^m})^{\sigma^i} = \mathbb{F}_{q^i}$ ($1 \leq i \leq m$)．

[証明] (i) $\mathbb{F}_q$ の m 次拡大も $\{x\in\overline{\mathbb{F}_p} \mid x^{q^m}-x=0\}$ で与えられるから定理 1.44 の証明と同様である.

(ii), (iii) $\mathbb{F}_{q^m}$ は $X^{q^m}-X$ の最小分解体だから,定理 1.30 によって任意の部分体上正規拡大である.分離性は $\mathbb{F}_q$ が完全体であることから従う.

次に,正規性から $\mathrm{Aut}_{\mathbb{F}_q}\mathbb{F}_{q^m}=\mathrm{Emb}_{\mathbb{F}_q}(\mathbb{F}_{q^m},\overline{\mathbb{F}_p})$. 右辺の個数は分離次数 $[\mathbb{F}_{q^m}:\mathbb{F}_q]_s=[\mathbb{F}_{q^m}:\mathbb{F}_q]=m$ に等しいから,同型群 $\mathrm{Aut}_{\mathbb{F}_q}\mathbb{F}_{q^m}$ の位数は m である.ところで,σ は一般に標数 p においては体の準同型を与えるが(補題 1.33),単射ゆえ有限体においては同型を与える.σ の位数が m であることは各 $1\leqq i\leqq m$ について $\mathbb{F}_{q^i}$ が $X^{q^i}-X$ の根のなす集合であることから分かる. ∎

例 1.46 定理 1.44 によって $\mathbb{F}_p$ の n 次拡大 $\mathbb{F}_q$ ($q=p^n$) は単拡大,とくに $\mathbb{F}_q^\times$ の生成元 θ をとると,$\mathbb{F}_q=\mathbb{F}_p(\theta)$ で,θ は $\mathbb{F}_p$ 上 n 次の元である.すなわち,θ の最小多項式 p_θ は n 次式で,$\mathbb{F}_q\simeq\mathbb{F}_p[X]/(p_\theta(X))$ という記述をもつ. p_θ は X^q-X のある既約因子である.

(i) $\mathbb{F}_4 : X^4-X = X(X-1)(X^2+X+1)$ で $p_\theta(X)=X^2+X+1$ が $\mathbb{F}_2$ 上の最小多項式.よって 2 次拡大として $\mathbb{F}_4=\mathbb{F}_2+\mathbb{F}_2\theta$ で,乗法は,関係式 $\theta^2+\theta+1=0$ によって与えられる.

(ii) $\mathbb{F}_8 : X^8-X = X(X-1)(X^3+X+1)(X^3+X^2+1)$. 2 つの 3 次の因子は $\mathbb{F}_2$ 上既約である.θ の取り方によって,p_θ はこの 2 つのうちのいずれかである.例えば,$\theta^3+\theta+1=0$ とすると,$\eta=\theta^3$ に対して,$\eta^3+\eta^2+1=0$. 3 次拡大として $\mathbb{F}_8=\mathbb{F}_2+\mathbb{F}_2\theta+\mathbb{F}_2\theta^2$, $\theta^3+\theta+1=0$ という表示をもつ.

(iii) $\mathbb{F}_{16} : X^{16}-X = X(X-1)(X^2+X+1)(X^4+X^3+X^2+X+1)(X^4+X^3+1)(X^4+X+1)$. $\mathbb{F}_{16}/\mathbb{F}_4$ は 2 次拡大である.後ろの 3 つは既約 4 次式である. □

《要約》

1.1 拡大体と部分体,体の生成,元の添加.

1.2 極大イデアルと剰余体.

1.3 標数と素体.

1.4 拡大次数.

1.5 代数的な元, 超越的な元. 代数拡大, 超越拡大. 代数的な元の最小多項式. 有限次拡大は代数拡大.

1.6 代数的閉体. 任意の体に対する代数的閉包の存在と一意性.

1.7 体の埋め込みの拡張可能性.

1.8 最小分解体と正規拡大.

1.9 多項式と代数的元の分離性. 分離次数, 非分離次数(指数), 純非分離多項式.

1.10 分離拡大, 非分離拡大, 純非分離拡大.

1.11 代数拡大の分離次数と埋め込み, 非分離次数, 積公式.

1.12 拡大の分離性のリフト, 合成などによる安定性.

1.13 完全体と Frobenius 準同型.

1.14 有限体は完全体. 標数 p の有限体は, $q=p^n$ $(n=1,2,\cdots)$ 個の元をもち, q 元体 $\mathbb{F}_q$ は同型を除いて唯一つ存在する.

1.15 有限体の乗法群は巡回群. 有限体の自己同型群は Frobenius 写像で生成される巡回群.

──────── 演習問題 ────────

1.1 代数的閉体は無限体である.

1.2 $\mathrm{Aut}\,\mathbb{R} = \{1\}$.

1.3 3次, および4次の代数方程式の根の公式を求めよ.

1.4 次の体の $\mathbb{Q}$ 上の拡大次数を求めよ.
$$\mathbb{Q}(\sqrt{2},\sqrt[3]{2}), \quad \mathbb{Q}(\sqrt[4]{2}), \quad \mathbb{Q}(\zeta_5) \quad (\zeta_5^5 = 1, \zeta_5 \neq 1)$$

1.5 $[K(\alpha):K]$ が奇数ならば, $K(\alpha) = K(\alpha^2)$.

1.6 平方因子がない数 $m, n \in \mathbb{Z}$ について $\mathbb{Q}(\sqrt{m}) \simeq \mathbb{Q}(\sqrt{n})$ ならば, $m = n$.

1.7 体上の多項式環 $k[X]$ のモニックな既約多項式は無限個存在する.

1.8 $f(X) \in \mathbb{F}_p[X]$ をモニックな既約多項式とすると,

$$f(X) \mid (X^{p^n} - X) \iff \deg f \mid n.$$

1.9 次の数の $\mathbb{Q}$ 上の最小多項式を求めよ.
$$\sqrt{2} + \sqrt{3}, \qquad \sqrt{3} - \sqrt{5}.$$

1.10 有限次拡大 L/K が純非分離拡大であるためには, $[L:K] = [L:K]_i$ であることが必要十分である.

Galois 理論

　代数拡大において，その中間体が自己同型群の部分群と対応している場合を Galois 対応という．分離的かつ正規な拡大がそうなっていることが分かる．有限次拡大 L/K の場合，拡大次数と K 自己同型群 $\mathrm{Aut}_K L$ の位数が等しいとき（$[L:K]=\sharp\mathrm{Aut}_K L$），Galois 拡大になる．Galois 拡大 L/K に対して，$\mathrm{Gal}(L/K)=\mathrm{Aut}_K L$ とかいてこれを Galois 群という．このとき，中間体 $K\subset M\subset L$ に対して L/M は Galois 拡大になり，対応
$$L/M \longleftrightarrow \mathrm{Gal}(L/M)\subset\mathrm{Gal}(L/K)$$
によって，中間体と Galois 群の部分群は 1 対 1 対応をなす（Galois 対応）．この状況で，部分拡大 M/K がまた Galois 拡大であること（正規拡大であればよい）と部分群 $\mathrm{Gal}(L/M)$ が $\mathrm{Gal}(L/K)$ の正規部分群であることが同値である．このとき，$\mathrm{Gal}(L/K)/\mathrm{Gal}(L/M)\overset{\sim}{\to}\mathrm{Gal}(M/K)$ となる．

　これらのことは，第 1 章の結果から容易に導かれる．この抽象的 Galois 対応を様々な具体的事例に応用するのがこの章の目的である．

　まず，主に Gauss によって考察された数体についてのいくつかの結果を紹介する．代数学の基本定理（複素数体は代数的閉体である）の Galois 理論に強く依存した証明，円分拡大の Galois 群，それから必ずしも Galois 理論と直結しているわけではないが，Gauss の和を論じたついでに，平方剰余の相互法則も紹介する．これらはすべて近代の整数論の出発点に位置するものである．

次に，Galois 理論の本来の動機であった代数方程式のベキ根による解法について論ずるために，巡回拡大と 2 項式 $X^n - a$ の関係について調べる．標数が 0 ならば，この Galois 群は高々 2 階の可解群になり，基礎体が 1 の原始 n 乗根を含めば巡回群になる．逆に，基礎体が 1 の原始 n 乗根を含めば，巡回拡大は $\sqrt[n]{a}$ を添加して得られる．

以上のことが，代数方程式の解がベキ根表示をもつかどうかのポイントになる．簡単のため，標数は 0 とする．ある体がベキ根 $\sqrt[n]{a}$ の型の元の添加の繰り返し(2 項式の最小分解体の積み重ね)で得られることを，Galois 対応から見れば，Galois 群が巡回群による拡大の繰り返しで得られることに当たる(1 のベキ根の処理は別に考慮する)．したがって結局，可換群の基本定理から，Galois 群が可解群であることと同値になる．以上が Galois による論法である．

一般 n 次方程式の Galois 群は n 次対称群で，これは $n \geq 5$ のとき可解群ではなくなるから，有名な歴史的定理「5 次以上の一般代数方程式はベキ根によっては解けない」という主張が確認される．

現在では，Galois 理論は，方程式の解法について云々するための歴史的遺物とは見なされてはおらず，あまたの数論的，ないし幾何学的な構造解明のための不可欠な道具となっている．そこで，環の拡大と関係する状況での Galois 群の働きについてさらに述べておく．数論ではこのようにして現れるのが普通であり，また Galois 群が計算できる方程式の例を増やすためにも役だっている．

本章で用いる群の知識の主要な部分を，備忘録として最後の節に書き留めておいた．

§2.1　Galois 拡大

体の拡大 L/K に対して L の K 自己同型のなす群 $\mathrm{Aut}_K L := \{\sigma : L \xrightarrow{\sim} L \mid \sigma|K = \mathrm{Id}_K\}$ を考える．いま，L/K を有限次拡大とすると，分離次数 $[L : K]_s$ に関して

(S) $\qquad [L:K]_s \leq [L:K]$

であった(定理1.38). 一方, 定義によって,

(N) $\qquad \sharp\mathrm{Aut}_K L \leq \sharp\mathrm{Emb}_K(L,\overline{K}) = [L:K]_s$

である.

ここで, L/K が分離拡大であることと, (S) において等号が成り立つことが同値で(定理1.38(ii)), L/K が正規拡大であることと, (N) において等号が成り立つことが同値であった(命題1.23).

したがって有限次拡大 L/K に関しては, 分離的かつ正規であることと, 拡大次数が L の K 自己同型群の位数に等しいこと, すなわち, $[L:K] = \sharp\mathrm{Aut}_K L$ となることが同値である. このことを念頭において, Galois 拡大を次のように定義する(有限次拡大でなくともよい).

定義 2.1 分離的かつ正規な代数拡大 L/K を **Galois 拡大**, その K 自己同型群 $\mathrm{Aut}_K L$ を L/K の **Galois 群**といい, とくに $\mathrm{Gal}(L/K) = \mathrm{Aut}_K L$ と記す. □

すでに見たように, 有限次 Galois 拡大であることと, 拡大次数が(Galois 群である) $\mathrm{Aut}_K L$ の位数に等しいことが同値である. またこのとき全単射 $\mathrm{Gal}(L/K) \xrightarrow{\sim} \mathrm{Emb}_K(L,\overline{K})$ が成り立つ.

例 2.2 体 K 上の分離多項式 $f \in K[X]$ の最小分解体を K_f とおくと, K_f/K は有限次 Galois 拡大である(正規性は定理1.30から, 分離性は分離元によって生成されているから分かる). f の根の集合を $R = \{\theta_1, \theta_2, \cdots, \theta_n\}$ (すべて相異なる, $n = \deg f$)とおくと, Galois 群の元 $\sigma \in \mathrm{Gal}(K_f/K)$ は根の集合 R の置換 $\theta_i \mapsto \sigma\theta_i$ を引き起こし, R は生成系であるから単準同型 $\mathrm{Gal}(K_f/K) \hookrightarrow S(R) = S_n$ (n 次対称群) を与える. すなわち, Galois 群は n 次対称群の部分群と見なせる.

$\mathrm{Gal}(K_f/K)$ を**多項式** f (方程式 $f=0$)の **Galois 群**ともいう.

(i) 2次拡大. $X^2 - a$ ($\sqrt{a} \notin K$, $\mathrm{char}\, K \neq 2$) の Galoi 群は $S_2 = \langle \tau \rangle$ に同型, $\tau(\sqrt{a}) = -\sqrt{a}$.

(ii) 3次多項式 $X^3 - 2 \in \mathbb{Q}[X]$ の最小分解体 $L = \mathbb{Q}(\sqrt[3]{2}, \omega)$ ($\omega^2 + \omega + 1 =$

0) の $\mathbb{Q}$ 上の Galois 群は S_3 に同型. なぜなら, $\sharp \mathrm{Gal}(L/\mathbb{Q}) \leqq \sharp S_3 = 3! = 6 = [L:\mathbb{Q}]$ で, $L/\mathbb{Q}$ は Galois 拡大ゆえ $\sharp \mathrm{Gal}(L/\mathbb{Q}) = [L:\mathbb{Q}] = 6$. よって, 群についても $\mathrm{Gal}(L/\mathbb{Q}) \simeq S_3$.

実際, 互換 $\tau(\omega) = \omega^2$, $\tau(\sqrt[3]{2}) = \sqrt[3]{2}$ と 3 次巡回置換 $\sigma(\sqrt[3]{2}) = \omega\sqrt[3]{2}$, $\sigma\omega = \omega$ を含む. (一般の 3 次式については後述.) □

例 2.3 q 元体 $\mathbb{F}_q$ の n 次拡大 $\mathbb{F}_{q^n}/\mathbb{F}_q$ は Galois 拡大で, $\mathrm{Gal}(\mathbb{F}_{q^n}/\mathbb{F}_q) = \langle \sigma \rangle$ $(\sigma(x) = x^q)$ は位数 n の巡回群 (系 1.45). □

以降, 体の同型群とその固定体に関する Galois 対応というものを考えるので, 次の記号を使用する. 一般に, 集合 X に群 G が働いているとき,
$$X^G = \{x \in X \mid \sigma(x) = x \ (\sigma \in G)\}$$
を, G のすべての元によって固定される X の元がなす部分集合とする. さらに, G の 1 つの元 σ によって固定される元がなす部分集合も $X^\sigma = \{x \in X \mid \sigma(x) = x\}$ とかく. $X^\sigma = X^{\langle\sigma\rangle}$ である.

さて, 我々は Galois 拡大を, 分離的かつ正規という性質によって定義したが, 次の定理はそれを自己同型群と直結した性質で特徴づける.

定理 2.4 代数拡大 L/K について, L/K が Galois 拡大であることと, その K 自己同型群について $K = L^{\mathrm{Aut}_K L}$ が成り立つことが同値である.

[証明] ($\Rightarrow$) $\theta \in L^{\mathrm{Aut}_K L}$ が K に属することを示せばよい. θ は K 上分離元であるからその最小多項式 p_θ は分離的である. したがって, もし $\deg p_\theta > 1$ とすると, L/K は正規ゆえ L のある元 $\theta' \neq \theta$ について $p_\theta(\theta') = 0$ (命題 1.23). θ と θ' とは K 共役だから, K 同型 $\sigma: K(\theta) \xrightarrow{\sim} K(\theta')$ $(\sigma(\theta) = \theta')$ があり, L/K の正規性から L への拡張 $\tilde{\sigma}: L \to \overline{K}$ は, L の K 同型 $\tilde{\sigma} \in \mathrm{Aut}_K L$ を与える. このとき, $\tilde{\sigma}(\theta) = \theta'$ ゆえ $\tilde{\sigma} \neq \mathrm{Id}_L$, すなわち, $\theta \in L^{\mathrm{Aut}_K L}$ に反する.

($\Leftarrow$) $\theta \in L$ の K 共役元のうち L に属するものすべてを $\{\theta = \theta_1, \theta_2, \cdots, \theta_n\} = L \cap \{\sigma(\theta) \mid \sigma \in \mathrm{Emb}_K(K(\theta), \overline{K})\}$ とし, 多項式 $f(X) = \prod_{i=1}^{n}(X - \theta_i)$ を考える. このとき, $\sigma \in \mathrm{Aut}_K L$ は f の根の集合 $\{\theta_1, \theta_2, \cdots, \theta_n\}$ の置換を引き起こすから, $\sigma(f) = f$ (係数への作用). これは $f \in K[X]$ を意味する. $\theta_1, \theta_2, \cdots, \theta_n$ は相異なる元であるから, f は分離多項式である. よって, f の因子である θ

の最小多項式 p_θ も分離的であり，θ は K 上分離的な元となる．また，θ の K 共役は p_θ の根で，それは L に属するから命題 1.23 より L/K は正規拡大である(結局 $p_\theta = f$). ∎

上の定理において，定義により $\mathrm{Aut}_K L = \mathrm{Gal}(L/K)$ であるが，一般には，体 L の自己同型からなる群 $G \subset \mathrm{Aut} L$ に対して，$G = \mathrm{Gal}(L/K)$ $(K = L^G)$ とはならない．しかし，G が有限群ならば成り立つ．

定理 2.5(Artin) G を体 L の自己同型からなる群($\mathrm{Aut} L$ の部分群)，$K = L^G$ とする．このとき，L/K が代数的ならば Galois 拡大である．さらに G が有限群ならば $G = \mathrm{Gal}(L/K)$ となる．

[証明] $\theta \in L$ は仮定により K 上代数的であるから，その K 上の共役元の集合 $S = \{\sigma\theta \mid \sigma \in \mathrm{Emb}_K(L, \overline{K})\}$ は有限集合である．とくに，θ の G 軌道 $G\theta = \{\theta_1, \theta_2, \cdots, \theta_n\} \subset S$ は有限である($n = \sharp G\theta$ とする)．このとき，$f(X) = \prod_{i=1}^{n}(X - \theta_i)$ は G 不変$(\sigma(f) = f (\sigma \in G))$ゆえ，$K = L^G$ 上分離的で，θ も K 上分離的となる．また結局 G 軌道 $G\theta$ が θ の K 共役元の集合に一致し($G\theta = S$)，$G\theta \subset L$ となり L は K 上正規である．したがって，L/K は Galois 拡大である．

次に G が有限のとき $\mathrm{Gal}(L/K) = G$ となることを示そう．このとき，上のように $G\theta$ を根とする多項式 $f(X) = \prod_{i=1}^{n}(X - \theta_i) \in K[X]$ を考えることによって，単拡大 $K(\theta) \subset L$ については，$[K(\theta):K] \leq \deg f = n \leq \sharp G$ となる．ここで，$\theta_0 \in L$ を $[K(\theta_0):K]$ が最大になるものとする．もし $K(\theta_0) \neq L$ ならば，$\alpha \in L \setminus K(\theta_0)$ をとると，α は K 上分離的だから単拡大の定理 1.42 から $K(\theta_0, \alpha) = K(\beta)$ となる元 $\beta \in L$ が存在する．これは，$[K(\theta_0):K]$ の最大性に反するから，$K(\theta_0) = L$．よって不等式の列 $\sharp G \geq [L:K] = [L:K]_s = \sharp \mathrm{Emb}_K(L, \overline{K}) \geq \sharp \mathrm{Aut}_K L \geq \sharp G$ が得られ，ここに現れる項はすべて等しく，とくに $G = \mathrm{Aut}_K L = \mathrm{Gal}(L/K)$ を得る． ∎

例 2.6 x を体 K 上の超越元とし，純超越拡大 $K(x)$ を考える．K 上の 2 次行列 $\sigma = \begin{pmatrix} a & b \\ c & d \end{pmatrix} \in GL_2(K)$ は，$\sigma(x) = \dfrac{ax+b}{cx+d}$ によって定義される $K(x)$ の K 同型を与え，その核はスカラー行列である．$G = PGL_2(K) = GL_2(K)/K^\times \subset \mathrm{Aut}_K K(x)$(実は，$=$)とおくと，固定体は $K(x)^G = K$ であ

るが，$K(x)/K$ は代数拡大ではないので Artin の定理(定理 2.5)の範疇には入らない． □

§2.2 Galois 対応

前節で，体の自己同型からなる群に対してその固定体を考えると Galois 拡大が得られることを見た(Artin の定理(定理 2.5))．体の拡大 L/K に対しては，K 上の自己同型 $\mathrm{Aut}_K L$ が一意的に対応するが，Galois 拡大の場合，体と群という 2 つの代数系が，包含関係まで込めて完璧に対応していることが分かる．この節では，まずその抽象的枠組みから始める．

命題 2.7 Galois 拡大 L/K の中間体 $K \subset M \subset L$ において，L/M も Galois 拡大で，M によって決まる $\mathrm{Gal}(L/K)$ の部分群を
$$G(M) = \{\sigma \in \mathrm{Gal}(L/K) \mid \sigma|M = \mathrm{Id}_M\}$$
とおくと，$\mathrm{Gal}(L/M) = G(M)$ と見なせる．

[証明] L/K が正規ならば，L/M もそうであり(系 1.26)，分離的ならば，L/M もそうである(系 1.40)．Galois 群については，$\sigma \in \mathrm{Gal}(L/M)$ は $\sigma|K = \mathrm{Id}_K$ ゆえ明らかに $\mathrm{Gal}(L/K)$ の元を与え，逆に，$\sigma \in \mathrm{Gal}(L/K)$ が $\sigma|M = \mathrm{Id}_M$ ($\Longleftrightarrow \sigma \in G(M)$) をみたせば，$\sigma \in \mathrm{Gal}(L/M) = \mathrm{Aut}_M L$ となる． ∎

注意 $K \subset M \subset L$ において，L/K が Galois 拡大でも，下方の部分拡大 M/K は Galois 拡大とはかぎらない．すなわち，正規性が伝わらない．$\mathbb{Q} \subset \mathbb{Q}(\sqrt[3]{2}) \subset \mathbb{Q}(\sqrt[3]{2},\omega)$ $(\omega^2+\omega+1=0)$ がその例である．

逆に，Galois 拡大 L/K と Galois 群の部分群 $H \subset \mathrm{Gal}(L/K)$ に対応する中間体 $M = L^H = \{x \in L \mid \sigma(x) = x \, (\sigma \in H)\}$ を考える．L/M は Galois 拡大で，$H \subset \mathrm{Gal}(L/M)$ と見なせるが，H が有限群ならば等号 $H = \mathrm{Gal}(L/M)$ が成立することを見た(定理 2.5)．

また，中間体 M に対して，$M \subset L^{G(M)}$ であるが，$[L:M] = \sharp \mathrm{Gal}(L/M) = \sharp G(M) = [L:L^{G(M)}]$ ゆえ，$M = L^{G(M)}$ となる．

したがって，Galois 拡大 L/K が有限次拡大のときには，中間体 M と，$\mathrm{Gal}(L/K)$ の部分群 H が $M \mapsto G(M) \subset \mathrm{Gal}(L/K)$, $L^H \mapsfrom H \subset \mathrm{Gal}(L/K)$ によって 1 対 1 対応することになる．この対応をさらに追究すると次の定理を得る．とくに，体論における代数拡大の正規性と群論における部分群の正規性が対応している，あるいはむしろ両方でそうなるように正規という言葉を当てているということが分かる．

定理 2.8（Galois 対応）有限次 Galois 拡大 L/K に対して次が成り立つ．

（ⅰ） L/K の中間体のなす集合を $\mathrm{Mid}\,(L/K) := \{K \subset M \subset L \mid M \text{ は体}\}$, $\mathrm{Gal}(L/K)$ の部分群のなす集合を $\mathrm{Sub}\,(\mathrm{Gal}(L/K))$ とかくと，対応 $M \mapsto G(M) = \{\sigma \in \mathrm{Gal}(L/K) \mid \sigma|M = \mathrm{Id}_M\}$, $L^H \mapsfrom H$ は，1 対 1 対応 $\mathrm{Mid}\,(L/K) \xrightarrow{\sim} \mathrm{Sub}\,(\mathrm{Gal}(L/K))$ において，互いに他の逆を与える．

（ⅱ） 上の対応において，部分拡大 M/K が正規であるためには，対応する部分群 $G(M) = \mathrm{Gal}(L/M)$ が $\mathrm{Gal}(L/K)$ の正規部分群となることが必要十分である．このとき，Galois 拡大 M/K の Galois 群は，写像 $\mathrm{Gal}(L/K) \ni \sigma \mapsto \sigma|M \in \mathrm{Gal}(M/K)$ によって，剰余群 $\mathrm{Gal}(L/K)/\mathrm{Gal}(L/M)$ に同型である．

[証明] （ⅰ）は既に済み．

（ⅱ） M/K を正規とすると，$\sigma M = M$ ($\sigma \in \mathrm{Gal}(L/K)$). ゆえに，$\gamma \in G(M)$ ならば，$\gamma \sigma(x) = \sigma(x)$ ($x \in M$). これは $\sigma^{-1}\gamma\sigma|M = \mathrm{Id}_M$, すなわち，$\sigma^{-1}\gamma\sigma \in G(M)$ を意味し，$G(M)$ は $\mathrm{Gal}(L/K)$ の正規部分群になる．

逆に，$G(M)$ が正規ならば，$\sigma \in \mathrm{Gal}(L/K)$, $\gamma \in G(M)$ に対して $\sigma^{-1}\gamma\sigma \in G(M)$, すなわち，$\sigma^{-1}\gamma\sigma(x) = x$ ($x \in M$). したがって，$\gamma\sigma(x) = \sigma(x)$ ($\gamma \in G(M)$)，すなわち，$\sigma(x) \in L^{G(M)}$. （ⅰ）より $L^{G(M)} = M$ ゆえ $\sigma(x) \in M$, すなわち，$\sigma M = M$. これは M が K 上正規であることを意味する．

最後に，M が正規のとき，準同型写像 $\mathrm{Gal}(L/K) \ni \sigma \mapsto \sigma|M \in \mathrm{Gal}(M/K)$ は（拡張定理（系 1.19）によって）全射で，その核は $G(M)$ だから，主張の群同型を得る． ■

命題 2.9 Galois 拡大 L/K の任意の拡大 M/K によるリフト LM/M はまた Galois 拡大で，その Galois 群について，同型

$$\mathrm{Gal}(LM/M) \xrightarrow{\sim} \mathrm{Gal}(L/L \cap M) \subset \mathrm{Gal}(L/K)$$

が成り立つ.

[証明] LM/M の正規性は系 1.25, 分離性は系 1.40 から従う. Galois 群については, 写像 $\mathrm{Gal}(LM/M) \ni \sigma \mapsto \sigma|L \in \mathrm{Gal}(L/K)$ は単準同型で, その像の元は $\sigma|M = \mathrm{Id}_M$ をみたすから主張が従う. ∎

系 2.10 有限次 Galois 拡大 L/K と任意の拡大 M/K に対して, リフトの次数 $[LM:M]$ は $[L:K]$ の約数である.

[証明] Galois 拡大の次数は Galois 群の位数に等しいから, 命題 2.9 によって, $[LM:M] = \sharp\mathrm{Gal}(LM/M) = \sharp\mathrm{Gal}(L/L \cap M)$ である. ところが, 部分群 $\sharp\mathrm{Gal}(L/L \cap M)$ の位数は $\sharp\mathrm{Gal}(L/K) = [L:K]$ の約数だから主張が導かれる. ∎

例 2.11 L を体 k 上の n 次元有理関数体 $k(x_1, x_2, \cdots, x_n)$ とする ($x_1, x_2, \cdots, x_n$ は k 上の不定元, すなわち, 代数的に独立な元). このとき, n 次対称群 S_n は生成元 $x_1, x_2, \cdots, x_n$ の置換として働き, k 上の自己同型を与える, すなわち, $S_n \subset \mathrm{Aut}_k L$ と見なせる. S_n による固定元のなす中間体 $K = L^{S_n}$ は k 上の対称式からなる. 定理 2.5 によって, このとき L/K は Galois 拡大で, $\mathrm{Gal}(L/K) = S_n$.

よく知られているように, 対称式は基本対称式 $s_1, s_2, \cdots, s_n$ によって表せる, すなわち, $K = k(s_1, s_2, \cdots, s_n)$ となる. 我々の立場からこれを証明しよう. 右辺を $K_0 = k(s_1, s_2, \cdots, s_n)$ とおくと, 明らかに $K_0 \subset K$. 定義によって, T を不定元とする多項式

$$f(T) = \prod_{i=1}^{n}(T - x_i) = T^n - s_1 T^{n-1} + \cdots + (-1)^i s_i T^{n-i} + \cdots \pm s_n$$

$$\begin{cases} s_1 = x_1 + x_2 + \cdots + x_n \\ s_2 = x_1 x_2 + x_1 x_3 + \cdots \\ \quad \cdots \\ s_i = x_1 x_2 \cdots x_i + \cdots \\ \quad \cdots \\ s_n = x_1 x_2 \cdots x_n \end{cases}$$

を考えると, $L = k(x_1, x_2, \cdots, x_n) = K_0(x_1, x_2, \cdots, x_n)$ は $f(T)$ の K_0 上の最小

分解体である. よって, その Galois 群 $\mathrm{Gal}(L/K_0)$ は n 次対称群 S_n の部分群と見なせる(例2.2参照). ゆえに, 拡大次数について $[L:K] = \sharp S_n \geqq \sharp \mathrm{Gal}(L/K_0) = [L:K_0]$ が成り立つ. ところが, $K_0 \subset K$ ゆえ $[L:K_0] \geqq [L:K]$. したがって $[L:K_0]=[L:K]$, すなわち, $K=K_0$ を得る.

$S_n = \mathrm{Gal}(L/K)$ は既約多項式 $f(T) \in K[T]$ の Galois 群ということもできる. $f(T)=0$ を一般方程式という. 係数が代数的独立な不定元 $s_1, s_2, \cdots, s_n$ である(いわゆる文字係数の) n 次代数方程式である.

さて, 標数について $\mathrm{char}\, k \neq 2$ と仮定する. 差積 $\Delta = \prod_{i<j}(x_i-x_j) \in L$ に対して, 置換 $\sigma \in S_n$ の符号が $\sigma\Delta = (\mathrm{sgn}\,\sigma)\Delta$ によって定まる. $\mathrm{sgn}\,\sigma = \pm 1$ で, $A_n = \{\sigma \mid \mathrm{sgn}\,\sigma = 1\}$ を n 次交代群といった. $D = \Delta^2 \in K$ を $f(T)$ の判別式(discriminant)という. $\mathrm{char}\, k \neq 2$ のとき, $\Delta \notin K$ であるから, $K(\Delta) = K(\sqrt{D})$ は K の2次拡大を与える. したがって, 定理2.5から, $L^{A_n} = K(\Delta)$ で $\mathrm{Gal}(L/K(\Delta)) = A_n$, $\mathrm{Gal}(K(\Delta)/K) \simeq S_2 \simeq S_n/A_n$ が分かる. □

例 2.12 $\mathrm{char}\, K \neq 2, 3$ とする. このとき, 体 K 上のモニックな3次式は1次変換によって $f(X) = X^3 + aX + b \in K[X]$ と仮定してよい. さらに, f は K 上既約で分離的である, すなわち, 根 $\theta_1, \theta_2, \theta_3$ は相異なりどれも K に属さないとする. このとき, f の最小分解体 K_f の Galois 群を決めよう. まず, 例2.2から, $\mathrm{Gal}(K_f/K) \subset S_3$ であるが, 拡大次数 $[K_f:K]$ は, 3 か 6 である($[K(\theta_i):K]=3$ ゆえ, 2にはならない). すなわち, $\mathrm{Gal}(K_f/K) = A_3$ かまたは S_3 である. この区別は判別式で判定できる. 根の差積を $\Delta = (\theta_1-\theta_2)(\theta_2-\theta_3)(\theta_1-\theta_3) \in K_f$ とおくとき, 判別式は $D = \Delta^2 \in K$ である. このとき,
$$\mathrm{Gal}(K_f/K) = A_3 \iff \sqrt{D} = \Delta \in K.$$
なぜならば, $\Delta \in K \iff \Delta \in K_f^{\mathrm{Gal}(K_f/K)} \iff \sigma\Delta = \Delta \iff \mathrm{sgn}\,\sigma = 1$.

ちなみに, $D = -4a^3 - 27b^2$ である(演習問題2.4)から, $\sqrt{D} \in K$ か否かは係数から計算できる. □

§2.3 いくつかの応用——Gauss

この節では，Galois 対応の具体的な応用を3つほど話題にしたい．いずれも Gauss が関係している．

まず「代数学の基本定理」，すなわち，複素数体が代数的閉体であることの証明を1つ紹介する．群論に強くよるものであるが，群論の知識は念のためこの章の最後にまとめておく（§2.7）．

定理 2.13（Gauss） 複素数体 $\mathbb{C} = \mathbb{R}(\sqrt{-1})$ は代数的閉体である．

[証明] $\mathbb{C}$ が代数的閉体でないとすると，$\mathbb{C}$ 上代数的な元 $a \notin \mathbb{C}$ がある．代数拡大 $\mathbb{C}(a)/\mathbb{R}$ は分離的であるから，$\mathbb{C}(a) \subset K$ で，$K/\mathbb{R}$ が有限次正規（よって Galois）拡大となるものがとれる（系 1.31）．

Galois 群 $\mathrm{Gal}(K/\mathbb{R})$ の Sylow 2 部分群を G（$\sharp G = 2^k$，群指数 $(\mathrm{Gal}(K/\mathbb{R}) : G)$ は奇数）とするとき，Galois 対応（定理 2.8）によって，$[K : K^G] = \sharp G$ で，$[K^G : \mathbb{R}] = (\mathrm{Gal}(K/\mathbb{R}) : G)$ は奇数である．

ところが，実数体 $\mathbb{R}$ 上の奇数次拡大は自分自身しかない．なぜなら，b を $\mathbb{R}$ 上奇数次の元とすると，最小多項式 p_b は奇数次ゆえ，中間値の定理から1つの実根をもつ．よって，既約性から p_b は1次式となり，$b \in \mathbb{R}$．

したがって，$K^G = \mathbb{R}$，すなわち，$\mathrm{Gal}(K/\mathbb{R}) = G$ は 2 群（位数が2のベキ）であることが分かった．よって，$K/\mathbb{R}$ の中間体 $\mathbb{C}$ について，G の部分群 $\mathrm{Gal}(K/\mathbb{C})$ も 2 群となり，$K \neq \mathbb{C}$ と仮定したから $\mathrm{Gal}(K/\mathbb{C})$ は指数 2 の（正規）部分群 H をもつ．H に対応する中間体 K^H について $[K^H : \mathbb{C}] = (\mathrm{Gal}(K/\mathbb{C}) : H) = 2$ だから，K^H は $\mathbb{C}$ の 2 次拡大である．ところが，$\mathbb{C}$ 上の 2 次式は $\mathbb{C}$ 上の 1 次式に分解するから $K^H = \mathbb{C}$ でなければいけない．これは $K^H \neq \mathbb{C}$ に反しており，矛盾．よって，$\mathbb{C}$ 上の代数的な元は $\mathbb{C}$ の元に限る． ∎

注意 ここでは証明が主題であるので，反省してみる．Galois 対応を導きの糸として，Sylow 群，2 群の知識という代数学の他，実数の連続性に基づく中間値の定理と，$\mathbb{C}$ で2次方程式が解けることを用いている．複素数体は実数体の2次拡大であるから，「代数学の基本定理」と称しても，その実体は畢竟，実数の連続

性(解析学の基礎)にある.

次に，1のベキ根が生成する体について考える．$\zeta^n = 1$ をみたす元 ζ を **1 の n 乗根**(n-th root of unity)という．体 K のなかの 1 の n 乗根のなす集合 $\mu_n(K) := \{\zeta \in K \mid \zeta^n = 1\}$ は，乗法群 $K^\times$ の有限部分群であるから，定理 1.43 により，巡回群である．$\mu_n(K)$ の位数 n の元($\zeta^n = 1$，$\zeta^d \neq 1$ ($1 \leq d < n$))を **1 の原始**(primitive)n **乗根**という．$\operatorname{char} K \nmid n$ ならば，$X^n - 1$ は分離的だから($nX^{n-1} \neq 0$ は $X^n - 1$ と共通根をもたない)，K が代数的閉体のとき，$\mu_n(K)$ は位数 n の巡回群となり 1 つの原始 n 乗根によって生成される.

複素数体 $\mathbb{C}$ においては，指数関数を用いて解析的に表示できる．すなわち，1 の原始 n 乗根は

$$e^{\frac{2\pi l \sqrt{-1}}{n}} = \cos \frac{2\pi l}{n} + \sqrt{-1} \sin \frac{2\pi l}{n} \quad (l \in \mathbb{Z}/(n))$$

で，$(l, n) = 1$ のとき原始的である．

命題 2.14 K を代数的閉体で $p = \operatorname{char} K$，$n = p^e m$ ($p \nmid m$) とする．このとき，$\mu_n(K)$ は位数 m の巡回群で，原始 m 乗根 ζ を 1 つ選ぶと，$\mathbb{Z}/(m) \ni l \mapsto \zeta^l \in \mu_n(K)$ は群の同型を与える．($p = 0$ のときは $m = n$ とする．)

[証明] $X^n - 1 = X^{p^e m} - 1 = (X^m - 1)^{p^e}$ で，$X^m - 1$ は分離的だから $\mu_n(K) = \mu_m(K)$ ($p \nmid m$) についての主張から分かる. ∎

上の命題によって，1 のベキ根については $\operatorname{char} K \nmid n$ のときの n 乗根についての命題に帰着できる．

1 の n 乗根によって生成される拡大体の Galois 群について調べてみよう．

命題 2.15 $\operatorname{char} K \nmid n$ のとき，ζ を 1 の原始 n 乗根によって生成される Galois 拡大 $K(\zeta)/K$ を考える．Galois 群の元 $\sigma \in \operatorname{Gal}(K(\zeta)/K)$ に対して，$\sigma\zeta = \zeta^{i(\sigma)}$ となる整数 $i(\sigma) \in \mathbb{Z}$ で，n と互いに素なものが $\operatorname{mod} n$ で 1 つ定まり(既約剰余類 $i(\sigma) \in (\mathbb{Z}/(n))^\times$ を定義する)，$\operatorname{Gal}(K(\zeta)/K) \ni \sigma \mapsto i(\sigma) \in (\mathbb{Z}/(n))^\times$ は群の単準同型を与える．

[証明] $K(\zeta)$ は分離多項式 $X^n - 1$ の最小分解体だから K 上 Galois 拡大である．$\sigma(\zeta)$ は再び原始 n 乗根であるから位数 n の元であり，$i(\sigma) \in$

$(\mathbb{Z}/(n))^\times$ で $\sigma(\zeta) = \zeta^{i(\sigma)}$ となるものが一意的に定まる．あとの主張は容易である．∎

上の命題 2.15 によって，$\mathrm{Gal}(K(\zeta)/K)$ は既約剰余類群 $(\mathbb{Z}/(n))^\times$ の部分群と見なせる．よって，その K 上の最小多項式を p_ζ とすると，拡大次数 $[K(\zeta):K] = \deg p_\zeta$ は Euler 関数 $\phi(n) = \sharp(\mathbb{Z}/(n))^\times$ の約数である．もし，$\deg p_\zeta = \phi(n)$ が成り立てば，$\sharp\mathrm{Gal}(K(\zeta)/K) = [K(\zeta):K] = \deg p_\zeta$ だから，同型 $\mathrm{Gal}(K(\zeta)/K) \simeq (\mathbb{Z}/(n))^\times$ となる．有理数体 $K = \mathbb{Q}$ の場合はこのことが成り立つ．以下，それを示そう．

標数 0 の場合を考える．1 の n 乗根はある $m \mid n$ に対して原始 m 乗根である．m 乗根のなす群 $\mu_m(\overline{\mathbb{Q}})$ は位数 m の巡回群で，その生成元が原始 m 乗根であるから，ζ_m を 1 つの原始 m 乗根とすると，他の原始 m 乗根は，ζ_m^d $((d,m)=1)$ と表わされる．いま

$$\Phi_m(X) = \prod_{(d,m)=1,\ 1 \leq d \leq m} (X - \zeta_m^d)$$

とおくと，$\Phi_m(X)$ の根の集合が原始 m 乗根の集合と一致する．$\Phi_m(X)$ を m 位の**円分**(cyclotomic)**多項式**という．次数は $\phi(m)$ で，$X^n - 1 = \prod_{m \mid n} \Phi_m(X)$ である．

定理 2.16 円分多項式 $\Phi_n(X)$ は $\mathbb{Q}$ 上既約である．したがって，ζ を 1 の原始 n 乗根とすると，Galois 群の同型 $\mathrm{Gal}(\mathbb{Q}(\zeta)/\mathbb{Q}) \simeq (\mathbb{Z}/(n))^\times$ を得る．

[証明] Galois 群の任意の元 $\sigma \in \mathrm{Gal}(\mathbb{Q}(\zeta)/\mathbb{Q})$ は原始 n 乗根 ζ^d $((d,n)=1)$ の間の置換を与えるから，$\sigma\Phi_n(X) = \Phi_n(X)$．よって，$\Phi_n \in \mathbb{Q}[X]$ であるが，さらに整係数多項式の因子に関する Gauss の補題 (第 1 部，補題 1.26) によって $X^n - 1$ のモニックな因子 Φ_n は整係数である．さらに，同補題によって，$\mathbb{Z}[X]$ での既約性を示せば，$\mathbb{Q}[X]$ における既約性が導かれる．

そこで，$\Phi_n = fg$ ($f, g \in \mathbb{Z}[X]$ は 1 次以上) で，f は既約とする．このとき，ある原始 n 乗根 η で，ある素数 $p \nmid n$ に対して，$f(\eta) = 0$, $g(\eta^p) = 0$ となるものが存在する．実際，f の根を $\zeta, \zeta^{d_1}, \cdots, \zeta^{d_l}$ (ζ はある原始 n 乗根，$(d_i, n) = 1$) とし，$d_1, d_2, \cdots, d_l$ を素因数分解したものを考えると，f の根は原

始 n 乗根をすべてを尽くさないから($\deg g \geq 1$),ある素数 $p \nmid n$ に対して,$f(\zeta^{d_i p}) \neq 0$ なるものがある.$\eta = \zeta^{d_i}$ とおくと,$\eta^p = \zeta^{d_i p}$ は Φ_n の根だから要件をみたしている.

したがって,$\mathbb{Z}$ 上の 2 つの多項式 $f(X)$ と $g(X^p)$ は共通根をもつことになり,$f(X)$ は既約だから $\mathbb{Z}[X]$ で $g(X^p) = f(X)h(X)$ と分解する.係数について $\bmod p$ をとり,$\mathbb{F}_p[X]$ で考えたものにバー ¯ を付けると,$\overline{g}(X^p) = \overline{f}(X)\overline{h}(X)$ を得るが $\overline{g}(X^p) = \overline{g}(X)^p$ ゆえ,$\overline{g}(X)$ と $\overline{f}(X)$ は $\mathbb{F}_p$ の代数的閉包 $\overline{\mathbb{F}_p}$ の中に共通根 ξ をもつことになる.よって,$\overline{\Phi_n} = \overline{fg} \in \mathbb{F}_p[X]$ は重根 ξ をもつ.ところが $p \nmid n$ ゆえ $\mathbb{F}_p[X]$ で分離多項式である $X^n - 1$ の因子 $\overline{\Phi_n}$ は分離的であり,これは矛盾である.よって,$\Phi_n = fg$ ($\deg f, \deg g \geq 1$) なる分解はもたず,Φ_n は既約である.

Galois 群についての主張は定理の前の説明から明らかである. ∎

例 2.17
$$X^2 - 1 = (X-1)(X+1); \quad \Phi_1(X) = X - 1, \; \Phi_2(X) = X + 1$$
$$X^3 - 1 = (X-1)(X^2 + X + 1); \quad \Phi_3(X) = X^2 + X + 1$$
$$X^4 - 1 = (X-1)(X+1)(X^2 + 1); \quad \Phi_4(X) = X^2 + 1.$$

p が素数のとき,
$$\Phi_p(X) = (X^p - 1)/(X - 1) = X^{p-1} + X^{p-2} + \cdots + X + 1.$$
一般の場合,Möbius 関数を使った表示がある. □

Galois 理論の直接の応用というわけではないが,上で論じたいわゆる円分拡大に密接に関係する話題である平方剰余を取り上げる.当然のことながら,この話題は,山本[17],加藤-黒川-斎藤[18]でずっと深く追究されている.

まず,奇素数 $p \neq 2$ と p と素な整数 $n \in \mathbb{Z}$,$n \not\equiv 0 \bmod p$ に対して,**Legendre 記号** $\left(\dfrac{n}{p}\right) = \pm 1$ を以下のように定義する.

$$\left(\frac{n}{p}\right) = \begin{cases} 1, & x^2 \equiv n \bmod p \text{ となる } x \in \mathbb{Z} \text{ があるとき,} \\ -1, & \text{そうでないとき.} \end{cases}$$

$\left(\dfrac{n}{p}\right)=1$ のとき, n は $\mathrm{mod}\, p$ の平方剰余(quadratic residue), $\left(\dfrac{n}{p}\right)=-1$ のとき, 平方非剰余という.

$\left(\dfrac{n}{p}\right)$ は $n\ \mathrm{mod}\ p$ で定まるから, かりに $\chi_p(n)=\left(\dfrac{n}{p}\right)$ とかくと, 写像 $\chi_p:\mathbb{F}_p^\times\to\{\pm1\}$ を定義する. χ_p は可換群の準同型を与え, 準同型の列

$$1\to\{\pm1\}\to\mathbb{F}_p^\times\xrightarrow{(\cdot)^2}\mathbb{F}_p^\times\xrightarrow{\chi_p}\{\pm1\}\to1$$

は完全列であることが定義から容易に分かる.

実際, $p\neq2$ ゆえ2乗写像 $(\cdot)^2:a\mapsto a^2$ の核は2元群 $\{\pm1\}$ で, その像 $\mathrm{Ker}\,\chi_p=(\mathbb{F}_p^\times)^2$ は $\mathbb{F}_p^\times$ の中で指数2である.

次の補題に注意する.

補題 2.18 (Euler の規準)

$$\left(\dfrac{n}{p}\right)\equiv n^{\frac{p-1}{2}}\quad\mathrm{mod}\, p.$$

[証明] $n\in\mathbb{F}_p^\times$ に対して, $(n^{\frac{p-1}{2}})^2=n^{p-1}\equiv1\ \mathrm{mod}\, p$ ゆえ $\psi_p(n)=n^{\frac{p-1}{2}}\equiv\pm1\ \mathrm{mod}\, p$ は準同型 $\psi_p:\mathbb{F}^\times\to\{\pm1\}$ を定義する. 明らかに, $\mathrm{Ker}\,\psi_p\supset(\mathbb{F}_p^\times)^2=\mathrm{Ker}\,\chi_p$ であるが, $n\in\mathbb{F}_p^\times$ を位数 $p-1$ の元とすると, $n^{\frac{p-1}{2}}\equiv-1\ \mathrm{mod}\, p$ ゆえ, $\mathrm{Ker}\,\psi_p\neq\mathbb{F}_p^\times$ となり $\mathrm{Ker}\,\psi_p=\mathrm{Ker}\,\chi_p$. よって, $\psi_p=\chi_p$. ∎

奇素数 p に対して1の原始 p 乗根 ζ を1つとるとき,

$$W_p=\sum_{1\leq n<p}\left(\dfrac{n}{p}\right)\zeta^n=\sum_{n\in\mathbb{F}_p^\times}\left(\dfrac{n}{p}\right)\zeta^n$$

を **Gauss 和**という. 一応, $W_p\in\mathbb{Z}[\zeta]\subset\mathbb{Q}[\zeta]$ と考えるが, 素数 $l\neq p$ に対しても, $\mathrm{mod}\, l$ での $\overline{W_p}\in\mathbb{F}_l[\zeta]$ が意味をもつ.

定理 2.19

$$W_p^2=(-1)^{\frac{p-1}{2}}p.$$

[証明] 以下の式で, n,m は $\mathbb{F}_p$ をわたるものとする.

$$W_p^2=\sum_{n\neq0,m\neq0}\left(\dfrac{n}{p}\right)\left(\dfrac{m}{p}\right)\zeta^n\zeta^m$$

$$= \sum_{n\neq 0, m\neq 0} \left(\frac{nm}{p}\right)\zeta^{n+m}$$

ここで固定した $n \in \mathbb{F}_p^\times$ に対して,nm は m が $\mathbb{F}_p^\times$ を動くとき,$\mathbb{F}_p^\times$ を動くから,

$$= \sum_{n\neq 0, m\neq 0} \left(\frac{nnm}{p}\right)\zeta^{n+nm}$$

$$= \sum_{n\neq 0, m\neq 0} \left(\frac{n}{p}\right)^2 \left(\frac{m}{p}\right)\zeta^{n(m+1)}$$

$$= \sum_{n\neq 0} \left(\frac{-1}{p}\right)\zeta^0 + \sum_{m\neq -1, 0} \left(\frac{m}{p}\right) \sum_{n\neq 0} \zeta^{n(m+1)}$$

$k \in \mathbb{F}_p^\times$ に対して $\sum_{n\neq 0} \zeta^{nk} = -1$ ゆえ,

$$= (p-1)\left(\frac{-1}{p}\right) + \sum_{m\neq -1, 0} \left(\frac{m}{p}\right)(-1)$$

$$= \left(\frac{-1}{p}\right)p - \sum_{m\neq 0}\left(\frac{m}{p}\right)$$

$$= \left(\frac{-1}{p}\right)p.$$

最後の等式は,$\sum_{m\neq 0}\left(\frac{m}{p}\right)$ が $\frac{p-1}{2}$ 個ずつの $+1$ と -1 の和だから合計 0 になることからでる.あと,補題 2.18 によって $\left(\frac{-1}{p}\right) = (-1)^{\frac{p-1}{2}}$ であることに注意すればよい.∎

系 2.20 奇素数 p に対し,$\sqrt{p} \in \mathbb{Q}(\zeta, \sqrt{-1})$.さらに,一般の $d \in \mathbb{Z}$ に対し,2 次拡大 $\mathbb{Q}(\sqrt{d})$ は $\mathbb{Q}$ に 1 のベキ根を添加した体の部分体(円分体という)になる.

[証明] 定理 2.19 から,$\frac{p-1}{2}$ の偶奇によって,$\mathbb{Q}(\sqrt{p})$ は $\mathbb{Q}(\zeta)$ または $\mathbb{Q}(\sqrt{p}, \sqrt{-1})$ の部分体になる.さらに,$(1+\sqrt{-1})^2 = 2\sqrt{-1}$ ゆえ $\sqrt{2} \in \mathbb{Q}((-1)^{\frac{1}{4}})$.一般の d は素因数分解に現れる素数 p らに対応する 1 のベキ根(と $(-1)^{\frac{1}{4}}$)で生成される円分拡大に含まれる.∎

円分拡大の Galois 群は,定理 2.16 によって可換群であることが分かるが,上の系をずっと一般にした次の定理は,その逆を与えている.これは,類体

論(Kronecker の青春の夢を含む)の 1 つの方向を導いた有名な歴史的定理であるが，もはや本書で扱う範囲をはるかに超えている．加藤-黒川-斎藤[18]を参照されたい．

定理 2.21（Kronecker） $\mathrm{Gal}(K/\mathbb{Q})$ が可換群ならば，体 K は円分体である． □

平方剰余の相互法則にも触れておこう．これは，Gauss によって完全な証明が，しかもいく通りも与えられたことでも有名である．ここで紹介する Gauss 和を用いるものもその 1 つである．

定理 2.22（平方剰余の相互法則） $p \ne l$ を 2 つの奇素数とすると，
$$\left(\frac{l}{p}\right)\left(\frac{p}{l}\right) = (-1)^{\frac{p-1}{2}\frac{l-1}{2}}.$$

[証明] 定理 2.19 によって，$W_p^2 = (-1)^{\frac{p-1}{2}} p$ だから，
$$\left(\frac{W_p^2}{l}\right) = \left(\frac{(-1)^{\frac{p-1}{2}} p}{l}\right) = \left(\frac{-1}{l}\right)^{\frac{p-1}{2}} \left(\frac{p}{l}\right) = (-1)^{\frac{p-1}{2}\frac{l-1}{2}} \left(\frac{p}{l}\right).$$

ところで，Gauss 和 W_p を $\mathrm{mod}\, l$ ($\mathbb{F}_l(\zeta)$) で考えると，
$$W_p^l = \sum_{m \ne 0} \left(\frac{m}{p}\right)^l \zeta^{lm}$$
$$= \sum_{m \ne 0} \left(\frac{m}{p}\right) \zeta^{lm}$$
$$= \sum_{m \ne 0} \left(\frac{l^{-1}m}{p}\right) \zeta^m \quad (l^{-1} \text{ は } \mathbb{F}_p^\times \text{ で考える})$$
$$= \left(\frac{l}{p}\right) \sum_{m \ne 0} \left(\frac{m}{p}\right) \zeta^m$$
$$= \left(\frac{l}{p}\right) W_p.$$

よって，$W_p^{l-1} = \left(\frac{l}{p}\right)$ となり，補題 2.18 から，
$$\left(\frac{W_p^2}{l}\right) = W^{2\frac{l-1}{2}} = W_p^{l-1} = \left(\frac{l}{p}\right).$$

よって定理は証明された．（$\mod l$ でも $l \neq 2$ のとき ± 1 の区別はつくことに注意．）∎

平方剰余の相互法則と，Euler の規準の特別な場合
$$\left(\frac{-1}{p}\right) = (-1)^{\frac{p-1}{2}}$$
および次に挙げる公式を用いると，任意の Legendre 記号 $\left(\dfrac{n}{p}\right)$ が計算できる．（それぞれ第1および第2補助法則と呼ばれる．）

補題 2.23
$$\left(\frac{2}{p}\right) = (-1)^{\frac{p^2-1}{8}}.$$

[証明] ζ を 1 の原始 8 乗根とすると，$\zeta^4 + 1 = 0$，ゆえに $\zeta^2 + \zeta^{-2} = 0$．よって，$2 = (\zeta + \zeta^{-1})^2$．したがって，補題 2.18 から，
$$\left(\frac{2}{p}\right) \equiv 2^{\frac{p-1}{2}} = (\zeta + \zeta^{-1})^{p-1} \equiv (\zeta^p + \zeta^{-p})/(\zeta + \zeta^{-1}) \mod p.$$

p を $\mod 8$ で分類すると，

（i）$p \equiv 1 \mod 8$ のとき，$\dfrac{p^2-1}{8} \equiv 0 \mod 2$, $(-1)^{\frac{p^2-1}{2}} = 1$．一方，$(\zeta + \zeta^{-1})/(\zeta + \zeta^{-1}) = 1$ より成り立つ．

（ii）$p \equiv 3 \mod 8$ のとき，$\dfrac{p^2-1}{8} \equiv 1 \mod 2$, $(-1)^{\frac{p^2-1}{2}} = -1$．一方，$(\zeta^3 + \zeta^{-3})/(\zeta + \zeta^{-1}) = -1$．

（iii）$p \equiv 5 \mod 8$ のとき，$\dfrac{p^2-1}{8} \equiv 1 \mod 2$, $(-1)^{\frac{p^2-1}{2}} = -1$．一方，$(\zeta^5 + \zeta^{-5})/(\zeta + \zeta^{-1}) = -1$．

（iv）$p \equiv 7 \mod 8$ のとき，$\dfrac{p^2-1}{8} \equiv 0 \mod 2$, $(-1)^{\frac{p^2-1}{2}} = 1$．一方，$(\zeta^7 + \zeta^{-7})/(\zeta + \zeta^{-1}) = 1$． ∎

例 2.24
$$\left(\frac{426}{103}\right) = \left(\frac{4 \times 103 + 14}{103}\right)$$
$$= \left(\frac{2 \times 7}{103}\right)$$

$$= \left(\frac{2}{103}\right)\left(\frac{7}{103}\right)$$

$$= (-1)^{\frac{103^2-1}{8}}(-1)^{\frac{103-1}{2}\frac{7-1}{2}}\left(\frac{103}{7}\right) \qquad \text{(第 2 補助法則,}$$
$$\text{相互法則)}$$

$$= (-1)^{\frac{(8\times 12+7)^2-1}{8}}(-1)^{51\times 3}\left(\frac{7\times 14+5}{7}\right)$$

$$= -(-1)^{\frac{7^2-1}{8}}\left(\frac{5}{7}\right)$$

$$= -(-1)^6(-1)^{\frac{7-1}{2}\frac{5-1}{2}}\left(\frac{7}{5}\right) \qquad \text{(相互法則)}$$

$$= -\left(\frac{2}{5}\right)$$

$$= -(-1)^{\frac{5^2-1}{8}} \qquad \text{(第 2 補助法則)}$$

$$= 1.$$

$$\left(\frac{-3125}{997}\right) = \left(\frac{-1}{997}\right)\left(\frac{2\times 67}{997}\right)$$

$$= (-1)^{\frac{997-1}{2}}\left(\frac{2}{997}\right)\left(\frac{67}{997}\right) \qquad \text{(第 1 補助法則)}$$

$$= (-1)^{498}(-1)^{\frac{997^2-1}{8}}(-1)^{\frac{996}{2}\frac{66}{2}}\left(\frac{997}{67}\right) \qquad \text{(第 2 補助法則,}$$
$$\text{相互法則)}$$

$$= (-1)^{\frac{5^2-1}{8}}(-1)^{498\times 33}\left(\frac{997}{67}\right)$$

$$= -\left(\frac{59}{67}\right)$$

$$= -(-1)^{29\times 33}\left(\frac{8}{59}\right) \qquad \text{(相互法則)}$$

$$= (-1)^{\frac{59^2-1}{8}} \qquad \text{(第 2 補助法則)}$$

$$= -1. \qquad \square$$

§2.4 巡回拡大

Galois 拡大を，その Galois 群の名前を借りて名付ける習慣がある．例えば，**Abel（可換）拡大**とは，その Galois 群が Abel（可換）群のとき，**巡回拡大**(cyclic extension)とは，その Galois 群が巡回群のときをいう．前節で紹介した1のベキ根を添加した体（の部分体），円分体は有理数体上 Abel 拡大であり，Kronecker の定理（定理 2.21）は，逆に，有理数体上の Abel 拡大は円分体に限ると主張している．

$\operatorname{char} K \nmid n$ として，分離的な2項多項式 $X^n - a$ $(a \in K)$ の最小分解体 L を考える．1つの根を $\sqrt[n]{a}$ とおくとき，1の原始 n 乗根を ζ とすると，すべての根は $\zeta^i \sqrt[n]{a}$ $(i \in \mathbb{Z}/(n))$ で表される．したがって，$L = K(\zeta^i \sqrt[n]{a} \mid i \in \mathbb{Z}/(n)) = K(\sqrt[n]{a}, \zeta)$ となる．中間体 $K_1 = K(\zeta)$ について，拡大 K_1/K（前節で考察した Galois 拡大）で，$\operatorname{Gal}(K_1/K) \subset (\mathbb{Z}/(n))^\times$ と見なせた．定理 2.8 によって，$\operatorname{Gal}(L/K_1)$ は $\operatorname{Gal}(L/K)$ の正規部分群で，剰余群について $\operatorname{Gal}(L/K)/\operatorname{Gal}(L/K_1) \simeq \operatorname{Gal}(K_1/K)$ が成り立つ．

元 $\sigma \in \operatorname{Gal}(L/K_1)$ に対しては，$\sigma(\sqrt[n]{a}) = \zeta^{i(\sigma)} \sqrt[n]{a}$ となる $i(\sigma) \in \mathbb{Z}/(n)$ が唯一つ定まり，$\tau\sigma(\sqrt[n]{a}) = \zeta^{i(\tau) + i(\sigma)} \sqrt[n]{a}$ $(\sigma(\zeta) = \zeta)$ となり，単準同型 $i: \operatorname{Gal}(L/K_1) \hookrightarrow \mathbb{Z}/(n)$ を得る．したがって，$\operatorname{Gal}(L/K_1)$ は巡回群で（巡回群 $\mathbb{Z}/(n)$ の部分群だから），L/K_1 は巡回拡大である．

一般の Galois 群の元 $\sigma \in \operatorname{Gal}(L/K)$ を生成元 $\sqrt[n]{a}, \zeta$ に働かせたとき，$\sigma(\zeta) = \zeta^{j(\sigma)}$, $\sigma(\sqrt[n]{a}) = \zeta^{i(\sigma)} \sqrt[n]{a}$ $(j(\sigma) \in (\mathbb{Z}/(n))^\times, i(\sigma) \in \mathbb{Z}/(n))$ となるとする．このとき，σ に対して，$\mathbb{Z}/(n)$ 係数の行列

$$f(\sigma) = \begin{pmatrix} j(\sigma) & i(\sigma) \\ 0 & 1 \end{pmatrix} \in GL(2, \mathbb{Z}/(n))$$

を対応させると，f は単準同型 $f: \operatorname{Gal}(L/K) \hookrightarrow GL(2, \mathbb{Z}/(n))$ を与える．

実際，i, j の定義から，$\sigma, \tau \in \operatorname{Gal}(L/K)$ に対し，$j(\tau\sigma) = j(\tau)j(\sigma)$, $i(\tau\sigma) = j(\tau)i(\sigma) + i(\tau)$ が成り立つ．これから $f(\tau\sigma) = f(\tau)f(\sigma)$ が導かれる．

以上によって，$X^n - a$ の最小分解体の Galois 群は有限環 $\mathbb{Z}/(n)$ 上のアフ

ィン変換群 $\left\{\begin{pmatrix} * & * \\ 0 & 1 \end{pmatrix}\right\}$ の部分群と見なせて可解群である(L/K は可解拡大).

さらに，K が1の n 乗根を含めば($K=K_1$)，L/K は巡回拡大であるが，次にその逆を考える．

定理 2.25 char $K \nmid n$ で K が1の n 乗根をすべて含むとする．このとき，次は同値である．

(i) $K \subset L \subset K(\sqrt[n]{a})$. ただし，$a \in K$ で，$\sqrt[n]{a}$ は $X^n - a$ の1つの根．

(ii) $\mathrm{Gal}(L/K)$ は位数が n を割る巡回群．

[証明] (i)⇒(ii) 上の議論から，全準同型 $\mathrm{Gal}(K(\sqrt[n]{a})/K) \twoheadrightarrow \mathrm{Gal}(L/K)$ があり $\mathrm{Gal}(K(\sqrt[n]{a})/K) \subset \mathbb{Z}/(n)$ ゆえ，$\mathrm{Gal}(K(\sqrt[n]{a})/K)$. したがって，その剰余群 $\mathrm{Gal}(L/K)$ も位数が n を割る巡回群である．

(ii)⇒(i) $\mathrm{Gal}(L/K)$ が位数 n の巡回群と仮定してよい(位数 $m \mid n$ のとき，$L \subset K(\sqrt[m]{a})$ が示されれば，$K(\sqrt[m]{a}) \subset K(\sqrt[n]{a})$ ゆえ正しい)．$\sigma \in \mathrm{Gal}(L/K)$ を位数 n の元とすると，σ は L 上の K 線形写像で $\sigma^n = 1$ をみたす．σ の1つの固有値を $\zeta \in \overline{K}$，固有ベクトルを $0 \ne v \in L \otimes_K \overline{K}$ とすると，$\sigma v = \zeta v$. したがって $v = \sigma^n v = \zeta^n v$ より $\zeta^n = 1$ となり，仮定から $\zeta \in K$. よって，σ の固有値はすべて1の n 乗根で K に属し，したがって固有ベクトルも L に属す．ところで σ の固有値のなす集合は K の乗法部分群であるから定理1.43より巡回群である．σ の位置は n ゆえ，これは位数 n の巡回群であり，よって1の原始 n 乗根 ζ を固有値にもつ．$0 \ne x \in L$ を ζ に属する固有ベクトルとすると，$\sigma x = \zeta x$ から $\sigma(x^n) = (\sigma x)^n = (\zeta x)^n = x^n$ を得る．よって，$x^n \in L^\sigma = L^{\mathrm{Gal}(L/K)} = K$ となり，$a = x^n \in K$ とおくと，x は $X^n - a$ の1つの根である．

次に，$x^i (1 \le i \le n)$ は $\sigma(x^i) = (\sigma x)^i = \zeta^i x^i$ より，固有値 ζ^i に属する固有ベクトルで，この範囲で $\zeta^i \ne \zeta^j (1 \le i \ne j \le n)$ ゆえ，$x^i (1 \le i \le n)$ は K 上1次独立となり，$[K(x):K] = n = \sharp \mathrm{Gal}(L/K) = [L:K]$. よって $L = K(\sqrt[n]{a}) (x = \sqrt[n]{a})$ となり，(ii) が成り立つ． ∎

注意 いわゆる Lagrange の分解式を用いた証明も有名である(演習問題 2.10)．

定理 2.25 の証明から次の特別な場合が分かる.

系 2.26 定理 2.25 と同じ仮定の下で, L/K が次数 n の巡回拡大であることと, ある $a \in K$ に対して L が既約多項式 $X^n - a$ の最小分解体であることが同値である ($L = K(\theta)$ で, $X^n - a$ は $\theta = \sqrt[n]{a}$ の最小多項式).   □

標数 $p > 0$ 特有の巡回拡大として Artin–Schreier 拡大と呼ばれるものがある.

$\operatorname{char} K = p > 0$ とすると, $\mathbb{F}_p \subset K$ (素体), $a \in \mathbb{F}_p$ は $a^p = a$ によって特徴づけられる. したがって, 多項式 $g(X) = X^p - X$ は, $\mathbb{F}_p$ の元による平行移動によって不変である; $g(X+a) = g(X)$ $(a \in \mathbb{F}_p)$. $c \in K$ に対して, 多項式 $f_c(X) = g(X) + c = X^p - X + c$ を考えても同様だから, $f_c(X)$ の根の1つを θ とすると, $\theta + a$ $(a \in \mathbb{F}_p)$ もまた $f_c(X)$ の根で, これらが分離多項式 $f_c(X)$ の p 個の根を与えている. すなわち, 加法群 $\mathbb{F}_p$ が根の集合に単純推移的に働いている. もし $\theta \notin K$ ならば, $f_c(X)$ は K 上既約な p 次式だから, $K(\theta)/K$ は p 次 Galois 拡大で, Galois 群が $\mathbb{F}_p$ と同型, すなわち, p 次巡回拡大である.

逆をいうために, いろいろな場面で有用な次の補題から始める.

補題 2.27 (埋め込みの独立性) 体の埋め込み $\sigma_1, \sigma_2, \ldots, \sigma_n : K \to L$ が互いに相異なるとき, これらは K 上1次独立である. すなわち, $c_i \in K$ に対して $\sum_{i=1}^{n} c_i \sigma_i(a) = 0$ $(\forall a \in K)$ ならば, $c_i = 0$ $(1 \leq i \leq n)$.

[証明] 1次独立でないとすると, 自明でない最短の関係式を $c_1 \sigma_1 + c_2 \sigma_2 + \cdots + c_r \sigma_r = 0$ $(c_1 c_2 \cdots c_r \neq 0)$ として一般性を失わない.

$r \geq 2$ で $\sigma_1 \neq \sigma_2$ ゆえ, $\sigma_1(a) \neq \sigma_2(a)$ となる $a \in K$ がある. $\sum_{i=1}^{r} c_i \sigma_i(ab) = 0$ $(b \in K)$ ゆえ, $\sum_{i=1}^{r} c_i \sigma_i(a) \sigma_i = 0$ である. よって,

$$\sigma_1(a) \sum_{i=1}^{r} c_i \sigma_i - \sum_{i=1}^{r} c_i \sigma_i(a) \sigma_i = \sum_{i=2}^{r} c_i (\sigma_1(a) - \sigma_i(a)) \sigma_i = 0.$$

$\sigma_1(a) \neq \sigma_2(a)$, $c_2 \neq 0$ ゆえ, これは長さが r より短い自明でない関係式を表しており, 仮定に反する.   ■

定理 2.28 (Artin–Schreier) $p = \operatorname{char} K > 0$ とする. このとき, p 次巡回拡大 L/K に対して, L はある $c \in K$ に対する $f_c(X) = X^p - X + c$ の最小

分解体になり，Galois 群 $\mathbb{Z}/(p) = \mathbb{F}_p$ の働きは $f_c(X)$ の根 θ に対して，$\theta + a$ $(a \in \mathbb{F}_p)$ で与えられる．

逆に，$f_c(X)$ の根が K に属さなければ，その最小分解体は p 次巡回拡大である．

[証明] 後半の証明は済んでいる．

前半を示す．$\mathrm{Gal}(L/K) = \langle \sigma \rangle$ を p 次巡回群として，上の補題 2.27 を σ^i に適用すると，$\sum_{i=0}^{p-1} \sigma^i(\alpha) \neq 0$ となる $\alpha \in L$ が存在する（$\sum_{i=0}^{p-1} \sigma^i \neq 0$）．$\beta = \sigma(\alpha) + 2\sigma^2(\alpha) + \cdots + (p-1)\sigma^{p-1}(\alpha)$ とおくと，$b := \beta - \sigma\beta = \sigma\alpha + \sigma^2\alpha + \cdots + \sigma^{p-1}\alpha - (p-1)\alpha = \sigma\alpha + \sigma^2\alpha + \cdots + \sigma^{p-1}\alpha + \alpha \neq 0$ で $\sigma b = b$ ゆえ，$b \in K$．また，$b \neq 0$ より $\sigma\beta \neq \beta$，すなわち，$\beta \notin K$．さらに，$\mathrm{Gal}(L/K) = \langle \sigma \rangle \simeq \mathbb{Z}/(p)$ は単純群だから，自明なもの以外中間体はない．よって，中間体 $K(\beta) \supsetneq K$ について $L = K(\beta)$ でなければいけない．また $b = \sigma^i b = \sigma^i \beta - \sigma^{i+1}\beta$ ゆえ，$\sigma\beta = \beta - b$, $\sigma^2\beta = \beta - 2b$, $\cdots$, $\sigma^{p-1}\beta = \beta - (p-1)b$ となる．そこで，$\theta = b^{-1}\beta$ とおくと，$L = K(\theta)$ で，$\sigma\theta = \theta - 1$, $\sigma^2\theta = \theta - 2$, $\cdots$, $\sigma^{p-1}\theta = \theta - (p-1)$ となり，$c = -\theta(\theta-1)\cdots(\theta-(p-1)) = -\prod_{i=0}^{p-1} \sigma^i\theta \in K$．ところが $X^p - X = \prod_{a \in \mathbb{F}_p}(X - a)$ ゆえ，$c = \theta - \theta^p$, すなわち，θ は $f_c(X) = X^p - X + c$ の根となり，L は $f_c(X)$ の最小分解体である． ∎

§2.5 代数方程式のベキ根による可解性

2 次方程式 $x^2 + ax + b = 0$ が解の公式 $x = \dfrac{-a \pm \sqrt{a^2 - 4b}}{2}$ をもつことは皆が知っている．ルネサンス時代，同様に，一般の 3 次，4 次方程式についてもそれぞれ 3 次，4 次までの根号 $\sqrt[3]{}$, $\sqrt[4]{}$ を用いた根の公式が見出された (Tartaglia, Cardano, Ferrari の公式；演習問題 1.3 参照).

ちなみに，ある時期から高校までの数学では，「根 = root, radical」という言葉が抹殺されすべて「解」という言葉に置き換わったそうである．しかし，代数学では「根」という言葉は抹殺できない歴史的かつ実在的意味をもっている．いささかの妥協をして，本書では，多項式 $f(X)$ に対しては根，方

程式 $f(x)=0$ に対しては「解」という言い方をしている. したがって, 解という言葉は滅多に出てこない.

当然, 5 次以上の代数方程式についてもこのように, ベキ根のみによる根の表示が可能かどうか追究された. 代数学の近代史の主要テーマの 1 つである. Cardano の公式から約 300 年後, N. H. Abel と E. Galois によってこのことは一般には不可能であることが証明され, 1 つの段落を迎えた.

この節では Galois 流にこの話題を解説しよう. 前節で扱った多項式 $X^n - a$ は, その根がベキ根表示 $\sqrt[n]{a}$ をもつ. 1 の n 乗根 ζ を用いると, すべての根は $\zeta^i \sqrt[n]{a}$ $(i \in \mathbb{Z}/(n))$ と書けたから, 1 のベキ根を用いるのも許すことにする (このことについては, 後述). したがって, ある元がベキ根による表示をもつとは, その元が基礎の体 K 上に, $\sqrt[n]{a}$ の形の元を (1 のベキ根 $\sqrt[n]{1}$ も許す) 何度か添加した体に属するということである. 例えば, $\sqrt[5]{2 + \sqrt[3]{1 + 5\sqrt{-3}}}$ は $\mathbb{Q}(\sqrt{-3})(\sqrt[3]{a})(\sqrt[5]{b})$ $(a \in K_1 = \mathbb{Q}(\sqrt{-3}), b \in K_2 = K_1(\sqrt[3]{a}))$ に属する. 正式には, 次の定義を採用する.

定義 2.29 L/K がベキ根拡大 (radical extension) であるとは, L のある拡大体 $L \subset \widetilde{L}$ が K の次のような拡大の列

$$K = K_0 \subset K_1 \subset \cdots \subset K_i \subset \cdots \subset K_m = \widetilde{L}$$

ただし, $K_i = K_{i-1}(\sqrt[n_i]{a_i})$ $(a_i \in K_{i-1}, \operatorname{char} K \nmid n_i)$ によって得られる場合をいう. ここに, $\sqrt[n_i]{a_i}$ は 1 のベキ根 $\sqrt[n_i]{1}$ も許すことに注意する. □

K_i は K_{i-1} に 2 項多項式 $X^{n_i} - a_i$ の根を添加したものである. 条件 $p \nmid n_i$ より, ベキ根拡大は分離的である.

さらに強く, 拡大の各段階 K_i/K_{i-1} において, $X^{n_i} - a_i$ は既約である ($\sqrt[n_i]{a_i}$ の最小多項式) と仮定してもよい (後述; とくに 1 のベキ根の場合は意味がある).

この定義を用いると, 古来の問題, K 係数の代数方程式 $f(X) = 0$ がベキ根による解の表示をもつか ($f(X)$ の根が根号による表示をもつか) という問題は, f の最小分解体 K_f が K 上のベキ根拡大であるか, という問題になる. 4 次までの多項式 $f = a_4 X^4 + a_3 X^3 + a_2 X^2 + a_1 X + a_0$ (a_i は一般係数) の場合, $K = \mathbb{Q}(a_0, a_1, a_2, a_3, a_4)$ とおくとき, K_f がベキ根拡大になっているわ

けである.

ベキ根拡大を Galois 理論的に見ると,その各段階 $K_i = K_{i-1}(\sqrt[n_i]{a_i})$ は,定理 2.25 によって,もし K_{i-1} が 1 の n_i 乗根を含めば,$\mathrm{Gal}(K_i/K_{i-1})$ は位数が n_i を割る巡回群になる(そうでなくとも,§2.4 の最初に見たように 2 ステップの可解群になる).よって全体は,巡回拡大の積み重ねによって構成されている.(可解群も巡回群の拡大を繰り返して得られる!)

このようにして,ベキ根拡大は群論でいう可解群と結びつくことになる.これまでの準備で,さらにこの逆も成り立つことが分かる.

正確には,次の定理で述べられる.記述の簡易化のため,標数が 0 の場合に述べる.

定理 2.30(Galois)　$\mathrm{char}\,K = 0$ とする.このとき,L/K がベキ根拡大であることと,L は K のある可解拡大 $\widetilde{L}$ ($\mathrm{Gal}(\widetilde{L}/K)$ が可解群)に含まれることが同値である.

とくに,K 上の分離多項式 $f \in K[X]$ について,f のすべての根がベキ根による表示をもつためには,f の Galois 群 $\mathrm{Gal}(K_f/K)$ が可解群であることが必要十分である.

[証明]　($\Rightarrow$) L/K をベキ根拡大とする.このとき,$L \subset \widetilde{L}$ の部分拡大列 $K = K_0 \subset K_1 \subset \cdots \subset K_i \subset \cdots \subset K_m = \widetilde{L}$ において,始めから $K_i = K_{i-1}(\sqrt[n_i]{a_i})$ ($a_i \in K_{i-1}$, $i \geq 2$), $n = n_2 n_3 \cdots n_m$ とするとき,$K_1 = K_0(\zeta_n)$ (ζ_n は 1 の原始 n 乗根)と仮定してよい(そうでなければ ζ_n を添加した体を考える).このとき,$\widetilde{L}$ は $X^n - 1$, $X^{n_i} - a_i$ ($i \geq 2$) の積の最小分解体となり $\widetilde{L}/K$ は Galois 拡大である.K_i に対応する $G = \mathrm{Gal}(\widetilde{L}/K)$ の部分群を $G_i = G(K_i) = \mathrm{Gal}(\widetilde{L}/K_i)$ ($0 \leq i \leq m$) とおく.ここで,K_i/K_{i-1} は Galois 拡大で,K_{i-1} は 1 の n_i 乗根を含むから,定理 2.25 より,$\mathrm{Gal}(K_i/K_{i-1}) \subset \mathbb{Z}/(n_i)$ ($i \geq 2$) は巡回群である.したがって,Galois 対応(定理 2.8)によって,$G_{i-1}/G_i \simeq \mathrm{Gal}(K_i/K_{i-1})$ は巡回群である.また,始めの部分については命題 2.15 より $\mathrm{Gal}(K_1/K_0) \subset (\mathbb{Z}/(n))^\times$ だから,これも可換群である.ゆえに,$G = G_0$ の正規列 $G = G_0 \supset G_1 \supset \cdots \supset G_m = (e)$ は可換正規列となり,G は可解群である.

($\Leftarrow$) $L = \widetilde{L}$ と仮定してよい.$[L:K] = n$ とするとき,1 の原始 n 乗根 ζ_n

§2.5 代数方程式のベキ根による可解性 —— 227

を添加した体 $K'=K(\zeta_n)$ を考える．$L'=LK'=L(\zeta_n)$ とおくと，Galois 拡大 L/K のリフト L'/K' について，$\mathrm{Gal}(L'/K')$ は $\mathrm{Gal}(L/K)$ の部分群だから(命題2.9)，$\mathrm{Gal}(L/K)$ が可解群ならば，$\mathrm{Gal}(L'/K')$ も可解群である．定義によって，拡大 L'/K' がベキ根拡大ならば，$K'=K(\zeta_n)$ ゆえ，L/K もそうである．よって，リフト L'/K' がベキ根拡大であることを示せばよい．

可解群 $\mathrm{Gal}(L'/K')$ の正規列 $G=G_0\supset G_1\supset\cdots\supset G_i\supset\cdots\supset G_m=(e)$ で，部分剰余 G_{i-1}/G_i が巡回群(位数 n_i とする)となるものを考える(定義と可換群の基本定理(定理2.54)から可能，§2.7 参照)．このとき，対応する中間体の列 $K'=K_0\subset K_1\subset\cdots\subset K_m=L'$ $(K_i=(L')^{G_i})$ を考えると，K_i/K_{i-1} は n_i 次巡回拡大である．$K'=K_0$ は1の n 乗根(したがって n_i 乗根)をすべて含むから，K_{i-1} もそうであって定理2.25により，K_i は $X^{n_i}-a_i$ $(a_i\in K_{i-1})$ の最小分解体になる．よって，$L'/K'=K_m/K_0$ はベキ根拡大である．∎

注意1 証明を見れば分かるように，$\mathrm{char}\,K=p>0$ の場合は，可解拡大 $\widetilde{L}$ の $\mathrm{Gal}(\widetilde{L}/K)$ の位数が p と互いに素になる($p\nmid[\widetilde{L}:K]$)という条件を付せばよい．

注意2 $\mathrm{char}\,K=p>0$ の場合に，ベキ根拡大の定義を拡げて，K_i/K_{i-1} が Artin–Schreier 拡大になる場合も許して，仮に**超ベキ根拡大**ということにすると，標数によらない次の定理が成立する．

定理2.31(任意標数での可解性)　L/K が超ベキ根拡大 $\iff$ L は K のある可解拡大 $\widetilde{L}$ に含まれる．　□

1のベキ根を，気楽に $\sqrt[n]{1}$ と書いて根号による表示として許すのを躊躇するむきもおありだろう．ご心配無用，この場合も，常識の範囲に収まるのである．

$$\zeta_3=\frac{-1\pm\sqrt{-3}}{2},\quad \zeta_4=\sqrt{-1},$$

$$\zeta_5=\frac{1}{4}(-1\pm\sqrt{5}+\sqrt{10\pm 2\sqrt{5}}\sqrt{-1}),\quad \zeta_6=\frac{1\pm\sqrt{-3}}{2}$$

の系列である．すなわち，次の命題が成り立つ．

命題2.32　ζ_i を1の原始 i 乗根とし，$L_n=\mathbb{Q}(\zeta_i\mid i\leq n)$ を考える．可換拡

大 $L_n/\mathbb{Q}$ は次のような拡大の細分 $K_0=\mathbb{Q}\subset K_1\subset\cdots\subset K_{i-1}\subset K_i\subset\cdots\subset K_N=L_n$ をもつ. K_i/K_{i-1} は素数 p_i 次数の巡回拡大で, $K_i=K_{i-1}(\sqrt[p_i]{a_i})\,(a_i\in K_{i-1})$, $X^{p_i}-a_i$ は K_{i-1} 上既約である.

[証明] $L_n\supset L_{n-1}$ の部分について, $L_n=K_N\supset K_{N-1}\supset\cdots\supset K_i\supset K_{i-1}\supset\cdots\supset K_l=L_{n-1}$ で, 主張をみたすものがあればよい. $L_n=L_{n-1}(\zeta_n)$ ゆえ, $[L_n:L_{n-1}]\leqq\phi(n)<n$. 命題 2.15 より, $\mathrm{Gal}(L_n/L_{n-1})\subset(\mathbb{Z}/(n))^\times$ は可換群だから, 可換群の基本定理(定理 2.54)によって, 素数位数の巡回群を組成因子にする組成列 $\mathrm{Gal}(L_n/L_{n-1})=\varGamma_l\supset\varGamma_{l+1}\supset\cdots\supset\varGamma_N=(e)\,(\sharp\varGamma_{i-1}/\varGamma_i=p_i)$ をとり, $K_i=L_n^{\varGamma_i}$ とすると, $\mathrm{Gal}(K_i/K_{i-1})\simeq\mathbb{Z}/(p_i)$. ここで, $p_i\leqq\phi(n)<n$ ゆえ, $K_{i-1}(\supset L_{n-1})$ は 1 のベキ根を含んでいる. したがって, 定理 2.25 より, K_i はある $a_i\in K_{i-1}$ に対して, 既約 2 項多項式 $X^{p_i}-a_i$ の最小分解体となり, 題意をみたしている. ∎

例 2.33 (一般高次方程式) §2.2 の例 2.11 に挙げたように, 一般係数の n 次多項式 $f(T)=T^n-s_1T^{n-1}+\cdots+(-1)^ns_n$ の Galois 群 $\mathrm{Gal}(K_f/K)\,(K=\mathbb{Q}(s_1,s_2,\cdots,s_n))$ は n 次対称群 S_n に同型である. $n\leqq 4$ ならば, S_n は可解群であるが, n 次交代群 A_n (S_n の指数 2 の正規部分群)は, $n\geqq 5$ のとき非可換単純群で, したがって, $n\geqq 5$ のとき S_n は可解群ではない(§2.7 定理 2.50).

よって, 一般係数の n 次代数方程式は $n\geqq 5$ のとき, ベキ根による表示をもたない. これは, Abel も証明したことである. □

Galois が創った群論による判定は, 上の例の一般係数の場合のみならず, 具体的な数係数の場合にも有効である. いくつかの例を見てみよう.

命題 2.34 K を実数からなる体$(K\subset\mathbb{R})$, $f\in K[X]$ を素数次の既約多項式とする. f の p 個の根のうち, $p-2$ 個が実根(2 個が虚根 $\notin\mathbb{R}$)ならば f の Galois 群は p 次対称群に同型である.

[証明] 対称群の性質(§2.7)を使う.

$G=\mathrm{Gal}(K_f/K)\subset S_p$ とすると f は既約であるから, G は根の集合 $\{\theta_1,\theta_2,\cdots,\theta_p\}$ に推移的に働く. $\theta_i\in\mathbb{R}\,(i\geqq 3)$ とすると, $K_\mathbb{R}=K(\theta_3,\theta_4,\cdots,\theta_p)\subset\mathbb{R}$ は分解体 K_f に一致しないから, $\mathrm{Gal}(K_f/K_\mathbb{R})$ は自明ではない. $\mathrm{Gal}(K_f/K_\mathbb{R})$

$\exists \tau \neq e$ は θ_i $(i \geq 3)$ を固定するから, $\tau \theta_1 = \theta_2$, $\tau \theta_i = \theta_i$ $(i \geq 3)$, すなわち, $\tau = (1\,2)$. よって命題 2.60 から, $G = S_p$. ∎

例 2.35 $X^3 + 3X + 3$ (1 実根) の Galois 群は S_3. $X^5 - 16X + 2$ (3 実根) の Galois 群は S_5. (いずれも, $\mathbb{Q}$ 上で考える.)

いずれも, Eisenstein の既約性判定条件により, $\mathbb{Q}$ 上既約である. 実根の個数は, グラフの概形から読める. □

例 2.36 p を奇素数とすると, $X^3(X-2)(X-4)\cdots(X-2(p-3))-2$ は $\mathbb{Q}$ 上既約で, $p-2$ 実根をもつ. よって Galois 群は S_p.

[証明] 演習問題 2.6 を参照. ∎

定理 2.37 (Galois の遺稿, 群論の定理) $\operatorname{char} K = 0$, $f \in K[X]$ を素数 p 次既約多項式とする. f のすべての根がベキ根による表示をもてば, $\operatorname{Gal}(f)$ は, $\mathbb{F}_p$ のアフィン変換群

$$\left\{ \begin{pmatrix} a & b \\ 0 & 1 \end{pmatrix} \,\middle|\, a \in H, b \in \mathbb{F}_p \right\}$$

に同型である. ただし, H は $\mathbb{F}_p^\times$ のある部分群.

[証明] 参考文献 [2], p.263, 定理 6 を参照. ∎

§2.6 正規整域と Galois 群

本来, 可換環論として論ずるべきことであるが, 代数的整数論で, Galois 理論が介入する際の状況について少し触れておこう. 第 1 部, とくに第 4, 5 章と密接に関係する.

この議論によって, 前節に続いて整係数多項式の Galois 群を求める方法がさらに豊かになる. 例えば, 次のような有用な命題がある.

命題 2.38 モニックな分離的整係数多項式 $f \in \mathbb{Z}[X]$ に対して, $\bar{f} \in \mathbb{F}_p[X]$ を係数を素数 p を法として考えたものとする. $\bar{f}$ も分離的ならば, $\bar{f}$ の $\mathbb{F}_p$ 上の Galois 群 $\operatorname{Gal}((\mathbb{F}_p)_{\bar{f}}/\mathbb{F}_p)$ $((\mathbb{F}_p)_{\bar{f}}$ は $\bar{f}$ の最小分解体) は, 自然に f の $\mathbb{Q}$ 上の Galois 群 $\operatorname{Gal}(\mathbb{Q}_f/\mathbb{Q})$ の部分群と見なせる. □

この節での一般論が上の命題を自然に導くが，その証明は後廻しにして，例を挙げよう．

例 2.39 整係数の 5 次多項式 $f(X)=X^5-X-a$ の Galois 群は $2 \nmid a$ かつ $5 \nmid a$ のとき，5 次対称群 S_5 である．

[証明] $\bar{f}_{(5)}(X)=X^5-X-a \bmod 5$ は $a \not\equiv 0 \bmod 5$ ゆえ，$\mathbb{F}_5$ 上の Artin-Schreier 拡大を与える(定理 2.28). その $\mathbb{F}_5$ 上の Galois 群は位数 5 の巡回群 $\mathbb{F}_5$ に同型であった．$(\theta \mapsto \theta+x \ (x \in \mathbb{F}_5)$ が根 $(\bar{f}_{(5)}(\theta)=0)$ の置換を与えた．) したがって，f も既約でその Galois 群は位数 5 の巡回置換を含む．また，$a \equiv 1 \bmod 2$ ゆえ，$\bar{f}_{(2)}(X)=X^5-X-1=(X^2-X-1)(X^3-X^2-1) \bmod 2$ が既約分解を与え，Galois 群はその巡回表示の型が $2+3$ の元を含むから，互換を含む．よって $\mathbb{Q}$ 上の Galois 群も位数 5 の元と互換を含み，命題 2.60 より，S_5 になる．∎

さて，一般的状況に戻ろう．次の事柄は，体拡大に線形代数の概念を適用するもので，理論的には §1.5 で取り扱うことができることである．

体の拡大 L/K を K 上のベクトル空間と見ると，K の代数的閉包 $\overline{K}$ に対してテンソル積 $L \otimes_K \overline{K}$ (係数拡大)が考えられる．これは体になるとは限らないが，L 代数かつ $\overline{K}$ 代数の構造をもつ可換環である．この環の構造と分離性が密接に関係する．

定理 2.40 有限次代数拡大 L/K の代数的閉包 $\overline{K}$ への係数拡大 $L \otimes_K \overline{K}$ は，$\overline{K}$ 代数として唯一つの極大イデアルをもつ $\overline{K}$ 上 $[L:K]_i$ 次元の Artin 環の $[L:K]_s$ 個の直積に同型である．ここに，$[L:K]_i=p^e$ は L/K の非分離次数 ($p=\operatorname{char} K$)，$[L:K]_s$ は分離次数である．

[証明] 系 1.40 によって，K の L における分離閉包を L_s とすると，L/L_s は純非分離的，L_s/K は分離拡大で，$[L:L_s]=[L:K]_i$, $[L_s:K]=[L:K]_s$ である．テンソル積の鎖状性から，$L \otimes_K \overline{K} = L \otimes_{L_s}(L_s \otimes_K \overline{K})$ であるが，単拡大定理(定理 1.42)より，$L_s=K(\theta) \simeq K[X]/(p_\theta) \ (p_\theta(X)=\prod_{i=1}^{m}(X-\theta_i))\ (m=[L:K]_s))$ とすると，$\overline{K}$ 代数として(孫子の(中国式)剰余定理)
$$L_s \otimes_K \overline{K} \simeq K[X]/(p_\theta) \otimes_K \overline{K} = \overline{K}[X]/\prod_i(X-\theta_i)$$

$$\simeq \prod_i \overline{K}[X]/(X-\theta_i) \simeq \overline{K}^m.$$

よって，$L \otimes_K \overline{K} \simeq L \otimes_{L_s} \overline{K}^m = (L \otimes_{L_s} \overline{K})^m$ となり，純非分離拡大 L/L_s に対して，$L \otimes_{L_s} \overline{K}$ が極大イデアルが唯一つの Artin 環であることを見ればよい．$L = L_s(\alpha_1, \alpha_2, \cdots, \alpha_r)$ として，$\alpha_i^{p^{e_i}} \in L_s$ から

$$L \otimes_{L_s} \overline{K} = \overline{K}[x_1, x_2, \cdots, x_r]/(x_1^{p^{e_1}}, x_2^{p^{e_2}}, \cdots, x_r^{p^{e_r}}) \quad (p^{\sum e_i} = p^e = [L:L_s]).$$

よって，$(x_1, x_2, \cdots, x_r)$ が唯一つの極大イデアルである． ∎

系 2.41 代数拡大 L/K が分離的であるためには，$L \otimes_K \overline{K}$ が被約である（0 でないべキ零元はもたない；有限次ならば，$\simeq \overline{K}^m$）ことが必要十分である． □

体の拡大 L/K において L は K 上のベクトル空間ゆえ，元 $a \in L$ を乗ずる写像 $l(a)x = ax$ $(x \in L)$ は L の K 自己準同型 $l(a) \in \mathrm{End}_K L$ を与える．L/K が有限次拡大ならば，そのトレースと行列式は K の元を与えるが，それぞれ，

$$\mathrm{Tr}_{L/K}(a) = \mathrm{Tr}\, l(a), \qquad N_{L/K}(a) = \det l(a)$$

とかいて，a の L/K 上の**トレース**（trace），および**ノルム**（norm）という．

系 2.42 $[L:K]_i = p^e$ を L/K の非分離次数 ($p = \mathrm{char}\,K$, $p = 0$ のときは $= 1$)，$\mathrm{Emb}_K(L, \overline{K}) = \{\sigma_1, \sigma_2, \cdots, \sigma_m\}$ $(m = [L:K]_s)$ を L の $\overline{K}$ への K 埋め込みの全体とする．このとき，

$$\mathrm{Tr}_{L/K}(a) = [L:K]_i \sum_{j=1}^m \sigma_j(a), \qquad N_{L/K}(a) = \prod_{j=1}^m \sigma_j(a)^{[L:K]_i}.$$

[証明] 定理 2.40 より，Tr, $\det$ は $\overline{K}$ への係数拡大で考えればよいから明らか． ∎

系 2.43 L/K が分離拡大であることと，$\mathrm{Tr}_{L/K} \neq 0$ である（零写像ではない）ことは同値である．とくに，有限次分離拡大 L/K に対して，$L \times L \ni (x, y) \mapsto \mathrm{Tr}_{L/K}(xy) \in K$ は K 上の非退化双線形写像を与える．

[証明] 系 2.42 における $\mathrm{Tr}_{L/K}$ の記述と，埋め込みの 1 次独立性（補題 2.27）から導かれる． ∎

系 2.43 の応用として次を得る．これは，第 1 部第 5 章（有限次代数的整

定理 2.44 Noether 正規整域 A の商体を K, L/K を有限次分離拡大, B を A の L における整閉包とする. このとき, A 代数 B は A 加群として有限生成である(すなわち, 有限型 A 代数).

[証明] K ベクトル空間 L の K 基底 $e_1, e_2, \cdots, e_n$ を B の中にとる(可能であることを確かめよ). 系 2.43 より, $(x,y) \mapsto \mathrm{Tr}_{L/K}(xy)$ は非退化だから, この双線形形式に関する (e_i) の双対基底 (f_j), $\mathrm{Tr}_{L/K}(e_i f_j) = \delta_{ij}$ をとる. このとき,

$$(2.1) \qquad B \subset \sum_{j=1}^{n} A f_j$$

となる. これがいえれば, B は Noether 環 A 上の有限生成加群の部分加群となり, 有限生成 A 加群であることが分かる.

以下(2.1)を示そう. $x \in B$ を $x = \sum_j a_j f_j$ $(a_j \in K)$ と表すと, $x e_i \in B$. ところで, $y \in B$ に対して $\mathrm{Tr}_{L/K}(y) \in A$. なぜなら $y^N + c_{N-1} y^{N-1} + \cdots + c_0$ $(c_i \in A)$ を y の最小多項式とすると, $\mathrm{Tr}_{L/K}(y)$ はこの多項式の根の和の整数倍だから, B に属する. ところが, A は正規(K の中で整閉)ゆえ $K \cap B = A$. よって, $\mathrm{Tr}_{L/K}(y) \in B \cap K = A$. したがって $\mathrm{Tr}_{L/K}(x e_i) \in A$ を得る. 一方, $\mathrm{Tr}_{L/K}(x e_i) = \mathrm{Tr}_{L/K}(\sum_j a_j f_j e_i) = \sum_j a_j \mathrm{Tr}_{L/K}(f_j e_i) = a_i$. ゆえに, $a_i \in A$. ∎

例 2.45 有限次代数的整数の環 $\mathfrak{o}_k \subset k$, $[k:\mathbb{Q}] < \infty$ は $\mathbb{Z}$ 上有限生成加群である(さらに自由加群である). □

以上のような状況の下でさらに L/K が Galois 拡大のとき, 環の拡大 B/A に Galois 理論が引き継がれる.

定理 2.46 定理 2.44 の設定の下でさらに L/K が Galois 拡大とする. このとき, A 代数 B の A 自己同型群 $\mathrm{Aut}_A B$ は商体の Galois 群 $\mathrm{Gal}(L/K)$ に同型である.

さらに, 素イデアルの対応 $\phi : \mathrm{Spec}\, B \to \mathrm{Spec}\, A$ $(\phi(\mathfrak{P}) = \mathfrak{P} \cap A)$ について, ファイバー $\phi^{-1}(\mathfrak{p}) = \{\mathfrak{P} \in \mathrm{Spec}\, B \mid \mathfrak{P} \cap A = \mathfrak{p}\}$ は有限集合で, Galois 群 $\mathrm{Gal}(L/K) \stackrel{\sim}{\to} \mathrm{Aut}_A B$ の作用で推移的である. ($\mathrm{Spec}\, A$ は A の素イデアル全

§2.6 正規整域とGalois群――233

[証明] $\sigma \in \mathrm{Gal}(L/K)$ に対して，$\sigma|A = \mathrm{Id}_A$. よって $b \in B$ の最小多項式を $b^m + a_{m-1}b^{m-1} + \cdots + a_0 = 0$ $(a_i \in A)$ とすると，$\sigma(b)^m + a_{m-1}\sigma(b)^{m-1} + \cdots + a_0 = 0$, すなわち，$\sigma(b)$ も同じ最小多項式をもち，$\sigma(b)$ も A 上整である．よって，$\sigma(b) \in B$, すなわち $\sigma(B) \subset B$ となり $\sigma|B \in \mathrm{Aut}_A B$. $\sigma|B = \mathrm{Id}_B$ とすると，L は B の商体だから $\sigma = \mathrm{Id}_B$ となる．また同じ理由で，B の A 同型は L の K 同型に拡張できて，準同型 $\mathrm{Gal}(L/K) \to \mathrm{Aut}_A B$ は同型になる．

次に後半の証明を行う．定理2.44によって B は A 上有限型，ゆえに整拡大だから，第1部，命題4.13によって，$\mathfrak{p} \in \mathrm{Spec}\, A$ が極大であることと，$\mathfrak{P} \in \phi^{-1}(\mathfrak{p})$ が極大であることが同値である．（ちなみに以下の証明で必要はないが，同じく第1部，命題4.15より，ファイバー $\phi^{-1}(\mathfrak{p})$ は有限集合である．）$\mathfrak{p}$ が極大のとき主張を示せば，一般の $\mathfrak{p} \in \mathrm{Spec}\, A$ については，局所化 $A_\mathfrak{p} \subset B_\mathfrak{p}$ を $A \subset B$ と思うことによって主張が導かれる．よって $\mathfrak{p}$ は極大と仮定する．

このとき，$\phi^{-1}(\mathfrak{p})$ が $G = \mathrm{Gal}(L/K)$ の作用で推移的でないとすると，$\mathfrak{P} \neq \sigma\mathfrak{Q}$ $(\forall \sigma \in G)$ となる $\mathfrak{P}, \mathfrak{Q} \in \phi^{-1}(\mathfrak{p})$ がある．このときさらに，任意の2つの元 $\sigma, \tau \in G$ についても $\tau\mathfrak{P} \neq \sigma\mathfrak{Q}$ となるから，孫子の（中国式）剰余定理（第1部，演習問題5.1）によって，任意の $\sigma \in G$ に対して

$$\begin{cases} b \equiv 0 \mod \sigma\mathfrak{P} \\ b \equiv 1 \mod \sigma\mathfrak{Q} \end{cases}$$

となる $b \in B$ が存在する．b のノルムについて，L/K は分離的だから系2.42によって，$N_{L/K}(b) = \prod_{\sigma \in G} \sigma(b) \in K \cap B = A$ で，かつ $N_{L/K}(b) \in \sigma\mathfrak{P} \cap A = \mathfrak{p}$ $(b \in \mathfrak{P})$. ところが，$\sigma(b) \notin \mathfrak{Q}$ ゆえ，$N_{L/K}(b) \notin \mathfrak{Q}$. $\mathfrak{p} \subset \mathfrak{Q}$ だからこれは矛盾である．よって定理は証明された． ∎

上の2つの定理2.44, 2.46での状況を続ける．すなわち，Noether正規整域 A の商体 K の有限次Galois拡大を L/K, B を A の L の中での整閉包とする．このとき，B は A 上有限型代数で，A の素イデアル $\mathfrak{p}$ のファ

イバー $\phi^{-1}(\mathfrak{p}) = \{\mathfrak{P} \in \operatorname{Spec} B \mid \mathfrak{P} \cap A = \mathfrak{p}\}$ に Galois 群 $\operatorname{Gal}(L/K) \simeq \operatorname{Aut}_A B$ は推移的に働く. $\mathfrak{p}$ の上にある 1 つの $\mathfrak{P}$ ($\mathfrak{P} \cap A = \mathfrak{p}$) の固定化群 $G_{\mathfrak{P}} := \{\sigma \in \operatorname{Gal}(L/K) \mid \sigma\mathfrak{P} = \mathfrak{P}\}$ を $\mathfrak{P}$ の**分解群**(decomposition group)という.

さて, $\mathfrak{P}$ を B の極大イデアル($\Longleftrightarrow \mathfrak{p}$ が A で極大)とすると, $\sigma \in G_{\mathfrak{P}}$ は剰余体 $\kappa(\mathfrak{P}) := B/\mathfrak{P}$ の自己同型 $\overline{\sigma} = \sigma \bmod \mathfrak{P}$ を引き起こすが, 明らかにこれは $\mathfrak{p}$ の剰余体 $\kappa(\mathfrak{p}) := A/\mathfrak{p}$ ($\subset \kappa(\mathfrak{P})$) 上では恒等的である. すなわち, 準同型 $G_{\mathfrak{P}} \to \operatorname{Aut}_{\kappa(\mathfrak{p})} \kappa(\mathfrak{P})$ ($\sigma \mapsto \overline{\sigma}$) を引き起こす. この核 $I_{\mathfrak{P}} \subset G_{\mathfrak{P}}$ を $\mathfrak{P}$ の**惰性群**(inertia group)という.

定理 2.47 以上の設定と記号の下で, 拡大 $\kappa(\mathfrak{P})/\kappa(\mathfrak{p})$ は有限次正規拡大で, $G_{\mathfrak{P}} \to \operatorname{Aut}_{\kappa(\mathfrak{p})} \kappa(\mathfrak{P})$ は全射である. したがって, 群の同型 $G_{\mathfrak{P}}/I_{\mathfrak{P}} \simeq \operatorname{Aut}_{\kappa(\mathfrak{p})} \kappa(\mathfrak{P})$ を得る.

[証明] $\kappa(\mathfrak{P}) = B/\mathfrak{P} \ni \overline{\theta}$ ($\theta \in B$, $\overline{\theta} = \theta \bmod \mathfrak{P}$) とすると, $\overline{\theta}$ の $\kappa(\mathfrak{p})$ 上の最小多項式 $p_{\overline{\theta}} \in \kappa(\mathfrak{p})[X]$ は θ の A 上の最小多項式 $p_{\theta} \in A[X]$ を法 $\mathfrak{p}$ で考えた $\overline{p_{\theta}}$ の因子になっている ($p_{\overline{\theta}} \mid \overline{p_{\theta}}$). よって, $\overline{\theta}$ の共役は B の中の p_{θ} の根から選べて, $\kappa(\mathfrak{P})$ にあり, したがって $\kappa(\mathfrak{P})/\kappa(\mathfrak{p})$ は正規である ($[\kappa(\mathfrak{P}) : \kappa(\mathfrak{p})] \leq \operatorname{rank}_A B \leq [L:K]$).

後半の主張については, 必要ならば $\kappa(\mathfrak{p})$ の分離閉包 $\kappa(\mathfrak{P})_s$ を取ることにより, 始めから $\kappa(\mathfrak{P})/\kappa(\mathfrak{p})$ は Galois 拡大としてよい. よって単拡大定理(定理 1.42)から $\kappa(\mathfrak{P}) = \kappa(\mathfrak{p})(\overline{\theta})$ ($\theta \in B$) としてよい. 上に見たように, $p_{\overline{\theta}}$ は $\overline{p_{\theta}}$ の因子であって, $\deg p_{\overline{\theta}} = [\kappa(\mathfrak{P}) : \kappa(\mathfrak{p})] = m$. $p_{\overline{\theta}}$ の根は $\overline{p_{\theta}}$ の B における根からくるから, $\{\overline{\theta} = \overline{\theta_1}, \overline{\theta_2}, \dots, \overline{\theta_m}\}$ をその全体とすると, 各 θ_i について $\sigma_i \theta = \theta_i$ となる $\sigma_i \in G_{\mathfrak{P}}$ がとれる. $\{\overline{\sigma_i}\}_{1 \leq i \leq m}$ はすべて相異なるから, $\operatorname{Gal}(\kappa(\mathfrak{P})/\kappa(\mathfrak{p})) = \{\overline{\sigma_i}\}_{1 \leq i \leq m}$. これは $G_{\mathfrak{P}} \to \operatorname{Gal}(\kappa(\mathfrak{P})/\kappa(\mathfrak{p}))$ が全射であることを示している. ∎

例 2.48 K を有限次代数体($[K:\mathbb{Q}] < \infty$), $\mathfrak{o}_K$ をその整数環($\mathbb{Z}$ の K における整閉包)とする. Galois 拡大 L/K に対して, $\operatorname{Gal}(L/K) \simeq \operatorname{Aut}_{\mathfrak{o}_K} \mathfrak{o}_L$ で, $\mathfrak{o}_L$ の素イデアル $\mathfrak{P} \neq 0$ (極大)の分解群を $G_{\mathfrak{P}}$, 惰性群を $I_{\mathfrak{P}}$ とする. 剰余体の拡大は $\kappa(\mathfrak{p}) = \mathbb{F}_q$ ($q = \sharp(\mathfrak{o}_K/\mathfrak{p})$) の f 次拡大 $\kappa(\mathfrak{P}) = \mathbb{F}_{q^f}$ (f: 相対次数)で, $\operatorname{Gal}(\kappa(\mathfrak{P})/\kappa(\mathfrak{p}))$ は Frobenius 写像 $F(x) \equiv x^q \bmod \mathfrak{P}$ で生成される f

次巡回群である. 短完全列
$$1 \to I_\mathfrak{P} \to G_\mathfrak{P} \to \langle F \rangle \to 1$$
がある. □

この節の最初の命題 2.38 については, 次のようになる. L を整多項式 $f \in \mathbb{Z}[X]$ の最小分解体で, $K = \mathbb{Q}$, $A = \mathbb{Z}$ とするとき, $\overline{f} \in \mathbb{F}_p[X]$ が分離的ならば, p 上の $\mathfrak{P} \in \operatorname{Spec} B$ に対して, $I_\mathfrak{P} = 1$ となり, $\kappa(\mathfrak{P})$ は $\kappa(\mathfrak{p}) = \mathbb{F}_p$ 上の $\overline{f}$ の最小分解体で, $G_\mathfrak{P} \simeq \operatorname{Gal}(\kappa(\mathfrak{P})/\kappa(\mathfrak{p})) \simeq \operatorname{Gal}((\mathbb{F}_p)_{\overline{f}}/\mathbb{F}_p)$ が得られる.

§2.7 付録・群を憶い出す

唯一つの 2 項演算 $(x, y) \mapsto xy$ をもつ代数系で, 結合則: $x(yz) = (xy)z$, 単位元: 任意の x に対して $xe = ex = x$ となる元 e の存在, 逆元: 任意の x に対して $xx^{-1} = x^{-1}x = e$ (単位元) となる元 x^{-1} の存在, をみたすものを群といった.

もちろん, すでに我々は, 加法群を始めとして体の乗法群や様々の対象の同型群などを扱っている.

ここでは, ただ, 本節で用いた群論の基礎的な事項のうちいくつかを読者の便宜のためにまとめておく. 群を扱っているすべての本で論じていることであるので, ほとんどの読者にとっては不用であろうが, 書物を開きに本棚へ手を伸ばす手間を少しでも省くためのメモとでも考えていただきたい.

さて, 群はたいていの場合, 何らかの対象に働いている形で登場する. 本書では, 環や体や方程式の根の集合である. 群 G が集合 X へ働いているとき, すなわち, 写像 $G \times X \to X$ $((g, x) \mapsto gx)$ が $g(hx) = (gh)x$, $ex = x$ $(g, h \in G, x \in X)$ をみたすとき, $Gx = \{gx \mid g \in G\}$ を x の G 軌道 (orbit) という. このとき, X は G 軌道からなる部分集合に分割され, 軌道の代表 $x_i \in X$ $(i \in I)$ をとると, 軌道分解 $X = \coprod_{i \in I} Gx_i$ を得る. X が有限集合の場合, 自明な等式 $\sharp X = \sum_{i \in I} \sharp Gx_i$ は意外に有用である.

軌道について, 固定化部分群を $Z(x) = \{g \in G \mid gx = x\}$ と記すと, 剰余集合と軌道の 1 対 1 対応 $G/Z(x) \xrightarrow{\sim} Gx$ $(gZ(x) \mapsto gx)$ がある. したがって,

$(G:Z(x))=\sharp Gx$ $((G:H):=\sharp G/H$ は H の G における群指数)は G の位数 $\sharp G$ の約数である.

G の内部自己同型 $x \mapsto gxg^{-1}$ $(g,x\in G)$ について,上の表現を適用すると,G 軌道は共役類であり,等式 $\sharp G = \sum_i \sharp Gx_i$ は**類等式**(class formula)とよばれるものであった.

例 2.49 n 次対称群 S_n の巡回置換を $(i,j,\cdots,k)$ とかく. 長さが2のとき,$(i,j)(i\mapsto j, j\mapsto i)$ が互換である.

(i) S_n は互換で生成される. さらに強く,$n-1$ 個の隣接互換 $(1\,2),(2\,3),\cdots,(n-1,n)$ のみで生成される.

(ii) 置換は非混合型の巡回置換の積に一意的に書ける. ただし,非混合型とは,$(i_1i_2\cdots i_r)(j_1j_2\cdots j_s)\cdots(k_1k_2\cdots k_t)$ と書いたとき,現れる $i_1,\cdots,k_t$ がすべて相異なることである. これは,群 S_n が集合 $X=\{1,2,\cdots,n\}$ に働いているときの S_n 軌道分解に対応している. すなわち,X の部分集合 $\{i_1i_2\cdots i_r\},\{j_1j_2\cdots j_s\},\cdots,\{k_1k_2\cdots k_t\}$ らが S_n 軌道である.

(iii) $\sigma(ij\cdots k)\sigma^{-1}=(\sigma(i)\sigma(j)\cdots\sigma(k))$ $(\sigma\in S_n)$. これより,S_n の共役類は元を非混合型の巡回置換の積に書いたときの(巡回置換の長さの)型によって定まる. すなわち,n の分割 $n=n_1+n_2+\cdots+n_r$ $(n_1\geqq n_2\geqq\cdots\geqq n_r)$ と共役類が1対1に対応する.

(iv) 素数 p 位数の元は長さ p の巡回置換の積である. とくに,$n<2p$ ならば,唯一つの巡回置換である.

(v) 置換の符号 $\mathrm{sgn}: S_n \to \{\pm 1\}$ は全準同型で,その核 $A_n = \mathrm{Ker}\,\mathrm{sgn} = \{\sigma\in S_n\,|\,\mathrm{sgn}\,\sigma=1\}$ が n 次交代群である. (互換の符号が -1.) □

群 G の部分群 H が $gHg^{-1}=H\,(g\in G)$ をみたすとき正規といった($H\triangleleft G$ とかく). このとき,剰余集合 G/H は $(gH)(hH)=ghH$ によってまた群になる.

定理 2.50 n 次交代群 A_n は $n\geqq 5$ のとき,非可換単純群である. すなわち,自明なもの以外,正規部分群をもたない.

[証明] まず,A_n は $n\geqq 3$ のとき,長さ3の巡回置換で生成されることを示す.

実際, $(i,j,k)=(i,j)(j,k)\in A_n$ より, 長さ3の巡回置換は A_n に属す. 逆に, A_n は偶置換全体からなるゆえ, 2つの互換の積 $(i,j)(k,l)$ が長さ3の巡回置換になることを示せばよい. もし, $\{i,j\}=\{k,l\}$ ならば, この元は単位元である. そこで $\{i,j\}\neq\{k,l\}$ とする. $j=l$ のときは $(i,j)(k,l)=(i,j,k)$. i,j,k,l がすべて相異なるときは,
$$(i,j)(k,l)=(i,j)(j,k)(j,k)(k,l)=(i,j,k)(j,l,k).$$
よって主張が示された.

さて, $n\geq 5$ のとき, $H\neq\{e\}$ を正規部分群とすると, $H=A_n$ となることを示そう. このためには, H が少なくとも1つの長さ3の巡回置換を含めばよい. 例えば, $(1,2,3)\in H$ とすると, $\tau=\begin{pmatrix}1&2&3\\i&j&k\end{pmatrix}\in S_n$ (i,j,k は相異なる)とおくと, $\tau(1,2,3)\tau^{-1}=(i,j,k)$. $\tau\in A_n$ ならば, H は正規だから $(i,j,k)\in H$. $\tau\notin A_n$ とすると, $\rho=\tau(n-1,n)\in A_n$ となるが, $n\geq 5$ だから, $\rho(1,2,3)\rho^{-1}=(i,j,k)\in H$. よって, H はすべての長さ3の巡回置換を含むことになり, 最初に述べたことから $H=A_n$ がいえる.

さて, $\sigma\in H$ を単位元でなく, 動かす文字数が最小なものとする. このとき, σ は長さ3の巡回置換であることを示す. 互換は H に属さないから, σ が長さ3の巡回置換ではないとすると, 4個以上の文字を動かす. このとき, 矛盾を導こう.

σ を巡回置換分解すると, 次のいずれかの形になる(文字の番号は入れ替えても一般性を失わない).

(1) $\qquad\qquad\sigma=(1,2)(3,4)\cdots,$
(2) $\qquad\qquad\sigma=(1,2,3,\cdots)\cdots.$

$n\geq 5$ だから, $\tau=(3,4,5)\in A_n$ であり, σ の共役をとると,
$$\sigma'=\tau\sigma\tau^{-1}=(1,2)(4,5)\cdots,$$
$$\sigma'=\tau\sigma\tau^{-1}=(1,2,4,\cdots)\cdots.$$
よって巡回置換分解の一意性から, $\sigma\neq\sigma'$. したがって, $\rho=\sigma'\sigma^{-1}\neq e$. このとき, ρ が動かす文字数が σ のそれより小さいことをいえば仮定に反して矛盾がでる.

$i > 5$ について $\sigma(i) = i$ ならば, $\tau(i) = i$ より $\sigma'(i) = i$. ゆえに $\rho(i) = i$. また明らかに, $\rho(1) = 1$. さらに, (1) の場合, $\rho(2) = 2$. (2) の場合, $(1, 2, 3, 4)$ は奇置換だから $\sigma \neq (1, 2, 3, 4)$. すなわち σ は 5 個以上の文字を動かす. したがって, (1), (2) いずれの場合も $\rho \neq e$ は σ よりも多くの文字を動かさない. よって矛盾が導かれ, 定理が証明された. ∎

さて, 2 つの群 H, I が与えられているとき, H を正規部分群として含む群 $G (\rhd H)$ があって, $G/H \simeq I$ が成り立つとき, 大きな群 G を I の H による**拡大**という. 短完全列で表すと, 1 を単位群として
$$1 \to H \to G \to I \to 1$$
となる場合である.

G が可換群ならば, 明らかに H, I もそうであるが, 逆は成立しない. つまり, 可換群というカテゴリーは拡大の操作で安定ではない. 拡大で安定な, 可換群を含むカテゴリーを考えよう. すなわち, H と I がそのカテゴリーに属するとき, 拡大 G もそのカテゴリーに属するとしたい.

群 G の部分群の列
$$G_0 = 1 \lhd G_1 \lhd \cdots \lhd G_i \lhd G_{i+1} \lhd \cdots \lhd G_n = G$$
について, G_i が G_{i+1} の正規部分群のとき, **正規列** (normal series) という. さらに, 剰余群 G_{i+1}/G_i がすべて可換群のとき, **可換正規列**という.

G が可換正規列をもつとき, **可解** (solvable) **群**という.

可換群は可解群である. 可解群の可解群による拡大はまた可解群である. 可解群のカテゴリーは拡大によって安定で, 可換群を含む最小のクラスである. すなわち, 次の命題が成り立つ.

命題 2.51 $1 \to H \to G \to I \to 1$ を群の完全列とするとき,
$$G \text{ が可解} \iff H \text{ も } I \text{ もともに可解}. \qquad \square$$

例 2.52 $S_n (n \leq 4)$ は可解群である.
$$S_4 \rhd A_4 \rhd V_4 \rhd 1 \quad (V_4 = \{e, (12)(34), (13)(24), (14)(23)\})$$
は可換正規列. $\square$

例 2.53 A_5 は非可換単純群ゆえ, $S_n (n \geq 5)$ は可解群ではない. $\square$

可換 (Abel) 群の基本定理を復習する.

定理 2.54（可換群の基本定理） 有限生成可換群は巡回群の直積に同型である． □

有限巡回群の場合，孫子の剰余定理によって，素数ベキ位数の巡回群の直積に同型だから，結局，加法群としてかくと，$\prod_{i=1}^{s} \mathbb{Z}/(p_i^{e_i}) \times \mathbb{Z}^r$ に同型である（p_i は素数）．素数ベキ位数 p^e の巡回群 $\mathbb{Z}/(p^e)$ は正規列 $0 \subset p^{e-1}\mathbb{Z}/(p^e) \subset \cdots \subset p\mathbb{Z}/(p^e) \subset \mathbb{Z}/(p^e)$ ($p^{i-1}\mathbb{Z}/p^i\mathbb{Z} \simeq \mathbb{Z}/(p)$) をもつから，最終的に次を得る．

定理 2.55 有限可解群は，正規列 $e \triangleleft G_1 \triangleleft \cdots \triangleleft G_{i-1} \triangleleft G_i \triangleleft \cdots \triangleleft G_n = G$ で G_i/G_{i-1} が素数位数の巡回群であるようなものをもつ（組成列になる，また逆も然り）． □

素数 p のベキを位数とする有限群を **p 群** という（$\sharp G = p^n$）．次の定理は基本的である．

定理 2.56 p 群は自明でない中心をもつ．

[証明] 類等式から導かれる． ■

系 2.57 p 群はベキ零群である．とくに，自明でない p 群は指数 p の正規部分群および位数 p の正規部分群をもつ． □

逆に，有限ベキ零群はいくつかの p 群の直積に同型である（当然であるが，直積因子ごとに素数 p は異なってもよい）．

素数 p に対して，有限群 G の位数が $\sharp G = p^r m$ ($p \nmid m$) となるとき，位数 p^r の部分群を **Sylow p 部分群** という．次の定理が有名である．

定理 2.58（Sylow） p を素数とする．このとき，次が成り立つ．
（ⅰ） 有限群は，Sylow p 部分群をもつ．
（ⅱ） 有限群の p 部分群は，ある Sylow p 部分群に含まれる．
（ⅲ） Sylow p 部分群は互いに共役である．
（ⅳ） Sylow p 部分群の個数を n_p とすると，$n_p \equiv 1 \mod p$． □

系 2.59 $p \mid \sharp G$（p は素数）ならば，G は位数 p の元を含む．

[証明] Sylow p 部分群 S の自明でない中心（定理 2.56）は可換 p 群だから，位数 p の元を含む． ■

命題 2.60 素数 p 次の対称群 S_p の部分群 G が $\{1, 2, \cdots, p\}$ に推移的に働き，かつ少なくとも 1 つの互換を含めば $G = S_p$．

[証明] G が推移的ならば，指数 p の部分群 H を含むから，系 2.59 によって，位数 p の元を含む．例 2.49(iv)からこれは p 次巡回置換であって，$\sigma = (12\cdots p)$ としてよい．また，互換を $(i,j) \in G$ とすると，適当な k につき $\sigma^k(i,j)\sigma^{-k} = (\sigma^k(i), \sigma^k(j))$ を考えることにより，$(12) \in G$ としてよい．$\sigma(12)\sigma^{-1} = (\sigma(1), \sigma(2)) = (23)$, $\sigma^2(12)\sigma^{-2} = (34)$, $\cdots$ より，$(i, i+1) \in G$ ($\forall i \leq n-1$)．よって例 2.49(i)から $G = S_p$. ∎

《要約》

2.1 Galois 拡大とは正規かつ分離的な代数拡大のこと．

2.2 Galois 拡大 L/K の K 自己同型群を Galois 群といい，$\mathrm{Gal}(L/K)$ とかく．有限次 Galois 拡大ならば，$[L:K] = \sharp\mathrm{Gal}(L/K)$.

2.3 有限体の拡大 $\mathbb{F}_{q^n}/\mathbb{F}_q$ は Galois 拡大で，Galois 群は Frobenius 写像 $\sigma(a) = a^q$ で生成される．

2.4 体 L の自己同型のなす群 $G \subset \mathrm{Aut}(L)$ の固定体を $K = L^G$ とすると，L/K は Galois 拡大で G が有限群ならば $G = \mathrm{Gal}(L/K)$ (Artin の定理)．

2.5 Galois 対応：（有限次）Galois 拡大 L/K の部分拡大と，Galois 群 $\mathrm{Gal}(L/K)$ の部分群は，$L/M \longleftrightarrow \mathrm{Gal}(L/M)$ によって，1対1に対応する．このとき，M/K が正規拡大であることと，$\mathrm{Gal}(L/M)$ が正規部分群であることが同値で，$\mathrm{Gal}(M/K) \simeq \mathrm{Gal}(L/K)/\mathrm{Gal}(L/M)$.

2.6 一般 n 次代数方程式の Galois 群は n 次対称群．

2.7 代数学の基本定理の2群の構造による証明．

2.8 1の(原始)ベキ乗根とそれが生成する拡大体．円分多項式の既約性．$\mathrm{Gal}(\mathbb{Q}(\sqrt[n]{1})/\mathbb{Q}) \simeq (\mathbb{Z}/(n))^{\times}$.

2.9 平方剰余と Legendre 記号．Gauss の和．平方剰余の相互法則．

2.10 2項式 $X^n - a$ の Galois 群と巡回拡大．

2.11 Artin–Schreier 拡大．

2.12 代数方程式のベキ根による可解性．ベキ根拡大と可解群．Galois と Abel の定理：5次以上の対称群は(一般代数方程式はベキ根によっては)可解ではない．

2.13 正規整域の Galois 理論. 素イデアルによる剰余(リダクション)と Galois 群の挙動.

2.14 拡大のトレースとノルム.

2.15 分解群と惰性群.

──── 演習問題 ────

2.1 次の拡大の Galois 群を求めよ.
$$\mathbb{Q}(\sqrt{2},\sqrt{5})/\mathbb{Q}, \qquad \mathbb{Q}(\sqrt[4]{2},\sqrt{-1})/\mathbb{Q}.$$

2.2 次は Galois 拡大か.
$$\mathbb{Q}(\sqrt[4]{2})/\mathbb{Q}(\sqrt{2}), \qquad \mathbb{Q}(\sqrt[4]{2})/\mathbb{Q}.$$

2.3 次の多項式の $\mathbb{Q}$ 上の Galois 群を求めよ.
$$X^5-2, \qquad X^7-3.$$

2.4 3次式 X^3+aX+b の判別式は $D=-4a^3-27b^2$ である.

2.5 X^3-X-1 の Galois 群を求め,最小分解体の部分体を求めよ.

2.6 p を奇素数とするとき,多項式 $X^3(X-2)\cdots(X-2(p-3))-2$ の $\mathbb{Q}$ 上の Galois 群は S_p に同型である.

2.7 $W_p = \sum_{n\in\mathbb{F}_p^\times} \left(\dfrac{n}{p}\right)\zeta^n$ を Gauss の和とする $(p>2)$.

(1) $\sigma_a: \zeta\mapsto\zeta^a\in\mathrm{Gal}(\mathbb{Q}(\zeta)/\mathbb{Q})$ に対し $\quad \sigma_a(W_p) = \left(\dfrac{a}{p}\right)W_p$.

(2) $\mathbb{Q}(\zeta)\supset K\supset\mathbb{Q}$ において $K/\mathbb{Q}$ が2次拡大ならば $K=\mathbb{Q}(W_p)$

2.8

(1) 次の合同方程式が整数解をもつかどうか判定せよ.
$$X^2 \equiv 13 \bmod 17, \qquad X^2 \equiv 707 \bmod 719.$$

(2) $X^2+3X+5 \equiv 0 \bmod 19$.

2.9 $\mathbb{Q}\subset K\subset\mathbb{C}$ において $K/\mathbb{Q}$ が奇数次 Galois 拡大ならば,$K\subset\mathbb{R}$.

2.10 L/K を n 次巡回拡大,σ をその Galois 群の生成元とする.

(1) $\beta,\theta\in L$ に対して,
$$L(\beta,\theta) = \theta+\beta\sigma(\theta)+\beta\sigma(\beta)\sigma^2(\theta)+\cdots+\beta\sigma(\beta)\cdots\sigma^{n-2}(\beta)\sigma^{n-1}(\theta)$$
とおく.このとき,$L(\beta,\theta)\neq 0$ となる θ が存在する.

(2) L/K のノルムについて,$N_{L/K}(\beta)=1$ であるためには,$\beta=\alpha/\sigma\alpha$ となる

$\alpha \neq 0$ が L に存在することが必要十分である.

(3) 上の事柄を用いて，定理 2.25 を証明せよ.

2.11 $\mathrm{Gal}(\mathbb{Q}(\zeta_n)/\mathbb{Q})$ (ζ_n は 1 の原始 n 乗根) が 2 群 $\iff \phi(n)$ が 2 のベキ $\iff n = 2^e p_1 p_2 \cdots p_r$ ($p_i = 1 + 2^{e_i}$ はすべて相異なる 2 でない素数). ただし，ϕ は Euler の関数. (正 n 角形が定規とコンパスによって作図できる必要十分条件.)

2.12 有限次 Galois 拡大 L/K に対して, $\{\sigma a\}_{\sigma \in \mathrm{Gal}(L/K)}$ が L/K の線形基底となるような $a \in L$ が存在する. (正規底という.)

3 代数関数体

 代数関数論を体の拡大理論として扱うのは，R. Dedekind と H. Weber による．複素関数論における Riemann 面の被覆に対応しているわけであるが，代数的に扱うと任意の体上の関数論が同等に得られる．とくに，第 4 章で扱う有限体上の場合などが大切である．

 関数体に対応する代数曲線(または Riemann 面)の点にあたるものを，その点における関数の零点(または極)の位数を与えるものと考え，(離散)付値と思うのがここでの出発点である．本章では，付値の同値類を素点とよび，代数関数体の素点全体を基本的な対象と考える．これが，代数幾何でいうところのスキームであり，関数論でいうところの Riemann 面である．付値の拡張理論を手がかりに Riemann 面における被覆のごとくイメージして主要な結果を導くことができる．

 もう少し詳しくいうと，我々が扱う代数関数体 K とは，係数体 k 上有限生成で超越次数が 1 なるもので，k は K の中で代数的に閉じている場合をいう．素点とは，係数体 k 上では自明な付値の同値類のこととする．したがって，k に属さない元 $x \in K \setminus k$ ("代数関数"である)をとれば，$[K : k(x)] < \infty$ で，$k(x)/k$ は有理関数体である．$k(x)/k$ の素点全体は，k 上の 1 次元射影直線 $\mathbb{P}_k^1$ と考えることができて，K/k の素点全体の集合 $X(K/k)$ から付値の制限によって，全射 $\phi_x : X(K/k) \to \mathbb{P}_k^1$ を得る("関数"が定める被覆)．ϕ_x のファイバーは有限集合であり，比較的様子がよく分かっている．この状況

を用いて種々の事柄が得られる.

この章の目標は Riemann–Roch の定理である. 素点の(形式的な)整係数1次結合を因子という. 関数 $x \in K^\times$ は零点 Z_x と極 P_x をもち(どちらも因子 $\geqq 0$), $(x) = Z_x - P_x$ とおくことにより主因子を定める. 因子 D に対して, $L(D) = \{x \in K^\times \mid D+(x) \geqq 0\} \cup \{0\}$ (x は D を高々極とする関数)は k 上のベクトル空間となるが, この次元を与える公式を Riemann–Roch の定理という.

いくつかの形があり, まず, 最も形式的な部分(第1形)を得るために, アデールの概念を導入する. これは数論でも基礎的な概念である. ここでは, 単に層のコホモロジー論の代用として現れる程度である.

代数関数体の第1の重要な不変量は種数であるが, Riemann–Roch の定理にもこれが本質的な役割を果たす. Riemann–Roch の公式の精密化(最終形)と相俟って, このためには"微分"の概念が不可欠である. 古典論(複素関数論)では, もちろん, これは素朴に微分形式として現れるが, 本章では, アデール環から構成される C. Chevalley による K 加群 J をこれに当てる. はなはだ直観性に欠ける微分概念ではあるが, Riemann–Roch のためには十分である(現代の立場からは, これは双対化加群である). このようにして, Riemann–Roch の最終形を得る.

最後に, (超)楕円関数体など重要な例について紹介する.

§3.1 離散付値

体 K 上の実数値関数 v が次の条件
 (1) $v(ab) = v(a)+v(b)$ (K の乗法群の上で準同型写像 $v: K^\times \to \mathbb{R}$),
 (2) $v(a+b) \geqq \text{Min}\{v(a), v(b)\}$
をみたし, v の像 $v(K^\times)$ (**値群**(value group)という)は $\mathbb{R}$ の離散部分群 $\mathbb{Z}$ に同型なとき, v を K の**離散付値**(discrete valuation)という. ただし, $v(0) = \infty >$ (すべての実数)と約束しておく.

適当な正数 $c > 0$ を選べば, $c^{-1}v(K^\times) = \mathbb{Z}$ とできる ($c = \text{Min}\{v(a) \mid v(a) >$

$0\,(a\in K^\times)\}$ ととればよい). このとき, $\bar{v}=c^{-1}v$ もまた離散付値になる. $\bar{v}$ を v の**正規化**(normalization)といい, $c=1$ すなわち $v=\bar{v}\iff v(K^\times)=\mathbb{Z}$ のとき, v は**正規付値**(normalized valuation)という. 第1部§5.1で定義したときは, 始めから正規付値を考えた.

離散付値について, まず次に注意する.

命題 3.1

(ⅰ) $v(\pm 1)=0,\quad v(a)=v(-a)$.

(ⅱ) $v(a)\neq v(b)\implies v(a+b)=\mathrm{Min}\{v(a),v(b)\}$.

(ⅲ) 付値の条件(2) $v(a+b)\geqq \mathrm{Min}\{v(a),v(b)\}$ のかわりに,

　　(2)′　$v(a)\geqq 0 \implies v(a+1)\geqq 0$

という条件に置き換えてもよい.

［証明］ (ⅰ) $0=v(1)=v((-1)^2)=2v(-1)$. $v(-a)=v((-1)a)=v(-1)+v(a)=v(a)$.

(ⅱ) $v(b)>v(a)$ と仮定して一般性を失わない. このとき, $v(a)=v(a+b-b)\geqq \mathrm{Min}\{v(a+b),v(-b)\}=\mathrm{Min}\{v(a+b),v(b)\}$. ところが, $v(a+b)>v(b)$ とすると $v(a)\geqq \mathrm{Min}\{v(a+b),v(b)\}=v(b)$ となり, $v(b)>v(a)$ に矛盾する. ゆえに, $v(a)\geqq v(a+b)$. 一方, $v(a+b)\geqq \mathrm{Min}\{v(a),v(b)\}=v(a)$ は明らかゆえ, $v(a)=v(a+b)$.

(ⅲ) v を付値とすると, $v(a)\geqq 0$ のとき $v(1+a)\geqq \mathrm{Min}\{v(1),v(a)\}\geqq 0$. 逆に, (2)のかわりに (2)′ が成立するとする. $v(b)\geqq v(a), a\neq 0$ と仮定すると, $v(b/a)=v(b)-v(a)\geqq 0$. よって, $v(a+b)=v(a(1+b/a))=v(a)+v(1+b/a)\geqq v(a)=\mathrm{Min}\{v(b),v(a)\}$. $a=0$ のときは自明だから(2)が成立する. ∎

次は, 第1部§5.1でも述べた.

命題 3.2 v を体 K の離散付値とする.

(ⅰ) $\mathcal{O}_v=\{a\in K\mid v(a)\geqq 0\}$ は $\mathfrak{m}_v=\{a\in K\mid v(a)>0\}$ を唯一つの極大イデアルとする単項イデアル局所整域となる.

(ⅱ) $\mathfrak{m}_v=(\pi_v)$ とすると, $K^\times=\coprod_{n\in\mathbb{Z}}\mathcal{O}_v^\times \pi_v^n$ (離散和). すなわち, $v(\pi_v)=c>0$ とおくと, $v(\mathcal{O}_v^\times \pi_v^n)=cn$. ここで, $\mathcal{O}_v^\times$ は $\mathcal{O}_v$ の単元群である.

(ⅲ) $a\in K$ に対して, a または $a^{-1}\in \mathcal{O}_v$.

[証明] (i) $a,b\in\mathcal{O}_v$ とすると, $v(a+b)\geqq \mathrm{Min}\{v(a),v(b)\}\geqq 0$, $v(ab)=v(a)+v(b)\geqq 0$ ゆえ, $\mathcal{O}_v$ は環で, $\mathcal{O}_v\setminus\mathfrak{m}_v=\{a\in K\,|\,v(a)=0\}$ は単元群だから $\mathcal{O}_v$ は $\mathfrak{m}_v$ を唯一つの極大イデアルとする局所整域である. $\mathcal{O}_v$ のイデアル $I\neq 0$ に対して, $a\in I$ を $v(a)\geqq 0$ が最小になるような元とすると, $v(b/a)=v(b)-v(a)\geqq 0\,(b\in I)$ となり, これは $(a)=I$ を意味する.

(ii) (i)の証明から明らか.

(iii) 明らか. ∎

$\mathcal{O}_v$ を(v に対する)**離散付値環**(DVR)といい, $\kappa(v)=\mathcal{O}_v/\mathfrak{m}_v$ を v の**剰余体**(residue field)といった.

例3.3 有理数体 $\mathbb{Q}$ の正規付値を求めてみよう. まず, 任意の付値について $\mathbb{Z}\subset\mathcal{O}_v$ となることに注意しよう. 実際, 命題3.1 より, $n\in\mathbb{N}$ に対して, $v(n)=v(1+n-1)\geqq v(n-1)\geqq 0$ (帰納法), また $v(-n)=v(n)$ だからよい.

ここで $v(\mathbb{Z}\setminus\{0\})=0$ とすると, $v(a/b)=v(a)-v(b)=0-0=0\,(a,b\in\mathbb{Z}\setminus\{0\})$, $v(\mathbb{Q})=0$ となり, 値群が自明でないことに反する. よって, 素イデアル $\mathbb{Z}\cap\mathfrak{m}_v=(p_v)$ を与える素数 p_v が唯一つ存在する. このとき, $p_v\nmid a\,(\Longleftrightarrow a\notin(p_v))$ とすると, $a\in\mathcal{O}_v\setminus\mathfrak{m}_v$ ゆえ $a\in\mathcal{O}_v^\times$ (単元), すなわち, $a^{-1}\in\mathcal{O}_v^\times$. このことから, 有理数を $p_v^n b/a\,(p_v\nmid a,b)$ と表示すると, $b/a\in\mathcal{O}_v^\times$ で, $v(p_v^n b/a)=n$ となり, 付値 v は素数 p_v が一意的に定める. 逆に, 素数 p はこのようにして $\mathbb{Q}$ の離散付値 v_p を定める. ∎

例3.4 体 k 上の有理関数体 $k(T)$ (T は k 上の超越元)の正規付値で, $v(k^\times)=0$ となるものも, 有理数体の場合と同様に定められる. $v(T)\geqq 0$ とすると $k[T]\subset\mathcal{O}_v$ となり, 上と同様の理由で, $k[T]\cap\mathfrak{m}_v=(p_v)$ となるモニックな既約多項式 $p_v\in k[T]$ が唯一つ定まり, $v(p_v^n b/a)=n\,(p_v\nmid a,b)$ で与えられる. $v(T)<0$ ならば, $k[T^{-1}]\subset\mathcal{O}_v$ で素イデアル $(T^{-1})=\mathfrak{m}_v\cap k[T^{-1}]$ が上と同様に付値を決める. $v_\infty=-v(T)^{-1}v$ を正規化とすると, $v_\infty(a/b)=\deg b-\deg a\,(a,b\in k[T])$ である. ∎

2つの離散付値 v,v' の正規化が一致するとき, v と v' とは**同値**であるといい, $v\sim v'$ とかく. 命題3.2(ii)より, $v\sim v'\Longleftrightarrow\mathcal{O}_v=\mathcal{O}_{v'}$ である.

§3.2 絶対値と距離と完備化

第1部§6.3, §6.4でも見たように, 局所環の考察には, イデアル進位相, 完備性などの概念が大切であった. ここでも, このような距離・位相空間的な考えを導入することが効果的である.

前節では, 離散付値のみを定義したが, これはもっと素朴な古来からの位相体, 距離・絶対値をもつ体の一般化である.

本書では深入りしないが, 実数体 $\mathbb{R}$ における絶対値 $|a|$ は数直線の完備な(Euclid の)距離 $d(a,b)=|a-b|$ を定義するという話は, 解析学の基礎である. 複素数体 $\mathbb{C}$ も絶対値(ノルム) $|a+b\sqrt{-1}|=\sqrt{a^2+b^2}$ によって, 同様の特質をもつ.

この絶対値 $|\ |$ は $|a| \geqq 0$ ($|a|=0 \iff a=0$) で,
(i) $|ab|=|a||b|$,
(ii) $|a+b| \leqq |a|+|b|$ (3角不等式)

によって特徴づけられていた. 3角不等式(ii)が距離を $d(a,b)=|a-b|$ と定義する際の要請であった.

一般に, 体 K 上の非負実数値関数 $|a| \geqq 0$ で, $|a|=0 \iff a=0$, 自明でなく ($\{0,1\} \subsetneq |K|$),
(i) $|ab|=|a||b|$ $(a,b \in K)$
(ii) $|a+b| \leqq |a|+|b|$

をみたすものを K の**絶対値**(absolute value)(または**乗法的付値**(multiplicative valuation))ということにする.

さて, 前節で定義した離散付値 $v: K \to \mathbb{R} \cup \{\infty\}$ に対して, 定数 $c>0$ を固定して $|a|_v = e^{-cv(a)}$ とおくと, $|\ |_v$ は K の絶対値を与え, しかも(ii)より強い不等式

(ii)* $|a+b|_v \leqq \mathrm{Max}\{|a|_v, |b|_v\}$

をみたしている. (ちなみに, 不等式(ii)*をみたす絶対値を非 Archimedes 的絶対値, そうでないものを Archimedes 的絶対値という.)

例 3.5 $\mathbb{Q} \subset \mathbb{R} \subset \mathbb{C}$ の古典的な絶対値は Archimedes 的である. □

さて，体 K の絶対値 $|\ |$ があれば，$d(a,b) = |a-b|$ は K を距離空間とする．この位相によって K は位相体（2つの演算 $(a,b) \mapsto a+b$, ab および逆 $x \mapsto -x$, x^{-1} が連続である）になる．

離散付値 v に対する絶対値 $|\ |_v$ が定義する K の位相は，$\mathfrak{m}_v^n$ ($n \in \mathbb{Z}$) を 0 の基本近傍系とする一様位相であることは明らかであろう．（$\mathfrak{m}_v^n = \{a \in K \mid v(a) > n-1\} = \{a \in K \mid |a|_v = e^{-cv(a)} < e^{-c(n-1)}\}$．）

付値と距離の同値について次がいえる．

命題 3.6 体 K の2つの離散付値 v, v' が同値であるためには，その絶対値 $|\ |_v, |\ |_{v'}$ が定義する距離空間の（一様）位相が同値であることが必要十分である．

[証明] v と v' とが同値ならば，$d_v(a,b) = e^{-v(a-b)}$ として，ある $c > 0$ に対して，$d_v(a,b) = d_{v'}(a,b)^c$ となることから距離同値は明らか．

逆に，d_v と $d_{v'}$ とが位相同値とすると，$v(a) < 0$ なる元 $a \in K^\times$ に対して，$|a^{-n}|_v = e^{-nv(a^{-1})} = e^{nv(a)}$ ゆえ $\lim_{n \to \infty} |a^{-n}|_v = 0$，すなわち d_v に関して $a^{-n} \to 0$．$d_{v'}$ についても $a^{-n} \to 0$ であるから，$|a^{-n}|_{v'} = e^{nv'(a)} \to 0$ でなければならない．これは $v'(a) < 0$ を意味する．よって，$v'(a) \geqq 0$ ならば $v(a) \geqq 0$，すなわち，付値環について $\mathcal{O}_{v'} \subset \mathcal{O}_v$．$v$ と v' を取り替えて $\mathcal{O}_{v'} \supset \mathcal{O}_v$ も成り立つから結局 $\mathcal{O}_{v'} = \mathcal{O}_v$ となり，v と v' とは同値である． ∎

第1部第6章でも触れたように，距離空間（もっと一般に一様位相空間）には完備性という概念があった．すなわち，任意の Cauchy 列 $((a_n)_{n \in \mathbb{N}}$ で，任意の $\epsilon > 0$ に対して，$n, m > N$ ならば $d(a_n, a_m) < \epsilon$ となる N がある）が収束するような距離空間のことであった．距離空間 X は，同値を除いて唯一つの完備化 $\widetilde{X}(\supset X)$ をもつ（$\widetilde{X}$ は完備で X は $\widetilde{X}$ で稠密）．

これ以上一般論を述べるかわりに，ここでは離散付値に関する場合を見てみよう．

体 K の離散付値 v に対する距離 d_v による K の完備化 $\widetilde{(K, d_v)} = K_v$ は，第1部 §6.3 の局所環の場合と同じように構成できる．射影 $\mathcal{O}_v/\mathfrak{m}_v^{n+1} \to \mathcal{O}_v/\mathfrak{m}_v^n$ に関する射影極限を $\widehat{\mathcal{O}}_v = \varprojlim_n \mathcal{O}_v/\mathfrak{m}_v^n$ とおくと，$\widehat{\mathcal{O}}_v$ は $\widehat{\mathfrak{m}}_v = \mathfrak{m}_v \widehat{\mathcal{O}}_v$ を極大イデアルとする完備な局所環である（フィルター $\mathfrak{m}_v^n$ による完備化）．こ

のとき，K の完備化 K_v としては $\widehat{\mathcal{O}}_v$ の商体をとればよい．

$$K_v = \bigcup_{n\in\mathbb{Z}} \widehat{\mathcal{O}}_v \pi_v^n = \coprod_{n\in\mathbb{Z}} \widehat{\mathcal{O}}_v^\times \pi_v^n \quad (\mathfrak{m}_v = (\pi_v))$$

で，K_v への正規付値の拡張 $\tilde{v}$ は $\tilde{v}(\widehat{\mathcal{O}}_v^\times \pi_v^n) = \{n\}$ で与えられる．このように完備化に関して値群は不変である$(v(K^\times) = \tilde{v}(K_v^\times))$．

実際，(a_n) を K_v の Cauchy 列とすると，$a_n + \alpha \in \widehat{\mathcal{O}}_v$ $(n \gg 0)$ となるような $\alpha \in K_v$ があるから始めから $a_n \in \widehat{\mathcal{O}}_v$ とする．(a_n) が Cauchy 列であるということは，任意の N に対して $a_n - a_m \in \widehat{\mathfrak{m}}_v^N$ $(n, m \gg 0)$ となることである．ここで，

$$a_n = (a_n(l))_{l\in\mathbb{N}} \in \varprojlim_l \mathcal{O}_v/\mathfrak{m}_v^l,\ a_n(l) \in \mathcal{O}_v/\mathfrak{m}_v^l,\ a_n(l+1) \mod \mathfrak{m}_v^l = a_n(l)$$

とおくと，このことは $a_n(l) \equiv a_m(l) \mod \mathfrak{m}_v^N$ $(l \geq N,\ n, m \gg 0)$ を意味する．よって，$l \in \mathbb{N}$ に対して，$\bar{a}(l) \equiv a_n(l) \equiv a_m(l) \mod \mathfrak{m}_v^l$ $(n, m \gg 0)$ となる $\bar{a}(l) \in \mathcal{O}_v/\mathfrak{m}_v^l$ を選んでおけば，$\bar{a}(l+1) \equiv a_n(l+1) \equiv a_n(l) \equiv \bar{a}(l) \mod \mathfrak{m}_v^l$ $(n \gg 0)$ となり，$\bar{a} = (\bar{a}(l))_{l\in\mathbb{N}}$ は $\varprojlim_l \mathcal{O}_v/\mathfrak{m}_v^l = \widehat{\mathcal{O}}_v$ の元を定義し，$\lim_{n\to\infty} a_n = \bar{a}$ となる．すなわち，$\widehat{\mathcal{O}}_v$ は，したがって，K_v も完備な距離空間である．K が K_v で稠密であり，$\widehat{\mathcal{O}}_v$ は $\mathcal{O}_v$ の閉包であることも容易に分かる．

上の説明では少々複雑であったが，$\widehat{\mathcal{O}}_v$ の元を表すのに，記号的には，π_v 進展開を考えると明快である．$\mathcal{O}_v/\mathfrak{m}_v$ の完全代表系 $\Gamma \subset \mathcal{O}_v$ をとっておき，無限級数

$$x = \sum_{i=0}^{\infty} a_i \pi_v^i \qquad (a_i \in \Gamma)$$

を考える．$x \equiv \sum_{i=0}^{n} a_i \pi_v^i (=x_n) \mod \mathfrak{m}_v^{n+1}$ と見なして，$\mathcal{O}_v$ における列 $(x_n)_{n\in\mathbb{N}}$ を考えると，これは Cauchy 列で，元 $x_\infty = (x_n) \in \widehat{\mathcal{O}}_v$ を定義している．$x_\infty = \lim_{n\to\infty} x_n = \sum_{i=0}^{\infty} a_i \pi_v^i = x$ と考えればよい．同様に，K_v の元も，Laurent 級数 $\sum_{i > -\infty}^{\infty}$ によって表される．$\pi_v = p$(素数)，$\Gamma = \{0, 1, \cdots, p-1\}$ とすると，p 進数 $\mathbb{Q}_p$ の p 進展開である．

以上から命題 3.6 と合わせて次がいえた．

命題 3.7 体 K の離散付値 v に関する完備化 K_v は完備な離散付値体として K 同型を除いて唯一つ存在する．逆に，2 つの付値 v, v' についての完備化 $K_v, K_{v'}$ が位相体として K 同型ならば，v と v' も同値である． □

注意 Archimedes 絶対値に関する $\mathbb{Q}$ の完備化が実数体 $\mathbb{R}$ であることは，周知であろう．

例 3.8（局所体） 絶対値による距離に関して局所コンパクトな体を**局所体**（local field）という．局所体は完備であることが容易に証明できる．

離散付値 v によって，体 K が局所コンパクトになるとすれば，0 の近傍系 $\mathfrak{m}_v^n$ は有界閉集合であるからコンパクトである．とくに，付値環 $\mathcal{O}_v$ はコンパクトであり，開かつ閉なるイデアル $\mathfrak{m}_v$ による剰余体 $\kappa(v) = \mathcal{O}_v/\mathfrak{m}_v$ はコンパクトかつ離散になり，したがって有限体である．

逆に，$\kappa(v)$ が有限体ならば，$\mathcal{O}_v/\mathfrak{m}_v^n$ $(n = 1, 2, \cdots)$ も有限環で（加群として $\mathfrak{m}_v^n/\mathfrak{m}_v^{n+1} \simeq \mathcal{O}_v/\mathfrak{m}_v$)，$\mathcal{O}_v = \widehat{\mathcal{O}}_v = \varprojlim_n \mathcal{O}_v/\mathfrak{m}_v^n$ は有限環の射影極限だから（Tichonov の定理によって）コンパクトになり，$K = K_v = \bigcup_{n \in \mathbb{Z}} \mathcal{O}_v \pi_v^n$ は局所コンパクトである．

p 進体 $\mathbb{Q}_p = \mathbb{Z}_p[p^{-1}]$（例 3.3 の p 進付値 v_p による完備化，$\mathbb{Z}_p = \varprojlim_n \mathbb{Z}/(p^n)$ は p 進整数環），有限体 $k = \mathbb{F}_q$ 上の有理関数体 $k(T)$ の離散付値による完備化は，その剰余体がそれぞれ $\mathbb{F}_p$ か，または k 有限次拡大であるから共に局所コンパクト体である．次節で見るように，これらの有限次拡大体もまた局所コンパクトである．

実は，離散位相ではないパラコンパクトな局所コンパクトな位相体は，以上のものと Archimedes 絶対値による $\mathbb{R}, \mathbb{C}$ に限ることが知られている（Ostrowski の定理）．

また（離散位相でないパラコンパクトな）局所コンパクト位相体 K に，自然に完備な付値（絶対値）を定義することができる．局所コンパクトな加法群としての K の Haar 測度を dx とする．このとき，$a \in K$ についての乗法シフトが定義する測度を $d(ax)$ とすると，$d(ax) = |a| dx$ となる $|a| \geq 0$ が一意的に定まる（不変測度 dx の取り方によらない）．この実数値関数 $|a|$ $(a \in K)$

§3.2 絶対値と距離と完備化―――251

は絶対値の公理をみたしている. $|a|$ が Archimedes 的であれば, K は $\mathbb{R}$ か $\mathbb{C}$ で, $|a|$ は a の絶対値である. 非 Archimedes 的であれば, $\mathcal{O}=\{a\in K\,|\,|a|\leqq 1\}\supset \mathfrak{m}=\{a\,|\,|a|<1\}=(\pi)$ が局所環になり, $\sharp\mathcal{O}/\mathfrak{m}=q$ (p のベキ) とすると, $|\pi|\operatorname{vol}\mathcal{O}=\operatorname{vol}\mathfrak{m}=q^{-1}\operatorname{vol}\mathcal{O}$ だから, $|a|=q^{-v(a)}$ ($v(\pi)=1$) となる正規離散付値 v を得る. □

完備局所環において, Hensel の補題と呼ばれる大事な定理がある (第 1 部, 定理 6.13). ここでは, 第 1 部の定理より強い完備な離散付値環に対する次のヴァージョンを用いる.

定理 3.9 (Hensel の補題) $\mathcal{O}, \mathfrak{m}, \kappa=\mathcal{O}/\mathfrak{m}$ をそれぞれ, 完備な離散付値環, その極大イデアル, 剰余体とする. 環係数の多項式 $f\in\mathcal{O}[X]$ に対して, 係数を法 $\mathfrak{m}$ で考えたものを $\bar{f}=f\bmod\mathfrak{m}\in\kappa[X]$ とかく. いま, $\bar{f}=g'h'$ ($g',h'\in\kappa[X]$) で, g' と h' が互いに素 ($(g',h')=1$) とすると, $f=gh$, $\bar{g}=g'$, $\bar{h}=h'$, $\deg g=\deg g'$ となる $g,h\in\mathcal{O}[X]$ がとれる.

[証明] $\deg f=n$, $\deg g'=r$, $\deg h'=s$ とすると, $r+s=\deg\bar{f}\leqq n$. まず, $g_1,h_1\in\mathcal{O}[X]$ を $\overline{g_1}=g'$, $\overline{h_1}=h'$ ($\deg g_1=r$, $\deg h_1=s$) ととる.

次に, 帰納的に $g_i,h_i\in\mathcal{O}[X]$, $\deg g_i\leqq r$, $\deg h_i\leqq s$ で $f\equiv g_ih_i\bmod\mathfrak{m}^i$, $g_i\equiv g_{i-1}, h_i\equiv h_{i-1}\bmod\mathfrak{m}^{i-1}$ をみたすものがとれることを示そう. $i\leqq k$ までとれたとして, g_{k+1},h_{k+1} がとれることをいえばよい. $\mathfrak{m}$ の生成元を π とするとき, $f-g_kh_k\in\mathfrak{m}^k[X]=(\pi^k)[X]$ だから, $w_k=\pi^{-k}(f-g_kh_k)\in\mathcal{O}[X]$. ここで, $(g',h')=1$, $\overline{g_k}=g'$, $\overline{h_k}=h'$ だから, $g_kq_k+h_kp_k\equiv w_k\bmod\mathfrak{m}$ となる $p_k,q_k\in\mathcal{O}[X]$ で $\deg p_k\leqq r$, $\deg q_k\leqq s$ なるものが存在する. そこで, $g_{k+1}=g_k+\pi^kp_k$, $h_{k+1}=h_k+\pi^kq_k$ とおけば条件をみたすものが得られる.

最後に, $\mathcal{O}=\widehat{\mathcal{O}}=\varprojlim_k\mathcal{O}/(\pi^k)$ は完備だから, 射影系 $\mathcal{O}/(\pi^k)[X]$ における多項式列 $(g_k), (h_k)$ は極限 $g,h\in\widehat{\mathcal{O}}[X]=\mathcal{O}[X]$ をもち, これが定理をみたすものになる. 次数については, $f=gh$ が成り立つことから, 結局 $\deg g=r$ でなければいけない. ∎

系 3.10 離散付値 v に関して完備な付値体 K 上の既約なモニック多項式 $f(X)=X^n+a_1X^{n-1}+\cdots+a_n\in K[X]$ について, $v(a_n)\geqq 0$ ならば $v(a_i)\geqq 0$ ($1\leqq i\leqq n$).

[証明] $l = \text{Min}_{1 \leq i \leq n}\{v(a_i)\} < 0$ とすると, $v(b) = -l > 0$ なる元 $b \in \mathcal{O}_v$ に対して, $f_1(X) = bf(X) = \sum_{i=0}^{n} ba_i X^{n-i} \in \mathcal{O}_v[X]$ で $v(ba_n) > 0$. よって,

$$\overline{f_1(X)} = X^k h'(X), \quad (X, h'(X)) = 1$$

となる $n > k > 0$ がある. ところが Hensel の補題(定理 3.9)によって, $f_1 = gh$, $\deg g = k$, $\deg h = n-k$, $\overline{h} = h \bmod \mathfrak{m} = h'$ となる $g, h \in \mathcal{O}_v[X]$ が存在することになり, f の既約性に反する. ∎

§3.3 付値の拡張

体の拡大 L/K において, L の付値 w を K に制限した $v = w|K$ が K の付値になるとき, w を v の拡張といい, $w|v$ とかく. この記号は, 極大イデアルの(生成元の)関係 $\mathfrak{m}_w \supset \mathfrak{m}_v = (\mathfrak{m}_w \cap K) \iff \pi_w | \pi_v$ からきている.

命題 3.11 L/K が有限次拡大のとき, L の付値 w の K への制限 $v = w|K$ は K の付値になる.

[証明] 実際, 付値の条件: (1) $v(ab) = v(a) + v(b)$, (2) $v(a+b) \geq \text{Min}\{v(a), v(b)\}$ は w のそれから明らかである. v が自明でないことのみが問題である. まず, $b \in L^{\times}, w(b) \neq 0$ なる元をとり,

$$b^n + a_1 b^{n-1} + \cdots + a_n = 0 \quad (a_i \in K)$$

とする. もし, $v(a_i) = 0 \,(\forall a_i \neq 0)$ とするとき, $w(a_i b^{n-i}) = w(a_i) + (n-i)w(b) = (n-i)w(b)$. $w(b) \neq 0$ ゆえ, i が異なるとこれら $w(a_i b^{n-i})$ は異なる. よって, 命題 3.1 より, $\infty = w(0) = w(b^n + a_1 b^{n-1} + \cdots + a_n) = \text{Min}_{a_i \neq 0}\{w(a_i b^{n-i})\}$, すなわち, $w(a_i b^{n-i}) = \infty \,(\forall i)$. これは $a_i b^{n-i} = 0 \,(\forall i)$ を意味して, 矛盾である. ∎

この節の最初の目標は, 逆すなわち, 付値の拡張の存在である. まず完備な場合を考える.

定理 3.12 K を付値 v に関して完備な体とすると, v は K の有限次拡大 L の付値 w に一意的に拡張される. ここに, $n = [L:K]$, $N_{L/K}: L \to K$

§3.3 付値の拡張 —— 253

をノルムとすると，
$$w(a) = \frac{1}{n}v(N_{L/K}(a)) \quad (a \in L)$$
とかける．

[証明] $w = \frac{1}{n}v \circ N_{L/K}$ とおくと，(1) $w(ab) = w(a) + w(b)$ $(a, b \in L)$ と非自明なこと $(w(L^\times) \supset v(K^\times) \simeq \mathbb{Z},\ w(a) = \frac{1}{n}v(N_{L/K}(a)) = \frac{1}{n}v(a^n) = v(a)$ $(a \in K))$ は明らかであるから，命題 3.1 によって，(2)' $w(a) \geqq 0 \Longrightarrow w(a+1) \geqq 0$ $(a \in L)$ を示せばよい．

いま，$a \in L,\ w(a) \geqq 0$ に対し，$f(X) = X^m + c_1 X^{m-1} + \cdots + c_m$ $(c_i \in K)$ を a の K 上の最小多項式とする．また，$F_a(X) = \det(X-a)$ を線形写像 $x \mapsto ax$ $(x \in L)$ の固有多項式とすると中間体 $K \subset K(a) \subset L$ への制限を考えることによって，
$$F_a(X) = (\det(X - a|K(a)))^{n/m} = f(X)^{n/m} \quad (m = [K(a) : K])$$
となる．よって，$N_{L/K}(a) = \pm F_a(0) = \pm c_m^{n/m}$ となり，$v(c_m) = \frac{m}{n}v(N_{L/K}(a)) = mw(a) \geqq 0$ が導かれる．

ここで，Hensel の補題の系 3.10 を用いると，f の既約性から $v(c_i) \geqq 0$ $(i = 1, 2, \cdots, m)$ を得る．ところが，上で a の代わりに $a+1$ とおくと，$F_{a+1}(X) = F_a(X-1) = (f(X-1))^{n/m}$ から
$$N_{L/K}(a+1) = \pm F_{a+1}(0) = \pm f(-1)^{n/m}$$
$$= \pm((-1)^m + c_1(-1)^{m-1} + \cdots + c_m)^{n/m}$$
である．よって，
$$w(a+1) = \frac{1}{n}v(N_{L/K}(a+1)) = \frac{1}{m}v((-1)^m + c_1(-1)^{m-1} + \cdots + c_m)$$
$$\geqq \frac{1}{m}\mathrm{Min}\{v((-1)^m), v(c_1), \cdots, v(c_m)\} \geqq 0$$

が導かれて，(2)' が示された．以上で，$w = \frac{1}{n}v \circ N_{L/K}$ が v の L への拡張を与えていることが証明された．

拡張の一意性は，あとで示す完備な体上のベクトル空間のノルムの一意性

から導かれる.

系 3.13 L/K を有限次拡大とすると,K の付値は L の付値に拡張される.

[証明] K_v を K の v に関する完備化とし,合成体 LK_v $(\subset \overline{K_v}, L \hookrightarrow \overline{K_v}$ による) を考える.このとき,LK_v/K_v は有限次拡大だから定理 3.12 によって,K_v の付値 v(記号の濫用)は LK_v の付値 w に拡張される.$w|L$ は付値の条件 (1),(2) をみたし,非自明 ($w(L^\times) \supset v(K^\times) \simeq \mathbb{Z}$) だから,$L$ の付値を与え,これは v の 1 つの拡張である(K 埋め込み $L \hookrightarrow \overline{K_v}$ の取り方により拡張 w は決まる). ∎

絶対値 $|\cdot|$ をもつ体 K 上のベクトル空間 V 上の非負関数 $\|x\| \in \mathbb{R}_{\geqq 0}$ ($x \in V$) が

 (i) $\|x\| = 0 \iff x = 0$,
 (ii) $\|x+y\| \leqq \|x\| + \|y\|$,
 (iii) $\|ax\| = |a|\|x\|$ ($a \in K, x, y \in V$)

をみたすとき**ノルム**という.(拡大のノルム $N_{L/K}$ は K 値であるから意味が異なる.) 2 つのノルム $\|\cdot\|$ と $\|\cdot\|'$ が同値であるとは,$C\|x\| \leqq \|x\|' \leqq C'\|x\|$ ($x \in V$) をみたす定数 $C, C' > 0$ が存在するときをいう.このとき,2 つのノルムは V 上に同じ位相を定義する.

L の付値 w が K の付値 v の拡張であるとき,絶対値 $|\cdot|_w$ は K の絶対値 $|\cdot|_v$ に関するノルムであることは明らかであろう.定理 3.12 にいう拡張の一意性は,次の補題と命題 3.7 から明らかである.

補題 3.14 完備な付値体 K 上の有限次元ベクトル空間のノルムはすべて同値である.

[証明] たとえば,参考文献 [10], p. 470, Prop. 2.2 を参照. ∎

付値の拡張について 2 つの重要な不変量がある.拡大 L/K において,付値の拡張 $w|v$ があるとき,値群の指数

$$e(w|v) = (w(L^\times) : v(K^\times)) = \sharp w(L^\times)/v(K^\times) < \infty$$

を $w|v$ の**分岐指数**(ramification exponent),剰余体の拡大次数

$$f(w|v) = [\kappa(w) : \kappa(v)]$$

$(\mathcal{O}_v \subset \mathcal{O}_w,\ \mathfrak{m}_v \subset \mathfrak{m}_w \cap \mathcal{O}_v$ ゆえ, $\kappa(v) = \mathcal{O}_v/\mathfrak{m}_v \subset \mathcal{O}_w/\mathfrak{m}_w = \kappa(w))$
を $w|v$ の**相対次数**(residue (modular) degree)という.

w, v による L, K の完備化 $L_w \supset K_v$ をとっても,剰余体と値群は変わらないから $e(w|v), f(w|v)$ は完備化によって不変である.

まず,次の補題から始める.

補題 3.15 L/K の拡大次数を n, 付値の拡張を $w|v$ とすると,
$$e(w|v)f(w|v) \leqq n.$$
とくに,K が完備ならば等号が成り立つ.

[証明] Π を $\mathfrak{m}_w$ の生成元とすると,$w(\Pi), \cdots, w(\Pi^e)$ $(e=e(w|v))$ が $w(L^\times)/v(K^\times)$ の完全代表系を与えている. $x_1, x_2, \cdots, x_r \in \mathcal{O}_w$ を $\{x_i \bmod \mathfrak{m}_w\} \subset \kappa(w)$ が $\kappa(v)$ 上 1 次独立になるように選ぶ($r \leqq f = f(w|v)$). このとき, $\{x_i \Pi^j\}_{1 \leqq i \leqq r, 1 \leqq j \leqq e}$ が K 上 1 次独立であることを示せばよい.(このとき,$er \leqq n\ (\forall r \leqq f)$ となるから $ef \leqq n$ がいえる.)

このためには,

(3.1) $\quad w\left(\sum_{i,j} c_{ij} x_i \Pi^j\right) = \mathrm{Min}_{i,j}\{w(c_{ij}\Pi^j)\} \quad (c_{ij} \in K)$

を示せばよい. なぜならば,$\sum_{i,j} c_{ij} x_i \Pi^j = 0$ とすると,$w(\sum_{i,j} c_{ij} x_i \Pi^j) = \infty$. したがって,(3.1)から $w(c_{ij}\Pi^j) = \infty\ (\forall i,j)$, すなわち $c_{ij}\Pi^j = 0$ となり,$c_{ij} = 0$ が導かれる.

(3.1)は次の式

(3.2) $\quad w\left(\sum_{i=1}^r a_i x_i\right) = \mathrm{Min}_i\{v(a_i)\} \quad (a_i \in K)$

から導かれる. 実際,$1 \leqq l \leqq e$ に対して,
$$w\left(\sum_{i=1}^r c_{il} x_i \Pi^l\right) = lw(\Pi) + w\left(\sum_i c_{il} x_i\right)$$
$$= lw(\Pi) + \mathrm{Min}_i\{v(c_{il})\}.$$

したがって,$l \neq l' \leqq e$ ならば,$\mathrm{Min}_i\{v(c_{il})\} \in v(K^\times)$ ゆえ $w(\sum_i c_{il} x_i \Pi^l) \neq w(\sum_i c_{il'} x_i \Pi^{l'})$. ゆえに,

$$w\Big(\sum_{i,j} c_{ij}x_i \Pi^j\Big) = w\Big(\sum_{j=1}^{e}\Big(\sum_{i=1}^{r} c_{ij}x_i \Pi^j\Big)\Big)$$
$$= \mathrm{Min}_j\Big\{w\Big(\sum_{i=1}^{r} c_{ij}x_i \Pi^j\Big)\Big\}$$
$$= \mathrm{Min}_j\Big\{w(\Pi^j) + w\Big(\sum_{i=1}^{r} c_{ij}x_i\Big)\Big\}$$

ここで(3.2)より $w\Big(\sum_{i=1}^{r} c_{ij}x_i\Big) = \mathrm{Min}_i\{v(c_{ij})\}$ ゆえ

$$= \mathrm{Min}_j\{w(\Pi^j) + \mathrm{Min}_i\{v(c_{ij})\}\}$$
$$= \mathrm{Min}_{i,j}\{w(\Pi^j) + v(c_{ij})\}$$
$$= \mathrm{Min}_{i,j}\{w(c_{ij}\Pi^j)\}.$$

よって，等式(3.1)が示された．

最後に，(3.2)を示そう．$\mathrm{Min}_i\{v(a_i)\} = v(a_1)$ と仮定して一般性を失わない．このとき，$a_i/a_1 \in \mathcal{O}_v$ だから

$$w\Big(\sum_i a_i x_i\Big) = w\Big(a_1\Big(\sum_i \Big(\frac{a_i}{a_1}\Big)x_i\Big)\Big)$$
$$= v(a_1) + w\Big(\sum_i \Big(\frac{a_i}{a_1}\Big)x_i\Big).$$

ここで $\sum_i (a_i/a_1)x_i \in \mathcal{O}_w$ ゆえ，$w(\sum_i (a_i/a_1)x_i) \geq 0$ であるが，$\neq 0$ と仮定すると，$\sum_i (a_i/a_1)x_i \in \mathfrak{m}_w$. ところが，$x_i$ は $\kappa(v) = \mathcal{O}_v/\mathfrak{m}_v$ 上 1 次独立に選んであるから，$a_i/a_1 \in \mathfrak{m}_v (\forall i)$. $i=1$ のとき $a_1/a_1 = 1 \notin \mathfrak{m}_v$ ゆえ，これは矛盾．よって，$w(\sum_i (a_i/a_1)x_i) = 0$ でなければならず，等式(3.2)が示された．

完備の場合，$x_1, x_2, \cdots, x_f \bmod \mathfrak{m}_w$ が $\kappa(w)$ の $\kappa(v)$ 上の基底となるように選んでおくと，$\mathcal{O}_w$ の元は

$$\sum_{j=0}^{e-1}\sum_{i=1}^{f}\sum_{k=0}^{\infty} a_{ijk}x_i \pi^k \Pi^j$$

(π は $\mathfrak{m}_v$ の生成元，$a_{ijk} \in \mathcal{O}_w$ は $\mathcal{O}_w/\mathfrak{m}_w$ の完全代表系からとる)と一意的に展開されるから，$\{x_i\Pi^j \mid 1 \leq i \leq f, 0 \leq j < e\}$ が L/K の基底となり，$n = ef$ が成り立つ．(L の元は $\sum_{k=0}^{\infty}$ のところを Laurent 展開 $\sum_{k > -\infty}^{\infty}$ に拡張すれば表示できる．) ∎

§3.3 付値の拡張 ――― 257

補題 3.15 の証明の最後の部分から次が得られる.

系 3.16 上の補題 3.15 で, Π を $\mathfrak{m}_w$ の生成元とすると, 完備なときは
$$v(N_{L/K}(\Pi)) = n.$$
□

さて, 系 3.13 の状況とは逆に, 有限次拡大 L/K において, 付値の拡張 $w|v$ があれば, L の完備化 L_w は K の完備化 K_v を含んでおり, K_v 埋め込み $LK_v = L_w \hookrightarrow \overline{K_v}$ ($\overline{K_v}$ は K_v の代数的閉包) が存在する. L_w の付値 w は K_v の唯一つの拡張だから (定理 3.12), L の付値 w は K 埋め込み $L \hookrightarrow LK_v = L_w \subset \overline{K_v}$ による制限である.

すなわち, $w|v$ となる w は, L の K 埋め込み $\sigma: L \to \overline{K_v}$ から, $w = \bar{v} \circ \sigma$ によって得られる. ここで, $\bar{v}$ は $\overline{K_v}$ の (離散とは限らぬ) 付値で, K_v の有限次拡大 $K_v \subset M \subset \overline{K_v}$ に対して $\bar{v}|M = v_M$ (v_M は v の M への唯一の拡張 (定理 3.12) である離散付値) となるもの.

ここで次のことに注意しておく.

補題 3.17 上の状況で, $\sigma \in \mathrm{Emb}_K(L, \overline{K_v})$ から得られる v の拡張である L の付値を $w_\sigma = \bar{v} \circ \sigma$ とおくと,
$$w_\sigma = w_\tau \ (\sigma, \tau \in \mathrm{Emb}_K(L, \overline{K_v})) \iff \sigma = \lambda \circ \tau$$
となる $\lambda \in \mathrm{Aut}_{K_v} \overline{K_v} = \mathrm{Gal}(\overline{K_v}/K_v)$ がある.

[証明] ($\Leftarrow$) $\sigma = \lambda \circ \tau$ ($\lambda \in \mathrm{Gal}(\overline{K_v}/K_v)$) とすると, 完備な付値の拡張の一意性 (定理 3.12) から, $\bar{v} \circ \lambda = \bar{v}$ である. したがって, $w_\sigma = \bar{v} \circ \sigma = \bar{v} \circ \lambda \circ \tau = \bar{v} \circ \tau = w_\tau$.

($\Rightarrow$) σL と τL は K 上同型である. さらに, $w_\sigma = w_\tau$ とすると, $\overline{K_v}$ の中で $(\sigma L) K_v$ と $(\tau L) K_v$ は K_v 上同型である. よって, $\lambda \in \mathrm{Gal}(\overline{K_v}/K_v)$ で $\lambda: (\tau L) K_v \xrightarrow{\sim} (\sigma L) K_v$ となるものがあり, $\sigma = \lambda \circ \tau$ を得る. 実際, $a \in K_v$ に対し, $\lim_{n \to \infty} a_n = a$ ($a_n \in K$) とすると, $w_\sigma = w_\tau$ より $\lambda \tau a_n = \sigma a_n$. $\lim_{n \to \infty}$ をとると $\tau a_n = \sigma a_n = a_n$ のとき, $\lambda a = a$. ∎

以上により, 付値の拡張 $w|v$ は K 埋め込み $\mathrm{Emb}_K(L, \overline{K_v})$ の K_v 上の共役類と 1 対 1 に対応することが分かった.

命題 3.18 L/K を有限次分離拡大とし, v を K の付値とする. このとき, K 上のテンソル積 $L \otimes_K K_v$ は K_v 代数として v の拡張 $w|v$ による L

の完備化 L_w の直積(和)に同型である：

$$L \otimes_K K_v \simeq \bigoplus_{w|v} L_w.$$

よって，$[L:K] = \sum_{w|v} [L_w : K_v]$.

 [証明] L/K は分離拡大だから，単拡大定理(定理1.42)によって，$L = K(\alpha)$. $p = p_\alpha \in K[X]$ を α の最小多項式とすると，

$$L \otimes_K K_v \simeq K[X]/(p) \otimes_K K_v \simeq K_v[X]/(p) \simeq \bigoplus_{i=1}^{r} K_v[X]/(p_i).$$

ここに，$p = p_1 p_2 \cdots p_r$ は $K_v[X]$ における既約分解で，p は分離的だから，$i \neq j$ のとき，p_i と p_j は互いに素である．

 さて，$\sigma_i : L = K(\alpha) \to \overline{K_v}$ を α を p_i のある根に対応させる K 埋め込みとすると，補題3.17によって，σ_i から得られる v の拡張 $w_{\sigma_i} = \bar{v} \circ \sigma_i$ は p_i の根の取り方によらない．また，v の拡張はこのようにして得られるもののいずれかである．仮定から $i \neq j$ のとき，σ_i と σ_j は K_v 上共役でないから，$w_{\sigma_i} \neq w_{\sigma_j}$. よって，

$$\bigoplus_{i=1}^{r} K_v[X]/(p_i) \simeq \bigoplus_{i=1}^{r} L_{w_{\sigma_i}} = \bigoplus_{w|v} L_w$$

となり，主張が示された．

 次数については，テンソル積の性質から，$[L:K] = \dim_K L = \dim_{K_v} L \otimes_K K_v = \sum_{w|v} \dim_{K_v} L_w = \sum_{w|v} [L_w : K_v]$. ∎

定理 3.19 有限次拡大 L/K と K の付値 v に対して，

$$\sum_{w|v} [L_w : K_v] \leq [L:K].$$

よって，

$$\sum_{w|v} e(w|v) f(e|v) \leq [L:K].$$

さらに，L/K が分離拡大ならば，上で等号が成立する．

 [証明] 純非分離拡大 L/K については，$[L:K] = [L:K]_i = p^r$ とすると，

$a^{p^r} \in K$ ($a \in L$). よって，v の拡張 w は $p^r w(a) = w(a^{p^r}) = v(a^{p^r})$ より，唯一つしかない．

したがって，一般に $K \subset L_s \subset L$ (L_s/K は分離的，L/L_s は純非分離的) と分解しておくと，命題3.18から，まず $[L_s : K] = \sum_{w|v}[(L_s)_w : K_v]$. よって $\sum_{w|v}[L_w : K_v] = \sum_{w|v}[L_w : (L_s)_w][(L_s)_w : K_v]$. ところが，$[L_w : (L_s)_w] \leq [L : L_s]$ ゆえ，$\sum_{w|v}[L_w : K_v] \leq [L : L_s]\sum_{w|v}[(L_s)_w : K_v] = [L : L_s][L_s : K] = [L : K]$ となり主張が導かれた．

後半は補題3.15により，$e(w|v)f(w|v) \leq [L_w : K_v]$ からでる (実は等号). ∎

以上から明らかであるが，n 次拡大 L/K において，K の付値 v の拡張 $w|v$ は高々 n 個以下である．

注意 K, L が (1変数) 代数関数体のときは，上で等号が成立することが知られている (参考文献の岩澤 [1]: 第2章 p.73 注意2; 付値は定数体上自明であるという条件の下).

§3.4 代数関数体の素点──基本事項

例えば，2変数 x, y に関しての多項式関係式 $f(x, y) = 0$ があるとする ($f(x, y) \in k[x, y]$ は体 k 上の多項式). どちらでもよいが，ここで x を独立変数と考えると，y は一意的 (1価) とは限らないが，代数的関係 $f(x, y) = 0$ によって x から定まる．この意味で，y は x の "代数関数" であると見なされる．$y - x^2 - x - 1 = 0$ ならば，$y = x^2 + x + 1$ という x についての1価関数であるが，$y^2 - x - 1 = 0$ ならば，$y = \pm\sqrt{x+1}$ という2価の代数関数である．これらを系統的に体論の見地から扱おう．$f(x, y)$ を y について整理して，
$$f(x, y) = a_n(x)y^n + a_{n-1}(x)y^{n-1} + \cdots + a_0(x) \quad (a_i(x) \in k[x])$$
とする．いま，x は k 上の超越元で $a_n(x) \neq 0$ と仮定すると，関係 $f(x, y) = \sum_{i=0}^{n} a_i(x)y^i = 0$ は，y が体 $k(x)$ 上代数的であることを意味している．したがって，体 k 上 x と y とで生成される体 $K = k(x, y)$ を考えると，K は $k(x)$ 上 y で生成される代数拡大である．

以上をモデルとして,体 K が k 上超越次数が 1 の有限生成拡大で,k は K の中で代数的に閉じている(k 上代数的な K の元は k に属する)とき,K/k を定数体を k とする(1 次元)**代数関数体**(algebraic function field)という.(一般に k 上有限生成拡大 K で,k が K の中で代数的に閉じているとき,$n = \text{trans.deg}_k K$ 次元の代数関数体という.) 定数体 k が K で代数的に閉じているという条件をつけるのは,技術的な部分をスムーズにするためである.そうでないときは k の K の中での閉包を改めて k とおけばよい.

本書では,1 次元の場合のみを扱うので,以下 $\text{trans.deg}_k K = 1$ を仮定する.いいかえれば,K/k が代数関数体であるとは,任意の元 $x \in K \setminus k$ は k 上超越的で,K は $k(x)$ 上有限次拡大($[K:k(x)] < \infty$)となるものをいう.

この章の主な目標は,代数関数体 K/k を出発点におき,付値の概念によって "代数曲線 $f(x,y) = 0$" のような幾何学的な対象上の関数についての精密な知識を得ることができることを示すことである.

代数関数体 K/k の離散付値 v で,定数体上自明 $v(k^\times) = \{0\}$ なるものの同値類のことを K/k の**素点**(place)という.したがって,素点は K/k 上の $v(k^\times) = \{0\}$ なる正規付値と 1 対 1 に対応している.$X(K/k)$ によって,K/k の素点全体のなす集合を表す.

体 K が k 上純超越的 $K = k(x)$ のとき,例 3.4 で見たように,K/k の正規付値で $v(k^\times) = \{0\}$ となるものは,多項式環 $k[x]$ のモニックな既約多項式 $p \in k[x]$ によって,$v_p\left(p^n \dfrac{q}{r}\right) = n$ $(p \nmid q, r\ (q, r \in k[x]))$ と定義されるものと,$v_\infty\left(\dfrac{q}{r}\right) = \deg r - \deg q$ $(q, r \in k[x])$ によって定義されるものに限り,これらは互いに同値ではない.したがって,素点の集合は

$$X(k(x)/k) \xrightarrow{\sim} (\text{Spec}\, k[x] \setminus \{0\}) \cup \{\infty\} \quad (v_p \longleftrightarrow (p) \text{ または } \infty)$$

という 1 対 1 対応をもつ($\text{Spec}\, A$ は可換環 A の素イデアル全体のなす集合)."素点" という言葉はここからきている.とくに,定数体 k が代数的閉体のときは,$k[x]$ のモニックな既約多項式は $x - a$ $(a \in k)$ に限るから,$X(k(x)/k) \simeq k \cup \{\infty\}$(直線に無限遠点を付け加えたもの)となる.これは,k 上の射影直線(の k 有理点の集合)と考えられる.

§3.4 代数関数体の素点—基本事項 —— *261*

以下，体 k が一般の場合にも，$\mathbb{P}_k^1 = X(k(x)/k)$ とかいて，k 上の**射影直線**(projective line)という．$\mathbb{P}_k^1$ は無限集合であることに注意しておこう．

一般の代数関数体 K/k は $k(x)$ 上の有限次拡大であった．命題3.11 によって，K の付値 w の制限 $v = w|k(x)$ は $k(x)$ の付値を与えるから，写像
$$\phi_x : X(K/k) \to X(k(x)/k) = \mathbb{P}_k^1$$
が定義される．系3.13 より，ϕ_x は全射であり ϕ_x のファイバー $\phi_x^{-1}(p)$ はその個数が $n = [K : k(x)]$ を越えない有限集合である(定理3.19)．これは，代数関数 $x \in K$ が，幾何学的には射影直線の(分岐する)被覆 ϕ_x を与えていることを表している．このイメージをもって，素点の集合 $X(K/k)$ は関数体 K/k に対応する"(抽象)Riemann 面"であると考えることができる．実際 $k = \mathbb{C}$ のときは，Riemann 球 $\mathbb{P}_\mathbb{C}^1 = \mathbb{C} \cap \{\infty\}$ を被覆する Riemann 面である．

代数幾何の用語にしたがうと，$X(K/k)$ に唯一つの生成点 $\{0\}$ を付け加えれば，k 上の固有な正則な1次元スキームになる(各点上に付値環を乗せて層を付ける)．これはまた K/k の非特異完備モデルともいう．

この本では，古い方の言葉遣いを採用して，$X(K/k)$ を**抽象 Riemann 面**(abstract Riemann surface)とよぶことにする．

さて，K/k の素点 $p \in X(K/k)$ を与える K の付値を v とすると，付値環 $\mathcal{O}_v$, 極大イデアル $\mathfrak{m}_v$, 剰余体 $\kappa(v)$ はすべて，v の同値類である p のみにしかよらないから $\mathcal{O}_p = \mathcal{O}_v \supset \mathfrak{m}_p = \mathfrak{m}_v$, $\kappa(p) = \mathcal{O}_p/\mathfrak{m}_p = \kappa(v)$ とかく．

命題3.20 代数関数体 K/k の素点 $p \in X(K/k)$ の剰余体について，
$$[\kappa(p) : k] < \infty.$$

[証明] v_p を p に対応する正規付値とし，$v_p(\pi) = 1$ とする(π は $\mathfrak{m}_p$ の生成元)．拡大 $K/k(\pi)$ において，$v' = v_p|k(\pi) \in X(k(\pi)/k)$ とおくと，$v'(\pi) = 1$ ゆえ，v' も $k(\pi)$ の正規付値で，$\mathfrak{m}_{v'} = (\pi)$, $\kappa(v') = \mathcal{O}_{v'}/(\pi) \simeq k[\pi]/(\pi) \simeq k$. したがって，補題3.15によって，$[\kappa(p) : k] = [\kappa(p) : \kappa(v')] = f(v_p|v') \leq [K : k(\pi)] < \infty.$ ∎

$\deg p = [\kappa(p) : k] < \infty$ を素点 $p \in X(K/k)$ の**次数**(degree)という．素点 p における正規付値 v_p の関数論的意味を見てみよう．

k が代数的閉体のときは，$\kappa(p) = k$ ($p \in X(K/k)$) ゆえ，つねに $\deg p =$

1 である.よって,$f \in K$ に対して,$v_p(f) \geqq 0$ のときは $f(p) := f \bmod \mathfrak{m}_p \in \mathcal{O}_p/\mathfrak{m}_p = \kappa(p) = k$,$v_p(f) < 0$ のとき $f(p) := \infty$ とおくと,f は抽象 Riemann 面 $X(K/k)$ 上の $k \cup \{\infty\}$ に値をもつ関数を定義する.とくに,$v_p(f) > 0$ ならば,p は f の零点($f(p) = 0$)で,$v_p(f) < 0$ ならば,p は f の極である.正規付値 $v_p(f) \in \mathbb{Z}$ の絶対値($\in \mathbb{N}$)が,零点ないし極の**位数**(order)を表す.

例 3.21 閉体 k 上の射影直線 $\mathbb{P}_k^1 = X(k(x)/k)$ において,$\mathfrak{m}_p = (x - a_p)$ $(a_p \in k)$ とすると,
$$v_p(f) = n \iff f = (x - a_p)^n g(x)/h(x) \quad (g(a_p) h(a_p) \neq 0).$$
$v_\infty(f) = n$ は $t = x^{-1}$ とおいたとき,$f = t^n g(t)/h(t)$ $(g(0) h(0) \neq 0)$ を意味する. □

最後に,"関数" $x \in K$ を固定して,素点 $p \in X(K/k)$ を動かしたときの挙動について,次を注意しておく.

命題 3.22 K/k を代数関数体,X をその抽象 Riemann 面とするとき,次が成り立つ.

(ⅰ) 定数でない $x \in K \setminus k$ の零点と極の集合 $\{p \in X \mid v_p(x) > 0\}$, $\{p \in X \mid v_p(x) < 0\}$ は共に空でない有限集合である.

(ⅱ) $\sharp \{p \in X \mid v_p(x) \neq 0\} < \infty$ $(x \in K^\times)$.

(ⅲ) $\{x \in K \mid v_p(x) \geqq 0 \ (\forall p \in X)\} = k$.

(ⅳ) $x \in K^\times$ に対して,
$$\sum_{v_p(x) > 0} v_p(x) \deg p, \quad -\sum_{v_p(x) \leqq 0} v_p(x) \deg p \leqq [K : k(x)],$$

ただし,v_p は $p \in X$ における正規付値とする.

[証明] (ⅰ) $x \notin k$ に対して,$k(x)/k$ の付値で $v'(x) = 1$ なるものがある.v' を $k(x)$ の有限次拡大 K に拡張した v があるから(系 3.13),$\{p \in X \mid v_p(x) > 0\}$ は空ではない.

次に,$p \in X$ を $v_p(x) > 0$ とする.このとき,$v' = v_p | k(x) \in \mathbb{P}_k^1$ についても $v'(x) > 0$.ところが代数関数体 $k(x)/k$ においては,$v'(x) > 0$ ならば v' は素イデアル $\mathfrak{p}_x = (x) \subset k[x]$ が定義する正規付値 $v_{(x)}$ に同値である.よって,このような p $(v_p(x) > 0)$ は $\phi_x : X \to \mathbb{P}_k^1$ における $(x) \in \mathbb{P}_k^1$ のファイバーに属

し，その個数はすでに見たように $[K:k(x)]$ 以下である．

$\{p \in X \mid v_p(x) < 0\} = \{p \in X \mid v_p(x^{-1}) > 0\}$ ゆえ，極についても同様である．

(ii) (i) より明らか．

(iii) $x \notin k$ とすると，(i) より $v_p(x) < 0$ なる $p \in X$ がある．よって主張が分かる．

(iv) $x \in K^\times$ に対し，$v'(x) = 1$ となる $k(x)/k$ の付値を固定する．$p \in X$ を $v_p(x) > 0$ なる素点とすると，制限 $v_p \mid k(x)$ は v' に同値であるから，逆に，v' の K への拡張 $w \mid v'$ は $v_p(x) > 0$ となるある v_p に同値である．したがって，$e(w|v') = (w(K^\times) : v'(k(x)^\times)) = v_p(x)$, $f(w|v') = [\kappa(w) : \kappa(v')] = [\kappa(p) : k] = \deg p$ ゆえ，定理 3.19 から

$$\sum_{v_p(x)>0} v_p(x) \deg p = \sum_{w|v'} e(w|v') f(w|v') \leqq [K : k(x)]$$

を得る．他方の不等式には x^{-1} を考えればよい．■

§3.5 因　　子

k を定数体とする代数関数体 K/k の素点全体の集合，抽象 Riemann 面 $X = X(K/k)$ を考える．集合 X が生成する自由加法群を $\mathrm{Div}\, X = \mathrm{Div}(K/k)$ とかき，K/k (または X) の**因子群**(divisor group) とよび，$\mathrm{Div}\, X$ の元を**因子**(divisor) という．

素点 $p \in X$ に対して，これを因子と考えるときは $[p]$ という記号を用い，**素因子**(prime divisor) とよぼう．一般の因子 ($\mathrm{Div}\, X$ の元) は，

$$\sum_{p \in X, \text{有限和}} n_p[p] \quad (n_p \in \mathbb{Z})$$

とかける．

素点と素因子は概念としては同じもので，どの方向から呼んだ名前であるかという違いだけである．有理関数体 $k(T)/k$ における関数は既約多項式 p_i によって，$f = \prod_{i=1}^r p_i^{n_i}$ ($n_i \in \mathbb{Z}$) と一意的に表示できるが，これら p_i が素因子 $[p_i]$ を定め，f は因子 $(f) = \sum_{i=1}^r n_i[p_i] \in \mathrm{Div}\, k(T)/k$ を定めている．"因子" と

いう言葉はこの辺から発生している．(Dedekind 整域の分数イデアル群と同類である．)

因子 $D = \sum_p n_p[p] \in \text{Div}\,X$ に対して，$\deg D = \sum_p n_p \deg p \in \mathbb{Z}$ を D の次数といい，正規付値の記号を濫用して $v_p(D) = n_p$ とかく（よって $\deg D = \sum_p v_p(D) \deg p$）．

$\deg: \text{Div}\,X \to \mathbb{Z}$ は群の準同型を与える．その核を $\text{Div}^0 X = \{D \mid \deg D = 0\} = \text{Ker}\,\deg$ とかく．(k が代数的閉体ならば，$\deg p = 1$ ゆえ，$\deg$ は全射である．)

さて，$x \in K^\times$ に対して，
$$Z_x = \sum_{v_p(x) > 0} v_p(x)[p], \quad P_x = - \sum_{v_p(x) < 0} v_p(x)[p]$$

は命題 3.22(iv) によって，$\deg Z_x, \deg P_x \leqq [K : k(x)]$ なる因子を定義している．(実は，$=$ が成り立つことを後ほど証明する（主因子定理）．) Z_x, P_x をそれぞれ x の**零点因子**，**極因子**(zero divisor, pole divisor) という．さらに，

$$(x) = Z_x - P_x = \sum_p v_p(x)[p] \in \text{Div}\,X$$

とおいて，このような形の因子を**主因子**(principal divisor) という．

$$(xy) = (x) + (y),$$
$$(x) = 0 \iff x \in k^\times \quad (命題 3.22(\text{iii}))$$

ゆえ，可換群の準同型の完全列

$$1 \to k^\times \to K^\times \xrightarrow{(\cdot)} \text{Div}\,X$$

を得る．$\text{Pr}\,X = \text{Im}(\cdot) = \{(x) \mid x \in K^\times\}$ が主因子のなす部分群である．剰余群 $\text{Pic}\,X = \text{Div}\,X / \text{Pr}\,X$ を X（または K/k）の**因子類群**(divisor class group) という．（後ほど $\text{Pr}\,X \subset \text{Div}^0 X$ が示される．イデアル類群との類似は明らかであろう．なお，Pic という記号は代数幾何からの借用で Picard 群を意味する．)

因子が決める第 1 に重要な不変量として，**完備 1 次系**(complete linear system) とよばれる空間がある．

まず，因子群に次のような（部分）順序を定義する．$D \in \text{Div}\,X$ について，

§3.5 因　子 —— 265

$$D = \sum_{p \in X} n_p[p] \geqq 0 \iff n_p = v_p(D) \geqq 0 \ (\forall p \in X).$$

$D \geqq D'$ を $D - D' \geqq 0$ によって定義する．もちろん，$D > D'$ は $D \geqq D'$ かつ $D \neq D'$ を意味する．$D \geqq 0, D' \geqq 0$ ならば $D + D' \geqq 0$ である．

以上の定義の下に，因子 $D \in \mathrm{Div}\, X$ に対して，

$$L(D) = \{x \in K^{\times} \mid (x) + D \geqq 0\} \cup \{0\}$$

とおく．$D \geqq 0$ のとき，$(x) = Z_x - P_x$ として，$(x) + D \geqq 0$ は $D \geqq P_x$ ということだから，関数 x の極が D を越えないことを意味する．すなわち，$L(D) \subset K$ はその極が高々 D である関数の集合である．$L(D)$ は定数体 k 上のベクトル空間である．実際，$x, y \in L(D)$ を 0 でないとすると，$v_p(x-y) + v_p(D) \geqq \mathrm{Min}\{v_p(x), v_p(y)\} + v_p(D) = \mathrm{Min}\{v_p(x) + v_p(D), v_p(y) + v_p(D)\} \geqq 0$．$c \in k^{\times}$ に対しては，$(cx) = (x) \ (x \in K)$ ゆえ $cL(D) \subset L(D)$．

ベクトル空間 $L(D)$ にはなぜか名前が付いていない．しかし，伝統的に次が大切であった．因子 $D, D' \in \mathrm{Div}\, X$ について，$D = D' + (x)$ となる $x \in K^{\times}$ が存在するとき，D と D' とは**1次(線形)同値**(linearly equivalent)であるといい，$D \sim D'$ とかく．このとき，$|D| := \{D' \in \mathrm{Div}\, X \mid D' \geqq 0, D' \sim D\}$ を D が属する**完備1次系**という．このとき，ベクトル空間 $L(D)$ の射影化を $\mathbb{P}(L(D)) = (L(D) \setminus \{0\})/k^{\times}$ とすると，写像

$$L(D) \setminus \{0\} \ni x \mapsto D + (x) \in |D|$$

は k 上の射影空間の同型 $\mathbb{P}(L(D)) \simeq |D|$ を与えている．$l(D) = \dim_k L(D)$ とおくと，したがって $\dim_k |D| = l(D) - 1$ である．ベクトル空間 $L(D)$ について，次は基本的である．

定理 3.23　$L(D)$ は k 上有限次元ベクトル空間で，$D \geqq D'$ ならば $l(D) - l(D') \leqq \deg D - \deg D'$ が成り立つ． □

この定理の証明は次節にまわして，まずそれから導かれる重要な事実を証明する．そのために次の補題を準備する．

補題 3.24　v を代数関数体 K/k の付値とし，$x, y \in K$ に関して y は $k[x]$ 上整であるとする．このとき，$v(x) \geqq 0$ ならば，$v(y) \geqq 0$ である．

[証明]　仮定から $y^n + f_1(x)y^{n-1} + \cdots + f_n(x) = 0 \ (f_i(x) \in k[x])$ である．よ

って，
$$nv(y) = v(y^n) = v\Big(-\sum_{i=1}^{n} f_i(x)y^{n-i}\Big)$$
$$\geq \mathrm{Min}_{1\leq i\leq n}\{v(f_i(x))+(n-i)v(y)\}$$
$$\geq \mathrm{Min}\{(n-i)v(y)\}$$

($v(x)\geq 0$ より $v(f_i(x))\geq 0$)．ところが $v(y)<0$ ならば，この不等式は成立しない．よって $v(y)\geq 0$ である． ∎

定理 3.23 と補題 3.24 から予告しておいた次の定理が証明される．

定理 3.25（主因子定理） $x\in K^\times$ に対する零点および極の因子を
$$Z_x = \sum_{v_p(x)>0} v_p(x)[p], \quad P_x = -\sum_{v_p(x)<0} v_p(x)[p] \in \mathrm{Div}\, X$$
とすると，
$$\deg Z_x = \deg P_x = [K:k(x)]$$
が成り立つ．

とくに，主因子 $(x)=Z_x-P_x$ の次数は 0 である（$\mathrm{Pr}\, X \subset \mathrm{Div}^0 X$）．

［証明］ すでに命題 3.22(iv)によって，$\deg Z_x, \deg P_x \leq [K:k(x)]$ は証明済みである．$Z_x=P_{x^{-1}}$, $k(x)=k(x^{-1})$ ゆえ，一方のみ，例えば $\deg P_x \geq [K:k(x)]=n$ を示せばよい．

いま，$k(x)$ 上の K の（線形）基底として，$y_1,y_2,\cdots,y_n$ をとる．このとき，y_i は $k[x]$ 上整と仮定してよい．したがって，補題 3.24 から，$v_p(y_i)<0$ ならば $v_p(x)<0$ である．よって，$P_x = -\sum_{v_p(x)<0} v_p(x)[p]$, $P_{y_i} = -\sum_{v_p(y_i)<0} v_p(y_i)[p]$ において，P_{y_i} に現れる素因子 p $(v_p(y_i)<0)$ は P_x に現れる．これより，十分大きな自然数 $N>0$ をとると，$NP_x \geq P_{y_i}$ $(1\leq i\leq n)$ が成立するようにできる．このとき，$(y_i)+NP_x \geq 0$ が成り立つ．

一方，$(x)+P_x=Z_x\geq 0$ ゆえ，任意の $m>0$ に対して，$(x^j y_i)+(m+N)P_x = (y_i)+NP_x+j(x)+mP_x \geq 0$ $(1\leq i\leq n, 0\leq j\leq m)$ が成り立つ．これは，$x^j y_i \in L((m+N)P_x)$ を意味する．これらは k 上 1 次独立であるから，
$$(3.3) \qquad n(m+1) \leq l((m+N)P_x).$$

ここで定理 3.23 によって, $l((m+N)P_x) - l(P_x) \leq \deg(m+N)P_x - \deg P_x$ ゆえ, (3.3)から $n(m+1) \leq l(P_x) + (m+N-1)\deg P_x$. ゆえに, $\deg P_x \geq (n(m+1) - l(P_x))/(m+N-1)$. ここで m は任意だから右辺の $m \to \infty$ による極限をとって, $\deg P_x \geq n = [K:k(x)]$ を得る. これで定理 3.25 は証明された. ∎

上の定理の証明に用いた不等式から得られる次の不等式を後ほど用いる.

系 3.26 $x \in K \setminus k$ に対して, 定数 C が存在して $l(qP_x) - \deg(qP_x) \geq C$ ($\forall q \in \mathbb{Z}$) が成立するようにできる.

[証明] 定理 3.25 の証明中の設定の通りとする. 不等式(3.3)より, $n = \deg P_x$ だから, $l((m+N)P_x) \geq n(m+1) = (m+1)\deg P_x$ ($\forall m \geq 0$). $q = m+N$ ($\geq N$) とおくと $l(qP_x) \geq (q-N+1)\deg P_x$. そこで, $C = (1-N)\deg P_x$ とおくと, $l(qP_x) - q\deg P_x \geq C$ ($q \geq N$) を得る.

$q < N$ のときは, $NP_x > qP_x$ ゆえ, 定理 3.23 により, $l(NP_x) - l(qP_x) \leq (N-q)\deg P_x$. よって, $l(qP_x) - q\deg P_x \geq l(NP_x) - N\deg P_x = C'$ となり, C と C' の小さい方を改めて C とおくと主張が導かれる. ∎

§3.6 アデールと Riemann–Roch の定理——暫定形

因子 D に伴う空間の次元 $l(D) = \dim_k L(D)$ を求めることは第 1 の大切な問題である. この節では, 前節に紹介した定理 3.23 の証明と, $l(D)$ を求めるための第 1 段階の努力(Riemann–Roch の第 1 形)を行う.

そのために, Chevalley, Weil によるアデール環を導入する. 一見, あまりにも技術的で奇妙に見える大きな(実際は適度に小さい)環であるが, 現代の数論において重要な舞台設定である. ただし, ここでの使用法は単に層のコホモロジーの代用の段階にすぎない.

今までどおり, 代数関数体 K/k の抽象 Riemann 面を $X = X(K/k)$ とおく. 素点 $p \in X$ に対する付値 v_p による K の完備化を $K_p = K_{v_p}$ とし, 直積環 $\prod_{p \in X} K_p$ を考える. このとき, 部分集合

$$\mathbb{A} = \mathbb{A}_{K/k}$$
$$:= \{(a_p) \in \prod_{p \in X} K_p \mid a_p \in K_p, \text{ 有限個の } p \text{ を除いて } v_p(a_p) \geqq 0\}$$

は，直積環 $\prod_{p \in X} K_p$ の部分環になることは容易に分かる．$\mathbb{A}$ の元 (a_p) ($a_p \in K_p$ は有限個の p を除いて $v_p(a_p) \geqq 0$)をアデール(adele)といい，$\mathbb{A}$ を K/k のアデール環という．

命題3.22(ii)によって，$x \in K^\times$ に対しては，有限個の p 以外では $v_p(x) = 0$ だからこのとき $x \in \mathcal{O}_p^\times$ となり，対角埋め込み $K \ni x \mapsto (x) \in \mathbb{A}$ ($x \in K_p, \forall p$) が単環準同型として定義される．以下，$x \mapsto (x)$ を同一視して，$\mathbb{A}$ を可換 K 代数と見なす．

さて，因子 $D \in \operatorname{Div} X$ に対して，
$$\mathcal{L}(D) := \{a = (a_p) \in \mathbb{A} \mid v_p(a) + v_p(D) \geqq 0 \ (\forall p \in X)\} \quad (v_p(a) = v_p(a_p))$$
とおくと，$\mathcal{L}(D)$ は $\mathbb{A}$ の部分 k 加群であり，部分環 $K \subset \mathbb{A}$ に対して定義より，
$$L(D) = K \cap \mathcal{L}(D) = \{x \in K^\times \mid (x) + D \geqq 0\} \cup \{0\}$$
となる．また，§3.5 で定義した $\operatorname{Div} X$ の順序 $\geqq$ に対して明らかに，$D \geqq D' \Longrightarrow \mathcal{L}(D) \supset \mathcal{L}(D')$ が成立する．X の有限部分集合 $S \subset X$ に対し，$D = \sum_{p \in S} n_p[p]$ ならば，定義によって $\mathcal{L}(D) = \{a = (a_p) \mid a_p \in \widehat{\mathfrak{m}}_p^{-n_p} \ (p \in S), a_p \in \widehat{\mathcal{O}}_p \ (p \notin S)\}$ ($\widehat{\mathcal{O}}_p$ は $\mathcal{O}_p$ の完備化で K_p の付値環，$\widehat{\mathfrak{m}}_p$ はその極大イデアル．$\nu \in \mathbb{Z}$ に対して $\widehat{\mathfrak{m}}_p^\nu = \pi_p^\nu \widehat{\mathcal{O}}_p$ ($\pi_p \in \widehat{\mathfrak{m}}_p$ は生成元(素元)))．

注意 ちなみに，アデール環の代わりに，完備化を取る前の $\mathbb{A}$ の部分環 $\mathbb{A}' := \{a = (a_p) \in \prod_p K \mid a_p \in K, \text{ 有限個の } p \text{ を除いて } v_p(a_p) \geqq 0\}$ を考えても，以下の我々の目的には十分である($\mathbb{A}'$ の元は repartition ともよばれる(Chevalley))．しかし，完備化されたアデール環は他の様々な位相的および解析的手法とマッチして数論的議論には欠かせない(加藤-黒川-斎藤[18])．

実際，一般に K を有限次代数体($[K:\mathbb{Q}] < \infty$)，または有限体上の(1変数)代数関数体とすると，その付値の同値類＝素点 p (Archimedes 付値も込めて)に対して，局所体 K_p (完備体)が定まり，アデール環 $\mathbb{A}_K := \{a = (a_p) \in \prod_{p \in X} K_p \mid a_p \in K_p, \text{ 有限個の } p \text{ を除いて } v_p(a_p) \geqq 0\}$ が定義される(X を K の素点全体とする)．このとき，X の有限部分集合 S (Archimedes 付値を含む)に対して，開集合 $U \subset$

§3.6 アデールと Riemann–Roch の定理—暫定形 —— 269

$\prod_{p\in S} K_p$ をとり，$U\times\prod_{p\notin S}\widehat{\mathcal{O}_p}$ を開集合の基とするような位相を $\mathbb{A}_K$ に定義すると，これによって，アデール環 $\mathbb{A}_k$ は局所コンパクトな位相環になる（Tichonov の定理）．さらに，部分環 K は $\mathbb{A}_K$ の中で離散的になり，Fourier 解析を始めとする手法が決定的な結果を与える（岩澤・Tate [16]）．

注意 我々が扱っている代数関数体の場合，$\{\mathcal{L}(D)\}_{D\in\mathrm{Div}\,X}$ を $0\in\mathbb{A}$ の開近傍の基とする一様位相によって $\mathbb{A}$ は位相環と見なせる．とくに k が有限体ならば，$\mathbb{A}$ は局所コンパクトである．

さて，もとに戻って，因子 $D\in\mathrm{Div}\,X$ を固定したとき $L(D)=K\cap\mathcal{L}(D)$ は，k 加群の準同型写像 ∂ を合成 $\mathcal{L}(D)\hookrightarrow\mathbb{A}\to\mathbb{A}/K$ によって定義すると，$\mathrm{Ker}\,\partial=L(D)$ と表される．そこで，さらに k 加群を $I(D)=\mathrm{Coker}\,\partial=\mathbb{A}/(K+\mathcal{L}(D))$ と定義する；すなわち完全列
$$0\to L(D)\to \mathcal{L}(D)\to \mathbb{A}/K\to I(D)\to 0$$
を考える．

補題 3.27 素点 $p\in X$ に対する素因子を $[p]$ とかくと，因子 $D\in\mathrm{Div}\,X$ に関して k 加群の長い完全列
$$0\to L(D)\to L(D+[p])\to \kappa(p)$$
$$\to I(D)\to I(D+[p])\to 0$$
がある．

[証明] 短完全列
$$0\to \mathcal{L}(D)\to \mathcal{L}(D+[p])\to \kappa(p)\to 0$$
がある．実際，$a=(a_q)\in\mathcal{L}(D+[p])$ に対して，$v_p(a_p)+v_p(D+[p])\geq 0$ ゆえ，$v_p(a_p)\geq-(v_p(D)+1)$．よって，準同型
$$\mathcal{L}(D+[p])\to \widehat{\mathfrak{m}}_p^{-(v_p(D)+1)}\to \widehat{\mathfrak{m}}_p^{-(v_p(D)+1)}/\widehat{\mathfrak{m}}_p^{-v_p(D)}\simeq \widehat{\mathcal{O}_p}/\widehat{\mathfrak{m}}_p\simeq \kappa(p)$$
が，$a\mapsto a_p\bmod \widehat{\mathfrak{m}}_p^{-v_p(p)}$ により得られ，その核は $\mathcal{L}(D)$ である（$v_p(a_p)\geq v_p(D)$）．

ここで，短完全列の写像

$$0 \longrightarrow \mathcal{L}(D) \longrightarrow \mathcal{L}(D+[p]) \longrightarrow \kappa(p) \longrightarrow 0$$
$$\downarrow \partial_1 \quad\quad\quad \downarrow \partial_2 \quad\quad\quad \downarrow \partial_3$$
$$0 \longrightarrow \mathbb{A}/K \longrightarrow \mathbb{A}/K \longrightarrow 0$$

に対する,蛇の補題(第 1 部§8.4 補題 8.15)

$$0 \to \operatorname{Ker}\partial_1 \to \operatorname{Ker}\partial_2 \to \operatorname{Ker}\partial_3$$
$$\to \operatorname{Coker}\partial_1 \to \operatorname{Coker}\partial_2 \to \operatorname{Coker}\partial_3 \to 0$$

において,

$$\operatorname{Ker}\partial_1 = L(D), \quad \operatorname{Ker}\partial_2 = L(D+[p]), \quad \operatorname{Ker}\partial_3 = \kappa(p),$$
$$\operatorname{Coker}\partial_1 = I(D), \quad \operatorname{Coker}\partial_2 = I(D+[p]), \quad \operatorname{Coker}\partial_3 = 0$$

であるから主張が導かれる. ∎

以上の準備のもと,前節で述べた定理 3.23 を証明しよう.

[定理 3.23 の証明] まず,補題 3.27 から,
$$\dim_k L(D+[p])/L(D) \leq \dim_k \kappa(p) = \deg p.$$
これを繰り返し用いることにより,2 つの因子 $D \geq D'$ について $D'' = D - D'$ とおくと,

(3.4) $$\dim_k L(D)/L(D') \leq \deg D'' = \deg D - \deg D'$$

を得る. ところが,命題 3.22(iii)によって $L(0) = \{x \in K^\times \mid v_p(x) \geq 0 \ (\forall p \in X)\} \cup \{0\} = k$ ゆえ,もし $D \geq 0$ ならば,

$$l(D) - 1 = l(D) - l(0) = \deg_k L(D)/L(0) \leq \deg D.$$

一般には,$D = D_+ - D_-$ ($D_\pm \geq 0$) とすると,$D_+ \geq D$ ゆえ,$L(D) \subset L(D_+)$ となり,$l(D) \leq l(D_+) < \infty$. これで有限性がいえた. 2 番目の不等式は,(3.4)から明らか. ∎

以上で,$\operatorname{Ker}\partial = L(D)$ が k 上有限次元であることがいえたが,さらに,$I(D) = \operatorname{Coker}\partial = \mathbb{A}/(D+\mathcal{L}(D))$ も有限次元であることがいえる. したがって,これを仮定して,$i(D) := \dim_k I(D)$ とおくと,補題 3.27 から

$$l(D+[p]) - i(D+[p]) = l(D) - i(D) + \deg p \quad (p \in X)$$

を得る. したがって,$D \geq D'$ とすると,$D - D' = \sum_p n_p[p]$ ($n_p \geq 0$) ゆえ,上式を繰り返すことによって,$l(D) - i(D) = l(D') - i(D') + \deg(D - D')$ を得

§3.6 アデールと Riemann–Roch の定理—暫定形 —— 271

る.

一般に $D=D_+-D_-$ $(D_\pm \geqq 0)$ とおくと, $D_+ \geqq D$ ゆえ, $l(D_+)-i(D_+)=l(D)-i(D)+\deg D_-$. $D_+ \geqq 0$ ゆえ, $l(D_+)-i(D_+)=l(0)-i(0)+\deg D_+$. したがって, $l(D)-i(D)=l(0)-i(0)+\deg D_+-\deg D_-=1-i(0)+\deg D$ を得る.

ここで, $g=i(0)\in\mathbb{N}$ は, K/k の**種数**(genus)と呼ばれる重要な不変量である. 以上によって, あとで証明する $i(D)=\dim_k I(D)<\infty$ を仮定すれば, 次が示された.

定理 3.28(Riemann–Roch の第1形) $g=i(0)$ を K/k の種数とすると, 任意の因子 $D\in\mathrm{Div}\,X$ に対して,
$$l(D)-i(D)=1-g+\deg D$$
が成り立つ. □

注意 種数 $g=i(0)$ は他にいろいろな表示をもつ不変量である. 代数関数体, または(抽象)Riemann 面の最もポピュラーな幾何学的不変量である. あとでも, 様々に論ずることになろう. $k=\mathbb{C}$ のとき, g は Riemann 面 $X=X(K/\mathbb{C})$(コンパクト実2次元曲面)の1次元 Betti 数の半分で, その曲面の穴の数を表している位相不変量であることが知られている.

$i(D)$ の有限性を示す前に, 種数の他の表現を与えるものとして, Riemann–Roch の定理の Riemann の寄与部分から始めよう.

定理 3.29(Riemann の半分) $x\in K\setminus k$ に対して, P_x を x の極因子とするとき, 整数 $g_0=1-\mathrm{Min}_{m\in\mathbb{Z}}\{l(mP_x)-m\deg P_x\}$ が存在して, 任意の因子 $D\in\mathrm{Div}\,X$ に対して,
$$1-g_0 \leqq l(D)-\deg D$$
が成り立つ.

とくに, $1-g_0=\mathrm{Min}_{D\in\mathrm{Div}\,X}\{l(D)-\deg D\}$ となり, g_0 は $x\notin k$ の取り方によらず, $g_0\geqq 0$ が成り立つ.

[証明] 前半がいえれば, $1-g_0=\mathrm{Min}_{D\in\mathrm{Div}\,X}\{l(D)-\deg D\}$ ゆえ, x の取り方によらないことがいえる. また, $1-g_0\leqq l(0)-\deg 0=1$ ゆえ $g_0\geqq 0$.

前半を示す．まず，主因子定理の系 3.26 によって，$x \notin k$ に対する整数 g_0 の存在がいえる．次に，$D = D_+ - D_-$ $(D_\pm \geqq 0)$ とすると，定理 3.23 より $l(D_+) - \deg(D_+) \leqq l(D) - \deg D$．よって，$D \geqq 0$ のとき不等式を示せばよい．このとき，$mP_x \geqq mP_x - D$ $(m \in \mathbb{Z})$ ゆえ，ふたたび定理 3.23 より，
$$l(mP_x - D) - \deg(mP_x - D) \geqq l(mP_x) - \deg mP_x \geqq 1 - g_0.$$
よって，
$$l(mP_x - D) \geqq m \deg P_x - \deg D + 1 - g_0.$$
ここで，$\deg P_x > 0$ ゆえ，$m = m_0 \gg 0$ に対して，右辺 > 0 とすることができる．よって，$l(m_0 P_x - D) > 0$．そこで，$L(m_0 P_x - D) \ni y \neq 0$ をとると，定義から，$(y) + m_0 P_x - D \geqq 0$，すなわち $(y) + m_0 P_x \geqq D$．定理 3.23 によって，$l((y) + m_0 P_x) - \deg((y) + m_0 P_x) \leqq l(D) - \deg D$ で，主因子定理によって $\deg((y) + m_0 P_x) = \deg m_0 P_x$．また，一般に，$L(D') \simeq L(D' + (y))$ $(D' \in \mathrm{Div}\, X)$ ゆえ $l((y) + m_0 P_x) = l(m_0 P_x)$．ゆえに，
$$l(D) - \deg D \geqq l(m_0 P_x) - \deg(m_0 P_x) \geqq 1 - g_0$$
を得る． ∎

最後に，$i(D)$ の有限性と，$g = i(0) = g_0$ となることを証明する．

定理 3.30 因子 $D \in \mathrm{Div}\, X$ に対して，$I(D) = \mathbb{A}/(K + \mathcal{L}(D))$ の k 上の次元 $i(D)$ は有限である．さらに，定理 3.29 の不変量 g_0 について，$g_0 = i(0) = g$ が成立する．

［証明］ 定義から，$D' \geqq D$ ならば，$\mathcal{L}(D) \subset \mathcal{L}(D')$，$\dim_k \mathcal{L}(D')/\mathcal{L}(D) = \deg D' - \deg D$ が成り立つ．さらにこのとき，等式

(3.5)
$$\dim_k (\mathcal{L}(D') + K)/(\mathcal{L}(D) + K) = (l(D) - \deg D) - (l(D') - \deg D')$$

が成り立つ．実際，
$$(\mathcal{L}(D') + K)/(\mathcal{L}(D) + K) = (\mathcal{L}(D') + \mathcal{L}(D) + K)/(\mathcal{L}(D) + K)$$
$$\simeq \mathcal{L}(D')/(\mathcal{L}(D') \cap (\mathcal{L}(D) + K))$$
$$= \mathcal{L}(D')/(\mathcal{L}(D) + L(D'))$$
$$\simeq \frac{\mathcal{L}(D')/\mathcal{L}(D)}{L(D')/L(D)}.$$

§3.6 アデールと Riemann–Roch の定理—暫定形 —— 273

($\mathcal{L}(D) \subset \mathcal{L}(D')$ ゆえ $\mathcal{L}(D') \cap (\mathcal{L}(D)+K) = \mathcal{L}(D)+L(D')$.) 次元をとれば，等式(3.5)を得る．

さて，$I(D)$ の有限性を示そう．いま，$x_1, x_2, \cdots, x_m$ を $I(D)$ の元で k 上1次独立なものとする．$p \in X$ に対して，$n_p = \mathrm{Max}_{1 \leq i \leq m}\{-v_p(x_i), v_p(D)\}$ とおき（有限個の p を除いて，$v_p = 0$ ゆえ，$n_p = 0$），$D' = \sum_p n_p[p]$ を考える．すると $D' \geq D$ で $v_p(x_i)+v_p(D') \geq 0\,(\forall p)$．これは $x_i \in \mathcal{L}(D')\,(1 \leq i \leq m)$ を意味する．すなわち，$x_1, x_2, \cdots, x_m$ は $(\mathcal{L}(D')+K)/(\mathcal{L}(D)+K)$ の元を与えるから，mod $(\mathcal{L}(D)+K)$ で考えて，$m \leq \dim_k(\mathcal{L}(D')+K)/(\mathcal{L}(D)+K)$. 等式(3.5)より，したがって $m \leq (l(D)-\deg D) - (l(D')-\deg D')$.

ところが，定理3.29から $l(D')-\deg D' \geq 1-g_0$. ゆえに $m \leq l(D) - \deg D - 1 + g_0$. これはすべての $m \leq i(D)$ について成立するから，結局
$$i(D) \leq l(D) - \deg D - 1 + g_0$$
を得る．右辺は有限だから，$i(D) < \infty$. またこの不等式で $D = 0$ とおくと，$g = i(0) \leq l(0) - 1 + g_0 = g_0$.

一方，Riemann–Roch の第1形，定理3.28 ($i(D) < \infty$ が証明されたからすでに証明済み)により，$l(D) - i(D) = \deg D + 1 - g$ が成立する．また定理3.29により，$1 - g_0 = l(D_0) - \deg D_0$ となる $D_0 \in \mathrm{Div}\,X$ が存在するから，$g - g_0 = i(D_0) \geq 0$. すなわち $g \geq g_0$. よって $g = g_0$ が示された． ∎

以下に，Riemann–Roch の第1形および種数についての基本事項をまとめておく．

まとめ

任意の因子 D に対して，等式
$$l(D) - i(D) = \deg D + 1 - g$$
が成り立つ．ここに，$g \in \mathbb{N}$ は K/k の種数で，
$$g = i(0) = \mathrm{Min}_{D \in \mathrm{Div}\,X}\{l(D) - \deg D\}$$
$$= \mathrm{Min}_{m \in \mathbb{Z}}\{l(mP_x) - \deg mP_x\} \quad (x \in K \setminus k)$$
である．

$l(D)$ は，はっきりした意味をもつ量であるが，$i(D)$ は Riemann–Roch の

等式を成立させるための帳尻合わせのようにも見える. 不等式 $l(D) \geqq \deg D + 1 - g$ に対する "不足数" とも考えられる. Riemann の半分(定理 3.29)が実際そういう見方である. 我々はアデール環 $\mathbb{A}$ を導入して, $i(D) = \dim_k I(D)$ というベクトル空間を構成して, 不足を補ったわけである.

現代の(代数)幾何では, ずっと一般の位相空間上で, 層とそのコホモロジーという言葉を準備しており, その言葉でいえば, 次のようになる. k 上のスキーム X の因子 D に対応する直線束 $\mathcal{O}_X(D)$ が構成されて, $L(D) = H^0(X, \mathcal{O}_X(D))$, $I(D) = H^1(X, \mathcal{O}_X(D))$ (それぞれ層 $\mathcal{O}_X(D)$ の 0 次および 1 次のコホモロジー群)で, Riemann–Roch 定理(定理 3.28)の左辺は $\mathcal{O}_X(D)$ の Euler 標数 $\chi(D) = \dim H^0(X, \mathcal{O}_X(D)) - \dim H^1(X, \mathcal{O}_X(D))$ であり, これが位相不変量 $\deg D + 1 - g$ に等しいというのが Riemann–Roch の第 1 形である. 以上の議論でも, 蛇の補題に対応する補題 3.27 を用いたところにコホモロジー論の写しが見えるであろう.

これから我々は Riemann–Roch の完成品(最終形)として, 不可解な量 $i(D)$ をさらに具体化することを目論見る. 結果として, "微分" による「双対性」が鍵になる.

§3.7 微分と標準因子類—Riemann–Roch 最終形

定理 3.30 によって, $I(D) = \mathbb{A}/(\mathcal{L}(D) + K)$ は k 上有限次元である. $I(D)^\vee = \mathrm{Hom}_k(I(D), k)$ を $I(D)$ の k 双対空間とすると,
$$\mathrm{Hom}_k(I(D), k) \xrightarrow{\sim} J(D) := \{\omega \in \mathrm{Hom}_k(\mathbb{A}, k) \mid \omega|(\mathcal{L}(D) + K) = 0\}$$
($\phi \mapsto \phi \circ \pi_D$ ($\pi_D : \mathbb{A} \to I(D)$))は, k ベクトル空間の同型を与える.

$\mathrm{Hom}_k(\mathbb{A}, k)$ の部分集合を
$$J = J_{K/k} = \bigcup_{D \in \mathrm{Div}\, X} J(D) \subset \mathrm{Hom}_k(\mathbb{A}, k)$$
によって定義すると, J は k 部分空間である. ここで J の元を代数関数体 K/k の微分(differential)と呼ぶことにする.

$D \geqq D'$ のとき, $J(D) \subset J(D')$ となることに注意する. J の部分空間 $J(D)$

§3.7 微分と標準因子類—Riemann–Roch 最終形 —— 275

は k 上有限次元であるが,和集合 J はそうではない. J の元は,アデール環 $\mathbb{A}$ に 0 の近傍系を $\{\mathcal{L}(D)\,|\,D\in\mathrm{Div}\,X\}$ とする位相を定義したとき,k の位相は離散位相として,連続な k 線形写像 $\omega:\mathbb{A}/K\to k$ を与えることに等しい.すなわち,$J=\{\omega\in\mathrm{Hom}_k(\mathbb{A},k)\,|\,\omega:\text{連続}\}$ と定義してもよい.

各 $J(D)$ は k 上の有限次元空間であったが,J は K 上のベクトル空間と見なせる.実際,$x\in K$, $\omega\in J(D)$ に対して,$(x\omega)(a)=\omega(xa)$ と定義すると $x\omega\in J(D+(x))$ である.($J(D)\xrightarrow{\sim} J(D+(x))$ $(\omega\mapsto x\omega)$.)

定理 3.31 J は K 上 1 次元である.

[証明] まず,$\deg D<0$ ならば $l(D)=\dim_k L(D)=0$ であることに注意する.実際,$0\ne x\in L(D)$ とすると $D+(x)\geq 0$ であるが,主因子定理(定理 3.25)より,このとき,$\deg D=\deg(D+(x))\geq 0$ でなければならない.

したがって,$\deg D<0$ ならば,定理 3.28 より $i(D)=-\deg D-1+g$. すなわち,$|\deg D|$ を十分大きく選べば $i(D)>0$. よって,まず $J(D)\ne 0$ なる D が存在し,$J\ne 0$ が示せた.

あと,$J\ni\omega\ne 0$ とするとき,$J=K\omega$ となることをいえばよい,いま,$\omega\in J(D)$, $\omega'\in J(D')$ をともに 0 でない元とするとき,因子 $F\in\mathrm{Div}\,X$ に対して,写像 $f:L(D+F)\to J(-F)$, $f':L(D'+F)\to J(-F)$ を,$f(x)=x\omega$, $f'(x')=x'\omega'$ によって定義する.実際,$x\in L(D+F)$ ならば,$(x)+D+F\geq 0$ ゆえ,$(x)+D\geq -F$. よって,$f(x)=x\omega\in J(D+(x))\subset J(-F)$ となる.$\omega\ne 0$, $\omega'\ne 0$ ゆえ,f, f' は単射である.

しかるに,定理 3.29 から,
$$l(D+F)+l(D'+F) \geq \deg(D+F)+1-g+\deg(D'+F)+1-g$$
$$=2\deg F+\deg D+\deg D'+2-2g.$$

ここで $\deg F$ が十分大きくなるように F を選べば最後の式の値が $\deg F+g-1$ より大きく,かつ最初に述べたことから $l(-F)=0$ となるようにできる.そのような F に対しては,Riemann–Roch の第 1 形,定理 3.28 から,$i(-F)=\deg F+g-1-l(-F)<l(D+F)+l(D'+F)$, すなわち $\dim_k J(-F)=i(-F)<\dim_k \mathrm{Im}\,f+\dim_k \mathrm{Im}\,f'$ を得る.したがって,このとき $\mathrm{Im}\,f\cap\mathrm{Im}\,f'\ne 0$ となり,これは $x\omega=x'\omega'$ なる $x\in L(D+F)$, $x'\in L(D'+F)$ の

存在を示している. よって, $(x')^{-1}x \in K$ に対して, $\omega' = ((x')^{-1}x)\omega$.

ちょうど関数 $x \in K^\times$ に対し主因子 (x) が対応したように, 0 でない微分 $\omega \in J$ に対し, 因子 $(\omega) \in \mathrm{Div}\,X$ を自然に対応させることができる.

定理 3.32 $J \ni \omega \neq 0$ に対して, $D \in \mathrm{Div}\,X$ について,
$$\omega \in J(D) \iff (\omega) \geq D$$
となるような因子 $(\omega) \in \mathrm{Div}\,X$ が唯一つ存在する.

[証明] 一意性については, $(\omega)_0, (\omega)_1$ をそのようなものとすると, $\omega \in J((\omega)_1)$ より $(\omega)_0 \geq (\omega)_1$. また 0, 1 を入れ替えて, $(\omega)_1 \geq (\omega)_0$ が成立し, $(\omega)_0 = (\omega)_1$.

よって存在を示す. まず, $\deg D \geq 2g$ ならば $J(D) = 0$ となることに注意する. 実際, $J(D) \ni \omega \neq 0$ とするとき, 単射 $L(D) \hookrightarrow J(D+(\omega))$ ($x \mapsto x\omega$) を考えると $J(D+(x)) \subset J(0)$ ($D+(x) \geq 0$) ゆえ, $l(D) \leq i(0) = g$. 一方 $l(D) = i(D) + \deg D + 1 - g \geq \deg D + 1 - g$ ゆえ, $\deg D \leq 2g-1$.

したがって, $\omega \neq 0$ を固定すると, 整数の集合 $\{\deg D \mid \omega \in J(D)\}$ は上に有界である. いま, $D_\omega \in \mathrm{Div}\,X$ を $\deg D_\omega$ が最大を与えているようなものとすると, $\omega \in J(D_\omega)$ で $D \in \mathrm{Div}\,X$ が $\omega \in J(D)$ ならば, $\deg D \leq \deg D_\omega$ となる.

この D_ω が (ω) を与えることを示そう. すなわち, $D \in \mathrm{Div}\,X$ について, $\omega \in J(D) \iff D_\omega \geq D$.

まず $\omega \in J(D)$ とすると, $\omega \in J(D) \cap J(D_\omega)$ である. いま, $D' \in \mathrm{Div}\,X$ を $v_p(D') = \mathrm{Max}\{v_p(D), v_p(D_\omega)\}$ ($\forall p \in X$) となるように選ぶ (よって, $D' \geq D, D_\omega$). すると $\mathcal{L}(D') = \mathcal{L}(D) + \mathcal{L}(D_\omega) \subset \mathbb{A}$ ゆえ, $\omega|(\mathcal{L}(D')+K) = 0$, すなわち, $\omega \in J(D')$. これは, $\deg D' \leq \deg D_\omega$ を意味する. しかし, $D_\omega \leq D'$ ゆえ, $D' = D_\omega$ ($\geq D$).

逆に, $D_\omega \geq D$ ならば, $\omega \in J(D_\omega) \subset J(D)$ ゆえ主張がいえる. ∎

系 3.33 $J(D) = \{\omega \in J \mid (\omega) \geq D\} \cup \{0\}$.

[証明] (ω) の定義による. ∎

系 3.34 $x \in K^\times$ と微分 $\omega \neq 0$ に対して, $(x\omega) = (x) + (\omega)$.

[証明] 先に見たように, $J(D) \xrightarrow{\sim} J(D+(x))$ ($\omega \mapsto x\omega$) は k 同型である.

§3.7 微分と標準因子類—Riemann-Roch 最終形 —— 277

よって，$(\omega)\geqq D \iff \omega\in J(D) \iff x\omega\in J(D+(x)) \iff (x\omega)\geqq D+(x)$. しかるに，$(\omega)\geqq D \iff (x)+(\omega)\geqq D+(x)$ であるから，これが $D\in \mathrm{Div}\,X$ に対して $(x\omega)\geqq D+(\omega)$ と同値であるためには，$(x\omega)=(x)+(\omega)$ でなければならない. ∎

上の2つの系と定理3.31によって，微分 $\omega_0\neq 0$ を1つ固定すると $J=K\omega_0$ ゆえ，任意の微分 $\omega = x\omega_0 \neq 0$ の因子は $x\in K^\times$ に対し，
$$(\omega) = (x)+(\omega_0)$$
で与えられる.

因子類群 $\mathrm{Pic}\,X = \mathrm{Div}\,X/\mathrm{Pr}\,X$ ($\mathrm{Pr}\,X = \{(x)\mid x\in K^\times\}$) の言葉を使えば，微分因子のなす集合 $\{(\omega)\in \mathrm{Div}\,X \mid \omega\in J\setminus\{0\}\}$ は，$\mathrm{Pic}\,X$ のある元 $= \mathrm{Div}\,X$ の $\mathrm{Pr}\,X$ による剰余類(因子類)に一致する.

この微分が定める因子類を K/k または X の**標準類**(canonical class)といい，その元を**標準因子**(canonical divisor)という(微分因子 (ω) のこと). 標準類は微分 ω の選び方によらず唯一つに決まる.

系 3.35 C を標準因子とすると，
$$I(D)^\vee = J(D) \simeq L(C-D), \quad i(D) = l(C-D).$$

[証明] $(\omega_0)=C$ とすると，定理3.31と系3.33，系3.34によって，
$$J(D) = \{\omega\in J \mid (\omega)\geqq D\}\cup\{0\}$$
$$\simeq \{x\in K^\times \mid (x\omega_0)\geqq D\}\cup\{0\}$$
$$\simeq \{x\in K^\times \mid (x)+((\omega_0)-D)\geqq 0\}\cup\{0\}$$
$$= L((\omega_0)-D). \quad \blacksquare$$

系3.35によって，Riemann-Roch 第1形に現れる不可解な量 $i(D)$ は標準因子(微分因子) C を用いて，$i(D)=l(C-D)$ と表されることになった. 量 $l(C-D)$ は C の属する因子類，すなわち標準類のどの元に対しても不変であることにも注意しておく(一般に同型 $L(D)\simeq L(D+(y))$ $(x\mapsto xy)$ がある).

定理 3.36 (Riemann-Roch の最終形) 代数関数体 K/k について，C を標準因子，g を種数とすると，因子 $D\in \mathrm{Div}\,X(K/k)$ に対して等式
$$l(D)-l(C-D) = \deg D+1-g$$
が成り立つ. □

系 3.37 標準因子 C について，$\deg C = 2g-2$．右辺に関して，$2-2g$ は抽象 Riemann 面 X の Euler 標数と呼ばれる位相不変量である．

[証明] $l(C) - l(C-C) = \deg C + 1 - g$ において，系 3.35 より $l(C) = i(0) = g$ ゆえ主張を得る． ∎

系 3.38（Riemann–Roch の実用形） $\deg D > 2g-2$ ならば，
$$l(D) = \deg D + 1 - g.$$

[証明] $\deg D > 2g-2$ ならば，系 3.37 より $\deg(C-D) < 0$．よって，$l(C-D) = 0$ となり（定理 3.31 の証明の最初の部分をみよ），Riemann–Roch の定理（定理 3.36）より主張を得る． ∎

標準因子が関わらない，$l(D)$ を与える系 3.38 の等式は非常に有用であって，最も頻繁に用いられる Riemann–Roch 定理の形である．

最後に，この節で導入した微分の概念は Chevalley–Weil によるもので，その奇妙さについて一言．現代の代数幾何の立場からはここに述べた J は，むしろ「双対化加群」と呼ばれるべきもので，この J が通常の古典的な微分加群（$\Omega_{K/k}$ とかかれる）と同型であることを見るには，いわゆる留数定理が必要である．興味ある読者は，Tate による論文[13]，または，岩澤[1]増補版の補遺を参照されたい．一般の代数多様体においては，Serre の双対性として確立されている．

§3.8　例

代数関数体の不変量である種数を §3.6 で定義したが，以下に見るようにこれは大変大切なものである．

最初に，k 上の有理関数体 $K = k(t)$（t は k 上超越元）の特徴づけを行う．付帯条件として，次数 1 の素点の存在が課せられているが，これは代数幾何でいう k 有理点のことであり，k が代数的閉体ならばもちろん常にみたされている．

定理 3.39 K/k が有理関数体であるためには，種数が 0（$g(K/k) = 0$）で，次数 1 の素点 $p \in X$（$\deg p = 1$）が存在することが必要十分である．

[証明] （⇒） $K = k(t)$ とすると，主因子定理(定理3.25)より，$\deg Z_t = \deg P_t = [K:k(t)] = 1$. （実際，$k[t]$ の素イデアル (t) が与える素点を p_0 とすると，$Z_t = p_0$, t^{-1} が与える素点を p_∞ とすると，$P_t = p_\infty$.）

さて，$f(t) = \prod_{p:既約} p(t)^{e_p}$ を $k(t)$ の元の既約分解とすると，主因子は
$$(f(t)) = \sum_p e_p[p] - \deg f \, [p_\infty] \quad (\text{ただし } \deg f = \sum_p e_p)$$
である．よって，$m \geq 0$ に対し $f(t) \in L(m[p_\infty])$ であるためには，$\sum_p e_p[p]$ には p_∞ は現れないから，$e_p \geq 0$, すなわち，$f(t) \in k[t]$（多項式）であって，かつ $\deg f \leq m$ でなければならない．したがって，
$$l(m[p_\infty]) = m+1.$$
ゆえに，
$$l(m[p_\infty]) - \deg m[p_\infty] = m+1-m = 1.$$
よって，定理3.29(Riemannの半分)と定理3.30 から，種数 g について
$$1-g = \mathrm{Min}_m\{l(m[p_\infty]) - \deg m[p_\infty]\} = 1,$$
すなわち，$g = 0$ を得る．

（⇐） $g = 0$ だから，系3.38 より，$\deg D > 2g-2 = -2$ ならば $l(D) = \deg D + 1$ である．ゆえに，p を $\deg p = 1$ なる素点とすると，$l([p]) = \deg[p]+1 = 2$ である．$L([p])$ は定数 $1 \in k$ を含むから，$x \in L([p])$ を 1, x が $L([p])$ の k 上の基底となるように選ぶ．このとき，$x \notin k$ で $(x) = Z_x - P_x$ とすると，$(x) + [p] \geq 0$ ゆえ極について $P_x \leq [p]$ でなければならない．ゆえに $\deg P_x \leq \deg p = 1$ であるが，主因子定理(定理3.25)より，$\deg P_x = [K:k(x)] \geq 1$ ゆえ($x \notin k$), $[K:k(x)] = \deg P_x = 1$, すなわち，$K = k(x)$. ∎

今度は逆に，種数によって代数関数体に名前を付けてみよう．種数 $g = 1$ で，次数が1の素点をもつ関数体を**楕円関数体**(elliptic function field)と呼ぼう．

定理3.40 体の標数が2でも3でもないとする．このとき，K/k が楕円関数体であることと，$K = k(x, y)$ で，その生成元 x, y が $\Delta = g_2^3 - 27g_3^2 \neq 0$ をみたす $g_2, g_3 \in k$ に対して，
$$y^2 = 4x^3 - g_2 x - g_3$$

という関係式(Weierstrass の標準形)をみたすことが同値である.

[証明]　($\Rightarrow$) p_∞ を $\deg p_\infty = 1$ なる素点とする. 系 3.38 により, $g=1$ のときは, $\deg m[p_\infty] = m > 2g-2 = 0$ ならば $l(m[p_\infty]) = \deg m[p_\infty] + 1 - g = m$. 関数空間 $L(m[p_\infty])$ $(m=0,1,2,3,\cdots)$ を考える. $L(0) = L([p_\infty]) = k$, $L(2[p_\infty]) = k+kx$, $L(3[p_\infty]) = k+kx+ky$ $(x,y \in K \setminus k)$ とする. このとき, x, y の極因子について, $P_x = 2[p_\infty]$, $P_y = 3[p_\infty]$ である. 実際, $P_x \leqq 2[p_\infty]$ であるが, $P_x = [p_\infty]$ とすると $1 = \deg P_x = [K:k(x)]$ となり $K = k(x)$, このとき種数について定理 3.39 より $g=0$ となり我々の場合ではない. よって, $P_x = 2[p_\infty]$. つぎに, $y \notin L(2[p_\infty])$ ゆえ $P_y \geqq 3[p_\infty]$ でなければいけない.

以上により, 関数 $1, x, y$ の積 $1, x, y, x^2, xy, x^3$ の極因子は, それぞれ, $[p_\infty]$ の $0, 2, 3, 4, 5, 6$ 倍であるから, $L(6[p_\infty])$ の 1 次独立な元をなす. ところが, $l(6[p_\infty]) = 6$ ゆえ, これらは $L(6[p_\infty])$ の基底をなす. 一方, y^2 の極因子は $6[p_\infty]$ であるから, y^2 は上の 6 個の関数の k 上の 1 次結合となる. すなわち,

$$(3.6) \quad y^2 + \gamma xy + \delta y = \alpha_3 x^3 + \alpha_2 x^2 + \alpha_1 x + \alpha_0 \quad (\alpha_3 \neq 0, \ \alpha_i, \gamma, \delta \in k)$$

とかける(両辺の極を比較して $\alpha_3 \neq 0$).

まず, このとき $K = k(x, y)$ となることを示そう. $[K:k(x)] = \deg P_x = 2$ で, (3.6) から y は $k[x]$ 上整である. よって, $y \in k(x)$ とすると, $y \in k[x]$ である. そうすれば(3.6)から, y は x の多項式として 1 次式となり, $P_y \leqq P_x = 2[p_\infty]$. これは $P_y = 3[p_\infty]$ に矛盾する. よって, $y \notin k(x)$, したがって $1 < [k(x,y):k(x)] \leqq [K:k(x)] = 2$, すなわち, $K = k(x,y)$ を得る.

さらに関係式の簡略化を試みよう. $\alpha_3 \neq 0$ ゆえ, $\alpha_3 y \mapsto y$, $\alpha_3 x \mapsto x$ という置き換えを行えば(係数の記号も換えて)

$$y^2 + \gamma xy + \delta y = x^3 + \alpha x^2 + \beta x + \epsilon$$

を得る. k の標数が $2, 3$ でなければ, 置き換え $y + \dfrac{\gamma}{2}x + \dfrac{\delta}{2} \mapsto y$ によって,

$$y^2 = x^3 + \alpha x^2 + \beta x + \gamma,$$

さらに, $x + \dfrac{\alpha}{3} \mapsto x$, $2y \mapsto y$ によって,

$$y^2 = 4x^3 - g_2 x - g_3$$

を得る.

§3.8 例 —— 281

さて，最後の式において，$\Delta = g_2^3 - 27g_3^2 = 0$（$\Delta$ は $4x^3 - g_2 x - g_3$ の判別式である，ただし，例2.12の判別式 D の 4^2 倍）とすると，上式の右辺をなす x の3次式は重根をもち，$y^2 = 4(x-\omega_1)^2(x-\omega_2)$（$\omega_1, \omega_2 \in \bar{k}$）となる．そこで，$z = y(x-\omega_1)^{-1}$ とおくと，$x = z^2/4 + \omega_2$，$y = z(z^2/4 + \omega_2 - \omega_1)$ となる．よって，このとき $K = k(x,y) = k(z)$ となり K/k は有理関数体で $g = 0$，したがって，$\Delta \neq 0$ でなければいけない．

逆（$\Leftarrow$）については，次のもっと一般の結果から明らかである． ∎

定理 3.41（超楕円関数体） k の標数は 2 でないと仮定する．平方因子を含まない X の多項式 $f(X) \in k[X]$ に対して，$K = k(x,y)$ を関係式 $y^2 = f(x)$ が与える代数関数体とする．（いいかえれば，K は整域 $k[X,Y]/(Y^2 - f(X))$ の商体で，k は K のなかで代数的に閉であると仮定する．）

このとき，K/k の種数は
$$g = g(K/k) = \begin{cases} \dfrac{\deg f - 1}{2} & (\deg f : 奇数) \\ \dfrac{\deg f}{2} - 1 & (\deg f : 偶数) \end{cases}$$
で与えられる．また，K/k は素点 p_∞，$\deg p_\infty = 1$ をもつ．

［証明］ $P_x = \sum_{p \in X(K/k), v_p(x) < 0} v_p(x)[p]$ を x の極因子とする．このとき，$m \in \mathbb{Z}$ に対して，

(3.7)
$$L(mP_x) = \{h_1 + yh_2 \mid h_i \in k[x],\ \deg h_1 \leqq m,\ \deg h_2 \leqq m - \deg f/2\}$$
（$\deg h_i$ は x の多項式としての $h_i = h_i(x) \in k[x]$ の次数）が成り立つ．

まず，(3.7)を認めて，定理の証明を行う．主因子定理(定理3.25)により，$\deg P_x = [K : k(x)] = 2$ ゆえ，$m > g-1$ ならば，$\deg mP_x = 2m > 2g-2$．よって，系3.38から $m > g-1$ ならば，$l(mP_x) = \deg mP_x + 1 - g = 2m + 1 - g$．

ところが(3.7)から容易に次が分かる．($d = \deg f$.)

$$l(mP_x) = \begin{cases} 0 & (m < 0) \\ m+1 & (0 \leqq m \leqq \dfrac{d}{2}-1;\ d:偶数) \\ m+1 & (0 \leqq m \leqq \dfrac{d-1}{2};\ d:奇数) \\ 2m+2-\dfrac{d}{2} & (m \geqq \dfrac{d}{2};\ d:偶数) \\ 2m+2-\dfrac{d+1}{2} & (m \geqq \dfrac{d+1}{2};\ d:奇数). \end{cases}$$

したがって，$l(mP_x)$ を与える両者を比較すると，$m \gg 0$ ならば，

$$2m+1-g = 2m+2-\frac{d+1}{2} \quad (d:奇数),$$

$$2m+1-g = 2m+2-\frac{d}{2} \quad (d:偶数).$$

これから種数を $d=\deg f$ で表す定理の式が得られる.

次に，$\deg p_\infty = 1$ の存在であるが，$z=x^{-1}$, $w=y^{-1}$ とおいて，環 $k[z,w]$ ($\subset k(z,w)=K$) において，$\mathfrak{m}_\infty = (z,w)$ は極大イデアルをなす($z=w=0$ は $y^2=f(x)$ をみたす). $\mathfrak{m}_\infty$ が与える K の付値($k[z,w] \subset \mathcal{O}_\infty$, $\mathfrak{m}_\infty \mathcal{O}_\infty$ が $\mathcal{O}_\infty$ の極大イデアル)に対応する素点を p_∞ とおくと，$\kappa(p_\infty) = \mathcal{O}_\infty/\mathcal{O}_\infty \mathfrak{m}_\infty \simeq k[z,w]/(z,w) \simeq k$ となり，$\deg p_\infty = 1$ である.

最後に，式(3.7)を証明する. x が与える被覆
$$\phi_x: X = X(K/k) \to X(k(x)/k) = \mathbb{P}_k^1$$
を考える. K は y を生成元とする $k(x)$ の2次拡大で，σ を $\mathrm{Gal}(K/k(x))$ の生成元とすると，$\sigma(h_1+h_2 y) = h_1-h_2 y$ ($h_1, h_2 \in k(x)$, $K=k(x)+k(x)y$).

いま，$u=h_1+h_2 y \in L(mP_x)$ ($h_i \in k(x)$) とする. $\sigma(x)=x$ ゆえ $u \in L(mP_x)$ ならば $\sigma(u) \in L(mP_x)$. よって，$2h_1 = u+\sigma u \in L(mP_x)$, $h_1^2-h_2^2 f = h_1^2-h_2^2 y^2 = u\sigma(u) \in L(2mP_x)$. 標数は2でないと仮定しているから，$h_1 \in L(mP_x)$. $h_1 = f_1/f_2$ ($f_1, f_2 \in k[x]$ は x の多項式として互いに素)と表示しておくと，$P_{f_i} = (\deg f_i)P_x$ だから，$(h_1) = Z_{f_1}-Z_{f_2}-(\deg h_1)P_x$ (Z_{f_i} は因子 P_x と互いに素). よって，$h_1 \in L(mP_x)$ から $Z_{f_2}=0$, すなわち $f_2=1$ が導かれる. ゆえに，$h_1 \in k[x]$, $\deg h_1 \leqq m$ となり，(3.7)の条件式の一部が得られる.

条件 $h_1^2-h_2^2 f \in L(2mP_x)$ から同様に $\deg(fh_2^2) \leq 2m$, すなわち $\deg h_2 \leq m-\dfrac{d}{2}$ (f は平方因子を含まない)が得られ, (3.7)の残りの条件式を得る.

逆に, h_1, h_2 が(3.7)の条件式をみたせば, $h_1+h_2 y \in L(mP_x)$ は容易に見られる.

以上で定理の主張はすべて示された. ∎

《 要 約 》

3.1 体の離散付値と正規付値. 付値環と剰余体.

3.2 付値と絶対値. 完備化. 局所体. Hensel の補題.

3.3 有限次拡大において, 部分体の付値は拡張される. 完備ならば, 拡張は一意的.

3.4 分岐指数 $e(w|v)$ と相対次数 $f(w|v)$, $\sum_{w|v} e(w|v)f(w|v) \leq [L:K]$.

3.5 代数関数体とその素点(離散付値の同値類). 素点の次数. 素点全体の集合とその幾何学的イメージ. スキームまたは抽象 Riemann 面.

3.6 関数の零点または極の位数と正規付値.

3.7 因子と因子群. 因子の次数. 主因子(零点因子と極因子). 因子類群.

3.8 ベクトル空間 $L(D)$. 因子の1次同値と完備1次系.

3.9 主因子定理: $\deg Z_x = \deg P_x = [K:k(x)]$, $\deg(x) = 0$.

3.10 アデール. ベクトル空間 $I(D)$. 蛇の完全列. 種数 g.

3.11 Riemann–Roch の定理(第1形): $l(D)-i(D) = \deg D+1-g$. Riemann の半分: $1-g \leq l(D)-\deg D$.

3.12 微分と標準因子類. ベクトル空間 $J(D) = I(D)^\vee$ と1次元 K 加群 $J = \bigcup J(D)$.

3.13 Riemann–Roch の最終形: $l(D)-l(C-D) = \deg D+1-g$. 実用形: $\deg D > 2g-2$ ならば, $l(D) = \deg D+1-g$.

3.14 有理関数体, 楕円関数体の種数による特徴づけ($g=0,1$). 超楕円関数体の種数.

―――――― 演習問題 ――――――

3.1 $(\mathcal{O}, \mathfrak{m})$ を完備な離散付値環とする．$f(X) \in \mathcal{O}$ に対し，$a \in \mathcal{O}$ が $f(a) \equiv 0 \bmod \mathfrak{m}$，$f'(a) \not\equiv 0 \bmod \mathfrak{m}$ をみたすならば，$\alpha \in \mathcal{O}$，$\alpha \equiv a \bmod \mathfrak{m}$，$f(\alpha) = 0$ なる元がある．

3.2 p を素数とする．$a \not\equiv 0 \bmod p$ について，$X^n - a \equiv 0 \bmod p\,(p \nmid n)$ が解をもてば，$X^n - a = 0$ は $\mathbb{Q}_p$ で解をもつ．
とくに，$p \neq 2$ のとき，$\left(\dfrac{a}{p}\right) = 1$ ならば，$\sqrt{a} \in \mathbb{Q}_p$.

3.3
$$\sqrt{2} \in \mathbb{Q}_p \iff 16 \mid (p^2 - 1).$$

3.4 次の正否を判定せよ．
$$\sqrt{2} \in \mathbb{Q}_7, \quad \sqrt{10} \in \mathbb{Q}_7, \quad \sqrt{32} \in \mathbb{Q}_{17}, \quad \sqrt{67} \in \mathbb{Q}_{997}$$

3.5 1 の $p-1$ 乗根 ζ_{p-1} は $\mathbb{Q}_p$ の元である．

3.6 $K = k(x, y)$，$y^2 = 4x^3 - g_2 x - g_3$，$\Delta = g_2^3 - 27g_3^2 \neq 0$ を楕円関数体とし，$j = g_2^3 / \Delta$ とおく（$\mathrm{char}\, k \neq 2, 3$）．もう一つの楕円関数体 $K' = k(x', y')$，$y'^2 = 4x'^3 - g'_2 x' - g'_3$ についても同様の量 j' を定義するとき，
$$K \simeq K' \,(k\,\text{同型}) \iff j = j'$$
であることを示せ．

3.7 複素数体上の超楕円関数体 $K = \mathbb{C}(x, y)$，$y^2 = f(x)$（定理 3.41 において，$k = \mathbb{C}$ とする）の Riemann 面 X を考える．x が定義する 2 次の被覆 $\phi_x : X \to \mathbb{P}^1_\mathbb{C}$ $(\phi(x, y) = x)$ を利用して，X の種数 g は X を 2 次元実曲面と見たときの "穴の数"$\left(= \dfrac{1}{2}\, \text{Betti 数}\right)$ であることを示せ．

合同ゼータ関数

有限体上の代数関数体は有限次代数体(有理数体の有限次拡大)に多くの面で驚くほど似ている．因子とイデアルが対応し，因子類群がイデアル類群に対応する．たとえば，類数の有限性が成り立つ．

代数体の理論を，イデアル論からではなく付値論から構成すると，全く同じ道筋をとる(たとえば，Weil の教科書[16])．

この2種類の体の全体的な類似を最も直截的に表しているのが，そのゼータ関数である．有理数体に対する Euler–Riemann のゼータ関数は，代数体に対しては Dedekind のゼータ関数として拡げられた．イデアル＝因子の対応で有限体 $\mathbb{F}_q$ 上の代数関数体に対して同様に定義すると，Euler 積を通じて，この場合は $u=q^{-s}$ の関数として表示されることが分かる．我々は，この u の関数としてのゼータ $Z(u)$ を定義として出発する．

$Z(u)$ は次の性質をみたす．
(1) $Z(u)$ は整係数の u の多項式の分数式で表される(有理性)．
(2) 関数等式 $Z(q^{-1}u^{-1}) = q^{\chi/2}u^{\chi}Z(u)$ $(\chi=2-2g)$ をもつ．
(3) $Z(u)$ の零点の絶対値は $q^{\frac{1}{2}}$ である(Riemann 仮説の類似)．

(1)と(2)は F. K. Schmidt によって証明されたもので，第3章で得られた Riemann–Roch の定理から比較的容易に導かれる．

(3)の Weil による証明(3部作[14] 1940年代)は，自身によって打ち立てられた最新の抽象代数幾何の基礎づけの上に構成されており，決して初等的と

はいえない．約30年後，S. Stepanov のアイデアをつき詰めて，E. Bombieri が(3)の初等的証明を与えた．本章に紹介するのはこの証明である．$\mathbb{F}_q$ 上の有理点の個数に関する巧妙な評価（勘定定理）によるものである．

この物語は，高次元の代数多様体に拡がっていった．Weil 予想([15])とよばれ，この解決を目標として 1950 年代から 60 年代にかけて A. Grothendieck が代数幾何学の大改革を主導した([9])．ちょうど 40 年代 Weil による代数幾何学の基礎付けが 1 次元(本書)の場合の成功を導いたように，約束どおり，P. Deligne による詰め([7], 1973)を最後に，予想すべての解決をもたらした．

§4.1 母関数としてのゼータ関数

この章では，有限体上の代数関数体に付随するゼータ関数とその基本的性質を紹介する．したがって，断らない限り，代数関数体 K は固定された有限体 $\mathbb{F}_q$ を係数体にもつ $K/\mathbb{F}_q$ とする．

$X = X(K/\mathbb{F}_q)$ を抽象 Riemann 面（素点の集合），$\operatorname{Div} X$ をその因子群とする．因子 $D \in \operatorname{Div} X$ に対して，$\operatorname{Supp} D := \{p \in X \mid v_p(D) \neq 0\}$ を D の台 (support) という ($D = \sum_{p \in X} v_p(D)[p]$ ゆえ，$\operatorname{Supp} D$ は素点の有限集合).

$X = X(K/\mathbb{F}_q)$ の部分集合 Y に対して，u を不定元とするベキ級数

$$Z(Y, u) = \sum_{D \geq 0, \operatorname{Supp} D \subset Y} u^{\deg D} \qquad (\deg D = \sum_p v_p(D))$$

を考える．X が固定されていて，$Y = X$ のとき，混同の恐れがなければ単に $Z(u) = Z(X, u)$ とかく．

$Z(Y, u)$ は因子が定義する数列

$$a_n = \sharp\{D \geq 0 \mid \operatorname{Supp} D \subset Y, \deg D = n\}$$

の母関数という単純なものであるが，あとで見るように，Y を "代数曲線" と考えたときの $\mathbb{F}_q$ の拡大体 $\mathbb{F}_{q^n}$ の有理点 $Y(\mathbb{F}_{q^n})$ の母関数とも密接に関係している．

$Z(Y,u)$ は Y の**(合同)ゼータ関数**((congruence) zeta function)と名付けられているが,他の種々のゼータ関数との関係もある."合同"という名は,有限体上の方程式(合同方程式)の解についてのゼータ関数であることからきている.

例 4.1

(i) $Y=\{p\}$ (1点),たとえば $\mathbb{P}^1_{\mathbb{F}_q}$ の $\{p_\infty\}$ のときは,
$$Z(Y,u) = \sum_{n=0}^{\infty} u^{n \deg p} = \frac{1}{1-u^{\deg p}}.$$

(ii) $Y = \mathbb{P}^1_{\mathbb{F}_q} \setminus \{p_\infty\} = \mathbb{A}^1_{\mathbb{F}_q} \simeq \mathrm{Specm}\, \mathbb{F}_q[T]$(アフィン直線)のとき,$Y=\{p=p(T) \mid p(T)\colon \mathbb{F}_q$ 上のモニックな既約多項式$\}$ で $\deg p = \deg p(T)$ ゆえ,次数 n の非負因子 $D = \sum_p v_p(D)[p]$ $(v_p(D) \geqq 0,\ \deg D = \sum_p v_p(D) = n)$ は $\mathbb{F}_q$ 上のモニックな n 次多項式 $f_D = \prod_{p(T)} p(T)^{v_p(D)}$ と1対1に対応する.したがって,n 個の T^i $(0 \leqq i \leqq n-1)$ の係数を考えることにより,これは q^n 個ある.よって,$\mathbb{A}^1_{\mathbb{F}_q}$ のゼータ関数は,
$$Z(\mathbb{A}^1_{\mathbb{F}_q}, u) = \sum_{n=0}^{\infty} q^n u^n = (1-qu)^{-1}.$$

(iii) $X = \mathbb{P}^1_{\mathbb{F}_q} = \mathbb{A}^1_{\mathbb{F}_q} \sqcup \{p_\infty\}$ の因子は,$D = D_1 + np_\infty$ $(\mathrm{Supp}\, D_1 \subset \mathbb{A}^1_{\mathbb{F}_q})$ とかけるから,
$$Z(\mathbb{P}^1_{\mathbb{F}_q}, u) = \sum_{D \geqq 0} u^{\deg D} = \sum_{D_1 \geqq 0, n \geqq 0} u^{\deg D_1 + n \deg p_\infty}$$
$$= \left(\sum_{D_1 \geqq 0} u^{\deg D_1} \right) \left(\sum_{n=0}^{\infty} u^n \right) = (1-qu)^{-1}(1-u)^{-1}.$$
□

母関数 $\sum_{n=0}^{\infty} a_n u^n$ は,それが"分かり易い"関数に表示されたとき威力を発揮する.その次数や,極,零点などが重要な不変量を与える(例:第1部,Poincaré 級数).

今の場合,上の例に見るように,幾何級数 $\sum_{n=0}^{\infty} u^n = (1-u)^{-1}$ が出発点である.

上の例 4.1(iii)のごとく,一般に $Y = \coprod_i Y_i$ を離散和への分割とすると,ゼ

ータ関数は積 $Z(Y, u) = \prod_i Z(Y_i, u)$ に分解する.

とくに, $Y = \coprod_{p \in Y} \{p\}$ と考えると, 例4.1(i)より, $Z(\{p\}, u) = (1-u^{\deg p})^{-1}$ ゆえ, 無限積

$$Z(Y, u) = \prod_{p \in Y} (1-u^{\deg p})^{-1}$$

を得る(Euler積表示).

例4.1(ii)で見たように, アフィン直線のゼータ関数は $\sum_{n=0}^{\infty} q^n u^n$ であるが, $\mathbb{A}^1$ の $\mathbb{F}_{q^n}$ 有理点の個数は q^n だから, ゼータはたまたま $\mathbb{F}_{q^n}$ 有理点の母関数になっている. 一般には, 少し異なった経路を通じて有理点と関係しており, 以下それを見てみよう.

まず, 有理点の概念を我々の文脈の中で定義する. これは, ずっと一般なスキームの有理点の概念を今の場合に当てはめたもので, 一般的な構成については上野[19]を参照されたい. 一般に体 k (可換環でもよい)上の多項式 $f(T) = f(T_1, T_2, \cdots, T_r) \in k[T] = k[T_1, T_2, \cdots, T_r]$ に対して, k 代数 L における $f = 0$ の解の集合を $S_f(L) = \{a = (a_1, a_2, \cdots, a_r) \in L^r \mid f(a) = 0\}$ とおく. 環論の言葉に翻訳すると, $A_f := k[T]/(f)$ とおいて, $a \in S_f(L)$ に対して, $e_a(\phi(T)) = \phi(a)$ ($e_a : k[T] \to L$ は $\operatorname{Ker} e_a \supset (f)$ となる k 代数としての準同型)とおくと,

$$S_f(L) \xrightarrow{\sim} \operatorname{Hom}_{k代数}(A_f, L) \qquad (a \mapsto e_a)$$

という1対1対応を得る. 左辺 $S_f(L)$ は方程式 $f(T) = 0$ の L 解の集合, 右辺は環 A_f が定義するアフィン・スキーム $\operatorname{Spec} A_f$ の L 有理点の集合と読まれる.

ここで, すでに多項式 $f \in k[T]$ から出発する必要はなく, 始めから k 代数 A に対して, $\operatorname{Hom}_{k代数}(A, L)$ を考えて, これを k 代数 A の L 解の集合, または $\operatorname{Spec} A$ の L 有理点の集合と定義するのが明快である. 例えば, 多数の多項式 $f_i \in k[T]$ ($i \in I$) に対して, $A = k[T]/(f_i)_{i \in I}$ とおくと, 共通解の集合 $\{a \in L \mid f_i(a) = 0 \ (i \in I)\}$ を得る.

さらに, L が体のとき, k 準同型 $e : A \to L$ の核 $\mathfrak{p} = \mathfrak{p}_e = \operatorname{Ker} e$ は素イデア

ルであり, e は $\mathrm{Hom}_{k代数}(A/\mathfrak{p},L) \simeq \mathrm{Hom}_{k代数}(A_\mathfrak{p}/\mathfrak{p}A_\mathfrak{p},L) \simeq \mathrm{Hom}_{k代数}(\kappa(\mathfrak{p}),L)$ ($\kappa(\mathfrak{p}) = A_\mathfrak{p}/\mathfrak{p}A_\mathfrak{p}$ は局所環 $A_\mathfrak{p}$ の剰余体$=A/\mathfrak{p}$ の商体)の元を定義する. この対応によって, 体 L への有理点の集合は各素イデアルごとに分解し,

$$\mathrm{Hom}_{k代数}(A,L) \simeq \coprod_{\mathfrak{p} \in \mathrm{Spec}\, A} \mathrm{Hom}_{k代数}(\kappa(\mathfrak{p}),L)$$

と見なせる.

さて, 我々が考えてきた抽象 Riemann 面 $X(K/k)$ はアフィンではなく, 完備な 1 次元スキームというものに対応しているのであるが, その L 有理点の集合は, 上記の左辺を少し拡張して,

$$X(L) = \mathrm{Hom}_{k代数}(K,L) \cup \coprod_{p \in X} \mathrm{Hom}_{k代数}(\kappa(p),L)$$

と定義される($\kappa(p) = \mathcal{O}_p/\mathfrak{m}_p$ は素点 $p \in X$ の剰余体). $\mathrm{Hom}_{k代数}(K,L)$ の部分は, $K = \kappa(g)$ (g はスキームの生成点)と考えての追加である.

注意 スキーム論を学習中の読者は, 一般の k スキーム X に対して, $X = \bigcup_i \mathrm{Spec}\, A_i$ というアフィン被覆をとるとき, $\mathrm{Hom}_{kスキーム}(\mathrm{Spec}\, L, X) = X(L) = \bigcup_i \mathrm{Hom}_{k代数}(A_i, L)$ と見なせて, 最初に述べたことが復元できることを確かめられたい.

もし, L/k が代数拡大ならば, K/k は超越拡大ゆえ $\mathrm{Hom}_{k代数}(K,L) = \emptyset$ であり, L 有理点は

$$X(L) = \coprod_{p \in X} \mathrm{Hom}_{k代数}(\kappa(p),L)$$

と表せる.

なお, 抽象 Riemann 面の記号 $X = X(K/k)$ と拡大体 L/k に対する L 有理点の集合 $X(L)$ が似ているが, 両者とも慣用であり, 混同の恐れはないと思われるので以降使用する.

さて, 有限体 $k = \mathbb{F}_q$ 上の場合に戻ろう. 上の注意にかんがみて, 抽象 Riemann 面の部分集合 $Y \subset X(K/k)$ についても, $Y(L) = \coprod_{p \in Y} \mathrm{Hom}_{k代数}(\kappa(p),L)$ と定義する.

補題 4.2 有限体上の代数関数体 $K/\mathbb{F}_q$ の素点の集合 $Y \subset X(K/\mathbb{F}_q)$ について, $\nu_n(Y) = \sharp Y(\mathbb{F}_{q^n})$ とおくと,

$$\nu_n(Y) = \sum_{p \in Y,\, \deg p \mid n} \deg p.$$

[証明] $Y(\mathbb{F}_{q^n}) = \coprod_{p \in Y} \mathrm{Hom}_{\mathbb{F}_q 代数}(\kappa(p), \mathbb{F}_{q^n})$ において, $\phi \in \mathrm{Hom}_{\mathbb{F}_q 代数}(\kappa(p), \mathbb{F}_{q^n})$ は $\mathbb{F}_q$ 体の $\mathbb{F}_q$ 埋め込みであり, 次数について $\deg p = [\kappa(p) : \mathbb{F}_q]$ は $n = [\mathbb{F}_{q^n} : \mathbb{F}_q]$ の約数でなければならない. さらに, ここで $\kappa(p)/\mathbb{F}_q$ は分離拡大ゆえ, 埋め込みの個数について $[\kappa(p) : \mathbb{F}_q] = \sharp \mathrm{Emb}_{\mathbb{F}_q}(\kappa(p), \mathbb{F}_{q^n}) = \sharp \mathrm{Hom}_{\mathbb{F}_q}(\kappa(p), \mathbb{F}_{q^n})$ が成り立つ (§1.5 定理 1.38). 逆に, $\deg p \mid n$ ならば, 上式が成り立ち, 補題の公式が得られる. ∎

我々は $\mathbb{F}_q$ 上の代数関数体のゼータ関数を因子に関する母関数として定義したが, 上の補題によって, さらに, 有理点の個数 ν_n に関する母関数とも密接な関係があることが分かる.

代数関数体 $K/\mathbb{F}_q$ の素点の集合 $Y \subset X = X(K/\mathbb{F}_q)$ に関するゼータ関数

$$Z(Y, u) = \sum_{D \geq 0,\, \mathrm{Supp}\, D \subset Y} u^{\deg D} = \prod_{p \in Y} (1 - u^{\deg p})^{-1}$$

を考える. 両辺の対数をとると,

$$\log Z(Y, u) = -\sum_{p \in Y} \log(1 - u^{\deg p})$$

$$= \sum_{p \in Y} \sum_{m=1}^{\infty} u^{m \deg p}/m$$

$$= \sum_{p \in Y} \deg p \sum_{m=1}^{\infty} u^{m \deg p}/(m \deg p)$$

$$= \sum_{n=1}^{\infty} \Big(\sum_{\deg p \mid n} \deg p \Big) u^n/n$$

$$= \sum_{n=1}^{\infty} \nu_n(Y) u^n/n.$$

(展開式 $\log(1-x) = -\sum_{m=1}^{\infty} x^m/m$ を用い, 最後の等式は補題 4.2 による.)
以上から, 次の定理を得る.

定理 4.3 有限体 $\mathbb{F}_q$ 上の代数関数体の素点の集合 $Y \subset X$ の $\mathbb{F}_{q^n}$ 有理点の個数を $\nu_n(Y) = \sharp Y(\mathbb{F}_{q^n})$ とかくと, Y のゼータ関数 $Z(Y,u)$ について,

$$\frac{Z(Y,u)'}{Z(Y,u)} = \frac{d}{du} \log Z(Y,u) = \sum_{n=1}^{\infty} \nu_n(Y) u^{n-1} \quad (Z(Y,0) = 1)$$

が成り立つ. □

例 4.4 $Y = \mathbb{A}^1_{\mathbb{F}_q}$ のときに, $\nu_n(\mathbb{A}^1_{\mathbb{F}_q}) = q^n$. したがって, $(\log Z(\mathbb{A}^1_{\mathbb{F}_q}, u))' = q \sum_{n=0}^{\infty} (qu)^n = q(1-qu)^{-1}$. これからも, 例 4.1(ii) の $Z(\mathbb{A}^1_{\mathbb{F}_q}, u) = (1-qu)^{-1}$ が得られる. 同じように, $(\log Z(\mathbb{P}^1_{\mathbb{F}_q}, u))' = \sum_{n=1}^{\infty} (q^n + 1) u^{n-1}$ から $Z(\mathbb{P}^1_{\mathbb{F}_q}, u) = ((1-u)(1-qu))^{-1}$. □

ほとんどの読者にとって, ゼータ関数という名前を初めて聞いたのは, Riemann のゼータ関数

$$\zeta(s) = \sum_{n=1}^{\infty} \frac{1}{n^s} = \prod_{p: 素数} (1 - p^{-s})^{-1}$$

についてであろう. 本当は, Euler のゼータ関数と言ったほうがよく, 事実, 最後の式は Euler 積と呼ばれている. s を複素数として, 現在言うところの解析関数として捉え, 零点についての有名な仮説と素数分布について考察したのが Riemann であった.

有限体上の関数体の合同ゼータ関数 $Z(u)$ も, 膨大なゼータ・ファミリーの端っこに棲む一員である. このことについては種々様々な見方ができるが, 深遠なことは加藤-黒川-斎藤[18]のほうに任せて, いささか形式的ではあるが, スキーム(可換環)論的見地から眺めてみよう.

S を有理整数環 $\mathbb{Z}$ 上の有限型スキームとする(以下, スキームの言葉を知らない場合は, $S = \text{Spec} A$; A は $\mathbb{Z}$ 上有限生成な可換環と読んで欲しい). S の閉点のなす集合を S^0 (A の極大イデアルの集合 $\text{Specm} A$) とおき, $p \in S^0$ の剰余体 $\kappa(p)$ の元の個数を $N(p) = \sharp \kappa(p)$ (素数のベキ) とかく(p が閉点 $\iff$ 体 $\kappa(p) (= A/\mathfrak{m}_p)$ は $\mathbb{Z}$ 上有限生成代数 $\iff \kappa(p)$ は有限体). スキーム S のゼータ関数を Euler 積

$$\zeta(S,s) = \prod_{p \in S^0} (1 - N(p)^{-s})^{-1}$$

によって定義する．（s の実数部分 $\mathrm{Re}\,s$ が十分大きいところでの収束は容易に示される．）

$S = \mathrm{Spec}\,\mathbb{Z}$ の場合，$S^0 = \{素数\}$，$N(p) = p$ であり，Riemann のゼータ関数を得る．$S = \mathrm{Spec}\,\mathfrak{o}$（$\mathfrak{o}$ は有限次代数体の整数環）の場合，Dedekind ゼータ関数，S がいわゆる $\mathbb{Z}$ 上の "代数多様体" の場合，Hasse–Weil のゼータ関数と呼ばれるものである．

S が有限体上の有限型スキームならば，合同ゼータ関数が得られ，我々が考察しているものは，1 次元（代数曲線）の場合である．$X = X(K/\mathbb{F}_q) = S^0$（$S = X \cup \{生成点\}$）で，$p \in X$ に対して $N(p) = \sharp \kappa(p) = q^{\deg p}$ ゆえ，$\zeta(X, s) = \prod_{p \in X}(1 - q^{-s \deg p})^{-1} = Z(X, q^{-s})$ である．合同ゼータ関数の場合，s の複素関数と考えても，1 つの素数 $p_0\,(q = p_0^r)$ だけしか関与せず，結局 $u = q^{-s}$ の有理式となって，（Riemann や Dedekind を始めとする Hasse–Weil など）大域的な場合よりずっと分かり易い．

§4.2 関数等式

ゼータ関数という名前の市民権を得るためにはいくつかの資格が必要である．その第 1 のものは，関数等式である．すなわち，変数のある変換（普通は，包合的変換（involution））に対しての対称性を主張する等式である．我々の場合は，$u \mapsto q^{-1} u^{-1}$（$u = q^{-s}$ とおくと，$s \mapsto 1-s$）である．

その前に，代数体の類数（第 1 部，第 5 章）の類似について述べておこう．§3.5 で見たように，代数関数体 K/k の因子群 $\mathrm{Div}\,X$ の部分群 $\mathrm{Div}^0 X = \{D \in \mathrm{Div}\,X \mid \deg D = \sum_{p \in X} v_p(D) = 0\}$，$\mathrm{Pr}\,X = \{(x) = Z_x - P_x \mid x \in K^\times\}$ を考えると，主因子定理（定理 3.25）によって，$\mathrm{Pr}\,X \subset \mathrm{Div}^0 X$ であるから，因子類群 $\mathrm{Pic}\,X = \mathrm{Div}\,X/\mathrm{Pr}\,X \supset \mathrm{Pic}^0 X = \mathrm{Div}^0 X/\mathrm{Pr}\,X$ が定義される．いま，$\deg(\mathrm{Div}\,X) = d_0 \mathbb{Z}$（$d_0$ は $\deg D > 0$ の最小数；あとで分かるが，実は $d_0 = 1$）とおくと，加法群の完全列

$$0 \to \mathrm{Pic}^0 X \to \mathrm{Pic}\,X \xrightarrow{\deg} d_0 \mathbb{Z} \to 0$$

を得る．これは，Dedekind 環におけるイデアル類群の類似であり，とくに，代数体の(整数環)の場合，$\mathrm{Pic}^0 X$ に当たるものは有限群となり，その位数は類数とよばれている(加藤-黒川-斎藤[18])．

有限体上の代数関数体 $K/\mathbb{F}_q$ についても同様の有限性が成立することを示そう．

命題 4.5(因子類群の有限性) 有限体 $k=\mathbb{F}_q$ 上の代数関数体 K/k に対して，次数 0 の因子類群 $\mathrm{Pic}^0 X$ は有限群である．

[証明] d_0 の倍数 d について，$\mathrm{Pic}^d X = \{\delta \in \mathrm{Pic}\, X \mid \deg \delta = d\} \simeq \mathrm{Pic}^0 X$ ゆえ，1 つの d について，$\sharp \mathrm{Pic}^d X < \infty$ をいえばよい．

まず，正数 N に対して，$\{p \in X \mid \deg p \leq N\}$ なる素点の集合は有限であることに注意しよう．実際，$x \in K \setminus k$ に対して，$\mathbb{P}_k^1$ の被覆 $\pi: X \to \mathbb{P}_k^1 = \mathbb{A}_k^1 \cup \{\infty\}$ ($\pi(p) = $ 付値 $v_p \mid k(x)$ が与える素点) を考える．ここに，π のファイバー $\pi^{-1}(p')$ ($p' \in \mathbb{P}_k^1$) は有限 ($\sharp \pi^{-1}(p') \leq [K:k(x)]$ §3.3 定理 3.19) である．さらに，$p \in X$ に対して，$\kappa(\pi(p)) \subset \kappa(p)$ ゆえ，$\deg \pi(p) \leq \deg p$．よって，$\mathbb{P}_k^1$ の素点について，$\{p' \in \mathbb{P}_k^1 \mid \deg p' \leq N\}$ が有限ならば，X についても同様である．$\mathbb{P}_k^1$ の素点は $k[T]$ の既約モニック多項式と p_∞ ゆえ，明らかである．

さて，因子類群についての有限性を示そう．g を種数とするとき，d が $d+1 > g$ かつ $d_0 \mid d$ として，$\mathrm{Pic}^d X$ の有限性を示す．Riemann–Roch の定理(定理 3.28)より，$\deg D = d$ とすると $l(D) \geq d+1-g$ ゆえ，$\mathrm{Pic}^d X$ に属する因子類は正の因子 $D > 0$ を含む ($\mathrm{cl}(D) = \{D+(f) \mid f \in K^\times\} \in \mathrm{Pic}^d X$)．よって，$\mathrm{Pic}^d X$ の有限性を示すためには，$\deg D = d$ となる正の因子 $D > 0$ が有限個しかないことを示せばよい．これは $\deg p \leq d$ なる素点 $p \in X$ が有限個しかないことから導かれる．よって命題が証明された． ∎

$h(X) = \sharp \mathrm{Pic}^0 X = \sharp \mathrm{Pic}^d X$ ($d_0 \mid d$) を，X (または $K/\mathbb{F}_q$) の**類数**(class number) とよぶ．

以下，因子類別を用いてゼータ関数を調べて関数等式を導こう．本質的に用いられるのは Riemann–Roch の定理である．

代数関数体 $K/\mathbb{F}_q$ の素点全体 X に対するゼータ関数を

$$Z(u) = Z(X, u) = \sum_{D \geqq 0} u^{\deg D}$$

とする．因子類 $\delta \in \mathrm{Pic}\, X$ が与える完備 1 次系を $|\delta| = \{D \geqq 0 \,|\, D \in \delta\}$ とおいて，和を分けると

$$Z(u) = \sum_{d=0}^{\infty} \sum_{\deg \delta = d} \sharp |\delta| u^d$$

となる．ところで，$D \in |\delta|$ を 1 つ固定すると，$L(D) \backslash \{0\} = \{f \in K^{\times} \,|\, D + (f) \geqq 0\} \to |\delta|$ $(f \mapsto D + (f))$ は全射で，$\mathbb{F}_q$ 上の射影空間の同型 $\mathbb{P}^{l(\delta)-1}(\mathbb{F}_q) \simeq L(D) \backslash \{0\} / \mathbb{F}_q^{\times} \xrightarrow{\sim} |\delta|$ を引き起こす ($l(\delta) = l(D)$ とおいた)．したがって，$\sharp |\delta| = \sharp \mathbb{P}^{l(\delta)-1}(\mathbb{F}_q) = (q^{l(\delta)} - 1)/(q-1)$．これから，$(q-1)Z(u) = \sum_{d=0}^{\infty} \sum_{\deg \delta = d} (q^{l(\delta)} - 1) u^d$ を得る．$\deg \delta$ がとりうる値は，仮定から d_0 の倍数であるから，類数を $h = h(X)$ とおくと，これはさらに，

$$\sum_{n=0}^{\infty} \left(\sum_{\deg \delta = d_0 n} q^{l(\delta)} u^{d_0 n} - h u^{d_0 n} \right) = \sum_{n=0}^{\infty} \sum_{\deg \delta = d_0 n} q^{l(\delta)} u^{d_0 n} - \frac{h}{1 - u^{d_0}}$$

とかける．

ここで，$l(\delta)$ の値が $\deg \delta$ のみで与えられる Riemann–Roch の実用形を頭において，$\deg \delta$ の値が $-\chi = 2g - 2$ のところで和を分割する．すなわち，

$$A(u) = \sum_{d_0 n > -\chi} \sum_{\deg \delta = d_0 n} q^{l(\delta)} u^{d_0 n} - \frac{h}{1 - u^{d_0}},$$

$$B(u) = \sum_{d_0 n \leqq -\chi} \sum_{\deg \delta = d_0 n} q^{l(\delta)} u^{d_0 n}$$

とおく ($(q-1)Z(u) = A(u) + B(u)$, $g = 0$ のときは $B(u) = 0$ とおく)．系 3.38 より，$d_0 n > -\chi$ ならば $l(\delta) = \deg \delta + 1 - g$ だから，

$$A(u) = \sum_{d_0 n \geqq -\chi + d_0}^{\infty} h q^{d_0 n + 1 - g} u^{d_0 n} - \frac{h}{1 - u^{d_0}}$$

$$= h q^{1-g} \frac{(qu)^{-\chi + d_0}}{1 - (qu)^{d_0}} - \frac{h}{1 - u^{d_0}}.$$

この段階で，$A(u)$ は分母を $(1-u^{d_0})(1-(qu)^{d_0})$ とする u の有理式，$B(u)$

は次数 $-\chi=2g-2$ 以下の多項式ゆえ，$Z(u)$ は u について有理式で表現されることが分かった(すなわち，u についての級数 $Z(u)$ は有理式の展開である)．さらに，$Z(u)$ の分母の形から，その極はすべて単純(分母 $=0$ は重根をもたない)であることに注意しておこう．この事実はあとで用いられる．

以上により，$A(u)$ は関数等式
$$A(q^{-1}u^{-1}) = q^{1-g}u^{2-2g}A(u) = q^{\chi/2}u^{\chi}A(u)$$
をみたしていることが確かめられる．多項式部分 $B(u)$ についても同じ等式
$$B(q^{-1}u^{-1}) = q^{\chi/2}u^{\chi}B(u)$$
をみたすことを示そう．

Riemann–Roch の定理(定理 3.36)により，標準類を C とすると，$l(\delta) = \deg\delta + 1 - g + l(C-\delta)$ である．したがって，
$$\begin{aligned}B(u) &= \sum_{0\leq \deg\delta\leq -\chi} q^{l(\delta)}u^{\deg\delta}\\ &= \sum_{\delta} q^{\deg\delta+1-g+l(C-\delta)}u^{\deg\delta}\\ &= \sum_{\delta}(qu)^{\deg\delta}q^{\chi/2}q^{l(C-\delta)}\\ &= q^{\chi/2}(qu)^{-\chi}\sum_{\delta}(qu)^{-\deg(C-\delta)}q^{l(C-\delta)}\end{aligned}$$

(系 3.37 より $\deg C = -\chi$)．因子類 δ についての和は $0\leq \deg\delta\leq -\chi$ すべてをわたるから $\deg(C-\delta)$ も同じである．よって，上式で $C-\delta$ を δ で置き換えても不変で，上式は
$$q^{-\chi/2}u^{-\chi}\sum_{0\leq \delta\leq -\chi}(qu)^{-\deg\delta}q^{l(\delta)} = q^{-\chi/2}u^{-\chi}B(q^{-1}u^{-1})$$
に等しい．よって，$B(u)$ についての関数等式が示され，和 $(q-1)Z(u) = A(u)+B(u)$ についても同じ関数等式が成立することが分かった．すなわち，次の定理が証明された．

定理 4.6(関数等式) 有限体 $\mathbb{F}_q$ 上の代数関数体のゼータ関数 $Z(u)$ は，u についての有理式($\in\mathbb{Q}(u)$)で表され，関数等式
$$Z(q^{-1}u^{-1}) = q^{\chi/2}u^{\chi}Z(u)$$
をみたす($\chi=2-2g$, g は種数)． □

次に，因子の最小正次数について，実は $d_0 = 1$ であることを証明しよう．これにより，ゼータ関数を与える有理関数の形が一層はっきりする．そのためにまず，基礎体の拡大に対しての挙動について簡単な補題を準備する．

代数関数体 $K/\mathbb{F}_q$ の基礎体 $\mathbb{F}_q$ をその n 次拡大 $\mathbb{F}_{q^n}$ に係数拡大した $K_n/\mathbb{F}_{q^n}$ を考える．ここで，定義によって K_n はテンソル積 $K_n = K \otimes_{\mathbb{F}_q} \mathbb{F}_{q^n}$ である．ところで，$\mathbb{F}_{q^n}/\mathbb{F}_q$ は分離拡大で $\mathbb{F}_q$ は K の中で代数的に閉じているから K_n は体である．したがって，K_n は適当な大きな体の中での合成体と考えてもよい．

係数拡大の有理点については，簡単な関係 $X_n(L) = X(L)$ ($X_n = X(K_n/\mathbb{F}_{q^n})$, L は $\mathbb{F}_{q^n}$ の拡大体)がある．実際，拡大 K_n/K における素点の対応 $\pi : X_n \to X$ に関して，$\coprod_{p' \in \pi^{-1}(p)} \mathrm{Hom}_{\mathbb{F}_{q^n} \text{代数}}(\kappa(p'), L) \simeq \mathrm{Hom}_{\mathbb{F}_{q^n} \text{代数}}(\mathcal{O}_p \otimes_{\mathbb{F}_q} \mathbb{F}_{q^n}, L) \simeq \mathrm{Hom}_{\mathbb{F}_q \text{代数}}(\mathcal{O}_p, L) \simeq \mathrm{Hom}_{\mathbb{F}_q \text{代数}}(\kappa(p), L)$ となることから導かれる．($\mathbb{F}_q$ 代数 A に対して，$\mathrm{Hom}_{\mathbb{F}_{q^n} \text{代数}}(A \otimes_{\mathbb{F}_q} \mathbb{F}_{q^n}, L) \simeq \mathrm{Hom}_{\mathbb{F}_q \text{代数}}(A, L)$.)

補題 4.7 $K/\mathbb{F}_q$ のゼータ関数を $Z(u)$, 係数拡大 $K_n/\mathbb{F}_{q^n}$ のゼータ関数を $Z_n(u)$ とすると，積公式

$$Z_n(u^n) = \prod_{\zeta^n = 1} Z(\zeta u)$$

が成立する．ここに，積は 1 の n 乗根 $\zeta^n = 1$ をすべてわたる．

[証明] $\phi(u) = \dfrac{d}{du} \log Z(u)$, $\phi_n(u) = \dfrac{d}{du} \log Z_n(u)$ とおく．定理 4.3 により

$$\phi(u) = \sum_{r=1}^{\infty} \nu_r u^{r-1}, \quad \phi_n(u) = \sum_{r=1}^{\infty} \nu_r^{(n)} u^{r-1} \quad (\nu_r = \sharp X(\mathbb{F}_{q^r}), \nu_r^{(n)} = \sharp X_n(\mathbb{F}_{q^{nr}})).$$

ところが，$X_n(\mathbb{F}_{q^{nr}}) \simeq X(\mathbb{F}_{q^{nr}})$ ゆえ，$\nu_r^{(n)} = \nu_{nr}$ すなわち $\phi_n(u) = \sum_{r=1}^{\infty} \nu_{nr} u^{r-1}$.
したがって，$\dfrac{d}{du} \log Z_n(u^n) = nu^{n-1} \phi_n(u^n) = n \sum_{r=1}^{\infty} \nu_{nr} u^{nr-1}$.

一方，

$$\sum_{\zeta^n = 1} \zeta \phi(\zeta u) = \sum_{\zeta^n = 1} \sum_{r=1}^{\infty} \nu_r \zeta^r u^{r-1}$$

$$= \sum_{r=1}^{\infty} \nu_r \left(\sum_{\zeta^n = 1} \zeta^r \right) u^{r-1}$$

$$= n \sum_{r=1}^{\infty} \nu_{nr} u^{nr-1}$$

($\sum_{\zeta^n=1} \zeta^r = n \ (n|r), \ 0 \ (n\nmid r)$) だから,

$$\frac{d}{du} \log \prod_{\zeta^n = 1} Z(\zeta u) = \sum_{\zeta^n = 1} \zeta \phi(\zeta u)$$

$$= \frac{d}{du} \log Z_n(u^n)$$

を得る.両辺の $\dfrac{d}{du}$ の中身の定数項は 1 ゆえ,結局,求める等式が導かれる. ∎

さて,関数等式の証明中に示したように,ゼータ関数は

$$Z(u) = \frac{P(u)}{(1-u^{d_0})(1-(qu)^{d_0})} \quad (P(u) \in \mathbb{Z}[u], \ P(0) = 1)$$

という有理式で表されていた.上の補題 4.7 を $n = d_0$ に適用すると,

$$Z_{d_0}(u^{d_0}) = \prod_{\zeta^{d_0} = 1} Z(\zeta u) = \frac{\prod_\zeta P(\zeta u)}{(1-u^{d_0})^{d_0}(1-(qu)^{d_0})^{d_0}}$$

を得る.ところがやはり,上の $Z(u)$ の表示式から分かるように,d_0 が何であっても,$u=1$ におけるゼータ関数の極は単純(分母は重根をもたない)ゆえ,結局 $d_0 = 1$ でなければいけない.したがって,ゼータ関数についてさらに精密な次の定理を得る.

定理 4.8 有限体上の代数関数体 $K/\mathbb{F}_q$ とその抽象 Riemann 面 X について次が成り立つ.

(ⅰ) 因子類群について完全列

$$0 \to \mathrm{Pic}^0 X \to \mathrm{Pic}\, X \xrightarrow{\deg} \mathbb{Z} \to 0$$

が成り立つ.すなわち,$\deg D = 1$ なる因子 $D \in \mathrm{Div}\, X$ が存在する.

(ⅱ) ゼータ関数 $Z(u)$ は,

と表示される．ここに，$P(u)$ は次数が $2g$ の整係数多項式で，$P(0)=1$, $P(1)=h(X)$ (類数) となり，関数等式 $P(u)=q^g u^{2g} P(q^{-1}u^{-1})$ が成立する (g は種数).

(iii) (ii) の $P(u)$ は，$\omega_i \omega_{i+g}=q$ $(1 \leqq i \leqq g)$ となる ω_i をもって，$P(u)=\prod_{i=1}^{2g}(1-\omega_i u)$ と因数分解できる．さらに，$\nu_n = \sharp X(\mathbb{F}_{q^n})$ を $\mathbb{F}_{q^n}$ 有理点の個数とすると，

$$\nu_n = q^n + 1 - \sum_{i=1}^{2g} \omega_i^n$$

となる．

[証明] (i) と (ii) は $d_0=1$ と $Z(u)$ の関数等式，およびその証明中の式から直ちに分かる．

(iii) $\omega_i \omega_{i+g}=q$ は $P(u)$ の関数等式 (ii) から容易に導かれる．さらに，$P(u)=\prod_{i=1}^{2g}(1-\omega_i u)$ として，$Z(u)=P(u)(1-u)^{-1}(1-qu)^{-1}$ の log をとると，

$$\log Z(u) = \sum_{i=1}^{2g} \log(1-\omega_i u) - \log(1-u) - \log(1-qu)$$

$$= \sum_{n=1}^{\infty} \left(q^n + 1 - \sum_{i=1}^{2g} \omega_i^n\right) u^n/n$$

で，これは $\sum_{n=1}^{\infty} \nu_n u^n/n$ に等しいから，$\nu_n = q^n + 1 - \sum_{i=1}^{2g} \omega_i^n$ を得る． ■

§4.3 Riemann 仮説 (零点の絶対値)

前節では，様々ある中で数列の母関数 (Dirichlet 級数) で定義されたものが，ゼータと呼ばれるための1つの資格として関数等式を挙げた．ゼータの究極の資格としては，その零点の分布についての仮説 (Riemann 予想とも呼ばれる) があるが，多くの場合期待はされていても，証明されている場合は少ない．

いま扱っている合同ゼータ関数は，その数少ない場合の1つで，とくに1変数代数関数体については初等的な証明が知られているので，ここに紹介しよう．すなわち次の定理である．

定理 4.9（A. Weil） 有限体 $\mathbb{F}_q$ 上の代数関数体のゼータ関数 $Z(u)$ の零点 α の絶対値について，$|\alpha|=q^{\frac{1}{2}}$ が成り立つ． □

定理 4.8 で見たように，$Z(u) = \prod_{i=1}^{2g}(1-\omega_i u)/((1-u)(1-qu))$ $(\omega_i \in \overline{\mathbb{Z}})$ とかけるから，$Z(u)$ の零点は $\{\omega_i^{-1}\}_i$ である．よって，上の定理は $|\omega_i|=q^{\frac{1}{2}}$ を主張している．

§4.1 で述べたように，我々の合同ゼータ関数は，スキームのゼータ関数としては $\zeta(s)=Z(q^{-s})$ $(s\in \mathbb{C})$ と表現される．したがって，複素関数 $\zeta(s)$ の零点は，s の実部について $\mathrm{Re}\,s=\dfrac{1}{2}$ 上にあることになる（$q^{-s}=\omega_i^{-1}$ ゆえ $|\omega_i|=q^{\mathrm{Re}\,s}$）．

Riemann のゼータ関数 $\zeta(s)=\sum_{n=1}^{\infty}\dfrac{1}{n^s}$ の零点が（s について解析接続して）自明なもの（負の偶数）以外すべて $\mathrm{Re}\,s=\dfrac{1}{2}$ 上にあるのではないか，というのが本来の Riemann 仮説である．未だ公認された証明はない．

この Weil の定理は Riemann 仮説のミニチュアであると言えよう．この定理は，1940 年頃始めて一般的に証明され，A. Weil の「代数幾何学 3 部作」[14]に発表された．最初の証明は曲線の Jacobi 多様体，または，曲面（曲線の直積）の Riemann–Roch 定理を用いるもので，初等的とは言いがたい．

これから紹介するものは，S. A. Stepanov のアイデアによる特別な場合の考察[12](1969) を一般化した E. Bombieri [6](1973) によるものである．本質的に Riemann–Roch の定理しか用いない．

まず，Riemann 仮説と有理点の個数（$\nu_r = \sharp X(\mathbb{F}_{q^r})$）の挙動についての次の命題に注意しておく．

命題 4.10 ゼータ関数 $Z(u)$ の零点を $\{\omega_i^{-1}\}_{1\leq i \leq 2g}$ とするとき，次は同値である．

(i) $|\omega_i|=q^{\frac{1}{2}}$ $(\forall i)$.

(ii) $|\nu_r-(q^r+1)| \leq 2gq^{\frac{r}{2}}$ $(r\in \mathbb{N})$.

(iii) $\nu_r = q^r + O(q^{\frac{r}{2}})$ $(r\to \infty)$.

ただし，O はラージ・オーダー($f(x) = O(g(x))\ (x \to \infty) \iff |f(x)/g(x)|$ が $x \to \infty$ で有界).

[証明] (i) $\Rightarrow$ (ii) 定理 4.8(iii) により $\nu_r = q^r + 1 - \sum_{i=1}^{2g} \omega_i^r$. よって，

$$|\nu_r - (q^r + 1)| \leq \left|\sum_{i=1}^{2g} \omega_i^r\right| \leq \sum_{i=1}^{2g} |\omega_i|^r = 2g q^{\frac{r}{2}}.$$

(ii) $\Rightarrow$ (iii)

$$|\nu_r - q^r| q^{-\frac{r}{2}} = |\nu_r - (q^r + 1) + 1| q^{-\frac{r}{2}} \leq |\nu_r - (q^r + 1)| q^{-\frac{r}{2}} + q^{-\frac{r}{2}} \leq 2g + 1.$$

(iii) $\Rightarrow$ (i) まず，(iii) が成立すれば，$P(u) = Z(u)(1-u)(1-qu)$ は $|u| < q^{-\frac{1}{2}}$ に零点をもたないことを示そう．実際，定理 4.3 から，$\dfrac{d}{du}(\log P(u)) = -(1-u)^{-1} + \sum_{r=1}^{\infty} (\nu_r - q^r) u^{r-1} = -(1-u)^{-1} + \sum_{r=1}^{\infty} O(q^{\frac{r}{2}}) u^{r-1}$ は $|u| < q^{-\frac{1}{2}}$ において収束する．よって，$P(u)$ は $|u| < q^{-\frac{1}{2}}$ で，ある正則関数 $\phi(u)$ に対して $P(u) = e^{\phi(u)}$ と表され，この範囲に零点をもたない．

次に，もし $P(u)$ が $|u| > q^{-\frac{1}{2}}$ に零点をもてば，ある ω_i について，$\omega_i^{-1} > q^{-\frac{1}{2}}$ となる．ところが関数等式(定理 4.8(iii))から $\omega_i \omega_{i+g} = q$ となる ω_{i+g} があり，$|\omega_{i+g}^{-1}| = q^{-1}|\omega_i| < q^{-1} q^{\frac{1}{2}} = q^{-\frac{1}{2}}$. ところが ω_{i+g}^{-1} も $P(u)$ の零点だから，これは上に証明したことに反する．すなわち，すべての零点は $|u| = q^{-\frac{1}{2}}$ 上にある． ∎

以降，代数関数体 $K/\mathbb{F}_q$ のゼータ関数について，上の命題の同値な条件が成立するとき，$K/\mathbb{F}_q$ について RH(Riemann hypothesis) が成立すると言おう．Weil の定理(定理 4.9)は，有限体上のすべての代数関数体について RH が成立することを主張している．

係数拡大について次に注意する．

補題 4.11 $K/\mathbb{F}_q$ について RH が成立することと，ある係数拡大 $K_n/\mathbb{F}_{q^n}$ ($K_n = K \otimes_{\mathbb{F}_q} \mathbb{F}_{q^n}$) に対して RH が成立することは同値である．

[証明] 補題 4.7 の証明と同様である．$K/\mathbb{F}_q$ に対するゼータ関数 $Z(u)$ の零点を $\{\omega_i^{-1}\}_i$，$K_n/\mathbb{F}_{q^n}$ に対するゼータ関数の零点を $\{\omega_i'^{-1}\}$ とおき，それぞれの $\mathbb{F}_{q^{nr}}$ 有理点を考えると，$\nu_r^{(n)} := \nu_r(X_n(\mathbb{F}_{q^{nr}})) = \nu_{nr}(X(\mathbb{F}_{q^{nr}})) = \nu_{nr}$ であった．よって，定理 4.8(iii) から

$$q^{nr}+1-\sum_{i=1}^{2g}\omega_i'^r = \nu_r^{(n)} = \nu_{nr} = q^{nr}+1-\sum_{i=1}^{2g}\omega_i^{nr}.$$

よって，$\sum_{i=1}^{2g}\omega_i'^r = \sum_{i=1}^{2g}\omega_i^{nr}$ がすべての $r \in \mathbb{N}$ について成立する．これより，適当に順番を付け替えれば $\omega_i' = \omega_i^n$ ($1 \leq i \leq 2g$) とならなければいけない．$K/\mathbb{F}_q$ に対する RH は $|\omega_i| = q^{\frac{1}{2}}$，$K_n/\mathbb{F}_{q^n}$ に対する RH は $|\omega_i'| = q^{n\frac{1}{2}}$ ゆえ，これは同値である． ∎

次の注意は，体の拡大論に属することである．

命題 4.12 完全体 k 上の代数関数体 K/k は，分離超越元 x ($K/k(x)$ が (有限次)分離拡大になるような元 $x \in K$)をもつ．

したがってこのとき，K の有限次拡大 K' で $K'/k(x)$ が Galois 拡大になるようなものが存在する．

[証明] 標数を $p>0$ とする．$x \notin k$ について $K/k(x)$ が非分離拡大とすると，$x^{\frac{1}{p}} \in K$ となることをいえばよい．なぜなら，このとき $K/k(x^{\frac{1}{p}})$ が分離拡大ならばそれでよい．もし分離的でなければ，続けて $x^{\frac{1}{p^2}} \in K$ となる．この操作を続けて，$x^{\frac{1}{p^e}} \in K$ とすると，$[k(x^{\frac{1}{p^e}}):k(x)] = p^e \leq [K:k(x)]$ ゆえ，ある $e>0$ に対して，$x^{\frac{1}{p^e}}$ は分離超越元になる．

さて，$K/k(x)$ が非分離的ならば，純非分離元 $y \notin k(x)$ をとり，その最小多項式を $f(x,T) \in k(x)[T]$ とする．x についての分母を払って始めから $f(x,T) \in k[x,T]$ は x,T についての既約多項式としてよい．$f(x,T)$ は T について非分離多項式であるから

$$f(x,T) = \sum_{j=0}^{m} g_j(x) T^{jp} \quad (g_j(x) \in k[x])$$

となる．いま K の代数的閉包のなかで，$K_1 = k(x^{\frac{1}{p}})$ とおくと，$K_1[T]$ のなかで ($g_j(x) = \sum_i a_{ij} x^i$ ($a_{ij} \in k$) のとき $\widetilde{g}_j(Y) = \sum_i a_{ij}^{\frac{1}{p}} Y^i$ とおく)，

$$f(x,T) = \left(\sum_j g_j(x)^{\frac{1}{p}} T^j\right)^p = \left(\sum_j \widetilde{g}_j(x^{\frac{1}{p}}) T^j\right)^p$$

と分解する．ここに k は完全体ゆえ，$a_{ij}^{\frac{1}{p}} \in k$，すなわち $\widetilde{g}_j(x^{\frac{1}{p}}) \in k(x^{\frac{1}{p}}) = K_1$ となり，$f_1(x,T) = \sum_{j=1}^m \widetilde{g}_j(x^{\frac{1}{p}}) T^j \in K_1[T]$ である．$f_1(x,y) = 0$ で，f_1 は T に

について m 次だから，$[K_1(y):K_1] \leqq m$. したがって，$[K_1(y):k(x)] = [K_1(y):K_1][K_1:k(x)] \leqq mp$. ところが $[k(x,y):k(x)] = mp$ だったから，$k(x^{\frac{1}{p}},y) = K_1(y) = k(x,y) \subset K$ を得る．すなわち $x^{\frac{1}{p}} \in K$ である．よって主張が証明された． ∎

命題 4.10，補題 4.11 により，RH の成立を示すには，基礎体を十分大きく拡大して，有理点の個数 ν_r の増大のオーダーを調べればよいことになる．また，命題 4.12 により，必要ならば分離的被覆 $X \to \mathbb{P}^1$ をカバーする Galois 被覆も存在する．

RH は，このように幾何学的な設定での有理点の個数の問題として捉えられるから，ここで有理点そのものも幾何学的に考えておこう．

$\mathbb{F}_q$ の代数的閉包 $\bar{k} = \overline{\mathbb{F}_q}$ の Frobenius 写像 $F(a) = a^q$ $(a \in \bar{k})$ を考えると，F^n の固定点全体が n 次拡大 $\mathbb{F}_{q^n}$ をつくる．したがって，$\mathbb{F}_q$ 上の代数関数体の $\bar{k}$ 有理点全体 $X(\bar{k}) = \coprod_{p \in X} \mathrm{Hom}_{\mathbb{F}_q \text{代数}}(\kappa(p), \bar{k})$ に，Frobenius 写像 F を $s \in \mathrm{Hom}_{\mathbb{F}_q \text{代数}}(\kappa(p), \bar{k})$ に対して $(Fs)(b) = s(b^q) = s(b)^q$ $(b \in \kappa(p))$ と作用させると，F^n の固定点のなす集合について，$X(\bar{k})^{F^n} = X(\bar{k}^{F^n}) = X(\mathbb{F}_{q^n})$ となり，拡大体の有理点が Frobenius 写像の固定点として表される．

ちなみに，代数的閉体 $\bar{k}$ 上の有理点 $X(\bar{k})$ は K の係数拡大 $K \otimes_k \bar{k}/\bar{k}$ の素点全体 $\overline{X} = X(K \otimes_k \bar{k})$ と自然に同型になり，F を $\overline{X}$ への作用と考えてもよい．また，このとき関数体 $K\bar{k} = K \otimes_k \bar{k}$ の元 f は写像 $\overline{X} \to X(\bar{k}(f)) = \mathbb{P}^1(\bar{k})$ によって，$\overline{X}$ 上の $\mathbb{P}^1(\bar{k}) = \bar{k} \cup \{\infty\}$ に値をもつ関数と同一視される．

いま，代数関数体 $K/\mathbb{F}_q$ と分離超越元 $x \in K$ に対して，$K/\mathbb{F}_q(x)$ が Galois 拡大であると仮定しよう（このとき，$X = X(K/\mathbb{F}_q) \to \mathbb{P}^1_{\mathbb{F}_q} = X(\mathbb{F}_q(x)/\mathbb{F}_q)$ は Galois 被覆であるという）．このとき，閉体 $\bar{k} = \overline{\mathbb{F}_q}$ まで係数拡大を行っても $K\bar{k}/\bar{k}$ ($K\bar{k} = K \otimes_{\mathbb{F}_q} \bar{k}$ は合成体)は Galois 拡大ゆえ，Galois 被覆 $\overline{X} = X(K\bar{k}/\bar{k}) \to \mathbb{P}^1_{\bar{k}}$ を得る．Galois 群 $\mathrm{Gal}(K\bar{k}/\bar{k}(x))$ ($= \mathrm{Gal}(\overline{X}/\mathbb{P}^1_{\bar{k}})$ とかく)$\subset \mathrm{Gal}(K/\mathbb{F}_q(x))$ は $\bar{k}$ 有理点の集合 $X(\bar{k}) \xrightarrow{\pi} \mathbb{P}^1(\bar{k})$ へも作用する（定理 2.46 により，ファイバー $\pi^{-1}(s_0)$ に推移的に働く）．このとき，$\sharp \pi^{-1}(s_0) \leqq [K\bar{k}:\bar{k}(x)]$ で，有限個の $s_0 \in \mathbb{P}^1(\bar{k})$ を除いて，等号をなす(等号をなす点を**不分岐**

§4.3 Riemann 仮説(零点の絶対値)———303

点(unramified point)という).

さて, Frobenius 写像 F は $X(\bar{k})$ と $\mathbb{P}^1(\bar{k})$ の両方に作用し, π と可換である $(\pi \circ F = F \circ \pi)$. Galois 群の元 $\gamma \in \mathrm{Gal}(X(\bar{k})/\mathbb{P}^1(\bar{k})) := \mathrm{Gal}(K\bar{k}/\bar{k}(x))$ に対して,

$$M(\gamma) = \{s \in X(\bar{k}) \mid F(s) = \gamma s\}, \quad \nu(\gamma) = \sharp M(\gamma)$$

とおくと, 次の評価が得られる.

定理 4.13 (Bombieri の勘定定理) 上の設定の下で, q が標数 p の偶数 α ベキ($q = p^{\alpha}$)で, K/k の種数 g に対して $q > (g+1)^4$ ならば,

$$\nu(\gamma) \leqq q + (2g+1)q^{\frac{1}{2}} + 1$$

が成り立つ. □

先にこの定理を仮定して, RH が成り立つことを示そう.

[ステップ 1] まず, $K/\mathbb{F}_q(x)$ が Galois 拡大となるような x が存在する場合, 定理 4.13 の設定の下で考える($q \gg 0$ とする). $\pi: X(\bar{k}) \to \mathbb{P}^1(\bar{k})$ において, $\mathbb{P}_{\mathrm{un}}(\mathbb{F}_q) = \{s_0 \in \mathbb{P}^1(\mathbb{F}_q) \subset \mathbb{P}^1(\bar{k}) \mid s_0 \text{ は不分岐}\}$ とおくと,

$$\pi^{-1}(\mathbb{P}_{\mathrm{un}}(\mathbb{F}_q)) = \coprod_{\gamma \in G} M(\gamma) \quad (G = \mathrm{Gal}(K\bar{k}/\bar{k}))$$

である. ($\pi(s) \in \mathbb{P}_{\mathrm{un}}(\mathbb{F}_q)$ とすると, $\pi(F(s)) = F(\pi(s)) = \pi(s)$. G はファイバー $\pi^{-1}(\pi(s))$ に推移的に働き, $\pi(s)$ 不分岐ゆえ $\sharp G = \sharp \pi^{-1}(\pi(s))$; $\gamma s = F(s)$ となる $\gamma \in G$ がある.) したがって, $\mathbb{P}^1(\bar{k})$ の π に関する分岐点の個数を ρ とおくと,

$$\sharp G \nu_1(\mathbb{P}^1(\mathbb{F}_q)) - \sum_{\gamma \in G} \nu(\gamma) \leqq \sharp G \rho \quad (\nu_1(\mathbb{P}^1(\mathbb{F}_q)) = q+1)$$

を得る. そこで, $\nu(\gamma)$ についての勘定定理の評価を代入すると, $\gamma \in G$ を 1 つ固定したとき,

$$\sharp G(q+1) - \sum_{\gamma' \neq \gamma} \nu(\gamma') - \nu(\gamma)$$
$$\geqq \sharp G(q+1) - (\sharp G - 1)(q + 1 + (2g+1)q^{\frac{1}{2}}) - \nu(\gamma)$$
$$= q - (\sharp G - 1)(2g+1)q^{\frac{1}{2}} + 1 - \nu(\gamma)$$

を得るが，これが一定数 $\sharp G\rho$ 以下であるから，定数 c_1, c_2 に対して，

$$\nu(\gamma) - q \geqq c_1 q^{\frac{1}{2}} + c_2$$

が成り立つ．

ところが，ふたたび勘定定理によって，上からの押さえ (c'_1, c'_2 は定数)，

$$\nu(\gamma) - q \leqq c'_1 q^{\frac{1}{2}} + c'_2$$

が成立しているので，

$$\nu(\gamma) = q + O(q^{\frac{1}{2}}) \quad (q \to \infty)$$

が任意の $\gamma \in G$ について言える．

[ステップ2] 次に，一般の $K/\mathbb{F}_q$ に対しては，有限体は完全体であるから(定理1.44)，命題4.12によって分離拡大 $K/\mathbb{F}_q(x)$ を含む有限次 Galois 拡大 $K'/\mathbb{F}_q(x)$ がある ($K' \supset K$)．したがって，2重の被覆 $X'(\bar{k}) \to X(\bar{k}) \to \mathbb{P}^1(\bar{k})$ で，$X'/\mathbb{P}^1, X'/X$ が Galois 被覆となるものを得る．

このとき，$H = \mathrm{Gal}(K'/K)$ とすると，まず $X' \to X$ の $\mathbb{F}_q$ 有理点に関して[ステップ1]の最初の論法(X を $\mathbb{P}^1$, X' を X)を適用すると同様に，q に独立な定数 C に対して，

$$0 \leqq \sharp H \nu_1(X) - \sum_{\gamma \in H} \nu(\gamma) \leqq C$$

を得る (ここに，$\nu(\gamma)$ は X' に対する $M(\gamma)$ ($\gamma \in \mathrm{Gal}(K'/\mathbb{F}_q(x))$) の個数，$\nu_1(X) = \sharp X(\mathbb{F}_q)$)．すなわち，$\sharp H \nu_1(X) = \sum_{\gamma} \nu(\gamma) + O(1) \quad (q \to \infty)$．よって，$\nu(\gamma)$ に対する[ステップ1]の最後の評価から，

$$\nu_1(X) = q + O(q^{\frac{1}{2}}) + O(1)$$
$$= q + O(q^{\frac{1}{2}}) \quad (q \to \infty),$$

すなわち，$r \gg 0$ に対して，$\nu_r(X) = q^r + O(q^{\frac{r}{2}})$ が成り立ち，これは命題4.10により，$X, K/\mathbb{F}_q$ に対する RH の成立の証明を与えている．以上で，Bombieri の勘定定理(定理4.13)の証明を残して，目標の Weil の定理(定理

4.9)が証明された.

§4.4 Bombieri の勘定定理の証明

定理 4.13 を証明する. 記号設定は問題の定理の直前の通りとする. $k=\mathbb{F}_q$ 上の代数関数体 K を閉体 $\bar{k}$ まで係数拡大して, $K\bar{k}=K\otimes_k\bar{k}$, F を $\mathbb{F}_q$ に関する Frobenius 写像とする. $K\bar{k}=K\otimes_k\bar{k}$ へは $F(h\otimes a)=h^q\otimes a$ $(h\in K, a\in \bar{k})$, $\overline{X}=X(K\bar{k})=X(\bar{k})\ni s$, $s:\kappa(p)\to\bar{k}$ へは $F(s)(\xi)=s(\xi)^q$ $(\xi\in\kappa(p))$ によって作用する. $\pi:\overline{X}\to\mathbb{P}^1(\bar{k})$ の Galois 群の元 γ について, $\nu(\gamma)=\sharp\{s\in\overline{X}\,|\,Fs=\gamma s\}$ の評価が問題であった.

F, γ は代数的閉体上の有理点 $\overline{X}$ への作用とも考えられるが, このとき関数 $f\in K\bar{k}$ への作用は $F(f)=f\circ F$, $\gamma(f)=f\circ\gamma^{-1}$ となる.

さて, $\nu(\gamma)=0$ ならば, 定理は正しいから, 固定点 $Fs_0=\gamma s_0$ $(s_0\in\overline{X})$ が存在するとする. s_0 を $\overline{X}$ の素点と考え $(\overline{X}=X(K\bar{k})\simeq X\otimes_k\bar{k})$, $\bar{k}$ 上のベクトル空間 $R_m=L(m[s_0])=\{f\in K\bar{k}\,|\,(f)+m[s_0]\geqq 0\}\cup\{0\}$ に対して, $r_m=\dim_{\bar{k}}R_m$ とおく.

補題 4.14 g を X (および $\overline{X}$) の種数とする.

(i) $r_m\geqq m+1-g$, $m>2g-2$ ならば, $r_m=m+1-g$.

(ii) $R_m\subset R_{m+1}$ で, $r_{m+1}\leqq r_m+1$. とくに, $r_m\leqq m+1$.

[証明] (i) $\overline{X}$ に対する Riemann–Roch の定理(定理 3.36)およびその系 3.38 から明らか.

(ii) $R_m\subset R_{m+1}$ は定義により明らか. $f, f'\in R_{m+1}\setminus R_m$ とすると, ある $c_0\in\bar{k}$ に対して, $f-cf'$ は s_0 でのみ位数 m 以下の極をもつ. すなわち, $f-cf'\in R_m$ となり, $\dim R_{m+1}/R_m\leqq 1$. ∎

さて, $\phi=\gamma^{-1}F(\in\mathrm{End}\,\overline{X})$ とおくと, $\phi s_0=s_0$. 以下, 何らかの $K\bar{k}$ の部分空間 R ($\overline{X}$ の関数空間)に対して $R\circ\phi:=\{f\circ\phi\in K\bar{k}\,|\,f\in R\}\tilde{\leftarrow}R$ $(\circ\phi)$ とおく. このとき, $R_m\tilde{\to}R_m\circ\phi\hookrightarrow R_{mq}$ と見なせる. 実際, 主因子に対する作用を考えると, $(f\circ\phi)=(f\circ\gamma^{-1}F)=\gamma(f\circ F)=q\phi^{-1}(f)$ であるから, $f\in R_m$ ならば $(f\circ\phi)+qm[s_0]\geqq 0$ $(\phi(s_0)=s_0)$.

次に p を k の標数として，$R^{(p^\mu)} := \{f^{p^\mu} \in K\bar{k} \mid f \in R\}$ とおくと，写像 $R \to R^{(p^\mu)} \subset K\bar{k}$ は $\bar{k}$ 線形ではないが単射であり，とくに，$R_l \to R_l^{(p^\mu)} \subset R_{lp^\mu}$ は単射で $\dim_{\bar{k}} R_l^{(p^\mu)} = \dim_{\bar{k}} R_l = r_l$ である．($f \mapsto f^p$ を**絶対** Frobenius 写像という．F と混同しないよう注意！)

補題 4.15 $lp^\mu < q$ ならば(p は q を割る素数)，関数の積のなす写像
$$R_l^{(p^\mu)} \otimes_{\bar{k}} R_m \circ \phi \to R_{lp^\mu + mq}$$
は単射である．

[証明] 高々余次元 1 のフィルター $R_m \supset R_{m-1} \supset \cdots$ を考え，$f_1 \in R_m \subset \{f \mid v_{s_0}(f) \geq -m\}$ を s_0 における位数 $v(f_1) = v_{s_0}(f_1)$ が最小なものとする．このとき，$f \in R_m \setminus \bar{k} f_1$, $v(f) > v(f_1)$ であるから，R_m の基底 $f_1, f_2, \cdots, f_r$ を s_0 における位数 v について，$v(f_1) < v(f_2) < \cdots < v(f_r)$ となるように選べる．補題を示すには，もし
$$\sum_{i=1}^r h_i^{p^\mu}(f_i \circ \phi) = 0 \quad (h_i \in R_l)$$
ならば，$h_i = 0$ となることを示せばよい．$1 \leq a \leq r$ を $h_a \neq 0$ となる最小の番号とすると，
$$p^\mu v(h_a) + q v(f_a) = v(h_a^{p^\mu}(f_a \circ \phi))$$
$$= v\left(-\sum_{i=a+1}^r h_i^{p^\mu}(f_i \circ \phi)\right)$$
$$\geq \mathrm{Min}_{i \geq a+1} v(h_i^{p^\mu}(f_i \circ \phi))$$
$$\geq -lp^\mu + v(f_{a+1} \circ \phi)$$
$$= -lp^\mu + q v(f_{a+1}).$$

ゆえに，$p^\mu v(h_a) \geq -lp^\mu + q(v(f_{a+1}) - v(f_a)) \geq -lp^\mu + q > 0$. これは $v(h_a) > 0$, すなわち $h_a(s_0) = 0$ を意味している．ところが，$h_a \in R_l$ ゆえ，h_a は s_0 以外に極をもたない．すなわち，h_a は $\overline{X}$ 全体で極をもたず，h_a は定数関数になる．よって，$h_a(s_0) = 0$ より $h_a = 0$. これは，矛盾である． ∎

(i) $lp^\mu < q$ (補題 4.15 の条件)
のもとで，写像

$$R_l^{(p^\mu)}(R_m \circ \phi) \xrightarrow{\delta} R_l^{(p^\mu)} R_m \hookrightarrow R_{lp^\mu + m}$$

が $R_l^{(p^\mu)}(R_m \circ \phi) \simeq R_l^{(p^\mu)} \otimes_{\bar{k}} (R_m \circ \phi) \simeq R^{(p^\mu)} \otimes_{\bar{k}} R_m \to R_l^{(p^\mu)} R_m \hookrightarrow R_{lp^\mu + m}$ という合成で定義される.

さらに, l, m, μ ($r_m = \dim R_m$) について, 次の2つの不等式がみたされているように選ばれていると仮定しよう.

(ii) $r_m r_l > r_{m+lp^\mu}$.
(iii) $l + mq/p^\mu + 1 \leqq q + (2g+1)q^{\frac{1}{2}} + 1$.

勘定定理(定理4.13)の条件をみたすとき, これらの不等式が成り立つように l, m, μ を選べることは後で示すことにして, 3つの不等式(i)〜(iii)がみたされていれば, 定理の評価が成り立つことを示してしまおう.

まず(ii)が成り立てば, $\dim \text{Ker}\,\delta > 0$ となる. 関数 $0 \neq f \in \text{Ker}\,\delta$ を1つとる. すなわち, $f(s) = \sum_{i=1}^r h_i^{p^\mu}(s) f_i(\phi(s))$ ($s \in \overline{X}$) で, $\delta(f) = \sum_{i=1}^r h_i^{p^\mu} f_i = 0$. $f_i(\phi(s)) = f_i^q(\gamma^{-1}(s))$ で, $q > p^\mu$ ゆえ, 関数 f はある f' に対して $f = (f')^{p^\mu}$ とかける. そこで, もし $s \in \overline{X}$ が $Fs = \gamma s$ ($\iff \phi(s) = s$) をみたすならば, s における位数について $v_s(f) = v_s\left(\sum_{i=1}^r h_i^{p^\mu} f_i \circ \phi\right) = v_s\left(\sum_{i=1}^r h_i^{p^\mu} f_i\right) = p^\mu v_s(f') > 0$ となり,

$$p^\mu(\nu(\gamma) - 1) \leqq \deg Z_f = \deg P_f \leqq lp^\mu + mq$$

を得る. よって, (iii)から

$$\nu(\gamma) \leqq l + mq/p^\mu + 1 \leqq q + (2g+1)q^{\frac{1}{2}} + 1$$

導かれ, 勘定定理(定理4.13)の評価が得られる.

最後に, 定理の条件から3つの不等式(i)〜(iii)が導かれることを示せばすべてが終わる.

補題4.16 $q > (g+1)^4$ が成り立つとき, μ, m, l を $q = p^{2\mu}$ ($\mu = \alpha/2$), $m = q^{\frac{1}{2}} + 2g$, $l = g + 1 + [q^{\frac{1}{2}} g/(g+1)]$ ととれば, 3つの不等式(i)〜(iii)がみたされる ($a \in \mathbb{R}$ に対して $[a] = n$ は $n \leqq a$ をみたす最大の整数).

[証明] Riemann–Roch の定理から分かる. 始めに, $q > (g+1)^4$ ならば $q^{\frac{1}{2}}/(g+1) > (g+1)$ であることに注意する.

(i)
$$l = g+1+[q^{\frac{1}{2}}g/(g+1)]$$
$$< q^{\frac{1}{2}}/(g+1)+q^{\frac{1}{2}}g/(g+1)$$
$$\leqq q^{\frac{1}{2}} = p^\mu.$$

(ii) $l, m > 2g-2$ ゆえ，系 3.38(Riemann–Roch の実用形)から $r_m = m+1-g$ であり，$(m+1-g)(l+1-g) > m+lp^\mu+1-g$ を示せばよい．これは l, m, μ の選び方から分かる．

(iii) $$l+mq/p^\mu+1 = g+1+[q^{\frac{1}{2}}g/(g+1)]+(q^{\frac{1}{2}}+2g)q^{\frac{1}{2}}+1$$
$$\leqq g+1+q^{\frac{1}{2}}g/(g+1)+q+2gq^{\frac{1}{2}}+1$$
$$\leqq 1+(2g+1)q^{\frac{1}{2}}+q-(q^{\frac{1}{2}}/(g+1)-g-1)$$
$$\leqq 1+q+(2g+1)q^{\frac{1}{2}}.$$
∎

§4.5 その後の展開——Grothendieck と Deligne

いままで考察してきたケースは，代数幾何でいうところの有限体上の 1 次元の完備(射影的)非特異(滑らかな)既約代数多様体(スキーム)に対するゼータ関数である．

当然 §4.1 で紹介したような高次元の場合のゼータ関数に対しても，同じ問題が考えられる(Weil 予想 1949 [15])．事実，A. Grothendieck の基礎工事[9]を基に，最終的には 1973 年 P. Deligne がすべてを解決した([7])．加藤[20]において，詳しい解説がなされるはずであるが，ここに大筋を紹介して本書の締めくくりにしよう．

有限体 $k = \mathbb{F}_q$ 上の有限型スキーム X に対する §4.1 に示したゼータ関数 $\zeta(X,s) = \prod_{x \in X^0}(1-N(x)^{-s})^{-1}$ (X^0 は X の閉点全体の集合，$N(x) = \sharp\kappa(x) = \sharp(\mathcal{O}_{X,x}/\mathfrak{m}_x)$) は 1 次元の場合とまったく同じ理由で，$\zeta(X,s) = Z(X, q^{-s})$，ただし，

§4.5 その後の展開—Grothendieck と Deligne

$$Z(X,u) = \prod_{x \in X^0}(1-u^{\deg x})^{-1} \qquad (\deg x = [\kappa(x):k]),$$

$\nu_r = \sharp X(\mathbb{F}_{q^r})$ を $\mathbb{F}_{q^r}$ 有理点の個数とすると,

$$\frac{d}{du}\log Z(X,u) = \sum_{r=1}^{\infty}\nu_r u^{r-1}$$

とかける.

大切な例を素朴な立場から述べると,射影多様体 $X \subset \mathbb{P}_k^N$ について,これは $N+1$ 変数の斉次多項式の族

$$f_i(T_0, T_1, \cdots, T_N) \in k[T_0, T_1, \cdots, T_N] \quad (i \in I)$$

で定義されているから,

$$X(\mathbb{F}_{q^r}) = \{(t_0 : t_1 : \cdots : t_N) \in \mathbb{P}^N(\mathbb{F}_{q^r}) \mid f_i(t_0 : t_1 : \cdots : t_N) = 0 \ (i \in I)\}$$

である. $r = 1, 2, \cdots$ についてのこのような系列が与える母関数から作られたものがゼータ関数である.

Weil 予想とは,この $Z(X,u)$ に関する次の主張であった[15].

(1)(有理性) $n = \dim X$ とすると,$Z(X,u)$ は u の有理関数として表示され,

$$Z(X,u) = \prod_{i=0}^{2n} P_i(u)^{(-1)^{i+1}},$$

ここで,$P(u)$ は u の整係数多項式で,$P(0) = 1$ である.

以下,X は既約な射影多様体で,滑らか(非特異)なものとする.

(2)(関数等式)

$$Z(X, q^{-n}u^{-1}) = \pm q^{n\chi/2}u^{\chi}Z(X,u),$$

ただし,$\chi = \sum_{i=0}^{2n}(-1)^i \deg P_i(u)$.

(3)(絶対値) (1)の表示において,$P_i(u) = \prod_{\nu=1}^{b_i}(1-\omega_\nu^{(i)}u)$ と因数分解する多項式で,$|\omega_\nu^{(i)}| = q^{\frac{i}{2}}$ となるようなものがとれる.

§4.3 で証明した Weil の定理は,上の予想の $n=1$ の場合であることは明らかであろう.

この予想は,Grothendieck によって創造されたエタールコホモロジーの言葉に溶かし込むことによって,完全に幾何学化され,自然に証明された.標

語的に言えば,

(1)は Lefschetz 型固定点定理,

(2)は Poincaré 双対性,

(3)はコホモロジーの "重み" の理論(純性定理)

からの直接的な結論である(本来の Riemann 予想は現状では全く幾何学化されていない).

最も初等的な例としては, n 次元射影空間 $\mathbb{P}_k^n$ の場合, $\mathbb{F}_{q^r}$ 有理点の個数は $\nu_r = 1 + q^r + \cdots + q^{rn}$ であるから, $Z(\mathbb{P}_k^n, u) = \dfrac{1}{(1-u)(1-qu)\cdots(1-q^n u)}$ となり, 確かに予想は成立している. Weil は, さらに Grassmann 多様体の場合にも ($\nu_r = 1 + q^{rb_2} + q^{2rb_4} + \cdots + q^{irb_{2i}} + \cdots + q^{nrb_{2n}}$), $Z(\mathrm{Grass}, u) = \prod_{i=0}^{n}(1-q^i u)^{-b_{2i}}$ (n は多様体の次元, b_{2i} は**複素多様体上の** Grassmann 多様体の $2i$ 次 Betti 数!)となることを確かめ, Z の因子 $P_i(u)$ の次数は(有限体上の!)多様体の Betti 数であるべきであろう, すなわち, 有限体上の多様体に対して古典類似のコホモロジー理論(のちに Weil コホモロジーと呼ばれる)があって, それらの確立が予想の主張を導くであろうと示唆した. (1 次元の場合は, 確かに $\dfrac{1}{2}b_1 = g$ (種数)であった.)

Grothendieck によるエタールコホモロジーからつくる l 進コホモロジーが, その Weil コホモロジーを与えることになる. 彼は, スキーム X 上で通常の Zariski 位相を拡張した位相の概念を導入し(Grothendieck 位相), とくにエタール位相について, 捩れ係数 $\mathbb{Z}/l^n\mathbb{Z}$ (l は q と互いに素な素数)のコホモロジー群 $H^*(X, \mathbb{Z}/l^n\mathbb{Z})$ が古典的(複素多様体上の通常のもの)と類似の性質をもつことを見出した. l 進数の射影的定義を頭において, 射影極限

$$H^*(X, \mathbb{Z}_l) := \varprojlim_n H^*(X, \mathbb{Z}/l^n\mathbb{Z})$$

をとり, その分数化 $H^*(X, \mathbb{Q}_l) := H^*(X, \mathbb{Z}_l) \otimes_{\mathbb{Z}_l} \mathbb{Q}_l$ を考えると, これは l 進数体 $\mathbb{Q}_l$ 上のベクトル空間である. $H^*(X, \mathbb{Q}_l)$ を X の l **進コホモロジー群**とよぶ.

さて, 我々の場合大切なことは, X が有限体 $\mathbb{F}_q$ 上定義されているとき,

§4.5 その後の展開—Grothendieck と Deligne

(相対) Frobenius 射 $F_0 : X \to X$ が,構造環の射 $\mathcal{O}_{X,x} \to \mathcal{O}_{X,x}$ $(f \to f^q)$ から定義される.X を代数的閉包 $\bar{k}/k$ に係数拡大した $\bar{k}$ 上のスキーム $\overline{X} = X \otimes_k \bar{k}$ は F_0 から $F := F_0 \otimes_k \mathrm{Id}_{\bar{k}}$ によって定義される射をもち,これも $\overline{X}$ の Frobenius 射($\bar{k}$ 上のスキームとしての射である)とよばれる.射 F は $\overline{X}$ の l 進コホモロジー群 $H^*(\overline{X}, \mathbb{Q}_l)$ の線形自己準同型を引き起こす.この状況でまず次の定理が得られた.

定理 4.17(Grothendieck–Artin の Lefschetz 型固定点定理; SGA $4\frac{1}{2}$ ~ 5 [9]) X が $k = \mathbb{F}_q$ 上固有ならば,

$$\nu_r = \sharp X(\mathbb{F}_{q^r}) = \sharp \overline{X}^{F^r} = \sum_{i=0}^{2n} (-1)^i \, \mathrm{Trace}(F^r | H^i(\overline{X}, \mathbb{Q}_l)) \quad (n = \dim X).$$

X が固有でないときも,"コンパクトな台をもつ" l 進コホモロジー群 $H_c^*(\overline{X}, \mathbb{Q}_l)$ について,Frobenius 射の交代和をとると,同様の公式が成立する.($\overline{X}$ が $\bar{k}$ 上固有のときは,定義によって $H^* = H_c^*$.) □

Frobenius 射に関する固定点定理(定理 4.17)から,

$$P_i(u) = \det(1 - (F|H_c^i(\overline{X}, \mathbb{Q}_l))u) \quad \text{(Frobenius 射の逆固有多項式)}$$

とおくと,Weil 予想 (1) が導かれる($\mathbb{Z}$ 係数云々はもう少し微妙).

実際,$F|H_c^i(\overline{X}, \mathbb{Q}_l)$ の固有値を $\omega_1^{(i)}, \omega_2^{(i)}, \ldots, \omega_{b_i}^{(i)}$ ($b_i = \dim_{\mathbb{Q}_l} H_c^i(\overline{X}, \mathbb{Q}_l)$: Betti 数) とおくと,

$$\mathrm{Trace}(F^r | H_c^i(\overline{X}, \mathbb{Q}_l)) = \sum_{\nu=1}^{b_i} (\omega_\nu^{(i)})^r \quad (r = 1, 2, \cdots)$$

$$\det(1 - F|H_c^i(\overline{X}, \mathbb{Q}_l)u) = \prod_{\nu=1}^{b_i} (1 - \omega_\nu^{(i)} u)$$

ゆえ,すでに何度もやった計算から明らかであろう.

この l 進コホモロジーは,複素多様体における古典的コホモロジーと全くと言っていいほど同様の挙動を示す.Grothendieck のセミナー SGA 4 の最終部分は Poincaré 双対性の確立にあてられており,その 1 つの帰結として,実際,$\overline{X}$ が代数的閉体上の滑らかな(既約)多様体(有限型被約スキーム)ならば,Frobenius 射込みの自然な完全ペアリング

$$H^i(\overline{X}, \mathbb{Q}_l) \otimes_{\mathbb{Q}_l} H_c^{2n-i}(\overline{X}, \mathbb{Q}_l) \to \mathbb{Q}_l(-n) \quad (n = \dim_{\bar{k}} \overline{X}$$

が存在することが証明されている．ここで $\mathbb{Q}_l(-n)$ は Tate 捻れとよばれる 1 次元 $\mathbb{Q}_l$ 加群で，Frobenius F が q^n で働くものである．

これより，$\overline{X}$ がとくに完備($\bar{k}$ 上固有)ならば，$H^*(\overline{X}, \mathbb{Q}_l) = H_c^*(\overline{X}, \mathbb{Q}_l)$ ゆえ Betti 数について $b_i = b_{2n-i}$ が成り立ち，それぞれの Frobenius 射の固有値において，順番を適当に付け替えれば，$\omega_\nu^{(i)} \omega_\nu^{(2n-i)} = q^n$ が成り立つことが分かる．Z についての関数等式(2)はこの帰結である．

(3)は Riemann 予想の類似である．上の発展によって，これは結局 Frobenius 射の固有値の絶対値についての予想となったが，一般的証明にはもうしばらくの時間を要した．1973 年 P. Deligne [7]は，モジュラー関数論における Rankin 積(テンソル積)のアイデアや，Picard–Lefschetz 定理の l 進類似の精密な考察を経て，遂に最初の完全な証明に到達した(奇しくも，本書で紹介した 1 次元の場合の初等的証明の発表(Bombieri)と同年である !)．

その後，固有でも滑らかとも限らない Frobenius の固有値の絶対値についての理論は，やはり Deligne によって追究され，"重みの理論"として確立した．複素多様体の Hodge 理論と相俟って，代数多様体のコホモロジー理論の強力な装備として働いている．

《要約》

4.1 ゼータ関数 $Z(u) = \sum_{D \geq 0} u^{\deg D}$ とその対数微分 $(\log Z(u))' = \sum_{n=1}^{\infty} \nu_n u^{n-1}$ (ν_n は n 次拡大 $\mathbb{F}_{q^n}$ 有理点の個数)．

4.2 有限型スキームのゼータ関数．

4.3 因子類群 $\mathrm{Pic}^0(X/\mathbb{F}_q)$ の有限性(類数)．

4.4 関数等式 $Z(q^{-1}u^{-1}) = q^{\chi/2} u^\chi Z(u)$ $(\chi = 2-2g)$．

4.5 有理性 $Z(u) = P(u)/(1-u)(1-qu)$，$P(u) \in \mathbb{Z}[u]$ 次数 $2g$ の整多項式．$P(u) = q^g u^{2g} P(q^{-1}u^{-1})$．

4.6 Weil の定理(合同ゼータ関数に関する Riemann 仮説)：$Z(u)$ の零点の絶対値は $q^{\frac{1}{2}}$．

4.7 Bombieri の勘定定理による Riemann 仮説の証明.
4.8 有限体上の高次元の代数多様体のゼータ関数に関する Weil の予想.
4.9 有理性,関数等式,零点と極の絶対値予想.
4.10 Grothendieck によるエタールコホモロジーの建設と Lefschetz 型固定点定理. Frobenius 写像の固有値.

──── 演習問題 ────

4.1 抽象 Riemann 面 X の次数 0 の因子類群を $\mathrm{Pic}^0 X = \mathrm{Div}^0 X / \mathrm{Pr}\, X$ とおく. 代数的閉体 k 上の種数 g の代数関数体 K について, 正因子 $Q_0 > 0$, $\deg Q_0 = g$ を1つ固定すると, $\mathrm{Pic}^0 X$ の任意の元はある正因子 $\deg P = g$, $P > 0$ を用いて, $P - Q_0 + (x)$ $(x \in K^\times)$ とかける. すなわち, 写像 $X^g \to \mathrm{Pic}^0 X$ $((p_1, p_2, \cdots, p_g) \mapsto \sum_{i=1}^g [p_i] - Q_0)$ は全射である.

4.2 上問 4.1 においてさらに $g = 1$ (楕円関数体) と仮定し, $q_0 \in X$ を固定すると, $X \ni p \mapsto [p] - [q_0] \in \mathrm{Pic}^0 X$ は全単射である.

4.3 代数的閉体 k 上の楕円曲線 $E = X; y^2 = 4x^3 - g_2 x - g_3$ $(\Delta \neq 0)$ において, 上問 4.2 の全単射 $f : E \ni p \mapsto [p] - [\infty] \in \mathrm{Pic}^0 E$ を考える. 右辺の群演算を f^{-1} によって写して, E を加法群と考えると, 以下のようになる.

(1) 単位元は $\infty = f^{-1} 0$.
$$p + q + r = 0 \,(= \infty) \iff p, q, r \text{ が 1 直線上にある}$$
(同じ点があるときは, 2 重, 3 重接線を考える.)

(2) $p = (x_1, y_1)$, $q = (x_2, y_2)$ とするとき, $r' = p + q$ の座標 (x_3, y_3) は次式によって表される.

$x_1 \neq x_2$ のとき, $x_3 = \dfrac{1}{4} \lambda^2 - x_1 - x_2$ $(\lambda = (y_1 - y_2)/(x_1 - x_2))$
$\phantom{x_1 \neq x_2 \text{ のとき, }} y_3 = -\lambda(x_3 - x_1) - y_1,$

$x_1 = x_2$, $y_1 \neq y_2$ のとき, $y_2 = -y_2$ で $p + q = 0$.

$p = q$ のとき, $r' = 2p$ の座標は, $y_1 = y_2 \neq 0$ ならば, 上式において, $\lambda = (12 x_1^2 - g_2)/(2 y_1)$ とおいたもの, $y_1 = y_2 = 0$ ならば, $2p = 0$.

4.4 上問 4.3 のごとく, 楕円曲線を加法群と考えることによって, 有理点を沢山求めることができる (山本[17]から).

(1) $y^2 = 4x^3 + 4$ の点 $p = (2, 6)$ から, $np\,(n = 2, 3, \cdots)$ を求めよ $(6p = 0 = \infty)$.

(2) $y^2 = 4x^3 + 12$ の点 $p = (1, 4)$ について,同様のことを行え.(コンピュータを用いるとよい.)

4.5 E を有限体 $\mathbb{F}_q$ 上の楕円曲線(楕円関数体 $K/\mathbb{F}_q$ の抽象 Riemann 面 $E = X(K/\mathbb{F}_q)$ のこと)とする.

(1) $\mathbb{F}_{q^n}$ 上の有理点の個数 $\nu_n = \sharp E(\mathbb{F}_{q^n})$ について,n によらない $\theta \in \mathbb{R}$ があって,$\nu_n = q^n + 1 - 2q^{n/2} \cos n\theta$ が成り立つ(θ を E の偏角という).

(2) E のゼータ関数は
$$Z(u) = P(u)/((1-u)(1-qu)), \quad P(u) = 1 + (\nu_1 - (q+1))u + qu^2$$
と表される.

(3) E のゼータ関数は ν_1 のみによって定まる.いいかえれば,ν_n は ν_1 によって定まる.

4.6 楕円曲線 $y^2 = x^3 + 1$ を $\mathbb{F}_5$ で考える.まず,ν_1 を求め,次に $\nu_2 = \sharp E(\mathbb{F}_{25})$ を求めよ(これは,$\mathbb{Z}$ mod 25 での有理点ではない).また,このゼータ関数を求めよ.

4.7 上問 4.6 を $\mathbb{F}_7$ の場合に実行せよ.

参考文献

第1部　可換環

[1] M. F. Atiyah & I. Macdonald, Introduction to Commutative Algebra, Addison-Wesley Publishing Company, Inc., 1969
[2] D. Cox, J. Little & D. O'Shea, Ideals, Varieties and Algorithms, Springer-Verlag, (UTM), 1992
[3] D. Eisenbud, Commutative Algebra——with a view toward algebraic geomertry, (GTM 150), Springer-Verlag, 1995
[4] H. Matsumura, Commutative Algebra, Benjamin, 1970, 1980 (second edition)
[5] 松村英之, 可換環論(現代の数学4), 共立出版, 1980
[6] M. Nagata, Local Rings, Interscience, 1962
[7] 永田雅宜, 可換環論(数学叢書1), 紀伊國屋書店, 1974
[8] 永田雅宜, 可換体論(数学選書4), 裳華房, 1967, 1985(新版)
[9] 上野健爾, 代数幾何, 岩波書店, 2005

第2部　体

[1] 岩澤健吉, 代数函数論(現代数学11), 岩波書店, 1952, 1973(増補版)
[2] 弥永昌吉・弥永健一, 代数学(岩波全書), 岩波書店, 1976
[3] 永田雅宜, 可換体論(数学選書4), 裳華房, 1967, 1985(新版)
[4] E. Artin, Galois Theory, Univ. of Notre Dame Press, 1942, 1944 (邦訳)寺田文行, ガロア理論入門, 東京図書, 1974
[5] M. Artin, Algebra, Prentice-Hall, Inc., 1991
[6] E. Bombieri, Counting points on curves over finite fields [d'après Stepanov], Sém. Bourbaki, 25e ann., (1972/73), n° 430.
[7] P. Deligne, La conjecture de Weil, I, *Publ. Math. IHES*, **43** (1974), 273–

308.
[8] M. Deuring, Lectures on the Theory of Algebraic Functions of One Variable, *Lecture Notes in Math.*, **314**, Springer-Verlag, 1973
[9] A. Grothendieck, ed., Séminaire de Géométrie Algébrique du Bois Marie, *Lecture Notes in Math.*, Springer-Verlag
[10] S. Lang, Algebra, Addison-Wesley, 1993 (3rd ed.)
[11] C. Moreno, Algebraic Curves over Finite Fields (Cambridge Tracts in Math. 97), Cambrige Univ. Press, 1991
[12] S. A. Stepanov, On the number of points of a hyperelliptic curves over a finite prime field, *Izv. Akad. Nauk SSSR*, Ser. Mat. **33** (1969), 1103–1114.
[13] J. Tate, Residues of defferentials on curves, *Ann. Scient. École Norm. Sup.*, 4e série, **1** (1968), 149–159.
[14] A. Weil, (3 部作); Foundations of Algebraic Geometry, A.M.S. Colloq. Publ., 1946, 1962; Sur les courbes algébriques et les variétés qui s'enduisent, Hermann, Paris, 1948; Variétés abéliennes et courbes algébriques, Hermann, Paris, 1948
[15] A. Weil, Number of solutions of eqations in finite fields, *Bull. A.M.S.*, **55** (1949), 497–508.
[16] A. Weil, Basic Number Theory, Springer-Verlag, 1967, 1973 (2nd ed.)
[17] 山本芳彦, 数論入門(現代数学への入門), 岩波書店, 2004
[18] 加藤和也・黒川信重・斎藤毅, 数論 I, 岩波書店, 2005
[19] 上野健爾, 代数幾何, 岩波書店, 2005
[20] 加藤和也, Weil 予想とエタールコホモロジー(岩波講座現代数学の展開), 岩波書店, 近刊

演習問題解答

第1部 可換環
第1章

1.1 $0, 0'$ を2つの零元とすると,$0'=0'+0=0$ ($x=x+0$ 等から).1, $1'$ について も $1'=1'1=1$. $x+y=y'+x=0$ とすると,$y=0+y=(y'+x)+y=y'+(x+y)=y'+0=y'$.

1.2 $A[X]$ について言えばよい.$f\neq 0$ ならば $f=a_nX^n+\cdots+a_0$ ($a_i \in A$) となる $a_n\neq 0$ がある.$g\neq 0$ とすると,同じく $g=b_mX^m+\cdots$ ($b_m\neq 0$) であるから,$fg=a_nb_mX^{n+m}+\cdots$ で A は整域だから $a_nb_m\neq 0$.よって,$fg\neq 0$.

1.3 $0\neq x\in A$ とすると,$x:A\to A$ ($a\mapsto xa$) は単射.A が有限ならば,したがって全射,すなわち $xa=1$ となる元 a がある.

1.4 まず $A[X]$ が整域だから A も整域である.$0\neq a\in A$ に逆元があることをいう.$(a,X)=(f)$ ($f\in A[X]$) とすると,$a=gf$, $X=hf$ となる $g,h\in A[X]$ がある.A は整域だから,$\deg g=\deg f=0$, $\deg h=1$ でなければならない.さらに,$X=hf$ より,$f\in A$ は単元となり,$(a,X)=(f)=A$.よって,$ap+Xq=1$ となる $p,q\in A[X]$ があり,p の最高次の係数を $b\in A$ とおくと,$ab=1$.

1.5

(1) $\alpha \in A^\times \Longrightarrow \alpha\beta=1 \Longrightarrow 1=N(1)=N(\alpha)N(\beta) \Longrightarrow N(\alpha)=1$. $\alpha=x+y\sqrt{-1}$, $N(\alpha)=x^2+y^2=1$ を解いて,結果を得る.

(2) $A\ni\alpha,\beta\neq 0$ に対し,$\alpha=\gamma\beta+\delta$, $N(\delta)<N(\beta)$ となる元がとれることをいう.$\alpha/\beta=x+y\sqrt{-1}$ ($x,y\in\mathbb{Q}$) とするとき,$m,n\in\mathbb{Z}$ を $|m-x|, |n-y|\leq 1/2$ となるように選ぶ.$\gamma=m+n\sqrt{-1}$, $\delta'=(x-m)+(y-n)\sqrt{-1}=\alpha/\beta-\gamma$, $\delta=\delta'\beta\in A$ とおくと,$\alpha=\gamma\beta+\delta$ であって,$N(\delta')=(x-m)^2+(y-n)^2<1$ ゆえ,$N(\delta)=N(\delta')N(\beta)<N(\beta)$.

(3) (1) $\Longleftrightarrow$ (2) $A/(p)\simeq (\mathbb{Z}[X]/(X^2+1))/(p)\simeq \mathbb{Z}[X]/(p,X^2+1)\simeq \mathbb{F}_p[X]/(X^2+1)$. ここで,$\mathbb{F}_p=\mathbb{Z}/(p)$ は p 元体.よって,p が素であるためには,X^2+1 が $\mathbb{F}_p$ で既約,すなわち $a^2+1\neq 0$ ($a\in\mathbb{F}_p$) でなければいけない.これは条件(2)である.((2) $\Longleftrightarrow p\equiv 3\bmod 4$ が知られている.)

(1) $\Longrightarrow$ (3) $p = x^2 + y^2$ $(x, y \in \mathbb{Z})$ とすると, $x \neq 0, y \neq 0$, したがって(1)から, $x \pm y\sqrt{-1}$ は A の単元ではない. よって, 分解 $p = (x+y\sqrt{-1})(x-y\sqrt{-1})$ から, p は素元ではない.

(3) $\Longrightarrow$ (1) p が既約ではないとする. よって, 分解 $p = (x+y\sqrt{-1})(z-w\sqrt{-1})$ において, $x+y\sqrt{-1}, z-w\sqrt{-1}$ は A の単元ではない. よって, $p^2 = p\bar{p} = (x^2+y^2)(z^2+w^2)$ において $x^2+y^2, z^2+w^2 > 1$. p は素数だから, $p = x^2+y^2 = z^2+w^2 = N(w+z\sqrt{-1}) \in N(A)$ でなければいけない.

1.6 $i + j = 1$ $(i \in I, j \in J)$ とする. $a \in I \cap J$ に対して, $a = a(i+j) = ai+aj$, $ai \in JI, aj \in IJ$ より, 前半が言えた.

次に, 準同型 $f : A \to A/I \times A/J$ $(f(x) = (x \bmod I, x \bmod J))$ を考える. $\mathrm{Ker}\, f = I \cap J$ だから, f が全射であることを言えばよい. $a, b \in A$ に対して, $c = aj + bi$ とおくと, $c \equiv aj = a(1-i) = a - ai \equiv a \bmod I$, $c \equiv bi = b(1-j) = b - bj \equiv b \bmod J$ となり, f が全射であることが分かる.

1.7

(1) $m \bmod n$ が単元 $\Longleftrightarrow mx \equiv 1 \bmod n$ なる $x \in \mathbb{Z}$ あり $\Longleftrightarrow mx + ny = 1$ なる $x, y \in \mathbb{Z}$ あり.

(2) (1)より明らか.

(3) $0 < k \leqq n$ について, $d = \mathrm{GCD}(n, k)$ とおくと, k/d と $m = n/d$ とは互いに素. 各 k について $\phi(m)$ を足し上げよ.

(4) 前問1.6 より, $\mathbb{Z}/(n) \simeq \prod_i \mathbb{Z}/(p_i^{r_i})$. よって, 単数群についても $(\mathbb{Z}/(n))^\times \simeq \prod_i (\mathbb{Z}/(p_i^{r_i}))^\times$.

(5) $\phi(p^r)$ は $0 < m \leqq p^r$ のうち pl $(0 < l \leqq p^{r-1})$ でないものの個数.

1.8 $f = gh$, $g = X^m + b_1 X^{m-1} + \cdots + b_m$, $h = X^l + c_1 X^{l-1} + \cdots + c_l$, $m, l > 0$ と仮定する. $p \mid a_n = b_m c_l$, $p^2 \nmid a_n$ より, $p \nmid b_m$ または $p \nmid c_l$. そこで $p \nmid b_m$ とすると $p \mid c_l$. 次に X の係数を見ると, $a_{n-1} = b_m c_{l-1} + b_{m-1} c_l \equiv 0 \bmod p$ より, $c_{l-1} \equiv 0 \bmod p$. 以下同様にして, $c_{l-2} \equiv \cdots \equiv c_1 \equiv 0 \bmod p$ が導かれる. 最後に, X^l の係数は, $a_{n-l} = b_m + b_{m-1} c_1 + \cdots + b_{m-l} c_l \equiv b_m \not\equiv 0 \bmod p$ だから, もし $l \geqq 1$ ならば $p \mid a_{n-l}$ に矛盾する.

第2章

2.1 A 加群 M が表示 $A^n \to A^m \to M \to 0$ (完全列)をもつとする. 写像 f:

$A^n \to A^m$ を表す $m \times n$ 行列を $P = (p_{ij})$ とおく．自由加群 A^m, A^n の基底を取り替えて，f を表す行列が対角行列になるようにできることを言えばよい．すなわち，対角成分に $d_1, d_2, \cdots, d_r, 0, \cdots$ が並んで，他は 0 なる行列で表されることが言えれば，$M \simeq A/(d_1) \times A/(d_2) \times \cdots \times A/(d_r)$ となり，主張が導かれる．

さて，2 次行列における積

$$\begin{pmatrix} a & b \\ c & d \end{pmatrix} \begin{pmatrix} x \\ y \end{pmatrix} = \begin{pmatrix} ax+by \\ cx+dy \end{pmatrix}$$

を考える．$\begin{pmatrix} a & b \\ c & d \end{pmatrix}$ が可逆であることと，$(a,b) = (c,d) = (a,c) = (b,d) = (1) = A$ などが同値である．可逆行列 $\begin{pmatrix} a & b \\ c & d \end{pmatrix}$ を行列の (i,j) 成分に配置した行列を考えれば分かるが，これらの行列を左右から乗ずる(これを基本変形という)ことは，その成分らが生成するイデアルを不変にする．そこで，P の成分が生成するイデアル $(d_1) = (p_{ij})_{i,j}$ とすると，d_1 を $(1,1)$ 成分にもつものに基本変形できる．すると，1 行 1 列成分はすべて d_1 の倍数であるから，基本変形で 0 になる．すなわち，$\begin{pmatrix} d_1 & 0 \\ 0 & P_1 \end{pmatrix}$ と変形される．ここで，P_1 は 1 次下がった行列．以下，同様にして，表現行列は対角形で表現される．

2.2 $x_1 \in IM$ より，$x_1 = a_1 x_1 + a_2 x_2 + \cdots + a_n x_n$ $(a_i \in I)$．よって，$(1-a_1)x_1 = a_2 x_2 + \cdots + a_n x_n$．ところが，$a_1 \in I \subset J(A)$ ゆえ命題 2.28 から $1 - a_1 \in A^\times$．よって $x_1 = (1-a_1)^{-1}(a_2 x_2 + \cdots + a_n x_n)$，これは，生成系の最小性に矛盾する．

2.3

(1) $S^{-1}(M \otimes_A N) \simeq S^{-1}A \otimes_A (M \otimes_A N) \simeq (S^{-1}A \otimes_A M) \otimes_{S^{-1}A} (S^{-1}A \otimes_A N) \simeq S^{-1}M \otimes_{S^{-1}A} S^{-1}N$.

(2) 可換図式

$$\begin{array}{ccccc} 0 \longrightarrow & \mathrm{Hom}_A(M,N) \otimes_A S^{-1}A & \longrightarrow & \mathrm{Hom}_A(A^n, N) \otimes_A S^{-1}A & \longrightarrow \\ & \downarrow f & & \downarrow f_1 & \\ 0 \longrightarrow & \mathrm{Hom}_A(M, S^{-1}N) & \longrightarrow & \mathrm{Hom}_A(A^n, S^{-1}N) & \longrightarrow \end{array}$$

$$\begin{array}{cc} \longrightarrow & \mathrm{Hom}_A(A^m, N) \otimes_A S^{-1}A \\ & \downarrow f_2 \\ \longrightarrow & \mathrm{Hom}_A(A^m, S^{-1}N) \end{array}$$

において $(N\otimes_A S^{-1}A \simeq S^{-1}N)$, $S^{-1}A$ は A 平坦だから，横列は完全列である．$\mathrm{Hom}_A(A^n, N)\otimes_A S^{-1}A \simeq N^n \otimes_A S^{-1}A \simeq (S^{-1}N)^n \simeq \mathrm{Hom}_A(A^n, S^{-1}N)$ より，f_1, f_2 は同型でありこれから f も同型であることが分かる．ところが，$\mathrm{Hom}_A(M, S^{-1}N) \simeq \mathrm{Hom}_{S^{-1}A}(S^{-1}M, S^{-1}N)$ だから主張を得る．

2.4 完全列 $0 \to K \to A^n \xrightarrow{f} A$ $(f((c_i)_i) = \sum_{i=1}^n a_i c_i)$, $K = \mathrm{Ker}\, f$ から，平坦性により，完全列 $0 \to K\otimes M \to M^n \xrightarrow{f'} M$ $(f'((x_i)_i) = \sum_{i=1}^n a_i x_i)$ を得る．したがって，$\sum_{i=1}^n a_i x_i = 0$ ならば $(x_i)_i = \sum_{j=1}^m \beta_j \otimes y_j$ となる $\beta_j \in K$, $y_j \in M$ がとれる．$\beta_j = (b_{ij})$ $(b_{ij} \in A, 1 \leqq i \leqq n)$ とすると主張をみたす．

2.5 定理 2.11 により，自由 $\Longrightarrow$ 射影 $\Longrightarrow$ 平坦は任意の環上で言えるから，「平坦 $\Longrightarrow$ 自由」を示す．$x_1, x_2, \cdots, x_n \in M$ を $\{\overline{x_i} = x_i \bmod \mathfrak{m}M\}_i$ が剰余体 $k = A/\mathfrak{m}$ 上のベクトル空間 $M/\mathfrak{m}M$ の基底を与える元とすると，中山の補題(定理 2.29)によって，これらは M を生成する．これが A 上 1 次独立になることを示そう．n に関する帰納法による．$n=1, a_1 x_1 = 0$ とすると，前問 2.4 から $y_j \in M$, $b_j \in A$; $a_1 b_j = 0$, $x_1 = \sum_j b_j y_j$ なるものがある．$\overline{x_1} \neq 0$ ゆえ，$b_j \notin \mathfrak{m}$ なる j が少なくとも 1 つはある．$b_j \in A^{\times} = A\setminus \mathfrak{m}$ だから，$a_1 = 0$．

$n > 1$ のとき，$\sum_i a_i x_i = 0$ ならば，前問によって，$x_i = \sum_j b_{ij} y_j$, $\sum_i a_i b_{ij} = 0$ なる $b_{ij} \in A$, $y_j \in M$ $(1 \leqq j \leqq m)$ がとれる．ここで $\overline{x_n} \neq 0$ だから $b_{nj_0} \notin \mathfrak{m}$ なる j_0 が少なくとも 1 つはあり，$c_i = -b_{ij_0}/b_{nj_0} \in A$ とおくと，$a_n = \sum_{i=1}^{n-1} c_i a_i$ となる．よって，$\sum_{i=1}^{n-1} a_i(x_i + c_i x_n) = \sum_{i=1}^n a_i x_i = 0$．ところで，ベクトル空間 $M/\mathfrak{m}M$ において $\overline{x_i + c_i x_n}$ $(1 \leqq i \leqq n-1)$ は 1 次独立だから，帰納法の仮定によって，$a_i = 0$ $(1 \leqq i \leqq n-1)$, $a_n = \sum_{i=1}^{n-1} c_i a_i = 0$．

2.6 $M_\mathfrak{m} = 0$ $(\forall \mathfrak{m} \in \mathrm{Specm}\, A) \Longrightarrow M = 0$ をいえばよい．$M \neq 0, 0 \neq x \in M$ とすると，$\mathrm{Ann}\, x \subset \mathfrak{m} \in \mathrm{Specm}\, A$ がある．仮定より，$0 = M_\mathfrak{m} \ni x/1 = 0$ ゆえ，$s \notin \mathfrak{m}$, $sx = 0$ なる元がある．ところが $s \notin \mathrm{Ann}\, x$ ゆえ，これは矛盾．

2.7 完全列 $M \to N \to L \to 0$ 等に対して，局所化の完全性と，前問 2.6 を適用せよ．

2.8 $\overline{A} = A/I$ 加群 $\overline{M} = M/IM$ に対して，前問 2.7 を適用する．$\overline{\mathfrak{m}} = \mathfrak{m}/I \in \mathrm{Specm}\, \overline{A}$ について，$\overline{M}_{\overline{\mathfrak{m}}} = M_\mathfrak{m}/(IM)_\mathfrak{m} = 0$ ゆえ，$\overline{M} = M/IM = 0$.

第3章

3.1

(1) 部分加群の列 $\mathrm{Ker}\, f \subset \mathrm{Ker}\, f^2 \subset \cdots$ を考えると Noether 性から，$\mathrm{Ker}\, f^n = \mathrm{Ker}\, f^{n+1}$ となる n がある．一方 f が全射であるから，f^n も全射．$x \in \mathrm{Ker}\, f$, $x = f^n(y)$ とすると，$y \in \mathrm{Ker}\, f^{n+1} = \mathrm{Ker}\, f^n$. よって $x = f^n(y) = 0$.

(2) (1)の類似．

3.2 問のような性質を局所 Noether 環という．たとえば，A_n を体上の n 不定元の多項式整域とし，直積環 $A = \prod_{n=1}^{\infty} A_n$ を考えると，A の素イデアルは $\mathfrak{P} = \mathfrak{p} \times \prod_{i \neq n} A_i$, $\mathfrak{p}$ は A_n の素イデアル，という形をしており，$A_\mathfrak{P} \simeq (A_n)_\mathfrak{p}$. よって，$A$ は局所 Noether 環であるが，イデアルの無限増加列をもち，Noether 環ではない．

3.3 多項式における次数 $\deg f$ (f に現れる最大ベキ指数)の代わりに，$\mathrm{in}\, f$ (f に現れる最小ベキ指数とその項)を考えると，多項式の場合(Hilbert の基底定理)と同様の論法が適用できる．

3.4 定義 3.8 を仮定する．$\emptyset \neq S \subset \mathbb{N}^n$ に対して，S が生成するモノイデアル (S) を考えると，Dickson の補題(補題 3.10)によって，(S) は有限生成である．生成元は S の中に取れるから，生成元たちの最小元を α_0 とすると，それが S の最小元でもある．

逆に，(ii)の代わりに，$\mathbb{N}^n$ は順序 $\leq$ に関して整列集合であると仮定する．このとき，もし $\alpha < 0$ なる元があるとすると，(i)から $\cdots < k\alpha < \cdots < 2\alpha < \alpha < 0$ ($k \in \mathbb{N}$) となり，整列集合であることに反する．

3.5 $\sqrt{I} = (X)$ であるからこれは素イデアル．一方，$X \notin I$, $Y^n \notin I$ にもかかわらず，$XY \in I$, これは準素ではない．

3.6 $I = \bigcap_i \mathfrak{q}_i$ を準素分解とすると，$\sqrt{I} = \bigcap_i \sqrt{\mathfrak{q}_i} = \bigcap_i \mathfrak{p}_i$ ($\mathfrak{p}_i = \sqrt{\mathfrak{q}_i}$) となるから，最短表示において $I = \bigcap_{\text{極小}\, \mathfrak{p} \supset I} \mathfrak{p}$ となり，I は孤立(極小)素因子のみしかもたない．

第4章

4.1 略．

4.2 $C = A[x_1, \cdots, x_m] = \sum_{j=1}^{n} By_j$ とする．$x_i = \sum_j b_{ij} y_j$, $y_i y_j = \sum_k b_{ijk} y_k$ ($b_{ij}, b_{ijk} \in B$) とするとき，B_0 を A 上 b_{ij}, b_{ijk} らで生成される代数とおく．このとき，B_0 は A 上有限生成だから，Hilbert の基底定理から Noether 環である．さらに，C も B_0 上 y_j ($1 \leq j \leq n$) で生成され，Noether 加群となり，B_0 部分加群である B も

B_0 上有限生成で, B_0 は有限生成 A 代数だから, B も有限生成 A 代数となる.

4.3 (Artin–Tate) $K = k[x_1, \cdots, x_n]$ とする. もし K が k 上代数的でなければ, その超越次数を $r \geq 1$ とし, 超越基底 $x_1, \cdots, x_r$ をとる. $L = k(x_1, \cdots, x_r)$, $k \subset L \subset K$ について, K は L 上代数的で有限生成だから有限生成 L 加群である. したがって, 前問 4.2 から L は有限生成 k 代数となる. $L = k[y_1, \cdots, y_m]$ とすると, L は k 上の多項式整域だったから, $y_i = f_i/g_i$ となる $x_1, \cdots, x_r$ の多項式 f_i, g_i がある. ところで, すべての g_i と互いに素な既約多項式 $h \in L$ を選ぶと (存在は $\mathbb{Z}$ における素数の場合の証明と同様にできる), $h^{-1} \in L$ は決して y_i らの多項式には書けない. これは矛盾である.

4.4 $I \subset A = k[X_1, \cdots, X_n]$, $V(I) = \{a \in k^n \mid g(a) = 0 \, (g \in I)\}$, $f \mid V(I) = 0$ とする. $\widetilde{I} = IA[f^{-1}] = Ik[X_1, \cdots, X_n, Y]/(Yf - 1)$ とおくと, $V(\widetilde{I}) = \emptyset$. よって, 弱い形の Hilbert の零点定理から, $1 \in \widetilde{I}$. すなわち, $1 = \sum_{i=1}^{r} g_i f_i \, (g_i \in A[f^{-1}])$ と書ける. g_i が含む f^{-1} のベキをみて, 適当な f^N を乗ずると, $f^N = \sum_{i=1}^{r} g'_i f_i \, (g'_i \in A)$ と書け, $f^N \in I$ を得る. これは $f \in \sqrt{I}$ を意味している.

4.5 $\mathfrak{m} \subset k[X_1, \cdots, X_n]$ を極大イデアルとする. $\mathfrak{m} = (f_1, \cdots, f_r)$, $f_i \in k_1[X_1, \cdots, X_n] = A_1$, k_1 は素体上有限生成な体と取れる. $\mathfrak{m}_1 = A_1 f_1 + \cdots + A_1 f_r \subset A_1$ は素イデアルであり, $A_1/\mathfrak{m}_1$ は k_1 上有限生成整域である. k は素体上超越次数が無限な体であるから, 埋め込み $(\alpha : A_1 \to) A_1/\mathfrak{m}_1 \hookrightarrow k$ がある. $a_i = \alpha(X_i) \in k \, (1 \leq i \leq n)$ とおくと, 明らかに $X_i - a_i \in \mathfrak{m}$, よって $(X_1 - a_1, \cdots, X_n - a_n) \subset \mathfrak{m}$, これは $(X_1 - a_1, \cdots, X_n - a_n) = \mathfrak{m}$ を意味している.

第5章

5.1 すなわち, $I = \prod_{i=1}^{n} \mathfrak{p}_i^{e_i} \, (\mathfrak{p}_i \neq \mathfrak{p}_j \, (i \neq j))$ ならば, $\mathfrak{p}_i^{e_i}$ を含む極大イデアルは $\mathfrak{p}_i$ のみであるから, $\mathfrak{p}_i^{e_i} + \mathfrak{p}_j^{e_j} = (1) \, (i \neq j)$. よって, 第1章演習問題 1.6 (孫子の定理) を繰り返し使うことにより, $A/I \simeq \prod_{i=1}^{n} A/\mathfrak{p}_i^{e_i}$.

5.2 前問 1.6 (孫子の定理) から, $\mathfrak{o}/I \simeq \prod_{i=1}^{n} \mathfrak{o}/\mathfrak{p}_i^{e_i}$. ここで, $\mathfrak{o}/\mathfrak{p}_i^{e_i}$ は剰余体 $\mathfrak{o}/\mathfrak{p}_i$ 上の e_i 次元ベクトル空間である. ところが, $\mathfrak{o}/\mathfrak{p}_i^{e_i} \simeq \mathbb{F}_{q_i} \, (q_i = p_i^{f_i})$ ゆえ主張が言える.

5.3 極大イデアル ($= 0$ でない素イデアル) による局所化を考えることによって, DVR における同じ主張から導かれる.

5.4 I が可逆とすると，$\sum_{i=1}^{n} a_i b_i = 1$ $(a_i \in I, b_i \in I^{-1})$ なる元がある．ここで，$x = \sum_i (b_i x) a_i$ $(b_i x \in A)$ ゆえ，a_i $(1 \leq i \leq n)$ は I を生成する．$F = \sum_{i=1}^{n} A e_i$ を自由加群とし全射 $f: F \to I$ $(f(e_i) = a_i)$ を考える．$g: I \to F$ を $g(x) = \sum_i (b_i x) e_i$ と定義すると，$fg = \text{Id}_I$ となり，I は F の直和因子で，射影加群である．

逆に，分数イデアル I が射影加群とすると，自由加群からの全射 $f: F \to I$ は必ず g $(fg = \text{Id}_I)$ をもつ．$g(x) = \sum_i g_i(x) e_i$ $(g_i : I \to A)$ とおくと，A の商体 K の元 b_i で $g_i(x) = b_i x$ $(x \in I)$ となるものがある．ここで，もし無限個の i に対して $b_i \neq 0$ となるなら，$x \neq 0$ に対して $b_i x \neq 0$ となり，$g(x)$ が定義できない．よって，0 でないものは有限個 b_i $(1 \leq i \leq n)$ のみとなる．$a_i = f(e_i) \in I$ とおくと，$x = \sum_i a_i b_i x$ $(x \in I)$ だから，$1 = \sum_i a_i b_i$, $b_i I \subset A$ ゆえ，$b_i \in I^{-1}$ となり，$II^{-1} = A$.

第 6 章

6.1 x が零因子ではないことと，$0 \to A \xrightarrow{x} A$ が完全であることが同値である．定理 6.15 より，完備化は完全関手であるから，$0 \to \widehat{A} \xrightarrow{x} \widehat{A}$ も完全である．よって，主張が示された．

6.2 $N \subset$ (右辺) は Krull の交叉定理(定理 6.6)．逆は，$(1-a)x = 0$ とすると，$x = ax = \cdots = a^n x = \cdots \in N$.

6.3

(1) 前問 6.2 より，$x \in N \Longrightarrow (1-a)x = 0$ (ある $a \in I$ に対して)．$1 - a \notin \mathfrak{m}$ ゆえ，これは $M_\mathfrak{m} \ni x/1 = 0$ を意味する．よって，$N \subset L = \bigcap_{I \subset \mathfrak{m} \in \text{Specm} A} \text{Ker}(M \to M_\mathfrak{m})$．逆に，$L_\mathfrak{m} = 0$ $(\mathfrak{m} \supset I)$．よって，第 2 章演習問題 2.8 より，$L = IL$. したがって，$L = \bigcap_i I^i L \subset \bigcap_i I^i M = N$.

(2) (1) より，$\widehat{M} = 0 \Longleftrightarrow N = M \Longleftrightarrow M_\mathfrak{m} = 0$ $(I \subset \mathfrak{m} \in \text{Specm} A) \Longleftrightarrow \text{Supp} M \cap V(I) = \varnothing$.

第 7 章

7.1 $A = k[X_1, X_2, \cdots, X_n]/(F)$, $p = (a_1, a_2, \cdots, a_n) \in k^n$ とおくと，$\mathcal{O}_p = A_\mathfrak{m}$ $(\mathfrak{m} = (X_1 - a_1, X_2 - a_2, \cdots, X_n - a_n) + (F))$．主張を示すためには座標をずらして，$p = (0, 0, \cdots, 0)$, $F(0) = 0$ と仮定してよい．例 7.9 と Krull の高度定理(定理 7.11)より，$\dim A_\mathfrak{m} = n - 1$ である．一方，仮定から $\mathfrak{m}/\mathfrak{m}^2 = (X_1, X_2, \cdots, X_n)/((X_1, X_2, \cdots, X_n)^2 + (F))$ $(F \in (X_1, X_2, \cdots, X_n))$ ゆえ，$\dim \mathfrak{m}/\mathfrak{m}^2 = n - 1$ であるためには，$F \notin$

$(X_1, X_2, \cdots, X_n)^2$. これは，ある X_i について，F が X_i の 1 次の項を含むことを意味しており，$\partial F/\partial X_i(0) \neq 0$ に同値である．

7.2 前半は，前問 7.1 から明らか．後半は，前半によって，特異点 (a, b) は $b^2 = f(a)$, $f'(a) = 0$, $2b = 0$ をみたし，$b = 0$, $f(a) = f'(a) = 0$ となることから分かる（$f'(X) = \partial f/\partial X$）.

7.3 A の 0 でないイデアル I が有限生成であることを示す．$\mathfrak{m}_1, \cdots, \mathfrak{m}_n$ を I を含む極大イデアルとする．次に，$0 \neq x_0 \in I$ に対して，x_0 を含む極大イデアルを，$\mathfrak{m}_1, \cdots, \mathfrak{m}_n, \mathfrak{m}_{n+1}, \cdots, \mathfrak{m}_{n+m}$ とする（後の m 個は I を含まない）．このとき，$1 \leq j \leq m$ に対して，それぞれ $x_j \in I$, $x_j \notin \mathfrak{m}_{n+j}$ となる元がある．

ところで $A_{\mathfrak{m}_i}$ は Noether 環だから，$I A_{\mathfrak{m}_i}$ は有限生成．よって，適当に $x_{m+1}, \cdots, x_{m+l} \in I$ を選んで，これらが $I A_{\mathfrak{m}_i}$ $(1 \leq i \leq n)$ すべてを生成するようにできる．上に選んだ全部の元が生成するイデアル $I_0 = (x_0, \cdots, x_{m+l})$ を考えると，$I_0 A_{\mathfrak{m}} = I A_{\mathfrak{m}}$ $(\mathfrak{m} \in \mathrm{Specm}\, A)$ が成り立ち，第 2 章演習問題 2.7 から，$I_0 = I$ が導かれる（一般にイデアル $J \subset A$ に対して $J_{\mathfrak{m}} = J A_{\mathfrak{m}}$）.

7.4 前問 7.3 を使う．$S^{-1}A$ の極大イデアルは，$S^{-1}\mathfrak{p}_i$ のいずれかである．$0 \neq f \in S^{-1}A$ の分子に現れる不定元は有限個であるから，十分大きい $i \gg 0$ に対しては $f \notin S^{-1}\mathfrak{p}_i$. したがって，$S^{-1}A$ は前問の条件をみたし，Noether 環になる．次に，$S^{-1}\mathfrak{p}_i$ の高さは，多項式環 $k[X_{m_i+1}, \cdots, X_{m_{i+1}}]$ の極大イデアル $(X_{m_i+1}, \cdots, X_{m_{i+1}})$ の高さに等しいから，$m_{i+1} - m_i$ となり，この数はその選び方から無限に大きくなり，主張が言える．

第 8 章

8.1 A は UFD. $(a_1, a_2) = (X, Y)$ ゆえ，$A/(a_1, a_2) \simeq k[Z]$ で a_3 は $-Z$ で働く．一方，$a_3 X = a_1 Z$, これは a_3 が A/a_1 上の零因子であることを意味する．

8.2 (i) $\Longrightarrow$ (ii) 関手 $M \otimes_A$ が完全であるから，N の射影分解 $\cdots \to P_1 \to P_0 \to N \to 0$ に施した複体 $\cdots \to M \otimes_A P_1 \to M \otimes_A P_0 \to M \otimes_A N \to 0$ も完全列．よって 0 次以外の Tor はすべて消える．

(ii) $\Longrightarrow$ (iii) 自明．

(iii) $\Longrightarrow$ (i) 任意の短完全列 $0 \to N_1 \to N_2 \to N_3 \to 0$ に対する Tor の長完全列を考えると，$\cdots \to \mathrm{Tor}_1^A(M, N_3) \to \mathrm{Tor}_0^A(M, N_1) \to \mathrm{Tor}_0^A(M, N_2) \to \mathrm{Tor}_0^A(M, N_3) \to 0$ $(\mathrm{Tor}_0^A(M, N) \simeq M \otimes_A N)$. ここで，$\mathrm{Tor}_1^A(M, N_3) = 0$ ゆえ，短完全列 $0 \to M \otimes_A$

$N_1 \to M \otimes_A N_2 \to M \otimes_A N_3 \to 0$ を得る．これは，関手 $M \otimes_A$ の完全性を示しており，(i) が言えた．

8.3 平坦ならば，$\mathrm{Tor}_1^A(M, A/I) = 0$ であることは，前問から明らかである．逆は，任意の単射 $N_1 \hookrightarrow N_2$ に対して，$M \otimes_A N_1 \to M \otimes_A N_2$ も単射になることを言えばよい．N_2 の元 $x_i \, (i \in E)$ を $N_2 = N_1 + \sum_{i \in E} A x_i$ となるようにとっておく．E の有限部分集合 F に対して，$N^F = N_1 + \sum_{i \in E} A x_i$ とおくと，$N_2 = \bigcup_{F \subset E} N^F$ であるが，テンソル積と帰納極限の可換性から，$M \otimes_A N_1 \to M \otimes_A N^F$ がすべての $F \subset E$ について単射ならば，$M \otimes_A N_1 \to M \otimes_A N_2$ も単射になることが分かる．よって，$\mathrm{Tor}_1^A(M, L) = 0$ が任意の有限生成加群 L に対して成り立てば，有限集合 F に対しては，N^F/N_1 は有限生成であるから，$M \otimes_A N_1 \to M \otimes_A N^F$ が単射になることが分かる．有限生成加群については $L_0 \subset L_1 \subset \cdots \subset L_n \, (L_j/L_{j-1} \simeq A/I_j)$ となるような列があるので，長完全列を繰り返し適用して条件から $\mathrm{Tor}_1^A(M, L) = 0$ を導くことができる．

8.4 極大イデアルによる局所化が Cohen–Macaulay 環であることを見ればよい．0 次元の環は Cohen–Macaulay 環ゆえ，1 次元局所環の場合に言えばよい．$0 = \sqrt{0} = \bigcap_{\mathfrak{p} \in \mathrm{Ass}\, A} \mathfrak{p}$ ゆえ，$\bigcup_{\mathfrak{p} \in \mathrm{Ass}\, A} \mathfrak{p} \neq \mathfrak{m}$ ($\mathfrak{m}$ は極大イデアル)．よって，$\mathfrak{m}$ は非零因子(正則元)を含み，$\mathrm{depth}\, A = 1 = \dim A$．

第2部 体
第1章

1.1 有限体 K に対して，多項式 $f(X) = \prod_{a \in K}(X - a) + 1 \in K[X]$ は K に根をもたない．

1.2 まず，$\sigma \in \mathrm{Aut}\, \mathbb{R}$ に対して，$a > b \Longrightarrow \sigma a > \sigma b$ が成り立つことに注意する．このためには，$a > 0 \Longrightarrow \sigma a > 0$ をいえばよい．$a > 0$ ならば $a = c^2$ となる $c \in \mathbb{R}$ があるから，$\sigma a = \sigma c^2 = (\sigma c)^2 > 0$．さて，$\sigma \neq 1$ とすると，$\sigma a \neq a$ となる $a \in \mathbb{R}$ がある．σ は順序を保つから，$\sigma a < a$ と仮定してよい．このとき $\sigma a < b < a$ となる $b \in \mathbb{Q}$ をとると，$b = \sigma b < \sigma a$ となるから矛盾である．(素体 $\mathbb{Q}$ 上では $\sigma = 1$ に注意．)

1.3 いろいろあるが，そのうちの1つ．因数分解 $X^3 + Y^3 + Z^3 - 3XYZ = (X + Y + Z)(X + \omega Y + \omega^2 Z)(X + \omega^2 Y + \omega Z)$ ($\omega^2 + \omega + 1 = 0$) を用いる (巡回行列式)．

3次方程式は，$X^3+AX+B=0$ と変形できるから，この根を求める．上の因数分解の公式で $Y=a, Z=b$ とおくと，$X^3-3abX+(a^3+b^3)=(X+a+b)(X+\omega a+\omega^2 b)(X+\omega^2 a+\omega b)$．よって，$ab=-A/3, a^3+b^3=B$ をみたす a,b を求めればよい．すなわち，a^3, b^3 は2次方程式 $T^2-BT-A^3/27=0$ の2根である．

4次方程式については，公式 $(X+a+b+c)(X-a-b+c)(X-a+b-c)(X+a-b-c)=X^4-2(a^2+b^2+c^2)X^2+8abcX-2(a^2b^2+b^2c^2+c^2a^2)+(a^4+b^4+c^4)$ を用いる．

4次方程式 $X^4+AX^2+BX+C=0$ に対して，$-A/2=a^2+b^2+c^2, B/8=abc, C=a^4+b^4+c^4-2(a^2b^2+b^2c^2+c^2a^2)$ をみたす a,b,c を求めればよい．a^2,b^2,c^2 は3次方程式 $Y^3+(A/2)Y^2+1/4(A/4-C)Y-(B/8)^2=0$ をみたすから，3次方程式に帰着する．

1.4 $\mathbb{Q}(\sqrt{2},\sqrt[3]{2})\supset\mathbb{Q}(\sqrt{2})\supset\mathbb{Q}$ において，
$$[\mathbb{Q}(\sqrt{2},\sqrt[3]{2}):\mathbb{Q}]=[\mathbb{Q}(\sqrt{2},\sqrt[3]{2}):\mathbb{Q}(\sqrt{2})][\mathbb{Q}(\sqrt{2}):\mathbb{Q}]=3\cdot2=6.$$
$\sqrt[4]{2}$ の $\mathbb{Q}$ 上の最小多項式は X^4-2（たとえば，$p=2$ に対して Eisenstein の判定法）ゆえ $[\mathbb{Q}(\sqrt[4]{2}):\mathbb{Q}]=4$．
$[\mathbb{Q}(\zeta_5):\mathbb{Q}]=\phi(5)=4$（定理 2.16）．

1.5 $[K(\alpha):K(\alpha^2)]\leq 2$．ところが，$[K(\alpha):K]=[K(\alpha):K(\alpha^2)][K(\alpha^2):K]$ は奇数だから $[K(\alpha):K(\alpha^2)]\neq 2$，すなわち $[K(\alpha):K(\alpha^2)]=1$．

1.6 $\sigma:\mathbb{Q}(\sqrt{m})\simeq\mathbb{Q}(\sqrt{n})$ を体の同型とする．$a=\sigma\sqrt{m}\,(\not\in\mathbb{Q})$ とおくと，$a^2=(\sigma\sqrt{m})^2=\sigma(\sqrt{m}^2)=\sigma m=m$．よって，$\sqrt{m}=\pm a\in\mathbb{Q}(\sqrt{n})$，すなわち，$\sqrt{m}=b+c\sqrt{n}\,(b,c\in\mathbb{Q})$ とかける．両辺を2乗すると，$m=b^2+c^2n+2bc\sqrt{n}$．よって，$bc=0$ であるが，$c=0$ とすると $\sqrt{m}\in\mathbb{Q}$ となり仮定に反するので $b=0$，すなわち，$\sqrt{m}=c\sqrt{n}$．$\sqrt{m}$ は平方因子をもたないので，$c=1$．ゆえに $m=n$．

1.7 素数が無限個あることの証明と同様の論法が適用される．たとえば，Euclid.

$p_1,p_2,\cdots,p_n$ をすべての相異なるモニック既約多項式とするとき，$\prod_{i=1}^{n}p_i+1$ はどの p_i でも割り切れないから，その因子は新しい既約多項式である．

1.8 定理1.44を参照．$X^{p^n}-X$ の最小分解体は $\mathbb{F}_{p^n}$ で $\mathbb{F}_p$ 上 n 次拡大である．したがって，$f(X)\,|\,(X^{p^n}-X)$ のとき，ζ を $f(X)$ の1つの根とするとき，$\deg f=[\mathbb{F}(\zeta):\mathbb{F}]\,|\,[\mathbb{F}_{p^n}:\mathbb{F}_p]=n$．

逆に，$d=\deg f\,|\,n$ のとき，$[\mathbb{F}(\zeta):\mathbb{F}_p]=d\,|\,n$ ゆえ有限体の一意性より，$\mathbb{F}(\zeta)=$

$\mathbb{F}_{p^d} \subset \mathbb{F}_{p^n}$ としてよく，ζ の最小多項式 $f(X)$ は $\mathbb{F}_{p^n}$ で分解し，$f(X) | (X^{p^n}-X)$ でなければいけない．

1.9 $a = \sqrt{2}+\sqrt{3}$ とおく．$a-\sqrt{2}=\sqrt{3}$ を2乗すると，
$$a^2 - 2\sqrt{2}a + 2 = 3. \quad (\star)$$
移行して再び2乗すると，$a^4-10a^2+1=0$. これが，最小多項式になることを示そう．このためには $[\mathbb{Q}(a):\mathbb{Q}]=4$ をいえばよい．式 $(\star)$ より，$\sqrt{2} \in \mathbb{Q}(a)$. よって，$\sqrt{3} = a-\sqrt{2} \in \mathbb{Q}(a)$. もし，$\mathbb{Q}(\sqrt{2})=\mathbb{Q}(a)$ とすると，$\sqrt{3} \in \mathbb{Q}(\sqrt{2})$ となり矛盾（演習問題1.6）．したがって，$\mathbb{Q} \subsetneq \mathbb{Q}(\sqrt{2}) \subsetneq \mathbb{Q}(a)$ から，$[\mathbb{Q}(a):\mathbb{Q}] = [\mathbb{Q}(a):\mathbb{Q}(\sqrt{2})][\mathbb{Q}(\sqrt{2}):\mathbb{Q}] = 2[\mathbb{Q}(a):\mathbb{Q}(\sqrt{2})] \geq 2 \cdot 2 = 4$.

$\sqrt{3}-\sqrt{5}$ についても，同様の計算と考察によって，X^4-16X^2+4 が最小多項式であることが分かる．

1.10 L/K が純非分離であるとは，$\theta \in L \Longrightarrow \theta^{p^e} \in K$ となる e があることである（p は標数）．L/K が純非分離のとき，$\sigma \in \mathrm{Emb}_K(L, \overline{K})$ に対して，$\theta^{p^e} = \sigma\theta^{p^e} = (\sigma\theta)^{p^e}$ ゆえ，$\sigma\theta = \theta$ となり，$[L:K]_s = 1$, すなわち，$[L:K]_i = [L:K]$.

逆に，$[L:K]_s = 1$ のとき，$\theta \in L$ の分離次数を d とすると，$[K(\theta):K]_s = d$. ところが，$\sigma \in \mathrm{Emb}_K(K(\theta),\overline{K})$ は埋め込み $\tilde{\sigma}: L \to \overline{K}$ に延長できるから（補題1.18），$d=1$ でなければいけない．これは，θ が純非分離元であることを意味する．

第2章

2.1 $\mathbb{Q}(\sqrt{2},\sqrt{5})$ の自己同型 σ は，生成元に $\sigma\sqrt{2}=\pm\sqrt{2}$, $\sigma\sqrt{5}=\pm\sqrt{5}$ と働き，それぞれに自由であるから，$\mathrm{Gal}(\mathbb{Q}(\sqrt{2},\sqrt{5})/\mathbb{Q}) \simeq (\mathbb{Z}/(2))^2$.

$\mathbb{Q}(\sqrt[4]{2},\sqrt{-1})/\mathbb{Q}$ については，以下のようになる．$\sqrt[4]{2}$ の $\mathbb{Q}$ 上の最小多項式は X^4-2 であるから，$\sigma\sqrt[4]{2}=\sqrt{-1}\sqrt[4]{2}$, $\sigma\sqrt{-1}=\sqrt{-1}$, $\tau\sqrt{-1}=-\sqrt{-1}$, $\tau\sqrt[4]{2}=\sqrt[4]{2}$ なる元で生成される8個の元からなる．すなわち，$e, \sigma, \sigma^2, \sigma^3, \tau, \sigma\tau, \sigma^2\tau, \sigma^3\tau$ で，関係式は $\sigma^4=e$, $\tau^2=e$, $\tau\sigma\tau=\sigma^{-1}$ であることが確かめられる．（正2面体群，また，§2.4 の最初を参照．）

2.2 1番目は，$X^2-\sqrt{2}$ の分解体だから，Galois. 2番目は，$\sqrt[4]{2}$ の共役元 $\sqrt{-1}\sqrt[4]{2}$ を含まないから，正規でない．

2.3 §2.4 の始め部分．それぞれ，$p=5, 7$ に対して，

$$\left\{\begin{pmatrix} a & b \\ 0 & 1 \end{pmatrix} \,\middle|\, a \in \mathbb{F}_p^\times,\ b \in \mathbb{F}_p \right\}.$$

2.4 $f(X)=X^3+aX+b$ とおくと，$D=-f'(\theta_1)f'(\theta_2)f'(\theta_3)$ $(f'(X)=3X^2+a,\ \theta_i\ (i=1,2,3)$ は $f(X)$ の 3 根）．θ_i^2 の基本対称式を θ_i のそれで書き換えて，根と係数の関係を使うと主張の式を得る．

2.5 3 次式の判別式は，$D=-4(-1)^3-27=-23$ で平方数ではないから，例 2.12 から，Galois 群は 3 次対称群 S_3 に同型である．

2.6 参考文献 [2], p. 259, 定理 5.

2.7

(1) $\sigma_a W_p = \sum_{n\in\mathbb{F}_p^\times}\left(\dfrac{n}{p}\right)\zeta^{an} = \sum_{n\in\mathbb{F}_p^\times}\left(\dfrac{a^2 n}{p}\right)\zeta^{an} = \sum_{n\in\mathbb{F}_p^\times}\left(\dfrac{an}{p}\right)\zeta^n = \left(\dfrac{a}{p}\right)W_p.$

(2) $G(K)\subset \mathrm{Gal}(\mathbb{Q}(\zeta)/\mathbb{Q})=G\simeq \mathbb{F}_p^\times$ を 2 次体 K に対応する部分群とすると，$G(K)$ は指数が 2 であるから，$G^2\subset G(K)$．G は $p-1$ 位数の巡回群だから，$G(K)=G^2=\mathrm{Ker}\left(\dfrac{-}{p}\right)$．よって，$W_p\in K$ となり，主張を得る．

2.8

(1) Legendre 記号を計算する．$\left(\dfrac{13}{17}\right)=1$ ゆえ，1 番目の方程式は解をもつ．$\left(\dfrac{707}{719}\right)=-1$ ゆえ，2 番目は解をもたない．

(2) $X^2+3X+5\equiv (X-8)^2-2 \bmod 19$ ゆえ，$\left(\dfrac{2}{19}\right)$ を計算すればよい．第 2 補助法則より，これは $(-1)^{(19^2-1)/8}=-1$ だから，解をもたない．

2.9 まず，Galois 拡大 $K/\mathbb{Q}$ に対して，複素共役 $\sigma a=\bar{a}$ は $\sigma K=K$ をみたす．実際，$a\in K$ とすると，a の $\mathbb{Q}$ 上の最小多項式を σ は不変にするから，$\sigma a\in K$．よって，$K\not\subset \mathbb{R}$ とすると，$e\neq \sigma|K \in \mathrm{Gal}(K/\mathbb{Q})$，すなわち，$\mathrm{Gal}(K/\mathbb{Q})$ は位数 2 の元を含む．これは $[K:\mathbb{Q}]=\sharp\mathrm{Gal}(K/\mathbb{Q})$ が奇数であることに反する．

2.10

(1) 補題 2.27 より，埋め込み $\lambda(\beta):L\to L$ $(\lambda(\beta)(\theta)=L(\beta,\theta))$ は 0 ではない．よって主張がいえる．

(2) $N_{L/K}\beta=\prod_{i=1}^n \sigma^i\beta$ ゆえ，十分性は明らか．次に，$\beta\in L$ に対して，$\alpha=L(\beta,\theta)\neq 0$ となる θ がある．ここで，$N_{L/K}(\beta)=1$ とすると，$\beta\sigma\alpha=\alpha$，すなわち，逆も正しい．

(3) 省略．

演習問題解答 —— *329*

2.11 定理 2.16 より，$\mathbb{Q}(\zeta_n)/\mathbb{Q}$ の Galois 群は $(\mathbb{Z}/(n))^\times$ でその位数は $\phi(n)$ であるから．

2.12 参考文献 [10], p. 229.

第 3 章

3.1 仮定より，$f(X) \equiv (X-a)g(X) \mod \mathfrak{m}$, $g(a) \not\equiv 0 \mod \mathfrak{m}$ となる $g(X) \in \mathcal{O}[X]$ がある．Hensel の補題(定理 3.9)により，$f(X) = (X-\alpha)g_1(X)$, $X-\alpha \equiv X-a$, $g_1(X) \equiv g(X) \mod \mathfrak{m}$ となる $X-\alpha, g_1(X) \in \mathcal{O}[X]$ が存在する．よって，主張が導かれる．

3.2 $f(X) = X^n - a \in \mathbb{Z}$ に上問 3.1 を適用すればよい($f'(a) = na^{n-1} \not\equiv 0 \mod p$)．後半は，Legendre 記号の定義から明らか．

3.3 上問 3.2 後半部分と平方剰余の第 2 補助法則から．

3.4 上問 3.2 より，$\left(\dfrac{d}{p}\right) = 1 \Longleftrightarrow \sqrt{d} \in \mathbb{Q}_p$ であるから，Legendre 記号を計算すればよい．順に，正，否，正，正である．

3.5 $X^{p-1} - 1$ は $\mod p$ で完全分解する($\mathbb{F}_p^\times$ の元が相異なる根)．よって，Hensel の補題(定理 3.9)から，$\mathbb{Q}_p$ で完全分解する．

3.6 参考文献 [1]，定理 2.30 (p. 120).

3.7 $\deg f$ が奇数 $2g+1$ のとき，$f(x)$ の相異なる根を $a_1, a_2, \cdots, a_{2g+1} \in \mathbb{C}$ とすると，被覆 ϕ_x は，これらの点と ∞ の合わせて $2g+2$ 個の点で分岐(ファイバーが 1 点)する．$g+1$ 個の対 $\{a_1, a_2\}, \{a_3, a_4\}, \cdots, \{a_{2g+1}, \infty\}$ に対して，$\mathbb{P}_\mathbb{C}^1$ に $g+1$ 個の切れ目を入れて，Riemann 面 X のこれらの切れ目にそってのつながり具合を考察する．これは，それぞれはすかいに繋がっていることが見てとれて，面を位相的に裏返して整えると，結局，2 つの $\mathbb{P}_\mathbb{C}^1$ におけるこれらの切れ目を拡げた $g+1$ 個の縁のある穴同士を張り合わせた面になっていることが分かる．これはすなわち種数 g (縁のない穴が g 個)の面である．

$\deg f$ が偶数のときは，∞ においては不分岐であるから，$f(X)$ の根の部分のみで同様の貼り合わせを行う．

第 4 章

4.1 $D \in \mathrm{Div}^0 X$ とすると，Riemann–Roch の定理 3.28 より，$l(D+Q_0) = i(D+Q_0) + 1 - g + \deg(D+Q_0) = i(D+Q_0) + 1 \geq 1$. すなわち，$D+Q_0 - (x) > 0$ と

なる $x \in K^\times$ が存在する．$P = D + Q_0 - (x)$ とおけば，主張をみたす．

4.2 全射は言えているから，単射を示す．$[p] - [q_0] \sim [q] - [q_0]$，$[p] \neq [q]$ とすると，$[p] = [q] + (x)$ となる $x \in K^\times$ がある．すると，$Z_x = [p]$，$P_x = [q]$ で，主因子定理から，$\deg Z_x = \deg P_x = [K : k(x)] \geqq 2$．ところが，$\deg[p] = \deg[q] = 1$ ゆえ，これは矛盾．

4.3

(1) $p + q + r = 0$ であることと，$[p] + [q] + [r] \sim 3[\infty]$ ($\mathrm{Pic}^0 E$ で)が同値である．これは，$[p] + [q] + [r] = (h) + 3[\infty]$ となる $h \in K^\times$ が存在することを意味する．ここで，$h \in L(3[\infty])$ であり，定理 3.40 の証明から分かるように，$L(3[\infty])$ は関数 $1, x, y \in K^\times$ によって張られている．ゆえに，$h = a + bx + cy$ となる $a, b, c \in k$ があり，$Z_h = [p] + [q] + [r]$．これは，点 p, q, r が直線 $a + bx + cy = 0$ にあることを意味している．

(2) (1)から直接計算できる．略．

4.4

(1) $np = p + (n-1)p$ と $2p$ についての公式から計算する．$2p = (0, 2)$，$3p = (-1, 0)$，$4p = (0, -2)$，$5p = (2, -6)$，$6p = \infty$

(2) $2p = (-23/16, -11/32)$，$3p = (1873/1521, -261740/59319)$，
$4p = (2540833/7744, 4050085583/340736)$，
$5p = (3320340721/4218632401, 1023407754754316/274004393077351)$，$\cdots$．
p は位数 ∞ であることが知られている．

4.5 定理 4.8 と Riemann 仮説(定理 4.9)を種数 1 の場合に適用せよ．ゼータ関数は $Z(u) = P(u)/((1-u)(1-qu))$，$P(u) = (1 - \omega_1 u)(1 - \omega_2 u)$ とかけるが，$\omega_1 \omega_2 = q$ で $|\omega_i| = q^{1/2}$ ゆえ，$\omega_1 = q^{1/2} e^{i\theta}$，$\omega_2 = q^{1/2} e^{-i\theta}$ となる．よって，$\omega_1^n + \omega_2^n = 2q^{n/2} \cos n\theta$ となり，定理 4.8 (iii) から，ν_n についての式を得る．

次に，$P(u) = 1 - (\omega_1 + \omega_2)u + qu^2$ で，$\omega_1 + \omega_2 = 2q^{1/2} \cos \theta$ ゆえ，(1)から(2)の式が導かれる．

ν_n が ν_1 のみで決まることは，$\log Z(u) = \sum_{n \geqq 1} \nu_n u^n / n$ から分かる．または，(1)の式において，$\cos n\theta$ は $\cos \theta$ のみから決まることからも分かる．

4.6 $x = 0, 1, 2, 3, 4$ に対して，$x^3 + 1 = 1, 2, 9 = 4, 28 = 3, 65 = 0$．これに対する y はそれぞれ，$2, 0, 2, 2, 1$ 個解がある．(必要ならば，Legendre 記号を計算せよ．) 無限遠点を合わせて，$\nu_1 = 2 \times 3 + 1 + 1 = 8$．ゼータ関数については，上問 4.5

より, $P(u) = 1+(8-(5+1))u+5u^2 = 1+2u+5u^2$. $\nu_2 = 5^2+1-2\times 5\cos 2\theta$. ここで, $\cos 2\theta = 2\cos^2\theta - 1$, $\cos\theta = -1/\sqrt{5}$ から, $\nu_2 = 25+1+6 = 32$ を得る.

4.7 $\nu_1 = 12$, $P(u) = 1-4u+7u^2$, $\cos\theta = -2/\sqrt{7}$, $\nu_2 = 48$.

欧文索引

A-module   29
A-rank   32
A-submodule   30
absolute value   247
abstract Riemann surface   261
adele   268
additive group   12
algebraic   180
algebraic closure   77, 183
algebraic extension   77, 180
algebraic function field   260
algebraic integer   74
algebraic number field   76
algebraic over k 77
algebraically closed field   77, 182
algebraically independent   78
annihilator   51
ascending chain condition   54
associated prime ideal   60
automorphism group   187
basis   32
canonical class   277
canonical divisor   277
catenarian   143
characteristic   178
class formula   236
class number   102, 293
cohomology (module)   147
commutative field   13
commutative ring   11
complete   112
complete intersection   163

complete linear system   264
completion   111
complex   147
composite   188
congruence zeta function   287
conjugate   186
content   26
contravariant functor   38
covariant functor   38
cyclic extension   221
cyclotomic   214
decomposition group   234
degree   13, 261
depth   138
derivative   190
differential   274
discrete valuation   93, 244
discrete valuation ring   94
discriminant   211
division ring   175
divisor   263
divisor class group   264
divisor group   263
DVR   94
element of homogeneous degree n 106
elliptic function field   279
embedding   183
exact   38
exact functor   86
extension degree   77, 179
factor ring   15

factorial domain 23
faithfully flat 87
field 175
filtration 105
finite extension 77
finite over A 75
flat 40
fractional ideal 99
fractional ring 43
free module 32
functorial 152
generate 16
generator system 31
genus 271
going-down 84
going-up 84
gradation 107
graded A-module 107
graded ring 106
homomorphism 14
homotopic 154
I-adic completion 112
I-adic topology 112
I-filtration 106
ideal 15
ideal class group 101
indeterminate 12
inertia group 234
injective module 33
injective resolution 153
inseparable degree 191, 194
inseparable exponent 191
inseparable extension 192
integer ring of algebraic number field 98
integral domain 13

integral extension 75
integral ideal 99
integral over A 74
inverse limit 111
involution 292
irreducible element 22
irredundant 66
Jacobson radical 48
leading coefficient 58
leading exponent 58
leading term 58
lex 57
lift 188
linearly equivalent 265
local field 250
local ring 44
localization 43
M-regular 138
mapping cone 150
maximal condition 54
minimal polynomial 180
module 12
module over A 29
monoid 174
monomial ideal 58
monomial order 57
multiplicative valuation 247
multiplicatively closed 43
n-th root of unity 213
nilpotent element 13
nilradical 50
non-commutative associative ring 12
norm 231
normal extension 188
normal ring 91

normal series 238
normalization 91, 245
normalized valuation 245
orbit 235
order 262
$\mathfrak{p}$-primary 63
perfect field 195
PID 18
place 260
Poincaré series 120
pole divisor 264
polynomial algebra 12
polynomial ring 12
primary decomposition 63
primary ideal 63
prime divisor 263
prime element 22
prime field 179
prime ideal associated to M 60
primitive 213
primitive polynomial 25
principal divisor 264
principal ideal 17
principal ideal domain 18
principal ideal ring 18
projective A-module 33
projective limit 111
projective line 261
projective resolution 153
purely inseparable 191
purely inseparable extension 192
quadratic residue 216
quasi-finite 85
quotient field 175
quotient ring 15
radical 50

radical extension 225
ramification exponent 254
rational function field 176
regular local ring 130
residue field 177, 246
residue (modular) degree 255
ring 11, 174
ring of algebraic integers 76
ring of p-adic integers 112
separable 190
separable closure 195
separable degree 191, 192
separable extension 192
sheaf 50
simple (monogenic) extension 176
solvable 238
splitting field 186
stable 106
subring 16
support 51, 286
system of parameters 129
tensor algebra 43
tensor product 34
total degree-lex 57
total degree-reverse lex 58
total fractional ring 44
trace 231
transcendental 180
transcendental basis 78
transcendental degree 78
transcendental extension 78, 180
UFD 23
unique factorization domain 23
unit 13, 175
unit group 13
unit ideal 17

unmixed   137
unramified point   303
valuation ring   95
value group   244
variable   12

Zariski topology   51
zero divisor   13, 264
zeta function   287
zero ring   12

和文索引

A 階数   32
A 加群   29
A 準同型   30
A 上整である   74
A 上の加群   29
A 線形   30
A 代数   41
A 同型定理   30
Abel (可換) 拡大   221
Artin 加群   68
Artin 環   67
Artin–Rees の補題   109
Baer の和   158
Bombieri の勘定定理   303
Cauchy 列   112
Cayley–Hamilton の定理   47
Cohen–Macaulay 加群   141
Cohen–Macaulay 環   138, 141, 144
Dedekind 整域   96
Dickson の補題   58
Euclid 整域   18
Euclid の互除法   19
Euler の規準   216
Ext   155, 159
Gauss の補題   26
Gorenstein 環   163
Gröbner 基底   59

Frobenius 準同型   196
Galois 拡大   205
Galois 群   205
Galois 対応   209
Gauss 和   216
Hensel 局所環   114
Hensel の補題   113, 251
Hilbert 関数   122
Hilbert 多項式   122
Hilbert の基底定理   56
Hilbert の零点定理   82
Hilbert–Samuel 次元   123
Hilbert–Samuel 多項式   123
Hom   38
I 進位相   105, 112
I 進完備化   112
I フィルター   106
Jacobson 根基   48
Koszul 複体   148
Krull 次元   69, 134
Krull の交叉定理   109
Krull の高度定理   128
l 進コホモロジー群   310
Lefschetz 型固定点定理   311
Legendre 記号   215
M 正則   138
n 次斉次元   106

和文索引 ── 337

Noether 加群　54
Noether 環　54
Noether の正規化定理　79
p 群　239
$\mathfrak{p}$ 準素　63
p 進整数の環　112
p 進付値　94
$\mathfrak{p}$ に属する準素部分加群　64
Poincaré 級数　120
Riemann 仮説　298
Riemann–Roch の定理　267
Sylow p 部分群　239
Tor　155
Weierstrass の標準形　280
Zariski 位相　51

ア 行

値群　244
アデール　268
安定　106
位数　262
位相　105
一意分解整域　23
1 次(線形)同値　265
イデアル　15, 105
イデアル類群　101
因子　263
因子群　263
因子類群　264
上に有界　147
埋め込まれた素因子　62
埋め込み　183
エタールコホモロジー　309
円分　214

カ 行

可解群　238
可換環　11
可換体　13, 175
拡大次数　77, 179
加群　12
下降定理　84
可除環　175
加法群　12
環　11, 174
関手　38, 155
関手的　152
環準同型　14
関数等式　295
完全　38
完全関手　86
完全交叉局所環　163
完全体　195
環同型定理　15
完備　112
完備 1 次系　264
完備化　111, 114
完備局所環　113
基底　32
軌道　235
既約　65
逆極限　111
既約元　22
境界準同型　147
共変関手　38
共役　186
極因子　264
局所化　43, 44, 45
局所環　44
局所体　250

極大イデアル　20
極大条件　54
係数拡大　41
結合環　12
原始　213
原始多項式　25
元のテンソル積　35
合成体　188
合同ゼータ関数　287
コホモロジー　147
コホモロジー加群　147
孤立素因子　62
根基　50

サ 行

最小多項式　180
最小分解体　186
最短準素分解　66
鎖状環　143
座標次元　124
次元　69, 119, 123, 133
次元定理　124, 128
自己同型群　187
辞書式順序　57
次数　13, 261
次数 A 加群　107
次数化　107
次数環　106
下に有界　147
射影加群　33, 39
射影極限　111
射影系　111
射影直線　261
射影分解　153
写像錐　150
主因子　264

主因子定理　266
自由加群　31
種数　271
純　137
巡回拡大　221
純性定理　138, 144
準素イデアル　63
準素分解　63
準同型　14
純非分離拡大　192
純非分離多項式　191
準有限な射　85
昇鎖条件　54
上昇定理　84
商体　25, 175
乗法的付値　247
剰余環　15
剰余体　177, 246
整域　13
整イデアル　99
整拡大　75
正規化　91, 245
正規拡大　188
正規環　91
正規整域　89
正規付値　245
正規列　238
生成系　31
生成する　16
正則局所環　130
整である　75
整閉整域　89
整閉包　76
積閉　43
ゼータ関数　287
絶対値　247

素因子　263
相対次数　255
全次数・逆辞書式順序　58
全次数・辞書式順序　57
全商環　44
全分数環　44
素イデアル　20
素因子　60
層　50
素元　22
素元分解整域　23
素体　179
素点　260
孫子の剰余定理　230

タ 行

体　13, 175
台　51, 286
代数拡大　77, 180
代数関数体　260
代数体の整数環　98
代数的　77, 180
代数的集合　83
代数的数の体　76
代数的整数　74
代数的整数の環　76
代数的に独立　78
代数的閉体　77, 182
代数的閉包　76, 77, 183
楕円関数体　279
高さ　124
多項式　205
多項式環　12
多項式代数　12
惰性群　235
単位イデアル　17

単拡大　176
短完全列　39
単元　13, 175
単元群　13
単項イデアル　17
単項イデアル環　18
単項イデアル整域　18
単項順序　57
忠実平坦　87
抽象 Riemann 面　261
超越拡大　78, 180
超越基底　78
超越元　78
超越次数　78
超越的　180
超楕円関数体　281
超べき根拡大　227
テンソル積　34
テンソル代数　43
同型定理　14
導分　190
伴う次数環　107
伴う素イデアル　60
トレース　231

ナ 行

内容　26
長さ　69
中山の補題　47, 49
入射加群　33, 39
入射分解　153
ノルム　231

ハ 行

パラメータ系　129
判別式　211

反変関手　38
非可換結合環　12
非孤立素因子　62
微分　274
非分離拡大　192
非分離指数　191
非分離次数　191, 194
標準因子　277
標準類　277
標数　178
フィルター　105
深さ　138, 140
複体　147
付値環　95
不定元　12
部分 A 加群　30
部分環　16
不分岐点　302
普遍双線形写像　35
ブローアップ代数　107
分解群　234
分解体　186
分岐指数　254
分数イデアル　99
分数化　43, 45
分数環　43
分離　190
分離拡大　192
分離次数　191, 192
分離閉包　195
平坦加群　40
平方剰余　216
平方剰余の相互法則　218
平方非剰余　216
ベキ根拡大　225

ベキ零元　13
ベキ零根基　50
蛇の補題　149
変数　12
ホモトピー同値　154
ホモトープ　154
ホモロジー　147
ホモロジー加群　147

マ 行

むだがない　66
モノイデアル　58
モノイド　174

ヤ 行

有限　75
有限拡大　75
有限次拡大　77
有限体　197
有理関数体　176
弱い形の零点定理　83

ラ 行

離散付値　93, 244
離散付値環(DVR)　94, 246
リード係数　58
リード項　58
リード指数　58
リフト(持ち上げ)　188
類数　102, 293
類等式　236
零因子　13
零化イデアル　51
零環　12
零点因子　264

■岩波オンデマンドブックス■

可換環と体

| | 2006年6月9日　第1刷発行 |
| 2013年6月19日　第3刷発行 |
| 2019年1月10日　オンデマンド版発行 |

著　者　堀田良之（ほったりょうし）

発行者　岡本　厚

発行所　株式会社　岩波書店
　　　　〒101-8002　東京都千代田区一ツ橋2-5-5
　　　　電話案内　03-5210-4000
　　　　http://www.iwanami.co.jp/

印刷／製本・法令印刷

© Ryoshi Hotta 2019
ISBN 978-4-00-730844-4　　Printed in Japan